面向工业软件的数字工程与基于模型的系统工程

于永斌　高　凡　彭伟杰　王南星
王向向　龙广宇　曹宏晖　张玉宏　编著

電子工業出版社
Publishing House of Electronics Industry
北京 · BEIJING

内 容 简 介

本书系统地介绍了面向工业软件的数字工程（DE）与基于模型的系统工程（MBSE）的理论体系、方法论、核心技术和工程应用，讨论了 SysML 建模工具的实现技术，内容涵盖需求模型开发、MBSE 工具开发、执行模型与行为仿真、规则定义与自动语法校验等多个方面，详细阐释了支撑 MBSE 的关键技术，通过理论描述与工程案例的结合，帮助读者全面掌握 DE 和 MBSE 的知识体系，并获得参考与启发。

本书适合作为工业软件相关专业本科生和研究生的参考教材，也适合科研院所的研究人员、工业界的实践者，以及对数字工程和系统工程感兴趣的专业人士阅读。

图书在版编目（CIP）数据

面向工业软件的数字工程与基于模型的系统工程 / 于永斌等编著. -- 北京 : 电子工业出版社，2024. 10.
ISBN 978-7-121-49065-1

Ⅰ. TP311.52

中国国家版本馆 CIP 数据核字第 2024P48K60 号

责任编辑：钱维扬
印　　刷：天津嘉恒印务有限公司
装　　订：天津嘉恒印务有限公司
出版发行：电子工业出版社
　　　　　北京市海淀区万寿路 173 信箱　邮编：100036
开　　本：787×1092　1/16　印张：17.5　字数：414.4 千字
版　　次：2024 年 10 月第 1 版
印　　次：2024 年 10 月第 1 次印刷
定　　价：68.00 元

凡所购买电子工业出版社图书有缺损问题，请向购买书店调换。若书店售缺，请与本社发行部联系，联系及邮购电话：（010）88254888，88258888。

质量投诉请发邮件至 zlts@phei.com.cn，盗版侵权举报请发邮件至 dbqq@phei.com.cn。

本书咨询联系方式：qianwy@phei.com.cn。

序

工业是立国之本、强国之基，在大数据和人工智能时代，工业更是促进技术创新、推动经济增长的关键力量。工业化是数字化与智能化的前提和基础。新型工业化是发展新质生产力的主阵地。坚持系统观念，加强全局性谋划和战略性布局，全面推进新型工业化，是一项创新驱动的系统性数字化工程。新时代新征程，新型工业化蹄疾步稳走向纵深，数字工程是核心，工业软件的深入应用是关键。

工业软件被誉为现代工业的“灵魂”，作为新型工业化的关键要素和重要着力点，在发展新质生产力中发挥着重要作用。它不仅是工业制造的“大脑和神经”，更是实施制造强国战略的核心技术支撑。当前一些关键工业软件正面临受制于人的困境，基于国家急迫需要和长远需求，我们必须在工业软件等关键核心技术领域全力攻坚，加快突破；加强工业软件基础研究和底层技术研发；创新“保险补偿+可替代清单”等制度；建立工业软件人才生态，加速工业软件自主创新和国产化进程。习近平总书记在中共中央政治局第三十四次集体学习时强调，要全面推进产业化、规模化应用，重点突破关键软件，推动软件产业做大做强，提升关键软件技术创新和供给能力。工业软件是软件定义的数字工业，是关键软件的重要组成部分，随着工业互联网、大数据、人工智能等新一代信息通信技术的发展，正迎来快速发展的窗口期。

在新型工业化进程中，数字工程是核心。美国国防部系统工程研究中心最早提出数字工程，即使用先进的建模、仿真和数据分析技术，在复杂系统的整个生命周期进行优化。美国国防部大力推行数字工程，旨在将以往线性、以文档为中心的流程转变为动态、以数字模型为中心的数字工程生态系统，完成以模型为中心的范式转移。据此，数字工程在数字化中被泛化为基于模型的系统工程。

基于模型的系统工程是一种基于模型的方法，利用计算机模型表示系统需求、结构、行为、功能、物理特性，专注于航空航天、国防工程、汽车工程、电气与电子工程、制造工程、机器人工程、医疗器械等复杂系统的开发，并使用计算机模型进行设计和分析。

基于模型的系统工程是钱学森系统工程思想在数字化时代下的发展。系统工程坚持整体思维、大局思维、宏观思维，坚持统筹意识、协同理念。其精髓是顶层设计、科学管理、自主创新、通融协作、综合集成。系统工程的六大要素是人、物资、设备、财、任务和信息。这六大要素揭示了系统工程的基本结构都存在经济规律和技术条件两大制约。这些系统工程的思想与理论，有助于深入学习与实践基于模型的系统工程。

基于模型的系统工程是本书的重点内容，主要包括基于模型的系统工程的方法论与数据互操作性规范、系统建模语言、建模工具开发技术、行为仿真技术、规则定义及自动语法校验，以及国产软件的实践案例等。以上内容安排在工业软件、数字工程这两章内容后，以便读者可站在工业软件与数字工程的角度深入理解基于模型的系统工程。

本书作者通过政产学研合作系统工程，从事基于模型的系统工程领域的研发工作，熟悉工业软件、数字工程和基于模型的系统工程技术。书中不少技术、思想和观点都来源于作者长期的研究、实践和思考。

本书可作为软件工程、计算机科学相关专业，以及对工业软件、数字工程、基于模型的系统工程感兴趣的高年级本科生和研究生的参考教材，也可供工业软件、数字工程与基于模型的系统工程领域的研究人员和工程技术人员参考。

是为序。

尼玛扎西
中国工程院院士
2024 年 08 月

前　言

为落实国家软件发展战略相关要求，扎实推进特色化示范性软件学院建设工作，教育部、工业和信息化部研究制定了《特色化示范性软件学院建设指南（试行）》。聚焦国家软件产业发展重点，在关键基础软件、大型工业软件、行业应用软件、新型平台软件、嵌入式软件等领域，培育建设全国首批33所特色化示范性软件学院。在此背景下，“追根溯源”工业软件的发展历程，“提纲挈领”工业软件的定义与分类，“研几探赜”工业软件的四大基石，“登高望远”工业软件的国内外态势。第 1 章工业软件开启了本书内容，针对国内一些关键工业软件受制于人的困境，提出工业软件的新引擎、主战场、主场景，投石问路，提出软件定义新型工业化，“柳暗花明又一村”。第 2 章数字工程“开门见山”，界定了面向工业软件的数字工程实质、定义和内涵，阐述了数字工程全球发展态势，详述了美国数字工程的背景、目的、构想和战略，以及面向国产工业软件的数字工程的目标和重点领域。

本书比较宏观地概述了面向工业软件的数字工程，并在此基础上，引出重点内容——基于模型的系统工程（MBSE），主要介绍 MBSE 方法论、MBSE 数据互操作性规范（流程用例和数据交换标准）、MBSE 建模语言（SysML）、SysML 建模工具开发技术、SysML 行为仿真技术、SysML 的规则定义及自动语法校验、MBSE 实践等。

本书融入思政教育元素，聚焦自主可控的国产工业软件发展，系统地介绍了工业软件、数字工程及 MBSE 的理论、方法和应用，激发学生的爱国热情和民族自豪感，引导学生增强社会责任感，坚定报国之志。本书全面深入地剖析了 SysML 建模语言，包括语法、规则、校验、行为仿真等，可帮助读者深入掌握和熟练运用 SysML 进行系统建模，为国内工业软件的自主研发提供重要的理论和技术支撑。本书在电子科技大学-嬴瑞科技MBSE联合实验室的支持下，在四川省经济和信息化厅的指导下，坚持政产学研合作，引入国产自主可控的、基于模型的虚拟时间综合技术及配套的 WRP 软件平台，有助于 MBSE 理论技术方法在国内工业界的推广、普及和应用，为打破国外仿真技术壁垒、推进工业软件向自主可控迈出了关键一步。

本书将前沿的人工智能技术，如大语言模型引入工业软件领域：一是大语言模型赋智新型工业化；二是工业大语言模型的工程化；三是大语言模型赋能数字工程与 MBSE，在智能化设计文档生成、数字工业模型自动化与个性化、软件代码自动生成等方面实现创新突破，对于赋能国产工业软件、提升智能化水平、实现 MBSE“弯道超车”具有重要价值。

电子科技大学信息与软件工程学院作为全国首批 33 所特色化示范性软件学院之一，将 MBSE 作为重点建设的大型工业软件之一。本书作为新工科教材，是软件工程本科生（特别是工业软件方向）课程“基于模型的系统工程技术”和研究生课程“模型驱动的系统工程”的指定教材，致力于推动新时代新工科与“大思政课”建设。本书同时入选电子科技大学 2024 年“普通本科教育高质量教材建设计划”。

本书由于永斌、高凡、彭伟杰、王南星、王向向、龙广宇、曹宏晖、张玉宏编著。其中，于永斌负责编写第 1、2、4、6 章及所有章节的组织工作，高凡负责编写第 5、7 章，彭伟杰负责编写第 3 章，王南星负责编写第 8 章，龙广宇、曹宏晖、张玉宏负责编写第 9 章，王向向负责统稿与校稿。青年教师赖学方，博士后邓颖，博士生成勋、冯箫，硕士生吕诗仪、杨骐铭、向洪宇、印科鹏，本科生葛雨辰、何洋菲，以及赢瑞科技的雷勇、李坚定、李凯、申和仁、罗萌、胡月都参与了本书的创作。感谢北京航空航天大学的鲁金直教授对 MBSE 方法论的指导，感谢国际系统工程协会“奠基人”终身会士（INCOSE Fellow）丹尼尔·克罗伯（Daniel Krob）的指导与帮助。特别感谢工程院尼玛扎西院士对本书内容与组织结构给予的指导，并为本书作序。

本书得到了科技部“新一代人工智能”国家科技重大专项和国家自然科学基金面上项目的部分支持和资助。

在本书付梓出版之际，感谢所有为本书的出版做出直接或间接贡献的专家、学者、同仁、老师与学生。限于作者的水平和经验，书中难免存在不当之处，恳请读者提出宝贵意见。

于永斌

2024 年 8 月

扫码获取本书附带学习资料

目 录

第 1 章 工业软件……1

1.1 工业软件的发展历程……1

1.1.1 工业软件的源头……1

1.1.2 工业软件的发展动力……3

1.1.3 工业软件的历史节点与重要事件……5

1.2 工业软件的定义与分类……8

1.2.1 软件与软件定义……8

1.2.2 工业软件的定义……9

1.2.3 工业软件的分类……10

1.3 工业软件的基石……12

1.3.1 数学是工业软件的理论基础……12

1.3.2 物理是工业软件的原理及机理……15

1.3.3 计算机是工业软件的先进算力……16

1.3.4 工程学是工业软件的工程底色……19

1.4 国外工业软件……20

1.4.1 国外工业软件格局……20

1.4.2 北美工业软件态势……21

1.4.3 日欧工业软件态势……22

1.4.4 国外工业软件的技术封锁……23

1.5 国内工业软件……23

1.5.1 国内工业软件格局……24

1.5.2 国内工业软件态势……25

1.5.3 国内工业软件发展战略……26

1.6 工业软件的未来……27

1.6.1 全球工业软件的发展趋势……27

1.6.2 国内工业软件的发展重点……28

1.6.3 工业软件新引擎是大语言模型……28

1.6.4 工业软件主战场是基于模型的系统工程……30

1.6.5 工业软件主场景是数字工程……31

1.7 本章小结……33

1.8 本章习题……33

参考文献……33

第 2 章 数字工程……35

2.1 面向工业软件的数字工程……35

2.1.1 数字工程的实质 …… 35
2.1.2 数字工程的定义 …… 35
2.1.3 数字工程的内涵 …… 35
2.2 数字工程全球发展态势 …… 36
2.2.1 中国的数字工程 …… 36
2.2.2 欧洲的数字工程 …… 38
2.2.3 美国的数字工程 …… 39
2.3 数字工程的背景 …… 40
2.4 数字工程的目的 …… 41
2.5 数字工程的构想 …… 41
2.6 数字工程的战略 …… 42
2.7 数字工程的目标和重点领域 …… 43
2.7.1 目标 1：正规化模型的开发、集成和使用，为企业和项目决策提供信息 …… 43
2.7.2 目标 2：提供持久且权威的真相来源 …… 44
2.7.3 目标 3：融入技术创新，提升工程实践 …… 46
2.7.4 目标 4：建立支持性基础设施和环境，以促进利益相关者之间的互动、协作和沟通 …… 47
2.7.5 目标 5：转变文化和劳动力，以采用和支持整个生命周期的数字工程 …… 50
2.8 本章小结 …… 52
2.9 本章习题 …… 52
参考文献 …… 52

第 3 章 基于模型的系统工程 …… 53

3.1 MBSE 是数字工程的基础和核心 …… 53
3.1.1 MBSE 以模型为核心载体，变革数字工程 …… 53
3.1.2 MBSE 集成融通多学科，提升数字工程 …… 53
3.1.3 MBSE 以数据驱动模型，赋能数字工程 …… 53
3.2 MBSE 的定义与发展历程 …… 54
3.2.1 MBSE 的定义 …… 54
3.2.2 MBSE 的发展历程 …… 56
3.3 MBSE 方法论 …… 57
3.4 主要 MBSE 方法论 …… 59
3.4.1 RePoSyD …… 59
3.4.2 OOSEM …… 61
3.4.3 SA …… 63
3.4.4 ISE&PPOOA …… 64
3.4.5 Vitech MBSE 方法论 …… 66
3.4.6 OPM …… 67
3.4.7 Harmony-SE …… 69
3.4.8 ARCADIA …… 70
3.4.9 SYSMOD …… 72

3.4.10 MagicGrid …… 74
3.5 本章小结 …… 75
3.6 本章习题 …… 75
参考文献 …… 76
第 4 章 MBSE 数据互操作性规范——流程用例和数据交换标准 …… 77
4.1 产业与技术概览 …… 79
4.1.1 A&D 行业的商业现实 …… 79
4.1.2 项目概述、假设和共同的 MBSE 愿景 …… 79
4.1.3 供应商——协作、多种能力和语言 …… 80
4.2 MBSE 数据互操作规范 …… 80
4.2.1 架构建模选项及其比较 …… 83
4.2.2 SysML 图类型 …… 83
4.2.3 ARCADIA 图类型 …… 84
4.3 MBSE 用例 …… 85
4.3.1 整体 MBSE 过程 …… 85
4.3.2 用例 1：SoS 和将功能接口转换为逻辑系统（UC1） …… 86
4.3.3 用例 2：定义系统操作场景（UC2） …… 87
4.3.4 用例 3：定义系统规范包（UC3） …… 88
4.3.5 用例 4：预先安排验证和验证流程并共同开发行为模型（UC4） …… 90
4.3.6 用例 5：导出硬件/软件功能规范（UC5） …… 91
4.3.7 互操作性关键图类型的用例摘要 …… 92
4.4 MBSE 互操作性解决方案评估 …… 93
4.4.1 互操作性选项 …… 93
4.4.2 第三方能力的探索 …… 93
4.5 本章小结 …… 95
4.5.1 MBSE 数据互操作性——替代方案和临时解决方案 …… 96
4.5.2 MBSE 数据互操作性——观察和问题 …… 96
4.5.3 前进计划 …… 97
4.6 本章习题 …… 98
参考文献 …… 98
第 5 章 系统建模语言 …… 100
5.1 SysML 概述 …… 100
5.2 SysML 需求建模 …… 102
5.2.1 概述 …… 102
5.2.2 图形元素 …… 103
5.2.3 使用示例 …… 105
5.3 SysML 行为建模 …… 108
5.3.1 活动图 …… 108

5.3.2 交互图 …… 115
5.3.3 状态机图 …… 121
5.3.4 用例图 …… 124
5.4 SysML 结构及接口建模 …… 128
5.4.1 块定义图 …… 128
5.4.2 端口和流 …… 142
5.5 SysML 指标参数建模（约束块） …… 155
5.6 本章小结 …… 158
5.7 本章习题 …… 158
参考文献 …… 158

第 6 章 SysML 建模工具开发技术 …… 160

6.1 需求模型开发技术 …… 162
6.1.1 需求变更 …… 162
6.1.2 SysML 需求关系追溯 …… 163
6.2 工具化开发技术 …… 165
6.2.1 Stereotype 建模技术 …… 165
6.2.2 鹰眼（Eagle eye） …… 167
6.2.3 布局布线 …… 170
6.3 工具可视化特定技术 …… 181
6.3.1 基于 QCustomPlot 的可视化 …… 181
6.3.2 基于 QMouseEvent 的交互操作 …… 183
6.4 本章小结 …… 184
6.5 本章习题 …… 184
参考文献 …… 184

第 7 章 SysML 行为仿真技术 …… 186

7.1 SysML 活动图仿真 …… 187
7.1.1 活动图仿真目的 …… 187
7.1.2 活动图仿真执行 …… 188
7.2 fUML 抽象语法 …… 189
7.2.1 概述 …… 189
7.2.2 语法包（Syntax Packages） …… 191
7.2.3 通用结构（Common Structure） …… 193
7.2.4 值（Values） …… 195
7.2.5 分类（Classification） …… 196
7.2.6 简单分类器（Simple Classifiers） …… 200
7.2.7 结构化分类器（StructuredClassifiers） …… 202
7.2.8 包（Packages） …… 204
7.2.9 通用行为（Common Behavior） …… 205

7.2.10 活动（Activities）……207
7.2.11 动作（Action）……211
7.3 fUML 执行模型……218
7.3.1 fUML 执行模型的核心概念……219
7.3.2 fUML 执行模型的语义、结构、惯例……219
7.3.3 fUML 执行模型语义包……221
7.4 fUML 基础模型库……221
7.4.1 一般情况（General）……221
7.4.2 基本类型（Primitive Types）……221
7.4.3 基本行为（Primitive Behaviors）……222
7.4.4 通用（Common）……228
7.4.5 基本输入/输出（Basic Input/Output）……229
7.5 fUML 基本语义……236
7.5.1 设计准则……236
7.5.2 惯例……236
7.5.3 结构与行为……237
7.6 本章小结……237
7.7 本章习题……238
参考文献……238
第 8 章 SysML 的规则定义及自动语法校验……239
8.1 对象约束语言描述……239
8.2 OCL 抽象语法……240
8.2.1 Types 包……240
8.2.2 Expressions 包（表达式包）……243
8.3 OCL 具体语法……248
8.4 OCL 约束与编译……250
8.5 本章小结……252
8.6 本章习题……252
参考文献……253
第 9 章 MBSE 实践……254
9.1 基于模型的虚拟时间综合技术……254
9.1.1 MBSE 实现的技术挑战……254
9.1.2 基于模型的虚拟时间综合……255
9.2 国产自主的虚拟时间综合软件平台……255
9.2.1 软件概述……255
9.2.2 设计目标……255
9.2.3 软件功能……257
9.2.4 软件应用场景……262

9.3 操作实践 ······ 263
9.3.1 虚拟系统功能架构建模 ······ 263
9.3.2 虚拟系统动态行为建模 ······ 264
9.3.3 虚拟综合分布式仿真 ······ 265
9.3.4 虚拟仿真数据分析 ······ 266
9.4 本章小结 ······ 266
9.5 本章习题 ······ 266

第 1 章　工业软件

教育部办公厅、工业和信息化部办公厅联合印发的《特色化示范性软件学院建设指南（试行）》明确指出，软件是信息技术之魂、网络安全之盾、经济转型之擎、数字社会之基。软件是云计算、大数据、虚拟现实、增强现实、混合现实、人工智能、区块链、数字孪生、元宇宙、工业互联网、物联网、卫星互联网、5G、量子通信等新一代信息技术创新的集中体现，赋能传统行业转型升级，催生数字经济新业态、新模式和新场景，是新经济和新产业发展的重要引擎。软件定义是全球新一轮科技革命和产业变革的新标杆，承担着数字经济发展新使命。软件定义聚焦到真正的工业内核上，就是工业软件。

1.1　工业软件的发展历程

工业软件的发展伴随着计算机、软件、信息通信技术（Information Communication Technology，ICT）驱动工业（制造业，采矿业，电力、热力、燃气及水生产和供应业等）机械化、电气化、数字化、信息化、网络化和智能化的每一步发展历程。

1.1.1　工业软件的源头

工业软件的源头可追溯到计算机的诞生。1623 年，德国科学家契克卡德制造出人类第一台机械计算机。1642 年，法国科学家帕斯卡发明著名的帕斯卡机械计算机，首次确立计算机的概念。1679 年，德国数学家莱布尼茨提出二进制。1725 年，法国纺织机械师乔布提出“穿孔纸带”的构想。1822 年，英国科学家巴贝奇制造出第一台差分机，并于 1834 年提出分析机的概念；他的助手爱达编制出人类历史上第一批计算机程序。1890 年，美国统计学家霍列瑞斯博士发明制表机，完成人类历史上第一次大规模数据处理。1893 年，德国人施泰格尔在手摇式计算机的基础上研制出名为“大富豪”的计算机。1895 年，英国青年工程师弗莱明通过“爱迪生效应”发明了人类第一只电子管。1913 年，美国麻省理工学院教授万・布什领导制造出模拟计算机“微分分析仪”。1937 年，美国贝尔实验室研究人员斯蒂比兹制造出电磁式数字计算机。1946 年，美国宾夕法尼亚大学摩尔学院教授莫奇利和埃克特成功研制出第一台现代电子通用计算机（电子管计算机）ENIAC（Electronic Numerical Integrator And Computer）。1954 年，世界上第一台晶体管计算机诞生，从此以后，计算机便随着集成电路的快速发展而迅速发展。计算机的发展史如图 1.1 所示。

工业软件起源于计算机在军事工业中的应用。1946 年，美籍匈牙利数学家冯・诺依曼（John von Neumann）提出计算机（由运算器、控制器、存储器、输入/输出设备组成）的冯・诺依曼体系结构（二进制逻辑、程序存储执行）。同年，宾夕法尼亚大学的莫奇利和埃克特团队花费48万美元研制出电子数字积分计算机ENIAC，为军方计算弹道表。在第二次世界大战期间，美军的弹道研究实验室每天要为陆军提供 6 张火力表（每张火力表包含几百条弹道，每条弹道都是复杂数值近似计算的非线性方程），真实战争场景下的庞大计算量（美军雇佣 200 名计算员大约 2 个月才能计算完 1 张火力表）催生了 ENIAC。军事计算的强大需求，推动了工业软件的诞生；而计算机在工业领域的应用，则促进了工业软件的飞速发展。

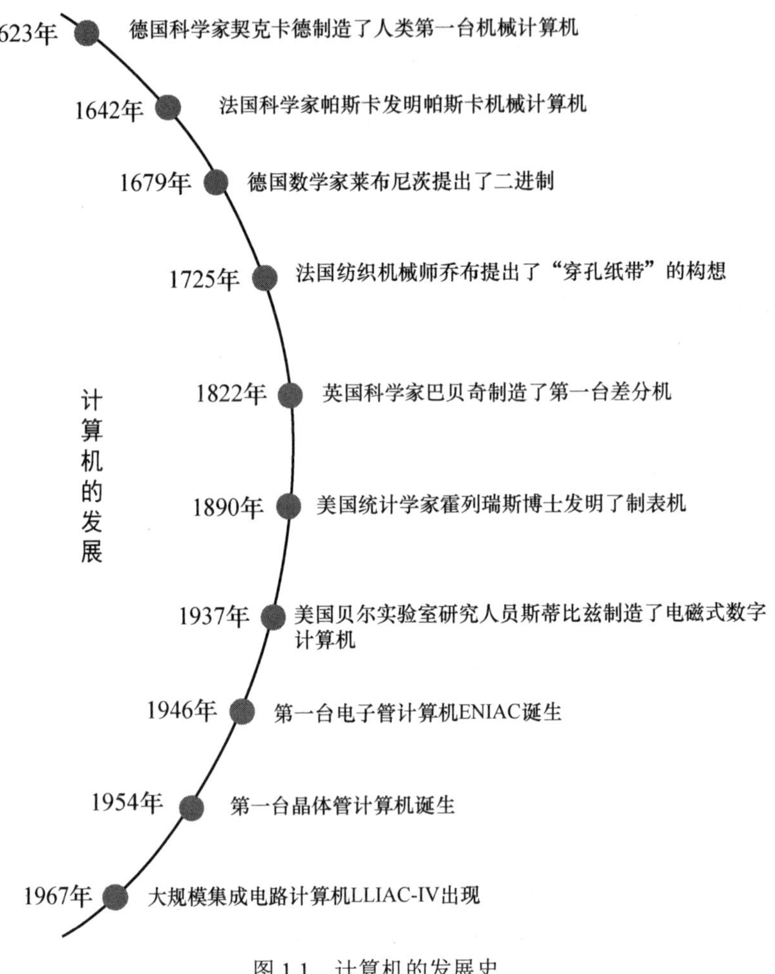

图 1.1 计算机的发展史

工业软件的本质依然是软件。1854 年，英国数学家布尔（George Boole）发表 *The Laws of Thought*，建立布尔代数和今天计算机、电子设备使用的二进制系统；英国数学家阿达·洛芙莱斯（Ada Lovelace）作为计算机程序创始人，创建循环和子程序概念。1940 年，华莱士·埃克特（Wallace John Eckert）出版 *Punched Card Methods in Scientific Computation*，这种在卡带中打孔（穿孔卡片机）实现复杂的科学计算是人类历史上的第一种计算机算法或模式语言。在第二次世界大战期间，世界的计算研究主要集中在德国、英国和美国。在德国，数字计算机之父康拉德·楚泽（Konrad Zuse）提出计算机程序控制概念、发明第一种高级编程语言 Plankalkuel 和第一台通用存储计算机 Z1；在英国，数学家艾伦·麦席森·图灵（Alan

Mathison Turing）提出可计算性理论、人工智能和图灵试验，建立现代计算机科学的理论基础；在美国，在军方的支持下，世界上第一台通用计算机 ENIAC 与存储程序式计算机 EDVAC（Electronic Discrete Variable Automatic Computer）被研制出来，“编程”通过连接插板来实现。第二次世界大战后，软件工程随着计算机的兴起而诞生。美国程序员玛格丽特·汉密尔顿（Margaret Heafield Hamilton）首创了“软件工程”一词，她领导的团队为阿波罗（Apollo）11 号和其他载人阿波罗任务开发了机载飞行软件，并使用“软件工程”一词以区分自己的工作与刚刚起步的美国太空项目中的硬件工程。因此，从“基因”上追溯，阿波罗机载飞行软件可被视为最早的一类工业软件。从此，基于软件工程的工业软件从航天领域逐渐进入工业领域乃至人类生活的方方面面。

1.1.2　工业软件的发展动力

工业软件的发展动力主要是“计算机+工业”与“工业+计算机”，集中表现为工业场景驱动的软件定义，以及以物联网、大数据、人工智能等新一代信息技术为特征的工业互联网和数字经济，如图 1.2 所示。

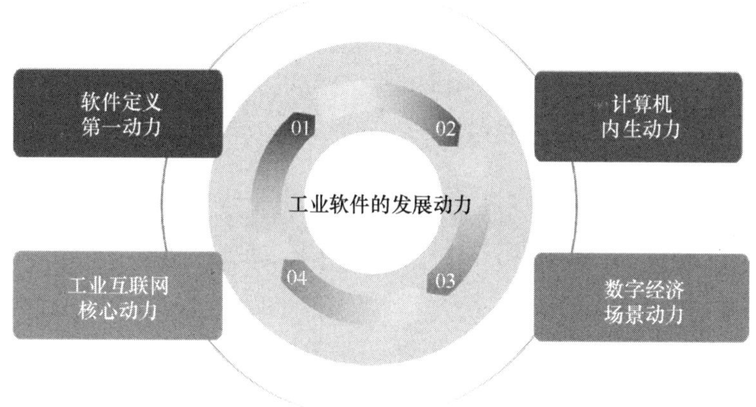

图 1.2　工业软件的发展动力

1．软件定义是工业软件发展的第一动力

软件定义在本质上是“将硬件变软”，通过软件来实现工业场景中物理系统通常用硬件来实现的功能，并利用软件丰富的表达能力和灵活的变化能力赋予最终的物理系统更自由的使用方式及其功能在未来的持续扩展能力，驱动工业场景创造出新价值。软件定义在效能上是指软件的赋能、赋值和赋智，是工业软件发展的第一动力。软件定义是全球新一轮科技革命和产业变革的新标杆，已成为驱动工业软件发展的核心力量。作为融合“云网边端”数据与服务资源的枢纽，工业软件向下使能硬件、适配多样性计算架构，向上聚合应用、促进工业软件生态繁荣。工业软件是云计算、大数据、人工智能、区块链、移动互联网、物联网、5G、虚拟现实、增强现实、元宇宙等新一代信息技术在工业领域创新的集中体现，是催生传统工业新产品、新业态、新模式发展的重要引擎。

软件定义主要包括软件定义存储、软件定义计算、软件定义网络和软件定义平台。软件定义驱动工业软件跨越式创新发展，攻克基于模型的系统工程与数字孪生驱动的工业协作和融合、高可靠工业用工程组态设计编译、电子产品数字化集成调试、边缘计算基础网关、工业大数据处理、工业大脑等工业软件的共性问题与关键技术，开发设计研发类、信息管理类、生产控制类等工业 App（应用程序），加强算法库、零部件库、模型库等工业软件基础资源建设，提升工业软件成熟度。软件定义面向集成电路、航空航天、高端装备、轨道交通、智能网联汽车、生物医药、材料能源等优势主导行业，研发三维数字化协同制造、高端能源装备设计、仿真与测试、管理一体化等平台产品，以及面向电磁频谱、光电、雷达等特定应用对象的嵌入式产品，打造易于适配、迁移与重组的集成平台，提升高性能计算对工业软件的支撑度，大力发展云化的工业软件新形态。

2．计算机是工业软件发展的内生动力

计算机主要集成中央处理器、存储器、控制器等硬件和操作系统、数据库等软件。“计算机+工业”与“工业+计算机”的核心是工业软件。一方面，“计算机+工业”是计算机赋能工业的集中体现，即计算工业化与计算产业化；另一方面，“工业+计算机”是指工业的机械化、自动化、数字化、信息化、网络化和智能化，即工业计算化与产业数字化。基于此，计算机是工业软件发展的动力源。计算机赋予工业新型能力，即在航空航天、汽车、重大装备、钢铁、石化等行业企业实施计算机化转型，计算机能力已成为工业企业的核心竞争力。计算机赋予工业基础设施新的能力和灵活性，成为生产方式升级、生产关系变革、新兴产业发展的重要引擎。

计算机是工业软件的基石，计算机的发展和应用扩展了工业产品的功能，变革了工业产品的价值创造模式，催生了平台化设计、个性化定制、网络化协同、智能化生产、服务化延伸、数字化管理等新型模式，推动了基于先进算力的平台经济、共享经济的蓬勃发展。利用计算机辅助设计、仿真、计算、测试、试验、制造，形成基础工业工具软件；通过计算机控制数控机床、航空航天设备、船舶等重大技术装备，形成关键工业控制软件；采用计算机推动新材料、新能源、智能机器人、网联汽车、工业互联网等重点领域发展，形成行业专用工业软件；依托计算机管理企业工厂的生产、销售、运营、维护等，形成运维管理工业软件。

3．数字经济是工业软件发展的场景动力

数字经济是指以数字化的知识和信息为关键生产要素，以数字技术为核心驱动力，以现代信息网络为重要载体，通过数字技术与实体经济深度融合，不断提高经济社会的数字化、网络化、智能化水平，加速重构经济发展与治理模式的新型经济形态。数字经济主要包括数字产业化和产业数字化，其中，数字产业化是数字经济的基础部分，即围绕数据归集、传输、存储、处理、应用等全流程，形成的有关硬件、软件、终端、内容和服务的产业［涉及领域包括电子信息制造业（集成电路）、软件和信息服务业］以及大数据、云计算、人工智能、区块链、虚拟现实、增强现实、混合现实、元宇宙等新一代信息技术产业；产业数字化是数字经济的融合部分，一般指数字技术与第一、第二、第三产业融合、融汇和融通，对

产业链上下游的全要素进行数字化升级，提高传统产业生产效率，促进传统产业转型升级，并催生出新业态、新模式的过程。不管是数字产业化，还是产业数字化，数字经济都是软件定义的主战场和核心场景。

在数字经济发展过程中，数字化、信息化、网络化、智能化场景驱动工业软件发展。随着智能软件在工业研发设计、生产制造、运维服务、企业管理等产业关键环节的应用，工业软件围绕“机器换人”促进了智能工业、智慧医疗、智能网联汽车、智慧建筑等数字经济核心产业的建设。在数字经济核心产业发展过程中，工业软件是智能制造的基石，是未来战略性新兴产业发展的基础。针对电子制造、航空航天、高端装备、轨道交通、生物医药、工程建筑、材料能源等产业，工业软件主要是研发设计类、生产工艺类、生产控制类等行业专用软件，以及嵌入式操作系统、嵌入式支撑软件和嵌入式应用软件；面对智能制造、自动驾驶、卫星导航、智慧城市、数字治理、智能建筑等典型场景，工业软件主要指智能软件的开发应用，以及软件向高端化和专业化的升级。时至今日，数字经济中的每一件工业品，几乎都是工业软件的重要结晶；数字经济场景是工业软件需求、研发和应用的主战场，场景打造及其应用推广是工业软件发展壮大的引擎。

4. 工业互联网是工业软件发展的核心动力

工业互联网是新一代信息通信技术与先进制造业深度融合所形成的新业态与应用模式。工业互联网平台是工业互联网的核心载体，是工业软件集大成者。面向制造业数字化、网络化和智能化需求，计算机网络、互联网、移动互联网和物联网赋能工业，通过系统构建网络（基础）、平台、安全三大功能体系，打造人、机、物全面互联的新型网络基础设施，构造基于海量数据的采集、汇聚、分析和服务体系，支撑制造资源泛在连接、弹性供给、高效配置的开放式工业云平台，形成智能化发展的新业态和应用模式。

工业软件是工业互联网的核心，实现人、机、物、业务等要素在信号、信息、数据上的互联互通。工业产品的数字化设计、建模仿真、验证测试、模拟试验，工业装备的数字化控制与智能化“大脑”，都离不开工业软件的支撑。根据工业应用的现实瓶颈问题，自下而上形成实际可操作落地、可复用复制的一系列系统解决方案，并以工业 App、工业微服务等形式逐渐沉淀到工业互联网平台上，由单点应用到多点推广，由特定行业、特定领域推广至跨行业、跨领域，建立起涵盖生产制造管理全流程、全工艺、全环节的一系列工业软件平台解决方案，形成多层次平台发展体系。工业互联网的发展为解决工业软件受制于人的难题提供了新的思路和模式。

1.1.3　工业软件的历史节点与重要事件

本节以计算机发展的视角，审视以美国为代表的国外工业软件和国内工业软件的发展历程，归纳出工业软件主要的历史节点与重要事件。

1. 国外工业软件的历史节点与重要事件

国外工业软件的发展历程按重要时间节点与事件可划分为表 1.1 所示的 3 个阶段，这与软件发展的程序设计、程序系统和软件工程 3 个时代基本契合。

表 1.1　国外工业软件发展历程的 3 个阶段

阶　段	特　点	工业软件主要形态
1946 年–1967 年	基于国防和民用技术协同	CAX（CAD、CAE、CAM、CAPP、CAS、CAT、CAI、CAQ 等）
1968 年–2018 年	基于工业自动化	PLC、SCADA、MES、ERP 等
2019 年–今	基于大数据和人工智能	CAX、PLC、MES、ERP、EDA 等

1）第一阶段（1946 年–1967 年）：基于国防和民用技术协同的工业软件

20 世纪 40 年代，在军方需求和军事工业发展的驱动下，电子管计算机、晶体管计算机、集成电路计算机相继诞生。在这一背景下，美国国防部的巨型项目半自动地面防空系统（Semi-Automatic Ground Environment，SAGE）催生出配套的军用软件。当时美国高校和企业中的程序员人数约为 1200 名，而参与 SAGE 项目研发的就超过 700 人，SAGE 项目孕育出第一个商用高级计算机编程语言 FORTRAN 和首个指令集可兼容计算机 IBM System/360 等多项创新成果。1954 年–1964 年，国际商业机器（International Business Machines，IBM）公司为美国航空公司开发商业航空预订系统 SABRE，这是第一个由该公司资助的软件项目，参与该项目的软件工程师约 200 名，耗资 3000 万美元。

在冷战时期，美国为了缩减昂贵的军用软件开支，启动国防和民用技术协同工作，将军用软件商用、民用到工业领域，开启了工业软件的先河。以计算机辅助设计（Computer Aided Design，CAD）软件为例，20 世纪 60 年代，美国波音公司、洛克希德公司（现在发展为洛克希德 • 马丁空间系统公司，每年所编写的软件代码数量超过微软）、美国国家航空航天局（NASA）等航天巨头开始研发 CAD 工业软件来代替人工制图，以满足人工制图无法实现的越来越复杂的产品需求。

类似地，美国 NASA 开始研发计算机辅助工程（Computer Aided Engineering，CAE）工业软件，使美国成为全球最早发展 CAE 工业软件的国家。工业软件起始于军用软件，通过国防和民用技术协同，直接根植于工业场景中，并开始发展。在工业软件的萌芽时期，企业开发的工业软件首先满足自用，然后逐渐产业化、市场化，转为商用。早期的 CAD 和 CAE，随着国防和民用技术协同的深入与工业场景的拓展，逐步发展为各类计算机辅助软件（CAX），主要包括 CAD、CAE、CAM（Computer Aided Manufacturing，计算机辅助制造）、CAPP（Computer Aided Process Planning，计算机辅助工艺设计）、CAS（Computer Aided Styling，计算机辅助造型）、CAT（Computer Aided Testing，计算机辅助测试）、CAI（Computer Aided Instruction，计算机辅助教学）、CAQ（Computer Aided Quality，计算机辅助质量管理）等。

2）第二阶段（1968 年–2018 年）：基于工业自动化的工业软件

早在 1968 年，迪克 • 莫利（Dick Morley）基于继电器梯形逻辑图的基本原理来模拟继电器控制，发明了可编程控制器（Programmable Controller，PC）或工厂控制器。这种新工厂自动化技术提供了对控制器进行编程的方法，不再需要对继电器进行物理重新布线来创建定时器、计数器和逻辑定序器等功能。1969 年，迪克 • 莫利发明了由中央处理器、125 个字节的磁芯存储器和逻辑求解器组成的 Modicon（Modular Digital Controller）084，该控制器使用梯形逻辑和专用 P370 编程终端求解算法。1971 年，奥多・斯特鲁格（Odo Struger）和厄恩斯特・杜门穆斯（Ernst Dummermuth）开发了可编程逻辑控制器（Programmable Logic Controller，PLC）——Bulletin 1774，该控制器采用专用的编程终端 T3。PLC 作为改进继电器控制的工业电子专业装备，改变了全球工业制造产业流程，PLC 创造的工业产品更是极大地改变了全人类的生产方式，由此开始了第三次工业革命。

PLC 本质上是具有模块化组件的小型工业计算机，是基于计算机的工业控制器，与工业机器人和 CAX 共同支撑工业自动化。在工业自动化架构中，PLC 是现代工业控制的核心，向下控制工业现场的传感器、执行器等物理硬件，向上支撑数据采集和监控（Supervisory Control and Data Acquisition，SCADA）系统、制造执行系统（Manufacturing Execution System，MES）以及企业资源规划（Enterprise Resource Planning，ERP）系统。目前，世界上主要的 PLC 厂商包括德国的西门子公司（SIMATIC 系列）、美国的罗克韦尔公司（SLC、MicroLogix、ControlLogix 等）和通用电气公司（GE Fanuc PLC）、法国的施耐德公司（Modicon、Quantum、Premium、Momentum 等）、日本的三菱公司和欧姆龙公司等。

从 1968 年到 2018 年，在工业自动化中涌现出基础技术（Basic technology）、技术概念模型（Technology concepts and methodologies）和整合技术（Consolidated technology）三大类软件技术。其中，基础技术主要包括软件工程、软件过程/流程、安全工程、人工智能、可用性工程、生物计算、网格计算、分布式计算等，这些基础技术是工业软件的理论和根基。技术概念模型主要涵盖面向对象的开发、成熟度模型、统一建模、开源软件、并行处理（分布式、多核）、敏捷开发、产品线工程、软件模式、基于构件的开发、模型驱动开发、自主软件（Autonomous software）、形式化开发（Formal development）等，这些技术概念模型催生了工业软件的工具和方法。整合技术主要有个人计算机、Unix 生态系统、图像多任务操作系统（如 Windows）、互联网、移动协议与设备、Java 生态系统、虚拟/增强现实、LAMP（Linux、Apache、MySQL、PHP/Perl）中间件、搜索引擎、集成开发环境、产品生命周期管理、计算机辅助软件工程等，这些整合技术往往是众多工业软件的分水岭。工业自动化的 50 年，是工业软件跨越式发展的黄金时期。

3）第三阶段（2019 年–今）：基于大数据和人工智能的工业软件

在大数据和人工智能时代，互联网、移动互联网、物联网、5G、卫星互联网、工业互联网等产生海量数据，大数据中心/互联网数据中心（IDC）、超算中心和智算中心等赋能云计算、类脑计算、边缘计算、量子计算，提供算力，统计学习、机器学习、深度学习等提供算法，这些数据、算力和算法驱动软件定义工业场景的感知、计算、重构、协同和交互，赋值、赋能、赋智 CAX、PLC、MES、ERP、EDA（Electronic Design Automation，电子设计自动化）等工业软件。

基于上述 3 个阶段的国外工业软件发展历程，工业软件生产者在宏观上主要分为早期军事软件与国防和民用技术协同服务企业、独立工业软件公司、企业/工业解决方案提供商、个人计算机（工业）软件商、智能制造与工业互联网服务商、元宇宙建设商等。这些国际厂商将工业软件业务拓展到世界各地，促进了工业软件的快速发展。

2．国内工业软件的历史节点与重要事件

我国工业软件发展存在一个滞后期，在国外工业软件发展的影响下，也主要分为 3 个阶段，分别是20世纪80年代至90年代中期的萌芽阶段、20世纪90年代中期至2020年的起步阶段和2020年至今的发展阶段。

在第一阶段，我国工业软件处于萌芽阶段，主要有两个重要事件。一是工业软件在1986年列入国家“863 计划”；二是在 1996 年成功研制出国内首个 EDA 软件——熊猫系统。其中，熊猫系统主要由28个设计工具组成，涵盖行为功能级描述、自动布局布线、逻辑和电路模拟、测试码生成、版图编辑和版图验证等功能，共180万行代码。

在第二阶段，工业软件徘徊在起步阶段，主要有两个重要事件。一是国外软件巨头入侵，本土企业缺乏竞争力且产品同质化严重，企业或纷纷倒闭，或成为国外巨头代理商与二次开发商；二是面对国内工业软件市场被国外企业占据的严峻形势，国家在2015年以后开始重视工业软件的发展。整体而言，在这个阶段，我国工业软件国产化率较低，其中研发设计类工业软件国产化率最低，国内厂商市场份额仅占 5%左右。而且多数研发设计类工业软件仅应用于工业机理简单、系统功能单一、行业复杂度低的领域。

在第三阶段，工业软件进入发展期，主要有中兴事件和华为事件。国内工业软件受到国外技术封锁后，国家密集出台政策大力支持国内企业加快研发进度，自主可控的工业软件迎来快速发展的“春天”。随着国家在“十四五”期间加大工业转型升级力度，并大力发展高端、智能装备产业，工业软件市场进一步扩大，对本土工业软件产业发展也起到极大的推动作用。应用信息技术改造、提升，传统产业不断取得新的进展，工业设计研发信息化、生产装备数字化、生产过程智能化和经营管理网络化水平迅速提高。电子信息技术的发展催生了一批新兴产业。科技咨询、工业设计、现代物流、软件服务、信息发布、创意产业等工业服务业应运而起，促进了工业的优化升级。网络文化、动漫游戏、休闲娱乐、数字家庭、网络社区、无线城市等电子信息技术的广泛应用，进一步改变了人们的生活方式，扩展了人们的消费需求，产生了新的经济增长点。电信网、互联网、广播网“三网融合”的推进为信息化的发展增添了新的动力。工业软件的用户主要是钢铁、汽车、机械、军工、电子、化工等大型企业。在国家两化融合政策的积极推动下，中国软件产业近十年的发展势头非常强劲。中国的工业设计软件业在装备、汽车、电子电器、航空航天等行业也获得了极大的市场空间。

1.2 工业软件的定义与分类

目前，工业软件的概念缺乏标准表述，其界定还未统一。下面具体讨论工业软件的定义及分类。

1.2.1 软件与软件定义

软件是计算机指令与数据的集合，作为信号/信息/数据采集、处理、传输、管理和应用的工具，是知识的重要载体，是数字时代与信息社会的重要基石。在当前人机物融合的计算时代下，软件能够深度渗透物理世界和人类社会，成为信息化社会不可或缺的一项基础设施。

软件是数字化、信息化、网络化、智能化的实现技术，也是它们的呈现形式。软件化是推进数字化、信息化、网络化、智能化的基础。在狭义上，软件化是指将传统用硬件来实现的功能改由软件来实现，即硬件“软化”；在广义上，软件化则指根据产业场景与业务需求来开发具有相应功能的软件应用系统的过程，即“软件+”。

在当今的大数据与人工智能时代，软件化已经渗透到各行各业，尤其在工业、农业及第三产业中起到显著作用，这就是软件定义。软件定义在技术本质上，是通过虚拟化及其计算机应用编程接口（API）“定义”硬件部件的可操控成分，以实现硬件部件的按需管理。软件定义的内涵特征是“抽象化、平台化、可编程”，而 “生态化”则是软件定义价值最大化的必经途径。软件定义能把计算、储存、网络、安全从硬件底层释放出来，提炼、集中、合成所有的数据中心、智算中心与超算中心资源，拓展虚拟化概念至一个全新的系统层面，实施自动化与智能化管理。

软件定义是一种通过软件实现以分层抽象的方式来建模、控制系统复杂性的方法论，更是数字化转型的方法论。如今，软件定义的方法论已经在诸多领域得到了广泛实践。在生产制造领域，软件正在成为各个国家和企业打造核心竞争力的抓手与产业转型升级的加速器，在国家与企业两个层面均具有重要的战略意义。在装备工业领域，软件定义赋能制造为“智造”，成为倍增装备效用的有力手段，使其具备可重构、多功能、自适应、分布式、智慧型等特性，广泛应用于军用与民用领域。

1.2.2　工业软件的定义

从计算机科学与软件工程角度看，工业软件在“计算机+工业”与“工业+计算机”的基础上由软件定义制造业、采掘业、建筑业、纺织业、交通运输业、电力生产业等工业门类。其中，“计算机”与“软件”是核心，“工业”是场景。在效能上，计算机、软件以及信息通信技术应用到工业领域，在数字和物理空间定义、优化、重塑、变革工业产品、流程工艺、设备控制、生产销售和营运管理，在现代工业中充分体现计算机与软件的“赋能”“赋值”和“赋智”作用，提升全要素生产率，驱动工业的转型升级和创新发展。

从工业技术与工业知识角度看，工业软件是专用于或主要用于工业领域，以提高工业企业研发、制造、经营管理水平和工业装备性能的软件，是工业技术软件化的成果。工业技术是驱动工业软件和信息/网络物理系统（Cyber Physical System，CPS）高效、智能运转，并赖以产生效益的工匠技能。工业技术软件化是国内业界在推动工业数字化、网络化、智能化的实践中提出的命题，其概念目前尚无确切定义。有关研究机构认为，工业技术软件化是指运用软件的方法和手段将工业技术、工艺经验、制造知识和方法进行数字化、信息化、模块化和模型化，形成一系列的工业 App 的过程，有助于扩大和提升软件市场的空间和应用价值。工业技术软件化的基础支撑是管理基础工业软件与控制系统的平台，即工业互联网和工业云平台；实施重点是面向业务应用的工业 App 的开发与应用；未来方向是基于工业大数据分析的智能系统。

在本质上，工业软件是以数字化模型、数字工程或专业化软件工具的形式固化、集成、封装特定工业场景下的经验知识的工业产品。工业软件是计算机、数学、物理、化学，以及工艺、领域知识的集大成者，每个工业细分领域或行业，都有自己独特的软件形态。广义上，软件+工业与工业+软件，即工业软件，是指在计算机、大数据、人工智能与工艺、行业数据知识库支撑下应用在工业领域的软件，主要包括工业系统软件、应用软件、中间件、嵌入式软件等。狭义上，工业软件是软件定义工艺技术和知识的容器，是工业技术、流程、知识的程序化封装与复用，是在工业领域场景或应用开发中面向研发设计、业务管理、生产调度和过程管控等工业领域各环节的指令集合。

在要素上，工业软件是工业产品的基本构成要素，是研制工业产品的关键工具和生产要素，是工业机械装备中的"软零件"和"软装备"；在产业上，工业软件是工业中软件和信息技术服务业的重要组成部分，是推动智能制造高质量发展的核心要素和重要支撑。对于企业，工业软件是工业企事业单位与科研院所的研发工具和机器与产品的大脑，是核心竞争力；对于国家，工业软件是数字经济中数字产业化和产业数字化的核心，是智能工业与工业智能的基础，是工业从要素驱动向创新驱动转变的动力，是从工业大国向工业强国转变的助推器，是提升工业国际竞争力的重要抓手。

1.2.3 工业软件的分类

根据工业软件的定义，从不同的角度分析工业软件的类别，进一步界定工业软件的边界。

1. 教育部、工业和信息化部提出的工业软件分类方法

为落实国家软件发展战略相关要求，根据《教育部 工业和信息化部 中国工程院关于加快建设发展新工科 实施卓越工程师教育培养计划 2.0 的意见》（教高〔2018〕3 号）工作部署，扎实推进特色化示范性软件学院建设工作，教育部、工业和信息化部研究制定了《特色化示范性软件学院建设指南（试行）》，并于 2020 年 6 月 5 日印发。《特色化示范性软件学院建设指南（试行）》主要聚焦于国家软件产业的发展重点，即关键基础软件、大型工业软件、行业应用软件、新型平台软件、嵌入式软件等领域。

据此，工业软件主要分为大型工业软件、行业应用软件、新型平台软件和嵌入式软件，具体如表 1.2 所示。其中，大型工业软件聚焦"大工业"和"重工业"，是工业软件的核心；行业应用软件主要是指工业中细分行业的应用软件，即工业行业应用软件；新型平台软件是指工业中的新业态与新经济类、跨界融合集成类或新型架构平台类软件，即新型工业平台软件；嵌入式软件主要是指工业场景中的嵌入式操作系统、嵌入式应用软件和嵌入式支撑软件，即嵌入式工业软件。

2. 工业和信息化部发布的工业软件分类

根据国家统计局批准、工业和信息化部制定发布的《软件和信息技术服务业统计调查制

度》（2021 年度统计年报和 2022 年定期统计报表），工业软件是指在工业领域辅助进行工业设计、生产、通信、控制和工业企业业务管理的软件，主要分为产品研发设计类软件、生产控制类软件和业务管理类软件，具体如表 1.3 所示。

表 1.2　工业软件的分类

序　　号	名　　称	说　　明
1	大型工业软件	软件定义“大工业”和“重工业”
2	工业行业应用软件	软件定义工业行业（在 1984 年 12 月制定的《国民经济行业分类》中，工业按行业被划分为 40 个大类、212 个中类、538 个小类）
3	新型工业平台软件	软件定义新型工业平台
4	嵌入式工业软件	软件和嵌入式定义工业

表 1.3　工业软件的分类

分 类 号	名　　称	说　　明
E101040000	1.4 工业软件	—
E101040100	1.4.1 产品研发设计类软件	用于提升企业在产品研发工作领域的能力和效率。包括 3D 虚拟仿真系统、CAD、CAE、CAM、CAPP、产品数据管理（PDM）、产品生命周期管理（PLM）、建筑信息模型（BIM）、过程工艺模拟软件等
E101040200	1.4.2 生产控制类软件	用于提高制造过程的管控水平，改善生产设备的效率和利用率。包括工业控制系统、制造执行系统（MES）、制造运营管理（MOM）系统、操作员培训仿真系统（OTS）、调度优化（ORION）系统、先进控制（APC）系统等
E101040300	1.4.3 业务管理类软件	用于提升企业的管理治理水平和运营效率。包括 ERP、供应链管理（SCM）、客户关系管理（CRM）、人力资源管理（HRM）、企业资产管理（EAM）、商业智能（BI）系统等

3. 国家标准提出的工业软件分类方法

在 GB/T 36475-2018《软件产品分类》中，工业软件分为工业总线、CAD、CAM、计算机集成制造系统等 9 大类，具体如表 1.4 所示。

表 1.4　工业软件的分类

分 类 号	名　　称	说　　明
F	工业软件	在工业领域辅助进行工业设计、生产、通信、控制的软件
F.1	工业总线	偏嵌入式/硬件，用于将多个处理器和控制器集成在一起实现相互之间的通信，包括串行总线和并行总线
F.2	CAD	采用系统化工程方法，利用计算机辅助设计人员完成设计任务的软件
F.3	CAM	利用计算机对产品制造作业进行规划、管理和控制的软件
F.4	计算机集成制造系统	综合运用计算机信息处理技术和生产技术，对制造型企业经营的全过程（包括市场分析、产品设计、计划管理、加工制造、销售服务等）的活动、信息、资源、组织和管理进行总体最优化组合的软件

续表

分类号	名称	说明
F.5	工业仿真	模拟将实体工业中的各个模块转化成数据，整合到一个虚拟体系中的软件。模拟实现工业作业中的每一项工作和流程，并与之实现各种交互
F.6	PLC	采用一类可编程的存储器，用于其内部存储程序，执行逻辑运算、顺序控制、定时、计数与算术操作等面向用户的指令，并通过数字或模拟式输入/输出控制各种类型的机械或生产过程
F.7	PLM	支持产品全生命周期的信息的创建、管理、分发和使用
F.8	PDM	用来管理所有与产品相关信息（包括零件信息、配置、文档、CAD 文件、结构、权限信息等）和所有与产品相关过程（包括过程定义和管理）的软件
F.9	其他工业软件	不属于上述类别的工业软件

1.3 工业软件的基石

工业软件姓“工”，依托软件定义集成数学、物理、计算机科学与工程知识，支撑整个工业体系，集人类基础学科和工程学之大成。数学、物理、计算机和工程学是工业软件的四大基石，如图 1.3 所示。

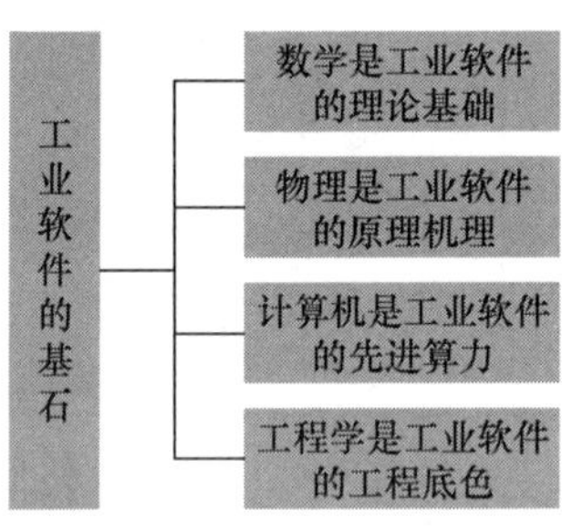

图 1.3 工业软件的四大基石

1.3.1 数学是工业软件的理论基础

数学是计算机算法与软件的基础，更是工业软件的基础。工业软件的底层涉及大量数学知识，主要包括图论、集合论、微积分、常微分方程、偏微分方程、数理方程、概率与统计、线性代数、矩阵理论、近世代数、复变函数、泛函分析、拓扑学、微分几何、张量分析、黎曼几何、计算几何、动态规划、数值最优化、数学建模、数值计算等。在工业机械化、自动化、数字化、信息化、平台化和智能化中应用这些数学知识，解决工业场景中的实际需求，在信息通信技术及其现有软硬件条件下，长期迭代、应用和打磨，实现工业软件的高效性、准确性、可靠性和健壮性。这是工业软件研发的难点之一。

工业软件需要深厚的数学基础，如 CAX 的研发。诞生于 20 世纪 60 年代的计算机辅助设计软件 CAD 主要基于微分几何和计算几何。计算几何作为 CAD 的基础理论之一，主要研究内容是几何体的数学描述和计算机表述，即几何建模，特指计算机辅助几何设计（CAGD）。CAGD 是基于微分几何、代数几何、数值计算、逼近论、拓扑学和数控技术等形成的一门学科，其主要研究对象和内容是对自由形曲线、曲面的数学描述、设计、分析和图形的显示、处理等。孔斯（Coons 曲面）、贝塞尔（Bézier 曲线、Bézier 曲面）等为 CAD、CAGD 等工业软件所依赖的曲面几何造型提供了强有力的数学理论基础——曲线曲面理论。

在 CAD 行业发展之初，曲面建模首先是高校在数学上展开的基础研究。早在 20 世纪 60 年代中期，麻省理工学院的斯蒂文·孔斯（Steven Coons）开发了数字化描述曲面的最早技术之一——Coons 曲面。随后，孔斯和伊凡·苏泽兰（Ivan Sutherland，计算机图形学之父和虚拟现实之父）合作，召集了一批非常出色的数学家和程序员并成立研发小组，该小组在发展几何建模领域的一些早期理论方面发挥了重要作用。孔斯和剑桥大学数学实验室的研究生罗宾·福雷斯特（Robin Forrest）在 1967 年夏天开发了一种定义有理立方形式的技术；随后在 1969 年，罗宾·福雷斯特在其博士学位论文中定义了使用有理立方形式描述不同图形实体的方法。孔斯于 1969 年移居锡拉丘兹大学（Syracuse University），指导博士生里奇·里森菲尔德（Rich Risenfeld），里奇在 1973 年 9 月发表的论文中提出一种名为 B-spline（Basic Spline）的新方法。孔斯的另一位博士生肯·维斯普里尔（Ken Versprille）在 1975 年提出有理 B 样条曲线(rational B-splines)的定义，开发出 NURBS(Non-Uniform Rational B-Splines，非均匀有理 B 样条）。NURBS 相关曲线曲面理论和算法是目前主流商用 CAD 软件使用几何内核的关键技术。

在 CAD 行业的发展中，曲面建模离不开航空和汽车行业的推动。许多飞机和汽车的制造公司推动曲面定义技术的落地和产业化。波音公司在 20 世纪 70 年代末和 80 年代初特别活跃，并根据这些早期的学术研究深化曲面几何技术的成果，支持基于当时进行的 CAD 系统互操作性而提出的初始图形交换规范（Initial Graphics Exchange Specification，IGES）。1981 年，波音公司提议将 NURBS 加入 IGES，随后在 1983 年正式执行。大多数汽车制造公司也在从事曲面几何应用的研究，主要研究从全尺寸黏土模型中获取数据点，并将该数据信息转换为可用于机械冲压模具加工的数字化曲面。法国雷诺公司在 20 世纪 60 年代中期聚焦于复杂曲面的数学定义，该公司的皮埃尔·贝塞尔（Pierre Bézier）基于俄国数学家塞尔吉·伯恩斯坦（Sergi Bernstein）于 1911 年提出的伯恩斯坦多项式（Bernstein polynomials），在 1960 年左右开发出一种定义汽车曲面的数学方法；1972 年，雷诺公司开始创建数字模型并使用数据驱动的铣床，该系统被称为 UNISURF，而后其成为达索系统（Dassault Systèmes）公司 CATIA 软件中重要的组成部分，这项成果的关键内容是开发出众所周知的 Bézier 曲线和曲面，且至今仍在许多图形应用中被使用。1958 年，法国雪铁龙公司的数学家和物理学家保罗·德卡斯特劳（Paul De Casteljau）发明了一种估算 Bézier 曲线的计算方法，提出了一种定义曲面的数学方法，为保持竞争优势，雪铁龙公司直到 1974 年才公开这项成果。

在 CAD 软件中，几何建模具体包括曲面建模和实体建模。如今三维实体建模技术的形成主要源于英国剑桥大学CAD小组的一系列创新。Shape Data是剑桥CAD小组的第一个衍生公司，其创始人是英国人伊恩·布雷德（Ian Braid）、艾伦·格雷（Alan Grayer）、彼得·维恩曼（Peter Veenman）和查尔斯·朗（Charles Lang）。Shape Data于1978年发布了业界第一个实体建模内核——Romulus；之后在此基础上，采用新的工艺和技术研发出Parasolid实体建模内核。1985年，伊恩·布雷德、查尔斯·朗和艾伦·格雷离开Shape Data，创立Three-Space Limited，开发新的实体建模工具ACIS。剑桥大学的CAD小组孵化了90多家衍生企业，建立了实体建模软件的技术基础。ACIS和Parasolid已被数百家CAD软件公司作为内核模块，如今仍被全球数百万用户使用。

计算机辅助工程软件CAE主要在微分方程、差分方程、有限元法、有限差分法等基础数学理论上开发完成。所谓CAE，是用计算机辅助分析工业中复杂工程和产品的结构强度、刚度、屈曲稳定性、动力响应、热传导、三维多体接触、弹塑性等力学性能以及解决结构性能的优化设计等问题的一种近似数值分析方法。在本质上，CAE软件的基础是基于物理的数值计算。CAE软件的主体是有限元分析（Finite Element Analysis，FEA）软件，核心思想是有限元法，即系统结构的离散化，将实际结构离散化为有限数量的规则单元组合体，实际系统结构的性能可以通过分析离散体，得出满足工程精度的近似结果，从而替代对实际系统结构的分析，这样可以解决很多实际工程需要解决而理论分析又无法解决的复杂问题。离散化系统结构的基本过程是将一个形状复杂的连续体的求解区域分解为有限的、形状简单的子区域，即将一个连续体简化为由有限个单元组合的等效组合体；通过离散化连续体，将描述真实连续体场变量的微分方程组分解为一个代数方程组，把求解连续体的场变量（应力、位移、压力和温度等）问题简化为求解有限的单元节点上的场变量值，求解后得到近似的数值解，其近似程度取决于所采用的单元类型、数量和对单元的插值函数。采用CAD软件建立CAE软件的几何模型和物理模型，完成分析数据的输入，此过程通常称为CAE软件的前处理；同样，CAE软件的结果要用CAD软件生成图形输出，这一过程称为CAE软件的后处理。在CAE软件中，无论是数据的前处理和后处理，还是各种求解器（线性方程组求解、非线性方程组求解、常微分方程与偏微分方程及数理方程求解、特征值与特征向量求解、大规模稀疏矩阵求解等），对数学均有很高的要求。

在EDA软件中，特别是物理设计中，数学无处不在。在物理设计过程中，所有的设计组件都实例化为几何。换句话说，所有的宏模块、单元、门、晶体管等，在每个制造层上用固定的形状和大小来表示，在金属层上分配空间位置（布局），并用适当的布线完成连接（布线）。布局布线涉及数学规划、图论、最优化理论。经过布局布线后可获得完整的版图，在版图中提取寄生电阻、电容及电感，并将其放到时序工具中去检查芯片的功能行为。如果分析显示出错误行为或者与可能的制造环境相违背，那么就会进行增量设计优化。设计优化是常见的数值计算方法，是多约束条件下的多目标自动解空间寻优，涉及最优化理论、矩阵理论、张量分析、拓扑学、黎曼几何、泛函分析、动态规划、图论、计算智能等，这些是求解EDA复杂工程问题的基础。

1.3.2　物理是工业软件的原理及机理

工业技术的源头是对工业材料及其物理特性的开发和利用，工业技术的软件化就是工业软件。在工业软件面对的工业场景和生态世界中，物理学是工业革命和高新技术的先导。在第一次工业革命（工业 1.0）中，人类进入蒸汽时代，其标志是蒸汽机的发明和使用，学科基础是牛顿力学和热力学；在第二次工业革命（工业 2.0）中，人类进入电气时代，其标志是电力革命，学科基础是电磁学和电动力学；在第三次工业革命（工业 3.0）中，人类进入数字化/信息化时代，其标志是原子能、电子计算机、空间技术和生物工程，学科基础是相对论和量子力学；在第四次工业革命（工业 4.0）中，人类进入智能化时代，其是由大数据、人工智能、生命科学、互联网、物联网、机器人、新能源、智能制造、数字孪生、元宇宙等一系列技术创新所带来的物理空间、网络空间和生物空间三者的融合。在当今的工业 4.0 中，工业技术重点利用 CPS 将工业生产中的供应、制造、销售信息数据化与智能化，封装、固化、集成热力学、电磁学、量子力学等物理学科并实现软件化，以期提升产品智能化水平。但产品智能化水平的提升将导致产品复杂度的增加，涉及物理机理和多场多域问题。为了解决这些复杂问题，不仅需要深刻理解工业场景相关学科的物理特性，以及与这些物理特性相关的学科方程，如热力学基本方程、电磁学的麦克斯韦方程（Maxwell equation）、流体动力学的伯努利方程（Bernoulli's equation）与纳维–斯托克斯方程（Navier-Stokes equation）等，还需要对实际工业、工程应用领域的多物理场交织耦合环境快速解耦，让不同学科、不同特质的特征参数在迭代过程中互为数理方程组求解的输入、输出，以便求解数值计算、最优化多场多域的工程问题。

在 CAE 中研究的流体、热、电和磁、光、声、材料、结构、分子动力学等物理场问题，每种物理场均包含丰富的分支学科，涉及热力学、固体力学、流体动力学、理论力学、分析力学、材料力学、结构力学、工程力学、弹性力学、板壳力学、塑性力学、振动力学、疲劳力学、断裂力学、爆破力学、电动力学、量子力学、统计力学、生物力学、环境力学、计算力学、计算结构力学、计算流体动力学等。CAE 软件可求解线性与非线性问题，包括求解结构及涉及结构场之外的多场耦合问题等。CAE 软件的求解器由物理算法组成，然而机械制造、航空航天、汽车、船舶、土木建筑、交通运输、石油化工、国防军工和科学研究等专业领域都有很多问题求解算法，且不同专业领域的求解器处理机制完全不同，基本无法通用。这些复杂的物理机理，是工业软件研发的重要挑战。

在 EDA 软件中，物理建模与物理机理至关重要。根据超大规模集成电路的设计流程，物理验证处在系统规范、架构设计、功能和逻辑设计、电路设计和物理设计之后，主要包括设计规则检查（Design Rule Check，DRC）、版图与原理图一致性检查（Layout Versus Schematic，LVS）、精确寄生 RLC 提取、标准单元库建立与验证等，整个物理验证环节主要涉及物理电子工艺和统计电路模型。特别地，寄生参数提取从几何表示的版图元素中导出电气参数，对于网表，同样可以验证电路的电气特性。寄生参数提取的主要目的是创建电路的一个精确模拟模型，完成该步骤主要可使用两种算法：快速算法和三维场解算器（3D field solver）算法。快速算法比三维场解算器算法的精度低一点，面向一般用户，但是速度较快。由于 FinFET 相互作用的复杂性，要想满足晶圆厂对于 EDA 厂商的寄生提取工具和晶圆厂的标准模型结果一致性的要求，三维场解算器算法必不可少。三维场解算器算法计算精确，但是计算时间非常长，主要面向高速电路和 Foundry 厂商，如 RO（Ring Oscillator）和 SerDes（Serializer/ Deserializer）。

1.3.3 计算机是工业软件的先进算力

人类经历了 3 次工业革命，即从发明蒸汽机的动力到第二次工业革命的电力，再到今天信息（软件定义）时代的算力。算力又称计算力，是指软硬件的计算能力和数据的处理能力，其实现的核心是由计算机、服务器和各类智能终端等承载的，主要涵盖 CPU（Central Processing Unit，中央处理器）、GPU（Graphics Processing Unit，图形处理器）、VPU（Video Processing Unit，视频处理器）、TPU（Tensor Processing Unit，张量处理器）、NPU（Neural-network Processing Unit，神经网络处理器）、DPU（Data Processing Unit，数据处理器）、CPLD（Complex Programmable Logic Device，复杂可编程逻辑器）、FPGA（Field Programmable Gate Array，现场可编程门阵列）、DSP（Digital Signal Processor，数字信号处理器）等各类计算芯片。从狭义上说，算力是计算芯片/设备对数据处理并实现结果输出的一种能力；从广义上看，算力是数字经济时代的新生产力，是支撑数字经济发展的坚实基础。

在工业时代，电力是评估经济增长量的重要指标；而在数字经济时代，算力则成为新的核心指标。世界各国都将算力作为新的竞争焦点，例如，美国将“计算”提升至与能源同等地位，并把关联产业纳入国家战略储备。根据权威智库观点，全球算力规模平均每年增长 30%，数字经济规模和 GDP 每年分别增长 5%和 2.4%，在算力中每投入 1 元，将带动 3 美元～4 美元的经济产出。在工业场景中，海量数据处理和各种机械化、自动化、数字化、信息化、网络化、平台化、智能化应用都离不开算力。计算机及其算力是驱动工业软件高质量发展的重要引擎，是当前最具活力、最具创新力、辐射最广泛的信息基础和硬件设施。根据其核心产业范围和应用形态，算力产业体系可分为 3 个部分：一是算力，包括通用算力、智能算力、超算算力、边缘算力，赋能工业软件的计算能力；二是存储，赋能工业软件的存算能力；三是算能，用算力赋能应用，赋能工业软件和数字经济。

（1）算力。通用算力主要基于 CPU 指令集的计算能力。CPU 指令集是存储在 CPU 中，用来计算和控制计算机系统的一套指令的集合，主要包括 X86 架构、ARM 架构、MIPS（Millions of Instructions Per Second）架构和 RISC-V 架构。Intel 的 X86 架构采用的是 CISC（Complex Instruction Set Computer）指令集，具有高功耗和高性能；ARM 架构采用的是 RISC（Reduced Instruction Set Computer）指令集，具有低功耗和低性能；MIPS 架构是一种采用 RISC 指令集计算的处理器架构，可支持高级语言的优化执行；RISC-V 架构是基于 RISC 指令集计算原理建立的开放指令集架构（ISA 架构）。CPU 芯片行业技术壁垒高，国内外仅有少量企业能够稳定提供产品，国外代表厂商有 Intel、AMD、IBM，国内代表厂商有华为、飞腾、龙芯、申威、海思、华芯通等，其中 Intel、AMD 占有全球 95%的市场。基于 CPU 的通用算力主要应用于云计算、行业数字化转型、云数智融合等方面，以及互联网、政务、金融、医疗等领域。2020 年，我国通用算力规模达 77EFlops，占全球总规模的 57%。智能算力主要基于 GPU、VPU、TPU、NPU 及 AI 加速芯片（CPLD、FPGA）的计算能力。其中，GPU 芯片厂商以英伟达、AMD 为代表，FPGA 芯片厂商以 Xilinx、Intel 为代表，AI 芯片厂商以寒武纪、华为为代表。智能算力主要应用于图像处理、人工智能等方面。2020 年，我国智能算力规模达 56EFlops，占全球总规模的 41.5%。超算算力主要基于超级计算机等高性能计算集群的计算能力。超级计算是计算科学的重要概念，是超级计算机及其有效应用的总称，主要运用于尖端科研、国防军工等大科学、大工程、大系统中。全球厂商代表有联想、HPE、浪潮，根据 2022 年 6 月的数据，它们的市场占比分别为 36%、16.8%和 10%。2020 年，我国超算算力规模达 2EFlops，占全球总规模的 1.5%。边缘算力是一种新型的服务模型，将数据或任务放在靠近数据源头的网络边缘执行处理。边缘可以是从数据源到云计算中心之间的任意功能实体，这些实体搭载着融合网络、计算等能力的边缘计算平台，为终端用户提供实时、动态和智能的算力。边缘算力产业上游为设备供应商，国内主要厂商包括华为、思科、浪潮等；中游为边缘服务商，提供边缘网络和专业化生成运营服务等，国内主要厂商包括三大运营商和华为、腾讯、阿里、百度等；下游为终端客户，涉及机场、国防、营销、航运、家庭消费、能源、零售等多个垂直行业。

（2）存储。按照存储介质的不同，现代数字存储主要分为光学存储、磁性存储和半导体存储三类。光学存储包括 CD、DVD 等常见形式。磁性存储包含磁带、软盘、硬盘等。半导体存储器是存储领域应用广、市场规模大的存储器件，包括当前主流的易失性存储器 DRAM 和非易失性存储器 NAND Flash、NOR Flash 等。存储产业链主要包括三个部分：上游是存储核心软硬件，包括存储介质/材料、存储装备、存储芯片/元器件、存储网络、存储软件等，世界先进企业有希捷、Intel、三星、英伟达等；中游是存储产品及解决方案，包括消费级存储、企业级存储等，世界先进企业有海力士、三星、华为等；下游是系统集成与应用服务，包括系统集成、存储智能服务、存储智能应用等，世界先进企业有苹果、特斯拉、微软等。最新的存储研究聚焦于以忆阻器（Memristor）为代表的非易失性存储，利用忆阻器的记忆特性实现新型非易失性阻变存储。

（3）算能。随着 5G 通信技术的发展和商用进程的加速，各行业对算力的需求大幅提升。互联网行业是我国数据中心的主要应用领域之一，互联网企业的在线视频、网络游戏、电子商务等业务均需数据处理设备为其提供算力服务和运维服务，因此催生了大量业务需求。随着数字经济发展，以工业、医疗等为代表的传统行业数字化转型进程加速，也使算力需求规模增长。例如，AI 医疗的发展推动了医疗行业与算力行业的融合，私有云、混合云等服务形式被广泛应用于医疗行业。算力为越来越多的行业数字化转型注入新动能，算力在数字政府、工业互联网、智慧医疗、远程教育、金融科技、航空航天、文化传媒等多个领域得到广泛应用。

在算力实现上，从大型主机到工程工作站，到个人计算机，再到云计算、数据中心、超算中心和智算中心，甚至到未来的量子计算、普适计算、类脑计算。每当先进的计算技术出现，与之相匹配的工业软件就会以鲜明的时代计算特征出现在工业界。EDA 技术将计算建模、计算思维、计算技术成功应用于电子电路、集成电路设计工程领域，改变了电子工程师设计和制造集成电路的方式。EDA 技术的诞生和推广应用是 20 世纪 90 年代在数字电路设计方法上的一次重大变革。随着芯片的复杂程度越来越高，数万门以至数千万门的电路设计需求也越来越多。传统的基于电路图的设计方法已不堪承受，采用硬件描述语言（Hardware Description Language，HDL）的设计方法应运而生。当 CPLD/FPGA 被大量地应用在专用集成电路（Application Specific Integrated Circuit，ASIC）的制作中时，EDA 技术应运而生。用 HDL 语言表达设计意图、以 ASIC（CPLD/FPGA）为硬件载体、以计算机为设计开发工具、以 EDA 软件为开发环境的现代电子设计方法日趋成熟。

EDA 技术包括狭义 EDA 技术和广义 EDA 技术。狭义 EDA 技术就是指以大规模可编程逻辑器件为设计载体，以硬件描述语言为系统逻辑描述的主要表达方式，以计算机、大规模可编程逻辑器件的开发软件及实验开发系统为设计工具，通过相关开发软件，自动完成用软件方式设计的从电子系统到硬件系统的逻辑编译、逻辑化简、逻辑分割、逻辑综合及优化、逻辑布局布线、逻辑仿真，直至对于特定目标芯片的适配编译、逻辑映射、编程下载等工作，最终形成集成电子系统或专用集成芯片的一门新技术。广义 EDA 技术是通过计算机及其电子系统的辅助分析和设计软件，完成电子系统某一部分的设计过程。因此，广义 EDA 技术除了包含狭义的 EDA 技术，还包括计算机辅助分析 CAA 技术（如 PSPICE、EWB、MATLAB 等），印制电路板计算机辅助设计 PCB-CAD 技术（如 PROTEL、ORCAD 等）和其他高频、射频设计与分析的工具等。EDA 工程广义的定义范围是半导体工艺设计自动化、ASIC 器件设计自动化、电子系统设计自动化、印制电路板设计自动化、仿真测试形式验证和故障诊断自动化。EDA 工程就是以计算机为工作平台，以 EDA 软件工具为开发环境，以硬件描述语言为设计语言，以可编程器件为实验载体，以 ASIC、SoC（System on a Chip）芯片为目标器件，以电子系统设计为应用方向的电子产品自动化设计过程。

计算机是工业软件的计算工具，为具体的工业场景提供先进算力。20 世纪 50 年代以来，随着计算机的发展，计算流体动力学（Computational Fluid Dynamics，CFD）——一个介于数学、流体动力学和计算机之间的交叉学科诞生了。CFD 的主要研究内容是通过计算机和数值方法求解流体动力学的控制方程，对流体动力学问题进行模拟和分析。具体而言，就是将流体动力学的控制方程中的积分、微分项近似地表示为离散的代数形式，使其成为代数方程组，通过计算机求解这些离散的代数方程组，获得离散的时间/空间点上的数值解。CFD 的基本特征是数值模拟和计算机实验，它从基本物理定理出发，在很大程度上替代了耗资巨大的流体动力学实验设备，在科学研究和工程技术中产生了巨大的影响。本质上，CFD 和计算传热学、计算燃烧学的原理是用计算机数值方法求解非线性联立的质量、能量、动量和自定义的标量的微分方程组，求解结果能预报流动、传热、传质、燃烧等过程，并成为这些过程装置优化和放大定量设计的有力工具。CFD 是目前国际上的一个热点研究领域，是研究传热、传质、动量传递及燃烧、多相流和化学反应的重要技术，广泛应用于航天设计、汽车设计、生物医学工业、化工处理工业、涡轮机设计、半导体设计、热通空调和制冷工程等诸多工业领域。

1.3.4 工程学是工业软件的工程底色

工业软件代表着工业文明的最高形态，是数学、物理、化学、生物等自然科学知识，与工业工程、制造工程、车辆工程、电机工程、电子工程、通信工程、仪表控制工程、计算机工程、软件工程、系统工程、航空工程、材料工程、土木工程、建筑工程、测量工程、航海工程、纺织工程、核工程等工程学，相互浸润、长期磨合而成的。根据美国工程与技术认证委员会（Accreditation Board for Engineering and Technology，ABET）的定义，工程学有创意地应用科学定律来设计或发展结构物、机器、装置、制造程序，或是利用这些定律产生的作品，或是在完整了解其设计的情况下建构或设计上述物品，或是在特定运作条件下预测其行为，都是为了确保其预期的机能、运作的经济性或人员及财产的安全。一般而言，工程学主要分为四类。首先是土木工程、建筑工程，即设计和建造公共设施与个人住屋，如基础设施（机场、港口、道路、铁路、供水及水处理设施等）、水坝、桥梁和建筑物。其次是机械工程，即应用力学（静力学、动力学）、材料力学、热力学或流体动力学等设计机械系统及设备的机械部分，如能源系统、内燃机、压缩机、运输系统、航空器、车辆的动力总成、运动链、真空技术、振动隔离（Vibration isolation）系统和武器系统。再次是电机工程，即设计和研究各种电子、电机系统，如电磁或机电设备、发电机、马达、光纤、光电设备、电脑系统、仪表等。最后是化学工程，即应用工程原理、物理学、生物学和化学，以商业规模来实现化学程序，如炼油厂、微型制造（Microfabrication）、发酵及生物分子制造等。从工程学的定义和分类可以看出，工程学是工业软件的工业知识基础。

工业工程学（Industrial Engineering，IE）起源于 20 世纪初的美国，它是从科学管理基础上发展起来的，以大规模工业生产及社会经济系统为研究对象的一门应用性学科。它将人、设备、物料、信息和环境等生产系统要素进行优化配置，对生产过程进行系统规划与设计、评价与创新，从而提高工业生产率和社会经济效益。将工业工程学写进软件，需要进一步研究运筹学（包括数学规划、优化算法、系统仿真、随机过程、马尔可夫链、排队论、博弈论等）、管理科学、决策科学、人工智能、系统集成与系统工程、大系统控制理论、工业战略管理、生产系统、供应链管理、物流工程、交通运输系统、服务管理、技术管理、产品开发与质量工程、可靠性工程、电子商务、知识管理、数据挖掘、金融工程、工程经济学、制造系统、厂房设计、仓储管理等知识，因此，将工业工程学转换成模型算法与软件代码是一个漫长的过程。

工业软件在工业技术与知识上可概括为“基-通-专”三个层次。第一层“基”是基础内核和底层硬核，集成了曲面建模、特征建模、参数建模、几何内核（ACIS、Parasolid、CGM、Granite、OpenCasCade、C3D 等）、约束求解器等数学知识，直接决定工业软件的能力边界和行业扩展性。在此之上，第二层“通”是指工业设备、汽车与交通运输、航空航天、建筑工程、能源与材料、船舶与海洋工程、生命科学与医疗保健等工业行业相对通用的知识，包括行业设计通用接口、数据交互标准规范、试验场景与测试数据、人机工程学等。在第二层之上，第三层“专”是指针对工业细分领域的特定产品的专用知识，由于工程、工艺过程适用面非常窄，因此具有专业化、个性化和定制化特点，但其工程知识密度更大。

工业软件是工程学、工业工程学和工业技术与知识的软件化。工业软件针对具体的工业场景和工业领域的建模，积累了多维度的经验，既有数学、物理、化学等基础学科的交叉，又有不同工程经验的混合。如工业界的用户画像建模，在设计阶段，就是数据特征提取、人机工程分析、使用行为挖掘、个性化建模等；在生产现场，就是一个虚拟实时操作员——数字孪生体（物理世界和数字空间在工业场景中交互）；在用户终端，则是包含行为特征、使用习惯、个性化的体验和模拟。又如机械制造涉及大量的工艺工程，主要包括铸造、焊接、冲压、锻造、切削、磨铣、热处理等，这种“know-how”的转移是一种非常复杂的知识扩散过程。特别地，EDA 技术是计算机科学与工程学跨领域协作的成果，计算机科学家与 EDA 工程师、电气工程师合作研究出不同层次的电路模型，与物理学家、化学家携手推出制造工艺，与理论计算机科学家、软件工程师合作分析模型与工艺复杂度，与数值优化和应用数学科学家合作开发出模拟算法和优化算法，与行业应用领域工程师合作开发出知识产权（IP）库，虚拟化各种设计库，将物理实体变为软件定义。不管是机械制造还是 EDA，将大量的制造工艺、电路模型、计算算法转化为软件，是一个长期积累工程学、工业工程学与软件工程的过程。依托强力的知识吞吐，工业软件“百溪成河、百河入川、百川成海”，沉淀了无数科学家的思想碰撞和工程师的专业技术，将人类的智慧积聚成高耸入云的工程学塔尖，工业软件的价值因此得以凝聚和升华。

1.4 国外工业软件

1.4.1 国外工业软件格局

全球的工业软件已经形成“三足鼎立”之势，主要表现在分布上的“三大中心”、实力上的“三大阶层”和技术上的“三大垄断”。

在地理分布上，全球工业软件形成了北美（美国、加拿大等）、欧洲（德国、法国、英国、爱尔兰等）和亚洲（中国、日本、印度等）三大软件中心。其中，美国是工业软件全球领先者，加拿大是全球传统软件强国；德国、法国、英国和爱尔兰是欧洲工业软件的典型代表；日本、印度是亚洲工业软件的翘楚。

在综合实力上，全球工业软件主要划分为三大阶层，即综合型软件国（美国）、专业型软件国（德国、法国、英国、日本、加拿大、荷兰、以色列等）和新兴软件国（爱尔兰、中国、印度等）。

全球工业软件在核心技术上呈现出三大垄断特点。一是巨头主导基础软件，微软、苹果垄断了 92%的桌面操作系统市场份额；谷歌、苹果分别占据 75%和 22%的移动操作系统市场份额；甲骨文、微软、IBM 分别占据 42%、24%、13%的数据库市场份额；IBM、甲骨文位居中间件市场份额前两位。二是少数企业把控高端工业软件，法国达索（Dassault）、德国西门子（SIEMENS）、美国参数技术（PTC）占据 60%以上的三维 CAD 市场份额；西门子、达索、ANASYS、MathWorks 等 12 家公司掌控 95%以上的 CAE 市场份额；新思（Synopsys）科技、铿腾（Cadence）电子、明导（Mentor Graphics）占据超过 60%的 EDA 市场份额。三是新兴技术和开源软件竞争加剧，亚马逊 AWS、微软 Azure、阿里云角逐云计算领域，分别占据 45%、17.9%和 9.1%的全球份额；谷歌、苹果、微软、百度和亚马逊为全球 AI 五强。IBM 收购红帽子，微软收购 GitHub，谷歌开发 Tensorflow、Flutter、Kubernetes 等项目，开源领域竞争加剧。

1.4.2 北美工业软件态势

美国是全球软件强国，在基础软件领域处于垄断地位。在操作系统方面，主要包括微软公司研发的 Windows、贝尔实验室研发的 Unix、苹果公司自行开发的 Mac OS 和 iOS、谷歌公司和开放手机联盟开发的 Android。在数据库方面，主要包括微软公司的 SQL Server、甲骨文公司的 Oracle、IBM 公司的 DB2 等。在强大的基础软件支撑下，美国高度重视工业软件的研发。例如，美国国家航空航天局联合 GE、普惠等公司在 20 年时间里研发出内嵌发动机设计知识、方法和技术参数的 NPSS 软件，其在一天之内就可完成航空发动机的一轮方案设计。波音 787 的整个研制过程用了 8000 多种工业软件，其中只有不到 1000 种是商业化软件，其余的 7000 多种都是波音公司多年积累的私有软件，甚至包含了波音公司核心的工程技术。事实上，美国最大的工业软件公司是世界头号军火商——洛克希德·马丁公司。

2013 年 1 月，美国总统行政办公室、国家科学技术委员会和高端制造业国家项目办公室联合发布了《国家制造业创新网络：一个初步设计》，投资 10 亿美元组建美国制造业创新网络（NNMI）。之后，美国公布的《2016—2045 年新兴科技趋势报告》提出“软件定义一切”。如今，美国已成为工业软件全球领先的国家之一，其典型性的工业软件包括微软的 Office，Adobe 公司的 Acrobat、Photoshop 和 Illustrator，Autodesk 公司的 Maya、3ds MAX 和 AutoCAD，MathWorks 公司的 MATLAB、沃尔夫勒姆研究公司的 Mathematica，Tecplot 公司的 Tecplot，OriginLab 公司的 Origin，Gaussian 公司的 Gaussian，Accelrys 公司的 Materials Studio、三大 EDA 软件（Synopsys、Cadence 和 Mentor），Ansys 公司的 Ansys 与 Fluent，NASA 主持开发的 Nastran 等。

加拿大紧邻美国，地理位置得天独厚，是当今全球人工智能学术研究中心，拥有 60 多个人工智能实验室、600 多家人工智能初创企业和 40 多个人工智能产业加速器与孵化器，为全球工业软件发展注入了强大动力。加拿大十分重视基础科研，具有完备的创新体系，其工业基础强大，绝大部分基础软件和工业软件均为本领域的全球首创。加拿大工业软件具有强大的能源、制造、矿业等工业与教育科研优势。

在加拿大工业软件产业中，开发于 1988 年的 CorelDRAW 是世界最早的 Windows 平台下的大型矢量图像制作软件；开发于 1987 年的三维计算机图形软件 Houdini 是世界上最强大的电影特效制作软件；科学计算软件 Maple 早在 1980 年就由滑铁卢大学开发发布，并与美国的 MATLAB 和 Mathematica 形成三足鼎立的局面；电力仿真软件与电力系统软件（如配电网仿真软件 CYME、接地仿真软件 CDEGS、电磁暂态仿真软件 PSCAD、大规模电网仿真软件 DSA-Tools 等）曾经垄断全球市场；石油化工建模与仿真软件 CMG Suite 是全球最大的油藏数值模拟软件；油气处理及石油化工领域集成工艺与设备开发仿真软件 VMGSim，通过与多家世界级公司合作和建立全球技术联盟，VMGSim 已发展成流程模拟行业的领军者；航空飞行模拟平台 Presagis 是加拿大 CAE 公司（全球最大的飞行模拟器生产商）为航空、军工、汽车等领域开发的建模仿真软件，其用户包括波音、空客、洛克希德·马丁等；岩土工程软件 GeoStudio 是一款功能强大的岩土工程和岩土环境模拟仿真软件；由多伦多大学开发的地质力学软件 Rocscience 已被全球 120 多个国家的 7000 多家客户和 280 所大学使用。

1.4.3 日欧工业软件态势

日本、德国、法国、爱尔兰、英国、以色列等国家面向先进制造需求，在汽车、机器人、数控机床等领域不断推动工业软件发展，确立了其工业软件“领头羊”的地位。

日本在 20 世纪 80 年代提出的“机电一体化”促进了嵌入式软件的高速发展。在日本的工业软件中，精密机床、机器人和汽车是日本嵌入式软件的三大载体。依托数控机床、汽车控制、智能机器人、工业嵌入式软件等领域的优势，日本嵌入式软件供给的质量与效率已超过美国。日本的工业软件以通用软件为基础，施行高度嵌入全球化的策略，结合自身专业知识优势，紧密绑定用户。

在德国，《工业 4.0》一书指出，“工业 4.0”是现代信息技术和软件技术与传统工业生产相互作用的革命性转变，《德国 2020 高技术战略》提出，十大未来项目围绕信息物理系统，在智能工厂和智能生产两大主题上实现进步，德国通过“工业 4.0”战略形成了西门子、SAP 等巨头引领，众多中小企业协同的工业软件发展格局，在嵌入式系统、自动化控制软件、数控系统等领域占据优势。德国的软件产业主要由软件产品研发公司和软件项目及服务公司组成，在嵌入式系统、数控系统、自动化控制软件等领域很发达，在设计工具 CAX（CAD、CAE、CAM 等）软件和 EDA 软件等领域享誉全球。

法国是 CAD 软件的起源地之一，汽车、核电和航空工业孕育了法国工业软件的种子，在柔性材料切割、服装设计等领域独树一帜，是世界工业软件版图中的重要力量。在法国，工业软件是推动软件产业增长的“火车头”。法国通过“新的工业法国”战略规划形成了世界最大的工业软件提供商之一——达索系统，为航空、汽车、机械电子等工业领域提供软件系统服务和技术支持。法国完整的工业体系、良好的市场环境、独具特色的工程师教育体系及政府的积极政策等，是推动法国工业软件发展的重要因素。

爱尔兰工业软件产业异军突起，其软件产业是国民经济发展的支柱。根据联合国经济合作与发展组织（Organization for Economic Co-operation and Development，OECD）发布的研究报告，爱尔兰曾超过美国成为世界第一大软件出口国，生产了欧洲市场 43%的计算机和 60%的配套软件，被称为“欧洲软件之都”和“软件王国”。

英国拥有世界一流的大学和科研机构，软件研发能力强。英国工业软件具有悠久的传统和基础，例如，由英国剑桥大学 Ian Braid 教授等开发的 Parasolid 和 ACIS，是全球商业化

CAD、CAE、CAM、AEC、云设计（Cloud Design）软件的主流几何建模内核。

以色列高度重视软件与国防军工领域的融合发展，在网络安全、高级数据库管理软件、通信软件、教育软件等方面具有明显优势。以色列的工业软件主要集中在信息安全、云计算、区块链、虚拟现实、增强现实与混合现实、人工智能、商业智能、电子政务、数字医疗、工业互联网应用等方面。

1.4.4　国外工业软件的技术封锁

当前，美、德、日等国在工业软件方面不断构筑竞争新优势，全球工业软件与软件产业呈两极分化发展态势，技术、数据、知识、人才和资本等要素加速在发达和新兴经济体之间流动聚集，发展中国家仍处于价值链中低端，难以突破发展瓶颈。

以美国为例，其长期限制他国工业软件及其产业发展，特别是近年来，通过实体清单、软件禁运、准入审查等手段限制我国工业软件发展，进一步威胁我国软件生态与供应链安全。

（1）目前国产软件在功能、性能、安全性等方面存在局限，而美国在基础软件和工业软件领域的“断供停服”对我国重点行业大中型企业运转造成压力。以 EDA 为例，美国三巨头（Synopsys、Cadence 和 Mentor，Mentor 后被西门子收购）于 2019 年相继停止与华为的合作，掣肘华为芯片的设计、制造、封测等关键工艺环节。

（2）美国在专用软件领域处于绝对垄断地位，国内尚无成熟可用替代品。2020 年，美国 MathWorks 停止了对哈尔滨工业大学和哈尔滨工程大学两所高校的 MATLAB 软件授权，直接影响其教学科研及在工业仿真建模领域的进一步延伸；2021 年，美国 Adobe 公司 Flash 组件停用，使中国铁路沈阳局大连车务段系统瘫痪 20 余小时，导致部分车站失控；2022 年，美国限制部分高性能 GPU 芯片对华为出口，直接影响我国超算和人工智能的发展。

（3）美国通过强迫开源基金会或软件企业修改相关协议限制我国使用开源资源。例如，谷歌通过 ACC（安卓兼容性承诺）协议加强生态控制，约束对其移动服务（GMS）的使用，削弱我国移动操作系统终端厂商的竞争力；2019 年，因谷歌断供，华为手机海外销量大幅度降低。

当工业软件成为西方强国手中的“制裁棒”时，国产工业软件亟须打响一场“突围战”和“攻坚战”。在突围和攻坚的背后，除了扎实的数学、物理和化学基础学科知识积累、市场用户的验证、工业知识和工程学的沉淀，还有不可忽视的隐藏制胜要素——算力（超算、智算等）。

1.5　国内工业软件

国务院印发的《关于深化制造业与互联网融合发展的指导意见》中提出，强化软件支撑和定义制造业的基础作用，工业软件已成为国家战略。2021 年，面对严峻复杂的国际形势和新冠疫情的严重冲击，我国软件产业逆势增长，软件业务收入约 9.5 万亿元，各行业的软件需求持续增长，国产软件发展迎来机遇。

1.5.1 国内工业软件格局

根据国家战略新一轮布局，各省市竞相发力，推动软件产业加速发展。从国内先进省市看，以北京、济南、青岛为代表的环渤海地区科创资源丰富，北京市软件产业发展引领全国；以深圳、广州为代表的珠三角地区软件产业基础优势凸显，广东省软件业务总量居全国第一；以上海、南京、苏州、杭州为代表的长三角地区开放发达，软件产业十分活跃；以成都、重庆、武汉为代表的中西部地区软件产业呈特色化发展态势。

环渤海地区：聚焦数字经济、工业互联网、人工智能、区块链等领域。北京市出台《北京市促进数字经济创新发展行动纲要（2020–2022 年）》《北京市区块链创新发展行动计划（2020–2022 年）》《北京市加快新型基础设施建设行动方案（2020–2022 年）》，济南市出台《济南市人工智能创新应用先导区建设实施方案（2020–2022 年）》，青岛市出台《关于加快培育提升“五名”高标准创建中国软件名城的实施意见》《关于加快工业互联网高质量发展若干措施的通知》。在 2020 年工业和信息化部高质量专项中（不含非公开项目，下同），北京市中标 5 个软件（新兴平台、基础软件、综合服务、数据库、移动操作系统适配验证）公共服务平台、43 个软件专项，济南市中标 2 个软件(融合应用、开发测试适配验证)公共服务平台、3 个软件专项，青岛市中标 6 个软件专项。

珠三角地区：着力发展操作系统、嵌入式系统软件、工业互联网、大数据、人工智能、5G、智能制造等领域。广东省出台《广东省发展软件与信息服务战略性支柱产业集群行动计划（2021–2025 年）》《广东省智能制造生态合作伙伴行动计划（2021 年）》，深圳市出台《深圳市数字经济产业创新发展实施方案（2021–2023 年）》，广州市出台《广州市加快推进数字新基建发展三年行动计划（2020–2022 年）》《广州市加快软件和信息技术服务业发展若干政策措施》。在 2020 年工业和信息化部高质量专项中，深圳市中标 1 个软件（开源平台）公共服务平台、3 个软件专项，广州市中标 1 个软件（设计仿真适配验证）公共服务平台、7 个软件专项。

长三角地区：重点在区块链、人工智能、云计算、大数据、5G、虚拟现实、基础软件、工业互联网、智能网联汽车、智慧城市等领域发力。上海市出台《上海市推进新型基础设施建设行动方案（2020–2022 年）》，南京市出台《南京市加快工业互联网创新发展三年行动计划（2020–2022 年）》，苏州市出台《关于加快推动区块链技术和产业创新发展的实施意见（2020–2022）》等政策，杭州市出台《杭州市建设国家新一代人工智能创新发展试验区若干政策》《杭州市加快 5G 产业发展若干政策》。在 2020 年工业和信息化部高质量专项中，上海市中标 8 个软件专项，南京市中标 1 个软件（融合应用）公共服务平台、2 个软件专项，苏州市中标 1 个软件（工业软件）公共服务平台，杭州市中标 6 个软件专项。

中西部地区：大力推动 IC 设计与测试、工业软件、数字媒体、新兴信息服务、智能制造、云计算、物联网、区块链等领域发展。成都市出台《成都市工业互联网创新发展三年行动计划（2021–2023 年）》，重庆市出台《重庆市促进软件和信息服务业高质量发展行动计划（2020–2022 年）》，武汉市出台《武汉市突破性发展数字经济实施方案》。在 2020 年工业和信息化部高质量专项中，成都市中标 1 个软件（工业软件）公共服务平台、7 个软件专项，重庆市中标 1 个软件（智能终端）公共服务平台、3 个软件专项，武汉市中标 3 个软件专项。

其他地区：厦门市大力发展人工智能、数字文创等细分领域，相继出台《厦门市人民政府关于加快推进软件和信息技术服务业发展的意见》《厦门市软件和信息服务业人才计划暂行办法》《厦门市软件产品和应用解决方案地产目录编制实施细则》；福州市重点推动大数据、物联网、工业互联网、人工智能、区块链发展，出台《福州市培育软件业龙头企业工作方案及政策措施》。在 2020 年工业和信息化部高质量专项中，厦门市、福州市各中标 1 个软件（融合应用）公共服务平台。

1.5.2　国内工业软件态势

基础软件。操作系统市场，麒麟、统信、华为三大阵营基本形成，可适配国产芯片并满足下游计算平台自主可控需求，但占国内市场份额仍不足 5%；阿里巴巴、华为围绕物联网、车联网、智慧屏等研发移动操作系统。数据库市场，华为、达梦、人大金仓、海量数据、南大通用、万里开源、科蓝软件等推出自研的数据库产品并展开了广泛的业务拓展，但占国内市场的份额不足 35%。中间件市场，主要以东方通、金蝶、中创、宝兰德和普元为代表，占据极小部分国内市场。办公软件市场，主要以金山、普华、永中为代表，其中，金山 WPS 全面支持国产整机平台，占央企、股份制银行市场超过 85%，在国内移动办公软件市场显著领先。

工业软件和嵌入式软件。研发设计软件市场，中望软件、芯愿景、华大九天、浩辰、数码大方、安世亚太、同元的 CAD、CAE、PLM、EDA 崭露头角，约占国内市场份额的 5%。生产控制软件市场，中低端产品国产份额约占 50%，高端产品国产份额约占 30%，中控技术、和利时、国电南瑞、宝信软件、石化盈科、亚控科技等在电力能源、轨道交通、钢铁石化等领域呈现一定规模的应用。运维管理软件市场，中低端产品国产份额约占 70%，高端产品国产份额约占 40%，用友、金山、鼎捷、泛微、浪潮、金蝶、北明、远光等已具备较强实力。工业互联网（工业 App）市场，通用产品国产化率超过 60%，但高端专用产品国产化率较低，东方国信、工业富联、海尔卡奥斯、华为、阿里云等稳步发展。嵌入式软件市场，翼辉信息、阿里巴巴成功推出物联网操作系统 SylixOS、AliOS Things，浏览器、电子邮件、文字处理、多媒体等嵌入式应用产品丰富多样。

新兴平台软件。公有云 IaaS+PaaS 市场，国内前五大服务商分别为阿里云、腾讯云、华为云、天翼云、AWS。大数据市场，华为、阿里巴巴、腾讯、中兴通讯、百度、普元信息等聚焦政务、互联网、社会治理（安防、舆情、应急管理等）、金融、医疗、工业等领域推出大量应用。区块链市场，有超过 260 家上市公司涉足，涵盖金融、政务服务、司法存证、版权保护、溯源防伪、能源、共享经济、物联网等多个领域，发展势头较好。

开源软件。国内优秀开源项目加速发展，涌现出 OpenHarmony、XuperChain、AliOS Things、ZNBase 等一批明星开源项目，Dubbo、ShardingSphere、RocketMQ 已加入 Apache、Linux、CNCF 等国际知名开源社区。CSDN、开源中国等开源社区吸引了越来越多的开发者，目前，CSDN 去重用户达到 3200 万，开源中国平台已收录约 1.3 万款国产开源软件。

1.5.3 国内工业软件发展战略

继《国务院关于印发鼓励软件产业和集成电路产业发展若干政策的通知》（国发〔2000〕18号）和《国务院关于印发进一步鼓励软件产业和集成电路产业发展若干政策的通知》（国发〔2011〕4号）文件造就我国软件产业两个黄金10年之后，面对激烈的竞争形势和严峻的技术封锁挑战，2019年，党中央、国务院出台了软件发展战略性规划和政策文件，部署实施软件重大工程。2020年，国务院印发《新时期促进集成电路产业和软件产业高质量发展的若干政策》（国发〔2020〕8号），国家有关部委加快部署关键核心技术攻关，加快提升关键软件供给能力，大力培育自主软件生态。

信息技术应用创新。由中央网信办牵头，围绕工业软件、专用软件等部署相关专项、工程，进行攻关。针对Windows 7停止服务，推动使用信创操作系统。2022年2月，由国家互联网信息办公室等12个部门发布的《网络安全审查办法》正式施行，其对关键信息基础设施运营者采购网络产品和服务的行为进行规范，涉及内容包括核心网络设备、高性能计算机和服务器、大容量存储设备、大型数据库和应用软件、网络安全设备、云计算服务等。

骨干企业培育。国家发展改革委、科技部、工业和信息化部、财政部等四部门印发《关于扩大战略性新兴产业投资培育壮大新增长点增长极的指导意见》，要求加快关键芯片、关键软件等核心技术攻关，大力推动重点工程和重大项目建设；稳步推进工业互联网、人工智能、物联网、车联网、大数据、云计算、区块链等技术集成创新和融合应用。工业和信息化部、国家发展改革委、财政部、国家税务总局制定了国家鼓励的软件企业条件，对经认定的企业予以所得税减按10%征收的优惠支持。财政部、国家税务总局、国家发展改革委、工业和信息化部印发《关于促进集成电路产业和软件产业高质量发展企业所得税政策的公告》，进一步落实国发〔2020〕8号文件精神。

关键软件创新。工业和信息化部围绕公共服务平台、关键软件创新、工业软件等，设立软件产业专项，会同国资委等出台工业软件有关行动计划。2020年，工业和信息化高质量发展专项共部署202个公开招标项目。其中，软件相关项目145个，占比约3/4，包括集成电路设计3个，工业互联网86个，先进制造业集群3个，关键软件协同攻关和体验推广中心等关键软件公共服务平台15个，产业技术基础公共服务平台等其余项目38个；此外，还另行部署了40个关键软件创新项目。2021年，再次部署41个关键软件创新项目。

人才培养体系构建。教育部出台《未来技术学院建设指南（试行）》，会同工业和信息化部印发《特色化示范性软件学院建设指南（试行）》《现代产业学院建设指南（试行）》等。围绕基础软件、工业软件、嵌入式软件、大型行业应用软件、新兴平台5类关键软件，启动“特色化示范性软件学院”建设工程。2021年，首批33所“特色化示范性软件学院”名单公布，电子科技大学信息与软件工程学院为四川省唯一入选单位。

工业软件重点研发计划。科技部设立“十四五”工业软件重点研发计划，涵盖工业软件理论、技术与工具，三维内核与求解器，三维CAD技术与系统，CAE技术与系统，先进工艺与制造软件，运维服务技术与系统，产品数据管理技术与系统，重点行业专用研发设计软件技术与系统等 8 个主要方向。

综上，国家软件战略实施大致分为总体布局、布局深化和整体突破 3 个阶段，具体阐述如下。

（1）总体布局阶段。

2021 年—2023 年是中央网信办、工业和信息化部、教育部、国资委等部委布局关键软件创新、公共服务平台、工业软件、中国软件名园、特色软件学院的重要阶段。

（2）布局深化阶段。

“十四五”时期是国家发展改革委、工业和信息化部、科技部等部委培育骨干软件企业，持续深化关键软件创新，实施工业软件重大研发计划的关键阶段。

（3）整体突破阶段。

2020 年–2030 年是国发〔2020〕8 号文件重要的政策红利期，特别是从 2025 年起的后半段，将有望推动实现国产软件生态的整体突破。

1.6　工业软件的未来

1.6.1　全球工业软件的发展趋势

2019 年，美国国防部发布了《国防部数字现代化战略：国防部信息资源管理规划（2019—2023 财年）》，制定了软件现代化战略，并成为美国工业软件的未来愿景。美国国防部软件现代化战略提出，通过现代基础设施和云平台，加快建设国防部的企业级云环境，打造面向整个国防部的软件工厂生态体系。这一举措旨在通过流程改革提升软件速度，以相应的速度提供弹性软件能力，形成安全的软件交付模式；将软件视为数据，依托云计算、人工智能、指挥控制与通信以及网络安全，实现基于自动化和机器学习的“联合全域指挥与控制（Joint All Domain Command and Control，JADC2）”。

根据该战略的启示，未来的工业软件应将安全性、稳定性、质量和速度置于首位，通过四项战略举措——创新竞争优势、优化效率和能力、弹性网络安全和人才培养，建立企业级云环境以期快速获取全球的计算能力和行业知识创新成果，通过建设“软件工厂”来实现自动化的设计模式及自动开展软件的规划、开发、构建、测试、发布和交付、部署、运行和监控等工作。

在全球工业进入新旧动能加速转换的关键阶段，云计算、大数据、人工智能、5G 与物联网、虚拟现实与增强现实及混合现实、数字孪生、元宇宙等新兴信息通信技术不断涌现，引领工业软件的发展。其中，云计算推动工业软件走向云端，大数据带动工业软件以数据为核心，人工智能重塑工业软件的智能与智慧，5G 与物联网驱动工业软件感知人、机、物及其工业场景，虚拟现实与增强现实及混合现实支撑工业软件的仿真与模拟，数字孪生实现工业软件的模型驱动，元宇宙牵引工业软件走向无形。

1.6.2 国内工业软件的发展重点

2021年，工业和信息化部发布了“十四五”软件和信息技术服务业发展规划，提出五大主要任务。其中，首要任务是推动软件产业链升级，主要包括聚焦攻坚基础软件、重点突破工业软件、协同攻关应用软件、前瞻布局新兴平台软件、积极培育嵌入式软件、优化信息技术服务。聚焦攻坚基础软件，丰富数据备份、灾难恢复、工业控制系统防护等安全软件产品和服务，是未来工业软件的安全领域。

未来工业软件的突破点在于CAX。研发推广计算机辅助设计、仿真、计算等工具软件，大力发展关键工业控制软件，加快高附加值的运营维护和经营管理软件产业化部署；面向数控机床、集成电路、航空航天装备、船舶等重大技术装备，以及新能源和智能网联汽车等重点领域需求，发展行业专用工业软件，加强集成验证，形成体系化服务能力。未来工业软件的主要抓手是设计仿真系统软件、EDA和工业控制软件。**设计仿真系统软件**：突破三维几何建模引擎、约束求解引擎等关键技术，探索开放式工业软件架构、系统级设计与仿真等技术路径，重点支持三维计算机辅助设计、结构/流体等多物理场计算机辅助计算、基于模型的系统工程等产品研发。**EDA**：建立EDA开发商、芯片设计企业、代工厂商等上下游企业联合技术攻关机制，突破针对数字、模拟及数模混合电路设计、验证、物理实现、制造测试全流程的关键技术，完善先进工艺工具包。**工业控制软件**：聚焦PLC、分布式控制系统（DCS）、安全仪表系统（SIS）等工业控制系统，开展多点位、低延时、高可靠、低能耗软件产品的联合攻关和适配迁移，推动制造企业的安全监测与管理系统等安全功能的开发，加快产品在重点行业的集成应用。

未来工业软件重在应用，需要协同攻关应用软件。面向金融、建筑、能源、交通等重点行业领域应用需求，加快研发金融核心业务系统、建筑信息建模和建筑防火模拟、智慧能源管理、智能交通管理、智能办公等应用软件；研发推广北斗卫星导航系统相关软件产品；围绕5G基站、大数据中心等新型基础设施建设，发展新一代软件融合应用基础设施；鼓励行业龙头企业联合软件企业，协同研发行业专用软件产品。

未来工业软件的重点是平台，需要前瞻布局新兴平台软件。加快培育在云计算、大数据、人工智能、5G、区块链、工业互联网等领域具有国际竞争力的软件技术和产品；支持小程序、快应用等新型轻量化平台发展；加快第六代移动通信（6G）、量子信息、卫星互联网、类脑智能等前沿领域软件技术研发，培育一批标志性产品。

未来工业软件仍然需要积极培育嵌入式软件。面向数控机床、智能机器人、新能源和智能网联汽车、通信设备、航空发动机等重大装备需求，开展嵌入式软件系统研发；突破嵌入式操作系统、嵌入式数据库核心技术，加快相关产品研发与应用推广。

1.6.3 工业软件新引擎是大语言模型

所谓大语言模型（LLM），即大型的预训练语言模型（如包含数百亿或数千亿个参数）。通常，LLM是指包含数千亿个（或更多）参数的Transformer语言模型，这些模型是在大规模文本数据上进行训练的，如 GPT-3、PaLM、Galactica 和 LLaMA。LLM 展现了理解自然语言和解决复杂任务（通过文本生成）的强大能力。

在工业软件面对的工业场景和技术生态中，大语言模型是工业软件的新引擎。大语言模型重塑工业软件集中体现为基于大语言模型的工业报告、技术文档、软件代码自动生成（GitHub Copilot、CodeGeeX 等）等。大语言模型的特点主要包括三个方面：一是大语言模型赋智工业企业的数字化转型；二是工业领域大语言模型的工程化；三是大语言模型赋能数字工程与基于模型的系统工程（Model Based Systems Engineering，MBSE）。

（1）大语言模型赋智工业企业的数字化转型。

一方面，LLM 可以帮助企业或组织"智改数转"，提高其数字化能力。例如，通过自然语言处理和自动生成技术，实现与客户、员工、合作伙伴等的高效沟通和交互；通过文本分析和挖掘，提取有价值的信息和知识，支持决策和创新；通过文本生成和优化，提高其内容的质量和影响力，提升其品牌形象和竞争力。

另一方面，"智改数转"也可以为大语言模型提供更多的数据和场景。如通过互联网、社交媒体、电子商务等平台，收集和整合海量的文本数据，为 LLM 的训练和应用提供丰富的素材；通过智能助理、聊天机器人、智能写作等应用，展示和验证工业大语言模型的效果和价值，为工业大语言模型的发展和改进提供反馈和指导。

鉴于 LLM 的强大能力，将其引入并应用到组织的管理与运营之中，必然会对"智改数转"所涉及的技术应用、数据决策、业务流程再造、客户体验以及组织文化和能力的转变产生很大的影响。

（2）工业领域大语言模型的工程化。

在工业场景中，选择适当的大语言模型需要综合考虑任务需求、数据质量和量级、模型性能、领域适应性、硬件和基础设施、安全和隐私、成本和可维护性等多个因素。根据工业企业的具体情况和需求，与自然语言处理专家和数据科学家合作，应用大语言模型以提高生产效率和决策支持能力。

在工业领域大语言模型的工程化中，数据集准备和标注是基于大语言模型的工业软件开发过程中的关键步骤之一。合理的数据集准备和标注帮助模型更好地理解和处理工业领域的文本、图像、视频、声音等多模态数据，从而提高软件的性能和价值。在此基础上，基于大语言模型的工业软件通常需要对预训练模型进行微调和定制，以适应特定的工业领域和任务。

随着对工业软件需求的不断增长，越来越多的工业领域特定模型开始被工程化落地。这些模型将针对特定工业垂直领域进行深度训练，以更好地适应特定工业领域的文本理解、自动化报告、个性化用户体验、情感分析、信息提取、决策支持等任务。工业软件通常处理图像、声音和视频等多模态数据，将大语言模型与大型多模态模型相结合，以实现更智能的数据理解和分析、知识管理与培训、设备故障预测与维护优化、流程与质量控制、供应链管理与预测、能源管理与节能、安全监测与预测、报告生成与情感分析。随着大语言模型在工业软件中的应用，模型的决策过程要求更加透明和可信，以防止滥用和攻击，对工业大模型的可解释性和安全性的要求也会增加。

（3）大语言模型赋能数字工程与 MBSE。

在大语言模型中，ChatGPT 和 GPT-4 的出现推动了通用人工智能的发展，人工智能领域正因大语言模型的迅速发展而发生革命性变革。在自然语言处理领域，LLM 在一定程度上作为通用语言任务解决器，研究范式已经转向使用大语言模型。在信息检索领域，传统搜索引擎正面临通过 ChatGPT 搜索新信息的挑战。在计算机视觉领域，研究人员试图开发类似 ChatGPT 的视觉-语言模型，通过整合视觉信息来支持多模态输入。在数字经济领域，大语言模型既是数字产业化的基础设施，又是产业数字化的新引擎，推动 LLM+数字工程与 LLM+MBSE 的落地。

1.6.4 工业软件主战场是基于模型的系统工程

当今工业产品的功能繁多，结构复杂，导致系统规模越来越大，所涉及的学科和参与的人员越来越多，设计信息量呈爆炸式增长，使得要定位或管理相关设计参数状态所需的工作量也呈非线性增长，令人难以应对。此外，由于信息不对称和交流不完善引起的系统参数状态不一致等问题也越来越突出，导致设计过程中信息不一致，为设计过程带来严重的信息管理及版本管理问题。这些是未来工业软件亟须解决的科学与工程问题。随着计算机及新兴信息通信技术的发展，利用面向对象、图形化、可视化的系统建模语言描述系统越来越容易，相关工程模型在系统设计工作中的比重越来越高，因此，MBSE 相关技术逐渐被更多行业接受及应用。

系统工程（Systems Engineering，SE）是为了更好地实现系统的目的，对系统的组成要素、组织结构、信息流、控制机构等进行分析研究的科学方法。SE 集成所有学科和专业团队，形成结构化的开发过程，从工程概念到产品再到运营，考虑所有客户的业务和技术需求，提供一个满足客户需求的高质量和安全的产品。SE 是一个以客户需求为导向的正向开发过程，侧重于在开发早期定义客户的需求和所需的功能，并进行设计综合和系统验证，以寻求更好的解决方案。将系统工程传统的文本格式转向图形化的系统建模语言，形成“以模型为主，文档为辅”的系统架构方案，这就是 MBSE。MBSE 通过系统架构方案的模型化，实现与周边人、机、物对接，高效准确地传递需求。MBSE 与传统系统工程不同，它强调中央系统模型，该模型可精确描述捕捉的系统需求以及对这些需求的设计决策。

在当今的体验经济时代，MBSE 为用户带来更好的解决方案，包括建模、仿真乃至可追溯性分析等。MBSE 是支撑复杂工业品开发的一种方法论和系统观。MBSE 技术在实施过程中区别于传统的业务流程与工作方式方法，是制造业从旧的逆向开发模式向独立自主的正向开发模式转变的必经之路。MBSE 真正实现需求驱动的正向开发流程，打通以模型为基础的同一数据流的全生命周期传递，是新一代的产品正向设计研发技术，助力制造业技术和产品的腾飞。

在数字工程中，MBSE 面向航空航天等复杂工业场景。MBSE 是工业软件的主战场，其主要特点归纳如下。

（1）设计仿真一体化协同。

MBSE 实现从需求模型到仿真模型最终到指导设计模型的正向传递，实现研发正向化、流程化和自动化，实现设计仿真一体化协同的目的，大幅度缩短前期研发设计阶段周期，提高产品初期的完成度及质量。

（2）多学科集成系统仿真。

MBSE 集成建模和仿真环境，提供用于多工程跨学科模型创建、测试、仿真和后处理的完整环境，快速解决复杂的多专业系统建模和分析问题。

（3）产品创新和正向开发。

MBSE 实现真正面向业务需求的产品定义、产品分析、产品设计、产品开发和产品发布及维护的生命周期过程，保证研发设计过程中的每个环节都符合各环节的要求。而且 MBSE 通过数字化模型的手段，实现了持续的产品数字化流程。

MBSE 手段还特别加持了系统工程环节中强调的 V&V（验证与确认），原因是其在系统定义早期就进行了需求与概念的模型化表达，并通过概念模型对最顶层识别出来的需求进行快速验证；而且在逐步展开的系统分解与分析过程中，持续依赖模型进行一层一层的方案与设计验证。这些持续验证的机制最大程度保障了系统质量，减少了系统研发风险，并且提升了系统研发效率。

1.6.5 工业软件主场景是数字工程

进入 21 世纪，美军提出了使用数字化工程来完成数字化时代的战略转型，这一转型旨在通过数字链接端到端企业，从而实现全面的数字化。从最初的数字工程战略到如今的数字化工程生态，这一转变主要体现在两个方面：产品数字化和过程数字化。前者意味着交付数字化装备，后者则指的是数字工程贯穿系统全生命周期。在这一过程中，数字系统模型、数字主线和数字孪生成为了数字化工程生态的核心，构成了工业软件的主场景。

基于模型是制造业数字化转型的基本方法。过去，产品形状和尺寸是通过二维手绘图纸定义的，但现在随着 CAX 软件的出现，结合 CAD、CAE、CAPP 等多学科的三维模型，计算机辅助设计成为了主流。随后，基于模型的定义（Model Based Definition，MBD）将设计与制造的信息共同定义到三维数字化模型中，实现了模型与制造的融合。目前，基于模型的数字化转型发展趋势是构建全生命周期信息模型集成和协同化环境，通过 MBSE/MBe/MBm/MBs 完成需求、设计、制造和服务的全面模型融合。

以更换 A-10 战斗机机翼为例，采用 3D MBD 和 PLM 构建维护阶段的数字主线。通过在 A-10 机翼零件和组件上使用 MBD，先以统一的格式生成 10000 个不同零件的设计模型报告，再将维修映射到三维模型，从而使机翼的质量减轻了 12%，而寿命增加了 8 倍。

数字化转型的驱动力是工业软件。从宏观上看，它体现在构建了“数据+模型”流动传递的规则体系。产品全生命周期的数据如何被制造、交换和传递，成为了数字化转型的首要问题，而状态统一、数据一致的数字化模型流动传递则成为了关键。软件本质上是事物运行规律的代码化，工业软件对数字化转型的作用体现在构建了从物理（Physical）空间到赛博（Cyber）空间的闭环赋能体系。

在微观层面上，基于工业软件的数字化转型主要体现在四个方面。

（1）工业软件定义设计数字化。

工业软件定义设计对象、设计方法和设计工具的数字化。具体表现：使用软件定义设计对象，对于设计对象（产品），在设计过程中，产品均通过数据和模型来表达，即产品由软件定义；使用软件定义设计方法，如基于模型的系统工程和复杂系统的体系化设计方法，都是通过工业软件实现的。使用软件定义设计工具，包括 CAX 工具、建模工具等，无论是个体工具、组织工具还是社会工具，都依赖于工业软件。

（2）工业软件定义研发数字化。

工业软件支持企业研发从以物理试验为主的“试错法”向数字仿真手段转变。在研发过程中，企业利用工业软件对研发各流程进行数字仿真验证，以数字世界的无限次检测试错来换取物理世界的一次应用成功。

（3）工业软件定义制造数字化。

工业软件支持制造方式从实体制造向实体与虚拟融合制造的转变。工业软件的使用推动了信息传递方式的变革——从基于文档的信息传递到基于模型的信息传递，促进制造快速迭代、持续优化，数据驱动重建制造效率、成本和质量管控体系。

工业软件定义制造业数字化全过程，包括数字化管理、数字化研发试验、数字化制造和数字化服务等方方面面。从制造资源数字化到制造系统平台化再到制造应用智能化，工业软件支撑着制造业的数字转型。

（4）工业软件定义服务数字化。

通过软件对数据进行分析，建立质量可靠性预测模型，实现生产设备的预测性维护。这包括设备数据的采集存储、故障关联性分析、预测性维修提示以及形成预测性维修体系等。

目前，工业软件面临多方面的挑战，如信息孤岛导致的业务流程和数据碎片化会影响工作效率和数据准确性。在体系架构上，存在体系庞大、架构复杂、系统封闭、业务流程繁多等问题；在功能集成上，存在功能高度耦合、数据管理集中、协同与集成困难等问题；在软件开发上，存在开发难度大、开发周期长、开发成本高昂等问题；在应用维护上，存在操作性不高、难以扩展、更新维护困难、难以适应多变需求等问题。

工业软件的发展趋势主要围绕软件形态、软件使用和软件开发三个方面。在软件形态方面，工业软件正朝着平台化发展，数字化工具体系走向软件、服务和应用开发的集成平台，形成完整的生态系统。这包括设计、仿真、制造、生产、运营、维护软件的全面集成，大平台、小应用的重构开发与应用模式，基于能力开放和低代码开放支持的创新生态，以及融合（并购整合）与捆绑（不同厂家合作集成）两种路线并行。在软件使用方面，工业软件正朝着云化发展，软件和信息资源部署在云端，使用者可以根据需要自主选择软件服务。在软件开发方面，采用基于模型的理论、方法和工具，编程语言从面向 CPU 的语言转向面向工程人员和面向业务的建模语言，软件架构从以软件为中心的架构转向以模型为中心的架构，实现软件开发的快速、简洁、普适、松散耦合、可动态扩展，以及资源可重用、系统可重构。

1.7　本章小结

本章主要介绍了工业软件的发展历程、定义与分类、四大基石、国内外工业软件的格局与态势，以及工业软件的未来展望。通过概览工业软件，引出基于大语言模型的工业软件、基于模型的系统工程和数字工程。

1.8　本章习题

（1）从计算机/软件工程的角度简述工业软件的发展历程。

（2）什么是工业软件？

（3）举例说明常用的工业软件及其所属类别。

（4）工业软件的基石有哪些？

（5）简述工业软件的国内外研究现状及发展趋势。

（6）基于模型的系统工程属于工业软件吗？为什么？

（7）简述工业软件与数字工程的异同。

（8）工业软件是“姓工”，还是“姓软”？为什么？

（9）面对国外工业软件的技术封锁，如何理解国内工业软件的未来？

（10）在大数据和人工智能时代，如何理解工业软件的未来？

（11）常见的大语言模型有哪些？

（12）大语言模型的原理和架构是什么？

（13）简述基于大语言模型的工业文档自动生成。

（14）基于大语言模型的代码生成与基于大语言模型的工业软件生成，有何异同？

（15）尝试使用软件代码自动生成工具（GitHub Copilot、CodeGeeX 等），对标常见工业软件，自动生成工业场景应用的代码。

（16）在大模型时代，国内工业软件能否“弯道超车”？为什么？

参考文献

[1] 林雪萍. 工业软件简史[M]. 上海：上海社会科学院出版社，2021.

[2] 陈立辉，卞孟春，刘建，等. 求索：中国工业软件发展之策[M]. 北京：机械工业出版社，2021.

[3] BARRY C B. 50 Years of industrial automation[J]. IEEE Industry Applications Magazine, 2018, 24(4): 8-11.

[4] ERDOGMUS H. 25 Years of software[J]. IEEE Software, 2008, 25(6): 2-5.

[5] EBERT C. A brief history of software technology[J]. IEEE Software, 2008, 25(6): 22-25.

[6] 工业和信息化部. “十四五”软件和信息技术服务业发展规划[EB/OL]. (2021-12-01)[2024-08-16]. https://www.gov.cn/zhengce/zhengceku/2021-12/01/content_5655205.html.

[7] DEPARTMENT OF DEFENSE OFFICE OF PREPUBLICATION AND SECURITY REVIEW. DoD Digital modernization strategy: DoD information resource management strategic plan FY19-23[EB/OL]. (2019-06-12)

[2024-06-02]. https://apps.dtic.mil/sti/citations/AD1077734.

[8] CON DIAZ GERARDO. Embodied software: patents and the history of software development, 1946-1970[J]. IEEE Annals of the History of Computing, 2015, 37(3): 8-19.

[9] Grad B. Finding software industry history[J]. IEEE Annals of the History of Computing, 2020, 42(3): 83-91.

[10] GRAD B. In search of software history[J]. IEEE Annals of the History of Computing, 2020, 42(3): 76-82.

[11] OBRENOVIC Z. Quotes from IEEE software history[J]. IEEE Software, 2018, 35(5): 10-13.

[12] BOOCH G. The history of software engineering[J]. IEEE Software, 2018, 35(5): 108-114.

[13] CAMPBELL-KELLY M. The history of the history of software[J]. IEEE Annals of the History of Computing, 2007, 29(4): 40-51.

[14] ZHAO WX, ZHOU K, LI J, et al. A survey of large language models[EB/OL]. (2023-11-24)[2024-08-16]. https://arxiv.org/abs/2303.18223.

第 2 章　数字工程

软件定义数字世界，工业软件定义未来工业。在数字工程（Digital Engineering, DE）中，工业软件是提升新型工业化进程核心价值的关键。

2.1　面向工业软件的数字工程

在当今数字化转型升级的关键时期，面临的核心挑战是工业软件深入广泛的应用，要发展工业软件，打造工业数字化基石。工业软件最有价值的是工业知识，工业软件开发需要大量的工业实践、工业机理和工业能耗。工业软件系统是软硬件和整个数字生态的深入嵌套、系统集成，是经过几十年甚至上百年发展形成的一个系统化体系。

基于工业软件的数字工程紧密围绕数字化主线——数字化研发、数字化制造、数字化服务、数字化营销、数字化运营，以数字孪生为中心，定义数字经济。不同工业软件之间需要建立统一的数据标准模型格式、框架或接口，以确保数字化模型能够一致地传递和运行。打通企业传统 IT 系统的烟囱式信息孤岛，实现全生命周期各阶段业务和数据的深度融合。

2.1.1　数字工程的实质

工业软件被誉为工业的灵魂，是数字时代的基础设施和基础工具。同时，它也是工业技术和工艺的数字化体现。它定义了万物互联的新型数字化，实现人、机、物的融合与泛在计算，为数字产业化和产业数字化提供动力。数字工程的实质是将业务再造、流程管理和软件工程的方法应用于当前的数字化挑战中。

2.1.2　数字工程的定义

广义上讲，数字工程是数字经济的载体，通过数字化治理和数据价值化，集中体现为数字产业化和产业数字化；狭义上讲，数字工程是数字化工程，利用新一代信息通信技术，将产品或系统的物理空间映射到信息空间和数字空间，赋予设计、制造和运维工程新的能力、价值和智慧。

2.1.3　数字工程的内涵

随着计算机、软件工程、大数据和人工智能的发展，数字工程在机械化、电气化和自动化的基础上，经历了信息化、数字化、网络化和智能化的发展进程，分别聚焦于基于“信息空间”的分析计算、基于“数字空间”的建模仿真、基于“数实空间”的数字孪生、基于“数智空间”的计算智能。数字工程的内涵在于物理空间与信息空间、数字空间、数实空间、数智空间的融合，实现物理域、信息域、过程域、模型域和知识域的一体化。

2.2 数字工程全球发展态势

根据数字工程的定义和内涵，本节重点研究其全球发展态势，特别是中国、欧洲和美国的数字工程。

2.2.1 中国的数字工程

1. 模型工程

模型工程推动了研发体系的正向变革，产品模型的数字化是这一变革阶段的关键特征。理想的产品设计过程始于涉众需求，经历需求定义、功能分解、系统综合、物理设计、工艺设计、产品试制、部件验证、系统集成、系统验证和系统确认等阶段，最终完成产品验收。例如，V 模型的右侧部分既是产品交付，也是对左侧相应阶段的验证，如果验证出现问题，那么将返回左侧相应阶段进行修正。这一过程被称为正向设计。

数字化模型贯穿整个正向设计过程，模型积累越多，正向设计模式就越强大。模型是一种与自然语言不同的工程语言，对资源对象的表达更为直观、科学、全面、准确且无歧义，信息也更丰富、更具动态性。每个阶段的模型可以具有不同特征，但模型之间的逻辑关系和转换关系必须是完整和全息的。这种模式需要一次性完整定义全生命周期的数据结构和表达模型，并体现各阶段和各维度的所有数据特征。不同阶段和不同维度的模型是完整模型的子集。

正向变革阶段的核心手段是模型工程。对模型的规范化开发、集成和应用始终贯穿其中。数字化模型工程形成完整的正向设计流程、方法、工具、模型和平台建设，并进行相应组织的优化和变革。正向变革的过程是一系列基于模型的工程执行过程，包括以下内容。

（1）基于模型的系统工程（MBSE）。

系统设计与仿真是其核心技术，构建从需求出发的基于模型的系统设计体系和能力。基于模型可完成需求定义与指标分析、逻辑分解与功能分析、系统综合和架构设计，以及系统仿真等工作。

（2）基于模型的物理设计与仿真。

CAD 和 CAE 是其核心，使用图形学技术进行几何建模是 CAD 的基本过程，利用网格技术进行符合物理学原理的模型化是工程仿真（CAE）的基本过程。当然，仿真过程具有复杂性，需要建立综合仿真能力体系，以实现仿真驱动研发的理想，包括建立仿真流程模型、制定模型化标准、开发基于模型的仿真平台等。

（3）基于模型的定义（MBD）。

传统的产品定义技术主要以工程图为主导，通过专业绘图反映产品的几何结构和制造要求，实现设计和制造信息的共享与传递。MBD 以全新的方式定义产品，改变了传统的信息授权模式。它以三维产品模型为核心，将产品设计信息和制造要求共同定义于该数字化模型中，并通过定义三维产品的制造信息和非几何管理信息，实现更高层次的设计制造一体化。

（4）基于模型的数字化制造。

增材制造（又称 3D 打印）是数字化制造的基本技术，是基于数字模型，通过逐层堆积材料制造实体物品的新兴技术，将对传统工艺流程、生产线、工厂模式、产业链组合产生深远影响，是制造业具有代表性的一种颠覆性技术。

（5）基于模型的数字试验。

数字试验使用数字模型和仿真手段来提高试验的有效性，促进实物试验的规划、目标设计、过程设计、过程操作和结果分析，扩展实物试验的试验范围。

（6）基于模型的产品平台。

产品平台是企业系列产品共享的技术元素的集合。这些共享元素也称为通用构建模块（Common Building Blocks, CBB），包括共用的系统架构、子系统、模块/组件、关键零部件和核心技术等。产品平台有助于企业加快产品设计速度，并促进核心技术的持续进步。

2. 知识工程

知识工程推动研发体系的智慧化转型，数字化知识是智慧化阶段的关键特征。将数字化知识融入理想的研发模型，可以实现研发模型的智慧化升级。具体来说，对研发知识进行增值处理形成数字化知识（智能知识插件），并将其整合到研发的全体系和全过程之中，从而使研发体系智慧化。

3. 知识工程三层结构

尽管面向流程的知识工程在企业中广受欢迎，但其存在的一些问题尚未得到有效解决，主要是关于知识本身的问题，包括远知识和浅知识两个方面。

远知识——知识似乎与工作相关，但与业务应用距离较远，使用起来不够直接、方便；同一条知识，不同的人理解不同，应用效果也有很大差异。

浅知识——只关注显性知识的表面价值，而忽视了隐性知识的深层智慧。

为此，我们提出以下两个要求，并将其作为知识工程未来发展的重要方向。

第一，近知识——所有知识都能像工具一样直接使用，无须二次加工，无论知识以何种方式获得，在应用系统中都能即插即用。工具化的知识具有自动化和智能化特点，可将人为因素的影响降至最低。

第二，深知识——提炼并归纳分析知识的隐性价值。利用智慧分析方法，根据业务应用场景将隐性知识显性化，为研发人员在工作过程中提供智慧导航。

通过上述理论发展，我们对知识工程的两层结构进行优化和扩展，形成了三层结构的知识工程体系。

三层结构中的中间层是传统的知识管理体系，它根据业务需求对已有知识进行分类管理，支持业务人员对知识的查询和搜索。

知识管理向上发展是面向流程的知识工程的重点，向下发展则是知识工程未来发展的重点。

知识管理向上梳理研发流程，将知识与研发流程的工作包结合，使知识融入流程。

知识管理向下发展意味着深入挖掘设计过程中的知识，并根据知识类型选择合适的工具对其进行增值处理。通过软件的知识建模工具生成数字化和工具化的知识，并直接与相关研发工具建立关联，使这些知识具有与业务工作环境互动的特性。启动应用可使知识与设计活动紧密结合，直接支持设计工作。此外，这种方法还提供了随用随积累、随用随创新的知识积累与应用模式。

制造业企业的知识可以分为实物类、数据类、信息类、模式类、技术类。

针对不同类型的知识，采用以下加工方法实现增值。

（1）电子化：实物类资源本身是一种知识加工手段，是其他资源知识化的基础。这些资源通过电子化手段，赋予其他资源知识的基本特征——数字化。

（2）标准化：通过标准化技术，数据类资源能够实现显性化，从而显现知识的初步形态。

（3）结构化：信息类资源可以通过结构化技术实现共享化，从而达到较高层次的知识形态。

（4）范式化：模式类资源通过范式化技术实现自动化，从而实现知识层次的提升。

（5）模型化：技术类资源采用模型化技术实现智能化，从而达到知识的更高层级。

（6）全息化：随着未来技术手段的提升，尤其是大数据技术的应用，知识全息化将推动各类资源实现更高层次的提升，推动它们实现智慧化。

2.2.2 欧洲的数字工程

Arno Müller 团队在 *Digital Re-Engineering: Einführung* 中指出，数字化工程将日益数字化的各个方面与重新设计的方法和程序结合起来，将业务重新设计、流程管理和软件工程的方法应用于当前的数字化挑战中。这是一种流程与信息技术相结合的综合方法。数字化工程提供的方法和流程模型能够同时考虑流程设计和创新信息技术的使用，并将重点放在客户体验上。

工业 4.0 的一个基本前提是数字化。要了解产品的历史、当前状态以及通往未来理想目标状态的替代路径，就需要对产品及其属性进行数字化描述。这方面的工具大多已可用于绘制几何、机械、电气、气动或软件技术特性图。然而，挑战在于需要不同的模型来实现这一目标。

针对工业 4.0 时代面临的通用参考架构缺失的问题，德国马格德堡弗劳恩霍夫工厂运营与自动化研究所的 U Schmucker 团队在 *Digital Engineering and Operation* 中介绍了在产品开发过程中连接不同模型并自动生成其中某些模型的多种方法，以及在工业 4.0 时代员工需要掌握的合适技术和合格员工培训方法。详细的数字模型与实际产品同时创建，为产品生命周期后续阶段的物联网和网络物理系统奠定了基础。与此同时，工业 4.0 时代员工的任务和能力要求也将发生变化，这就要求我们优化教育和培训措施，不仅要传授员工解决问题的技能和方法，还要在工作场所附近为员工提供进一步的培训。

2021 年 3 月 9 日，欧盟委员会发布了《2030 数字指南针》，基于 2020 年的欧盟数字战略，量化阐述了 2030 年的欧盟数字愿景。该文件将欧盟的数字雄心转化为四大行动方向。

（1）提升公民数字能力和培育高技能数字专业人员。到 2030 年，80%的欧盟成年公民应具备基本数字技能，信息与通信技术行业的专业人员应超过 2000 万人，更多女性应有机会参与其中。

（2）打造安全、高效、可持续的数字基础设施框架。到 2030 年，欧洲所有家庭都将接入千兆网络，人口稠密地区实现 5G 信号全覆盖；欧盟尖端及可持续半导体产量占世界总产量的 20%；部署 10000 个气候中和、安全可靠的边缘节点；打造欧盟首台量子计算机。

（3）企业数字化转型。到 2030 年，75%的欧盟企业将采用云计算、大数据或人工智能；超过 90%的中小企业达到基本的数字化强度水平；欧盟数字独角兽企业数量翻番。

（4）公共服务数字化。到 2030 年，所有关键公共服务将实现全面在线服务；为全体公民设立线上电子病历；80%的公民将使用数字身份解决问题。

欧盟还将以数字指南针的形式统计历年的数字化进程，并形成报告供欧盟机构和成员国在决策时参考。

2023 年 1 月 9 日，欧盟《2030 年数字十年政策方案》正式生效。该方案建立了监测和年度合作机制，具体措施包括：

- 欧盟委员会在年度数字经济和社会指数（DESI）的框架内监测各目标进展。
- 欧盟委员会每年发布“数字十年状况报告”，评估数字目标的进展情况并提出建议。
- 成员国每两年调整一次“数字十年”战略路线图，即为实现 2030 年数字目标，在国家层面制定的政策、措施和采取的行动。
- 支持共同行动和大规模投资的多国项目，计划在 5G、量子计算机和互联网公共管理等领域启动多国项目。

2.2.3　美国的数字工程

美国国防部（DoD）负责研究与工程的副国防部长迈克尔 D. 格里芬曾表示，在国防部 2018 年的国防战略中，国防部长詹姆斯・马蒂斯鼓励我们采取新的方法，以获得更高的性能和负担能力，来应对当前和未来的挑战。没有持续和可预测的投资来恢复战备状态和实现现代化，我们将迅速失去军事优势，导致联合部队只有与人民的防御无关的遗留系统。为了满足国防战略的要求，必须优先考虑交付速度，现代化防御系统，以确保能够赢得未来战争。

实现这一目标的一种方法是结合使用数字计算、分析能力和新技术，以便在更集成的虚拟环境中进行工程，增加客户和供应商的参与，改善威胁应对时间表，促进技术注入，降低文档成本，维护成本效益。这些全面的工程环境将使DoD及其行业合作伙伴能够在概念阶段进行设计，减少对昂贵模型、过早设计锁定和物理测试的需求。

DoD的数字工程战略概述了DoD数字工程计划的五个战略目标，旨在推动系统和组件的数字化表示以及数字工件的使用，并将其作为跨不同利益相关者的技术沟通方式。该战略涵盖了国防系统采购过程中的多个学科，并鼓励在构建、测试、部署和维护国防系统的方式上进行创新。同时，该战略还鼓励在培训和塑造劳动力方面采用最佳实践。

DoD的数字工程战略是DoD和学术合作伙伴广泛研究和合作的结果，以及与行业协会、专业协会和国防采购协会的互动。这些数字实践的可能性源于技术、法律和社会科学领域多年的努力和进步。这些实践已证明它们在工程相关任务和DoD运营的许多领域中的实用性。

该战略描述了促进数字技术使用的必要条件——工程实践。实施这些实践的人必须制定在每个企业中应用数字工程所需的“如何”实施步骤。各军种应在2018年制定相应的数字工程实施计划，以确保DoD及时推进这项必要的工作。

美国国防部负责系统工程的副助理部长克丽丝滕•鲍德温（Kristen Baldwin）表示：“计算、建模、数据管理和分析能力的进步为工程实践提供了巨大的机会。应用这些工具和方法，我们正在转向一个动态的数字工程生态系统。此次数字化工程改造是应对新威胁、保持优势和利用技术进步所必需的。”

空军采购和后勤助理部长办公室的杰夫•斯坦利（Jeff Stanley）表示：“数字工程是美国空军能够快速做出明智决策以促进作战人员敏捷获取和快速部署主要武器系统的基本组成部分。”

陆军助理部长（采购、后勤和技术）罗伯特•丘利（Robert H. Kewley J）表示：“快速发展的威胁、作战概念和技术要求我们快速创新、设计和整合。权威且可访问的数据、模型和架构必须支持现代化。”

海军负责研究、开发、测试和评估的副助理部长威廉•布雷（William Bray）表示：“数字工程方法和手段是向战斗机提供负担得起速度和杀伤力能力的关键使能者。海军部积极接受数字工程，并认为这是我们在21世纪必须执行的业务方式。”

本章将介绍DoD的数字工程的发展内容与发展趋势。

2.3 数字工程的背景

DoD需要健壮的工程实践来开发国家所需的武器系统，并保持威胁全球对手的优越性。传统上，DoD依赖线性过程开发服务于多种任务和用户的复杂系统。通常，工程采集过程文档密集且封闭，这导致循环时间延长，系统难以变更和维护。DoD面临着平衡复杂系统设计、交付和维持的挑战，这些挑战具有快速变化的操作环境、紧缩预算和攻击性时间表等特点。当前的采集过程和工程方法阻碍了满足指数技术增长、复杂性和访问信息的需求。为确保美国保持技术优势，DoD正在将工程实践转型为数字工程，融入集成的、数字化的、模型驱动的技术创新。DoD力求获得支持生命周期活动的工程实践状态，同时塑造创新文化和员工队伍，以更有效地工作。

数字技术已经彻底改变了大多数主要行业的业务流程和个人的生活方式。通过提高计算速度、存储能力和处理能力，数字工程已经实现了从传统的设计–构建–测试方法到模型–分析–构建方法的范式转变。这种方法允许 DoD 在项目交付作战人员前，在虚拟环境中对决策和解决方案进行原型设计、实验和测试。数字工程将需要新的方法、流程和工具，这些不仅会改变工程界的运作方式，还会对研究、需求、采购、测试、成本、维护和情报界产生影响。数字工程转型同样提供了类似的积极影响业务运营的变化，包括采购实践、法律要求和合同活动。

2.4　数字工程的目的

美国 DoD 系统工程副助理部长办公室［ODASD（SE）］与政府、工业界和学术界的利益相关者合作制定了数字工程战略。该战略是一个动态文档，将持续发展以满足 DoD 尽快向作战人员提供关键能力的持续需求。DoD 计划继续与内部和外部合作伙伴，包括国防工业基地，积极沟通和协调战略实施。该战略旨在指导整个 DoD 数字工程转型的规划、开发和实施。随着 DoD 各部门在数字工程方面不断取得进展，该战略将有助于协调 DoD 的整个实施工作。该战略并非旨在成为规范性文件，而是为了促进共同目标的实现，并激发及时且集中的行动。ODASD（SE）将与 DoD 各部门合作，指导制定军种实施计划，为实现目标提供路线图。ODASD（SE）将领导和协作数字工程计划（见表 2.1）中所示的行动。

表 2.1　数字工程计划

政策/指南	向　导	实　现	工　具
开发/更新 DoD 政策，支持数字工程目标实现（如数据权利、知识产权）； 为提案请求开发标准的合同语言，鼓励行业和政府之间以模型为中心的交互； 支持标准开发以支持数字工程目标	开发和执行跨服务的数字工程虚拟环境； 确保跨服务的试验实现保持一致	为服务级数字工程实施计划的制定提供指导和凝聚力	召开行业与政府之间的工具峰会，与业界就标准、格式和接口进行协作，以改进协作、数据交换，并加强互联网协议保护； 赞助联邦资助研发中心研讨会，以制定数字工程标准路线图

2.5　数字工程的构想

DoD数字工程的愿景是实现DoD在设计、开发、交付、运营和维护系统方面的全面数字化。DoD 将数字工程定义为一种集成的数字化方法，它作为一个连续统一体，利用权威来源的系统数据和模型，跨学科支持从概念设计到产品处置的整个生命周期活动。

DoD 的数字工程方法是在端到端的数字化企业中安全地连接人员、流程、数据和能力。这使得在整个生命周期中能够以数字化方式表示实际系统中的各个方面，包括系统、子系统、流程、设备、产品和部件。DoD 将结合高级计算、大数据分析、人工智能、自主系统和机器人技术等先进技术，以改进工程实践。

数字工程将促进利益相关者与数字技术的互动，并以创新的方式解决问题。虽然使用模型并非新概念，但数字工程强调在整个生命周期中模型使用的连续性。向数字工程过渡将解决与部署和使用美国防御系统的复杂性、不确定性和快速变化相关的长期挑战。通过提供一个更敏捷和响应更快的开发环境，数字工程将支持卓越的工程实践，并为赢得未来战争提供基础。数字工程的构想包括更明智的决策、增强的沟通、对系统设计更深入的理解、对按预期执行能力的信心，以及更高效的工程流程等，具体内容如图 2.1 所示。

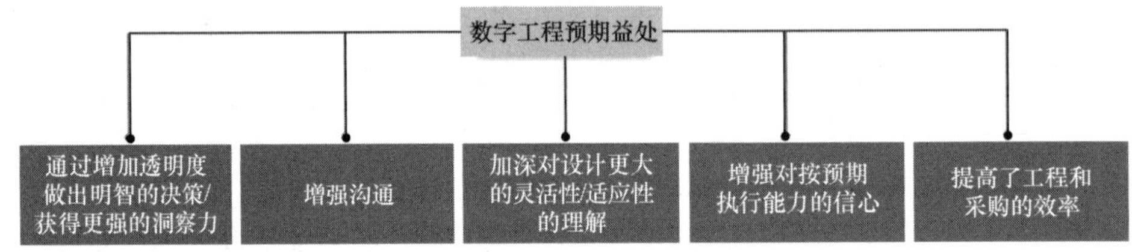

图 2.1 数字工程的构想

2.6 数字工程的战略

数字工程的战略包含 5 个目标，如图 2.2 所示。

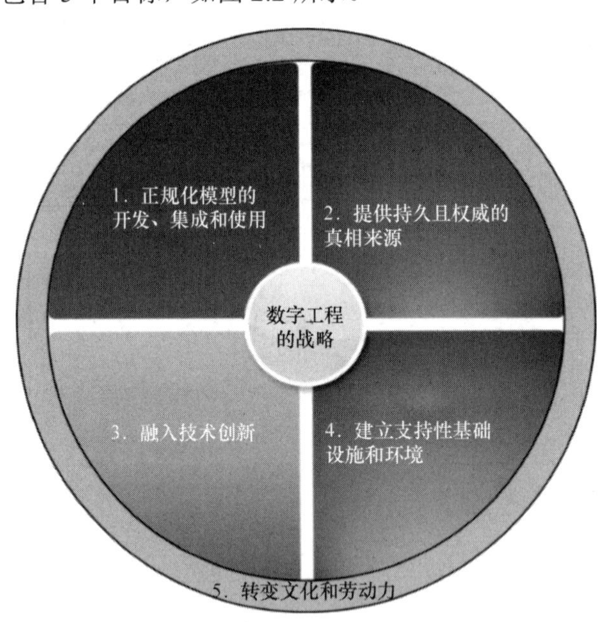

图 2.2 数字工程的战略

（1）正规化模型的开发、集成和使用，为企业和项目决策提供信息。这一目标是将模型的正式规划、开发和使用确立为执行工程活动的一个组成部分，并将其作为整个生命周期的连续体。这种无处不在的模型使用将实现对感兴趣系统的连续端到端的数字表示。这将支持对计划和整个企业进行一致的分析和决策。

（2）提供持久且权威的真相来源。这一目标将主要的通信方式从文档转移到数字模型和数据。这使得访问、管理、分析、使用和分发来自一组通用数字模型和数据的信息成为可能。可授权利益相关者拥有最新、权威且一致的信息，并可在整个生命周期中使用。

（3）融入技术创新，提升工程实践。这个目标超越了传统的基于模型的方法，结合了技术和实践的进步。数字工程方法还支持在连接的数字端到端企业内快速实施创新。

（4）建立支持性基础设施和环境，以促进利益相关者之间的互动、协作和沟通。该目标促进建立强大的基础设施和环境以支持数字工程目标。它结合了信息技术（IT）基础设施和先进的方法、流程和工具，以及协作的可信系统，这些系统加强了对知识产权、网络安全和安全分类的保护。

（5）转变文化和劳动力，以采用和支持整个生命周期的数字工程。最终目标包括变革管理和战略沟通的最佳实践，以改变文化和员工队伍。此目标需要集中精力来领导和执行变革，以支持数字工程转型。

2.7　数字工程的目标和重点领域

2.7.1　目标 1：正规化模型的开发、集成和使用，为企业和项目决策提供信息

模型能够提供对系统、现象、实体或过程的精确且通用的表示。在生命周期的早期阶段，模型能够在实际实例化前进行解决方案的虚拟探索。在解决方案的生命周期中，模型会逐渐成熟，并且可以有用地复制到物理对应物中以进行虚拟测试和后勤保障支持。

此目标侧重于将建模的形式化应用扩展至从概念到处置的所有系统生命周期阶段。图 2.3 所示为通过权威真相来源连接的模型示例，这些模型被开发和集成，作为整个生命周期中权威事实来源的基础。各种学科和领域可以在虚拟环境中同时对系统的不同方面进行操作。模型集合不是丢弃和重新开发模型，而是模型从一个阶段发展到下一个阶段。因此，模型贯穿系统的整个生命周期。

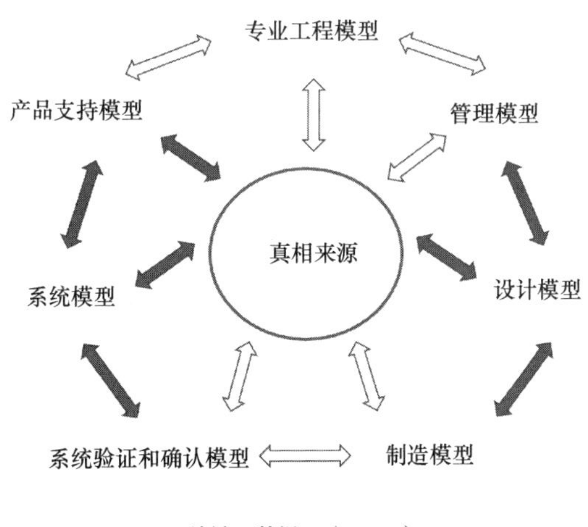

图 2.3　通过权威真相来源连接的模型示例

1. 正式规划模型以支持整个生命周期的工程活动和决策制定

DoD 组织将为模型创建、管理、集成，以及贯穿整个生命周期的相关程序和企业工程活动制订计划。这些计划将描述如何在执行工作活动以及支持分析和决策时以连贯有效的方式实现模型。

正式制订计划时，以数字方式表示利益体系。DoD 组织将正式规划并实施数字化计划，以代表感兴趣的系统。该规划将建立一种方法，利用模型实现活动协调、工作有效管理，以及跨企业和多学科团队的工作产品集成，从而产生对感兴趣系统的数字表示。该计划将确立正式的标准，建立模型开发应遵循的基本质量标准和规则（例如，句法、语义、词典、标准等）。

2. 正式开发、集成和管理模型

DoD 组织将采用模型形式主义，以协助模型的开发、集成和管理。这种形式主义确保了模型与系统及其外部程序依赖项的一致性。DoD 组织将识别并维持一种集成所有利益相关者生成的模型的方法，以在整个生命周期中数字化表示感兴趣的系统。

模型将根据政策、指南、标准和模型形式主义进行开发，确保模型的准确性、完整性、可信度和可重用性。DoD 组织将捕获和维护模型的出处和系谱信息，以建立信任度、可信度、准确性，并将其作为判断模型重用的基础。基于模型的评审、审计和信任，以及确认和验证属性，对有效的协作和感兴趣的系统演化至关重要。

集成和管理跨学科的模型，以支持内聚的模型驱动的生命周期活动。协作生命周期工作将得到一组集成模型的支持。模型将构建成为真相的权威来源，包括从概念到处置的模型可追溯性。模型的集成和管理应遵循捕获信息并将信息传达给决策者的原则。

3. 使用模型进行交流、协作，并执行模型驱动的生命周期活动

模型将被用作定义、评估、比较和优化备选方案以及做出决策的工具。这些模型将跨越所有学科，并提供一个统一的表示，以支持并行工程和其他程序活动。

模型用于回答问题、追溯原因、支持决策，并在所有保真度级别和跨生命周期活动中清晰明确地进行沟通。应使用模型来支持完整的生命周期活动。技术学科或组织之间的信息交换应尽可能通过模型交换和自动转换来进行。准备文档以支持协作，确保准确使用和操作模型。

2.7.2　目标 2：提供持久且权威的真相来源

此目标提供权威的真相来源，供跨组织的利益相关者访问、管理、保护并分析目标 1 中的模型和数据。通信的主要方式已从静态和脱节的工件转变为以模型和数据为基础，连接孤立元素，并在整个生命周期活动中提供集成的信息交换。利益相关者能够在整个生命周期活动中使用共享的知识和资源，并在权威的真相来源内或通过权威的真相来源进行协作。

1. 定义权威的真相来源

（1）权威的真相来源捕捉了技术基线的当前状态和历史信息。它作为模型和数据的中心

参考点，贯穿整个生命周期。随着感兴趣系统的演变，权威的真相来源将提供可追溯性，捕捉历史知识，并连接模型和数据的权威版本。对权威的真相来源所做的更改将影响到所有相关的系统和功能。正确维护真实性的权威真相来源将降低使用不准确模型数据的风险，并支持对当前和历史配置数据的有效控制。本目标可确保正确的数据在正确的时间交付给正确的人。

（2）规划和发展权威的真相来源。权威的真相来源需要预先规划，并使用目标 1 中提到的模型。为跨学科定义、开发和使用模型，对整个生命周期的权威真相来源设定明确的期望是必要的。规划包括确定所需获取的数据需求、支持决策的工程以及创建权威数据源的无缝集成。权威的真相来源完善了跨越工程学科、分布式团队和其他功能领域边界的共享过程。它将在整个生命周期活动中组织和集成不同模型和数据的结构。此外，权威的真相来源将为创建、更新、检索和整合模型和数据提供技术要素。

2. 治理权威的真相来源

（1）制定政策和程序，以确保权威的真相来源被正确使用。治理将确保模型和数据在整个生命周期活动中得到正式管理和信任。此外，利益相关者将准确地收集、共享和维护模型和数据。建立标准化程序对于维护模型和数据的完整性和质量以及遵守组织和业务规则至关重要。治理流程将帮助利益相关者解决问题，确保流程的一致性和准确性，并使利益相关者能够做出数据驱动的决策。

（2）建立对权威真相来源的访问和控制（见图 2.4）。建立访问和控制是确保授权用户在正确的时间访问正确信息所必需的内容。正确定义对权威真相来源的访问和控制，以确保模型和数据能够跨组织边界无缝流动。数据必须随时可供所有预期接收者使用，但也必须防止未经授权的用户使用。维护访问和控制标准可以确保信息得到适当的创建、管理、保护和保留。

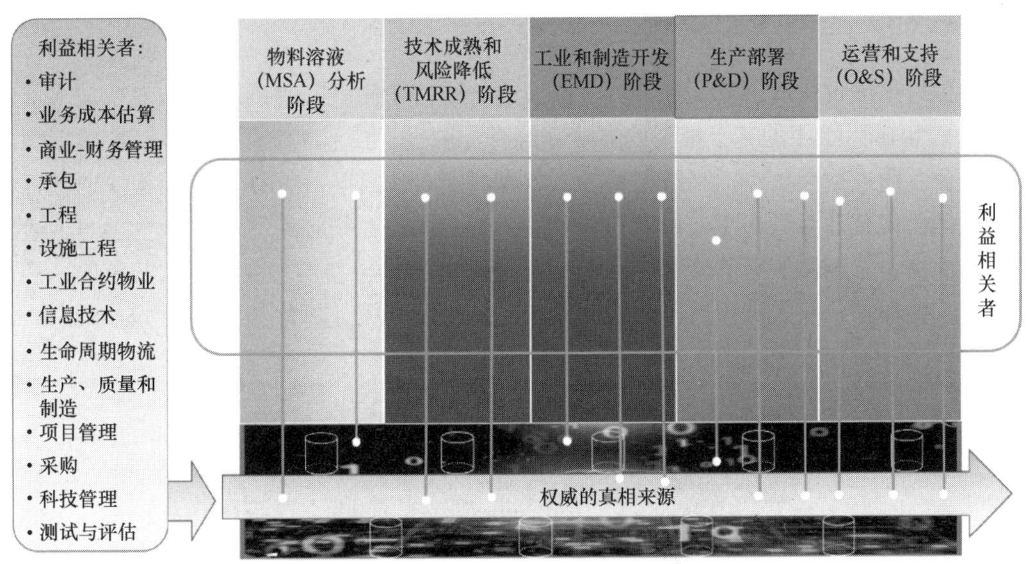

图 2.4　建立对权威真相来源的访问和控制

（3）执行权威真相来源的治理。有效且稳健的治理流程涵盖不同级别的职责。政策、程序和标准将确保对权威真相来源的适当治理并提升整个生命周期的数据质量。执行治理应增强利益相关者对权威真相来源完整性的信心。

3．在整个生命周期使用权威的真相来源

（1）权威的真相来源将用于从概念到处置的系统信息的开发、管理和交流。权威的真相来源将作为共享和交换模型、数据和数字工件的主要手段，为企业装备必要的知识，以计划、设计和维护系统。

（2）将权威的真相来源作为技术基准使用。利益相关者应利用权威的真相来源做出明智、及时的决策，管理成本、进度、绩效和风险。例如，应追踪合同可交付成果并验证权威的真相来源。这将使各级利益相关者能够对系统的开发、操作和执行做出明智反应，避免产生技术和管理障碍。

（3）利用权威的真相来源生成数字工件，支持审查并为决策提供信息。随着技术基线的成熟，跨程序和在生命周期阶段保存知识至关重要，应根据权威的真相来源持续进行技术审查。利益相关者将生成代表多种视角和不同观点的数字工件，数字工件提高跨职能领域、学科和组织的适当信息的可见性。

（4）使用权威的真相来源进行协作和交流。权威的真相来源将使团队协同工作，访问最新的模型、数据和信息，同时无缝集成他们的工作。正如在目标 1 中建立的，模型作为整个生命周期活动中的连续统一体。这种范式转变将从根本上改变从接受文件到接受模型的做法，并为采购领域和功能领域提供技术基础。用户可以使用模型和数据的共享网络生成各种视图，提供连贯的数字工件，减少耗时的工作和返工。利益相关者能够提出替代解决方案，在团队之间协作，促进模型重用和提高生产力，同时分析变更的影响。

2.7.3　目标 3：融入技术创新，提升工程实践

此目标旨在通过快速创新及提供对先进技术的访问和使用，使 DoD 组织保持技术优势。基于目标 1 和目标 2 中的基于模型的方法，此目标融合了技术和实践的进步，构建端到端的数字化企业。通过数字化连接利益相关者、流程、能力和数据，DoD 组织能够快速分析和适应，实现能力现代化并做出更及时和有效的决策。这种方法还创造了利用自主学习、适应和行动技术的机会。图 2.5 所示为支持数字连接企业和推动创新的转变工程实践示例，涵盖大数据分析、认知技术、人机接口、计算技术、人工智能、3D 打印、数字孪生等。

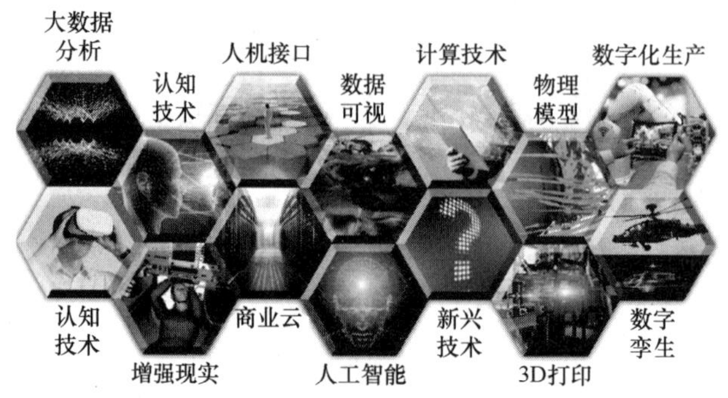

图 2.5　支持数字连接企业和推动创新的转变工程实践示例

1. 建立端到端的数字化工程企业

DoD 的愿景是拥有一个连接数字化的工程企业，涵盖整个系统生命周期中的物理世界。端到端的数字化工程企业将在先进技术支持的数字连接环境中采用基于模型的方法，执行从概念设计到产品处置的完整生命周期活动。在生命周期的早期阶段，端到端的数字化工程企业的重点是评估概念、吸引用户并使用系统的数字表示。在生命周期的后期阶段，端到端的数字化工程企业的重点是最终产品的生产、交付和维护。建立端到端的数字化工程企业的目标是不断发展产品的数字化，并与最终产品一起从操作环境中获得持续的洞察力和知识。

通过技术创新注入，赋能端到端的数字化工程企业。DoD 的战略是改进技术插入流程，利用市场上的尖端技术寻找高回报的解决方案。在选择支持数字企业的技术时，利益相关者应考虑当前和未来的企业和计划需求。DoD 将实施严格的流程来支持具有成本效益的技术开发和选择决策。

2. 以技术创新提升数字化工程实践

（1）数据分析的进步有助于从现有模型数据中获得更深入的见解。利益相关者应使用技术创新来改进系统功能，增强计算密集型工程活动的性能。技术进步也将改变机器之间以及机器与人类的沟通和协作方式，并利用人类和机器的优势来改进工程实践。

（2）利用数据提升意识、洞察力，并优化决策制定。各种格式的数据呈指数增长，大数据和分析技术的进步不仅可以帮助战场上的战士，还可以更好地利用各个阶段海量且不断增长的数据告知生命周期过程。DoD 的愿景是建立一种企业能力，安全地利用数据和分析来提升洞察力并做出更快更好的数据驱动决策。通过设计的发展来捕获和持续地评估数据，可以在短时间内比较和优化潜在的改进和选项。

（3）推进人机交互。实现端到端的数字化工程企业，自动化任务和流程，并加快决策制定，需要改变人机交互方式，采用前沿技术。人工智能的进步催生了认知技术，这些技术能够执行传统上需要人类智能才能完成的任务。与传统系统相比，机器现在能够构建知识、不断学习、理解自然语言、推理和与人类更自然地互动。DoD 的愿景是人类与机器交互，以更快地做出数据驱动决策，并帮助人类更有效地利用数据。DoD 将通过深入了解这些技术、评估试点这些技术的机会以及展示利用这些技术创造价值的选项来推进人机交互。

2.7.4 目标 4：建立支持性基础设施和环境，以促进利益相关者之间的互动、协作和沟通

本目标致力于构建支持所有数字工程目标实现的基础设施和环境。目前，DoD 的 IT 基础设施和环境尚未完全满足数字工程利益相关者的需求。因为它们的使用因程序而异，往往是封闭、复杂的，难以进行管理、控制、保护和支持。DoD 将推进基础设施和环境建设，以打造一个更加整合、协作的可信环境。DoD 将在项目级别上为企业提供基础设施解决方案，以支持数字工程目标的实现。图 2.6 所示为数字工程基础设施和环境的核心元素，这些元素将同步技术发展，加强网络安全和知识产权保护，促进信息共享。

图 2.6 数字工程基础设施和环境的核心元素

1. 开发、完善和应用数字工程 IT 基础设施

数字工程 IT 基础设施包括硬件、软件、网络和相关设备的集合，它们跨越地理位置和组织界限，并且必须满足安全要求。数字工程 IT 基础设施是实践状态的关键推动因素和基础。

（1）提供执行数字工程活动所需的安全连接信息网络。可靠、可用、安全的互联信息网络对于在整个生命周期中执行数字工程活动至关重要。网络必须包括所有分类级别的计算基础设施和企业服务，以安全地促进信息流动和权威的真相来源。

（2）提供用于执行数字工程活动的硬件与软件。DoD 将规划、配置资源并部署数字工程硬件，以及制定满足员工和相关数字工程活动需求的软件解决方案。DoD 将考虑采用模块化方法和多样化的硬件与软件解决方案，以便在构建端到端的数字化工程企业时，能够显著节约成本，提供灵活的可扩展性和快速部署的能力。在适当时机，DoD 将采用商业云平台、技术及服务解决方案。

2. 开发、完善和应用数字工程方法

有效运用基于模型的方法的企业需要将文档驱动的方法转变为数据驱动的方法。因此，DoD 将不断改善工程师在管理、设计和交付解决方案方面的工作方式。为了充分利用技术能力，DoD 必须改变工程师的工作模式，以及管理和交付解决方案的方式。

（1）开发、完善并执行支持跨企业及生命周期的数字工程活动的方法和流程。DoD 将通过开发、完善和应用数字工程方法和流程来支持不断发展的数字工程基础设施中的工作。这将促使 DoD 更新其工程流程、手册和指南，以实现所需的数字工程效益。至少，这些新的工程方法应结合技术创新、权威的真相来源、规范化的建模、劳动力发展和文化变革，以提高质量、生产力和采购效率。

（2）开发、完善并使用数字工程工具。DoD 将评估并确定符合当前和未来需求的数字工程工具，这些工具应是可扩展的企业级解决方案，满足跨学科和领域的需求。在选择工具时，利益相关者应考虑数据交换要求及许可协议。DoD 的战略是关注标准、数据、格式和工具之间的接口，而不特定于某一款工具。数字工程工具的关键要素包括可视化、分析、

模型管理、模型互操作性、工作流程、协作和扩展/定制支持。开发、完善并使用创新的数字工程工具，有助于以提高工程效率的方式结合人员和技术。例如，工程弹性系统（ERS），如图 2.7 所示。

图 2.7　工程弹性系统

ERS 是 DoD 的一个联合项目，旨在开发一套现代计算工程工具，这套工具在一个架构内集成，能够对齐接收和操作业务流程。该套件包括模型、仿真和相关功能，以及贸易空间评估和可视化工具。海军利用 ERS 工具完成了超过 1900 万艘船只的设计。ERS 使用成本与功能分析来确定未来水面战舰的可承受能力空间。

3．保障 IT 基础设施并保护知识产权

数字工程的转型依赖于对模型和数据进行分类，确保对其可用性和保密性的保护。鉴于模型包含大量信息，DoD 必须降低网络风险，保护数字工程环境不受内外威胁。DoD 和工业界将确保知识产权和敏感信息得到保护，同时促进工业界与政府的合作。

（1）保护 IT 基础设施，同时推动数字工程目标的实现。DoD 将网络安全纳入数字工程规划和执行的所有阶段。数字工程利益相关者必须确保 IT 基础设施得到保护，同时推动数字工程目标的实现。DoD 将努力缓解已知漏洞对 DoD 网络和数据构成的高风险。DoD 和工业界将降低协作和访问模型中的大量信息所带来的风险，并更新和开发方法、流程和工具，以应对不同网络和安全级别之间协作的独特挑战。

（2）在整个项目生命周期中使用模型进行协作，同时保护知识产权。DoD 将更新其方法、流程和工具，以实现数据和模型的交换，同时保护供应商和政府的知识产权。知识产权的识别和保护是政府和行业合作伙伴必须共同面对的极其复杂的挑战。DoD 及其工业合作伙伴有责任保护版权、商标、专利和竞争敏感信息，并促进整个生命周期内利益相关者之间的信息自由流动。

2.7.5 目标 5：转变文化和劳动力，以采用和支持整个生命周期的数字工程

此目标要求经过深思熟虑的规划，实施和支持 DoD 数字工程转型的系统方法。转变文化和劳动力要求 DoD 超越技术层面解决劳动力挑战，包括组织的共同价值观、信念和行为。信念从根本上影响人们的行为和操作执行方式。

在成功实施数字工程方面，DoD 需要努力改造劳动力以促进文化变革。这包括培训与教育、沟通与参与、领导和持续改进等方面，如图 2.8 所示。

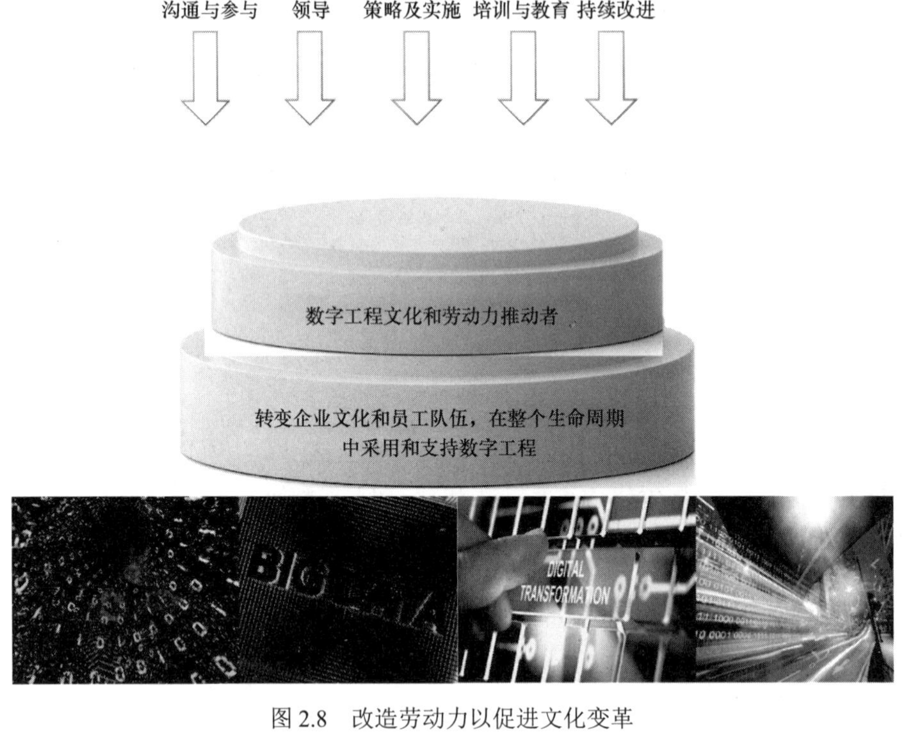

图 2.8 改造劳动力以促进文化变革

1. 完善数字工程知识库

数字工程知识库已发展至不同的成熟度水平。DoD 已记录了卓越数字工程的详细信息，这些信息目前分散在众多标准、网络资源、学术和行业文献中，我们需要共同努力，进一步组织、持续改进和更新这一知识库。

（1）完善数字工程的政策、指南、规范和标准。DoD 利用政策、指南、规范和标准，确保跨工程活动的一致性和纪律性。目前，虽有广泛的标准支持数字工程（如建模语言、流程、架构框架等），但尚无一套数字工程标准能够全面覆盖跨学科、领域和阶段所需的模型和数据的整个生命周期。因此，DoD 需要术语统一，形成对概念的共同理解，并确保在跨工程活动中实施数字工程的一致性和严谨性。为找出差距，DoD 应首先评估当前的政策、指南、规范和标准，确定需要进行哪些更改以实施数字工程。

（2）简化合同、采购、法律和商业实践。DoD 的采购做法指导和改变行为，支持有效履

行合同。现有流程大多基于纸张，需要过渡到基于模型的方法。虽然基于模型的方法有灵活性，可自动执行手动任务并支持协作，但它需要改变 DoD 流程，以规划、评估、授予和管理授予后的采购。例如，数字工程将影响提案请求（RFP）、工作说明书（SOW）、合同数据要求列表（CDRL）以及任何随附的数据项描述（DID）。这种改变需要了解合同和法律的团队参与，以简化合同和商业实践。

（3）建立和分享最佳实践。为帮助组织解决挑战并使数字工程制度化，DoD 将推进现有计划和网络，同步跨数字工程的信息共享。除了编纂政策、指南和标准，还可以在国防采办界建立和分享最佳实践，最佳实践应可供重用或改编。分享有效行动方案的信息和从经验中吸取的经验，可以让更广泛的社区相互合作和学习。这一重点领域需要 DoD 全部门的战略性努力，以通知、参与和动员 DoD 及其合作伙伴捕捉、发现并实施数字工程实践的改进。

2. 领导支持数字工程转型工作

（1）转型需要进行管理变革。推动创新、实验和持续改进的文化涉及塑造组织团队和个人对转型的价值观、态度和信念。领导者通过激励人们贡献和成长，推动转型过程，提供变革的框架；通过沟通和执行愿景及战略来吸引人们接受和拥抱变化，利用广泛的知识和创新，并展示和奖励有形的结果。

（2）沟通数字工程愿景、战略，并执行实施计划。数字工程是改变人们工作和经营方式的基础。为鼓励人们参与，DoD 领导者将制定并传达数字工程的愿景和战略。有效的愿景和战略有助于明确组织的目的、方向和优先事项。必须通过多种渠道建立开放和频繁的沟通策略，为跨学科和跨组织的利益相关者提供创新意识和共同理解。领导层应努力消除障碍并解决变革的阻力，提供资源，确定优先事项和关键里程碑，并定义角色和责任，以实现数字工程愿景和战略。同时，应建立一种供人们提出问题和提供反馈的机制。

（3）在政府、行业和学术界建立联盟和伙伴关系。广泛的利益相关者在数字工程企业的各个方面开发解决方案。利益相关者的技能、独创性和进步有助于集体推进对实践状态的见解和想法。DoD 可以利用同盟和合作伙伴关系共同创建和部署概念，促进信息和资源的共享。DoD 组织在政府、国际合作伙伴、服务、学术界、联邦资助研发中心（FFRDC）和工业之间培养和维持持久的合作非常重要。

（4）建立一套衡量、培养、展示及改进问责机制，确保跨项目和企业能够取得实际成效。DoD 应明确指定积极参与管理和推动转型进程的领导团队，如倡导者、发起人等。该领导团队将启动一系列基础广泛的行动计划，旨在取得短期内的胜利和长期的成果。领导层应制定成功的衡量指标和标准，这些指标和标准将在整个企业中作为建立激励机制、监控、奖励、采取纠正措施以及改善成果的工具。

3. 建立和储备劳动力

未来的劳动力将是地理分散、多学科和多代的。新一代工程师将进入劳动力市场，并取代即将退休的主题专家（SME）。DoD 需要使初级工程师与中小企业合作，共同迈向未来。知识转移变得越来越重要，需要对各级员工进行培训和教育，以提高他们的技能。

（1）培养员工的知识和技能是组织发展的重要一环。劳动力的培训和教育对于增加员工在数字化工程改造中所需的知识和技能至关重要。通过在数字工程及相关学科领域的培训和教育，组织能够持续地传播关键信息，这对个人成长、团队协作以及整个组织的效能提升都有着不可或缺的作用。DoD 需对员工进行全面的教育和培训，特别是在新概念、方法论、流程和工具等方面，以确保员工能够适应并掌握数字化转型的前沿知识和技能。

（2）确保整个员工队伍积极参与规划和实施转型工作。培训和教育并不是文化变革的唯一驱动力。DoD 必须鼓励员工通过养成新习惯和行为来应用这些知识。尽管培训和教育很重要，但“做”对于组织获得经验和适应新的运营方式更重要。利益相关者（无论是组织内部的还是外部的）也要积极参与整个生命周期的数字功能的决策、设计和交付。

2.8 本章小结

本章集中讨论了美国国防部的数字工程，阐述了其目的、构想、战略、目标及重点领域，并强调了基于模型的系统工程在其中的核心地位。

2.9 本章习题

（1）如何定义数字工程？

（2）在数字经济中，如何理解中国的数字工程？

（3）对比分析欧美的数字工程。

（4）简述美国的数字工程计划。

（5）简述美国数字工程的 5 个目标。

（6）讨论美国数字工程对我国的启示。

（7）对比分析数字工程与信息工程。

（8）美国数字工程的愿景是什么？

（9）美国数字工程的战略是什么？

参考文献

[1] 驻欧盟使团经济商务处. 欧盟发布欧洲数字十年计划[EB/OL]. (2021-03-25)[2024-06-23]. http://eu.mofcom.gov.cn/article/jmxw/ 202103/20210303047123.shtml.

[2] MÜLLER A, SCHRÖDER H, VON THIENEN L. Digital Re-Engineering: Einführung[J]. Digineering: Business Process Management im digitalen Zeitalter, 2021: 1-26.

[3] SCHMUCKER U, HAASE T, SCHUMANN M. Produktion und Logistik mit Zukunft[M]. Berlin, Heidelberg: Springer, 2015: 283-375.

[4] 驻欧盟使团经济商务处. 欧盟《2030 年数字十年政策方案》正式生效[EB/OL]. (2023-01-10)[2024-06-23]. http://eu.mofcom.gov.cn/ article/jmxw/202301/20230103378488.shtml.

[5] OFFICE OF THE DEPUTY ASSISTANT SECRETARY OF DENFENSE FOR SYSTEM ENGINEERING. DoD Digital Engineering Strategy[R]. Washington, DC: Deputy Assistant Secretary of Defense Systems Engineering, 2018.

第 3 章 基于模型的系统工程

在数字工程战略中，基于模型的系统工程（MBSE）具有不可替代的地位。MBSE 可提供全面而准确的系统模型，支持多学科之间的协作和集成，落地数字工程。MBSE 可提高数字工程的效率和质量，推动数字工程的发展和创新。

3.1 MBSE 是数字工程的基础和核心

3.1.1 MBSE 以模型为核心载体，变革数字工程

MBSE 是真正从正向研发源头创新的基本范式，是在产品开发全生命周期的各个阶段使用数字化模型代替文档进行设计的一种新范式，是替代逆向工程的方法，可真正实现数字工程。

MBSE 的核心思想是系统模型载体与数据连续传递，贯穿数字化研制全生命周期，形成具有和工业实物产品完全一致且经过验证的数字模型，在数字工程中实现以模型和数据为核心的范式转移，变革传统基于文档的系统工程方法，强调实物验证的研制模式。

MBSE 能够提供全面而准确的系统模型，帮助工程师更好地理解和把握系统的需求、功能、性能等。通过建立模型，工程师可以对系统进行仿真和分析，预测系统的行为和性能表现，指导工程设计和优化。

3.1.2 MBSE 集成融通多学科，提升数字工程

分科而学严重阻碍了复杂系统设计与研发的发展。面对复杂的大工程、大系统、大工业，只见“树木”，不见“森林”。在数字工程中，研究问题靠学科专业，解决问题靠系统综合。系统工程综合多个学科，是问题空间和解决域空间的桥梁。MBSE 是数字工程的智慧底座，其模型中心是跨学科的领域级知识工程。

数字工程通常涉及多个学科领域的知识和技术，如电子工程、机械工程、电气工程、控制工程、光学工程、土木工程、化学工程等。MBSE 能够促进多学科之间的协作和集成。通过使用统一的系统模型，各个学科可以在同一个平台（系统工程）上进行协作和交流，实现知识的共享和集成，提高数字工程及其工程项目的效率和质量。

3.1.3 MBSE 以数据驱动模型，赋能数字工程

MBSE 以数据驱动模型，赋能数字工程的智能化和自动化，通过分析和利用模型中的数据，实现对系统的自动优化和智能决策，提高数字工程及其工程项目的智能化水平和自动化

程度，在数字化建模的基础上，借助人工智能和大数据技术建立数据连续传递的通道，支撑系统模型的自动化生成和更新。

MBSE 可提供系统数据与模型的可视化。传统的系统工程通常以文档和图表的方式进行表达和交流，往往不够直观和易懂。通过使用系统建模语言和工具，将系统模型与数据以图形化的方式进行展示和沟通，使得数字工程更容易理解和参与。

3.2 MBSE 的定义与发展历程

3.2.1 MBSE 的定义

在设计和管理大型人造复杂系统的过程中，系统工程方法已被采纳了超过半个世纪。在计算机模型技术普及之前，传统系统工程的实践和管理主要是以文档为中心的，具体表现在以下两个方面：任务分析、需求、架构和设计之间通过文档进行交接；在系统工程技术管理生命周期的各个里程碑节点，对文档进行审查，以控制系统设计和开发的质量与风险。

这种方式在系统复杂性较低时相对有效，但在定义、设计和管理复杂系统时，局限性变得明显。以自动驾驶汽车系统为例，它不仅包括传统汽车的动力系统、控制系统和机械系统，还包括电力系统、导航系统、障碍物识别系统、空调系统、娱乐系统、自动驾驶系统和网络安全保障系统等。这种新一代汽车系统的部件数量可能达到百万级别，组件间的接口数量可能达到万级别，控制逻辑和软件代码数量可能达到数百万行，需要一致性地定义需求、功能、结构、接口和参数，确保在生命周期各阶段不出现信息偏差或遗漏。

信息技术的发展，特别是计算机形式化建模技术的出现，极大地提升了系统工程管理的能力，催生了 MBSE 技术。

MBSE 的权威定义由国际系统工程协会（INCOSE）给出。在《INCOSE 系统工程愿景 2020》中，MBSE 被定义为："MBSE 是一种应用形式化建模手段，用于支持系统需求、分析、设计、验证和确认活动，这些活动从概念设计阶段开始，贯穿整个开发过程及其后的生命周期阶段"。

与传统的基于文档的系统工程相比，MBSE 的优点主要体现在以下几个方面。

（1）实现单一数据源。

传统系统工程以文档为核心，难以解决单一数据源问题。文档的每次复用都意味着数据对象的复制或增加。在系统复杂度较低时，尚可依靠人力维持数据一致性。随着系统复杂度的提升和变更的频繁，维护数据一致性的工作量呈指数增加，变得难以承受。

MBSE 以模型为唯一数据源，文档、数据、接口和指标的一致性将在模型中自然体现。

（2）实现需求的无二义性。

无二义性是指每个需求都具有唯一的含义。由于自然语言的特性，同一描述可能被不同人员理解为不同含义，特别是当需求从总体传递到系统，再从系统传递到子系统和单机时，由于工程师背景和关注点的差异，因此对同一需求有不同理解的情况更容易发生。MBSE 通过模型条目化管理需求，需求的分析、分解、实现和验证都可被跟踪，任何需求都可以在系统工程的任何节点追溯到源头。

（3）改善上下游之间的信息沟通与反馈。

当前复杂系统的研制过程主要是以任务书或规格说明书为载体的自顶向下的信息传递。在系统研制过程中，下层设计部门可能产生衍生需求，这些需求需要反馈回上层设计部门，由上层设计部门评估对整个系统设计和可靠性的影响。目前许多复杂系统研制过程缺乏高效的反馈机制，设计反馈通常仅限于设计师之间的口头交流，因此迫切需要建立一个数字化且有效的反馈机制和通道。

图 3.1 所示为从基于文档的系统工程过渡到基于模型的系统工程对系统设计与开发产生的深远影响和好处。

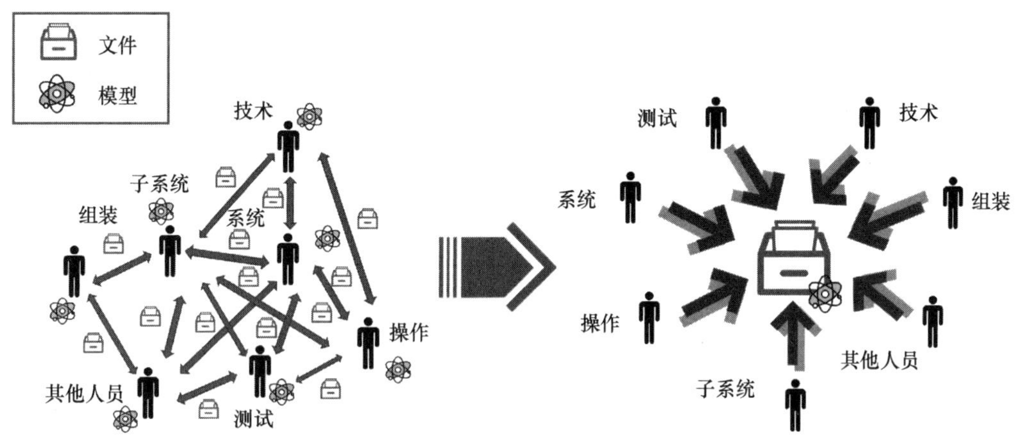

图 3.1　从基于文档的系统工程过渡到基于模型的系统工程对系统设计与开发产生的深远影响和好处

随着市场竞争的加剧，企业面临繁重的产品/型号研制任务和紧迫的研制进度要求。多型号并行开发的做法使得管理技术状态的难度增加，普遍存在设计文件多基线多状态、产品技术状态变化影响范围广等问题，使得通用产品的不同型号在各个研制阶段的状态追溯变得日益复杂和困难。在实际工作中，由于设计文档难以验证和审查，因此可能存在技术或管理上的协调不足，甚至出现矛盾。采用 MBSE 后，信息/数据的传递方式将转变为以模型为核心，原有困境将得到显著改善。

（4）系统指标在方案设计初期得到分配/确认。

在系统设计中，一个重要且具有挑战性的问题是对系统功能指标和非功能指标的分配与确认。非功能指标通常包括性能、可靠性、安全性、维修性和成本等。非功能指标的分配是将系统非功能的定量要求分配到特定产品层次上，通过分配使整体和部分的非功能定量要求协调一致。这是一个由整体到局部、由上到下的分配过程。系统功能指标的分配是一个多学科、多指标协同/权衡的过程。

目前许多复杂系统在研制时，对功能指标的分配采用自然语言和 Word 文档的方式进行，描述不准确且难以验证。对于非功能指标，目前只能依靠设计师的个人经验进行分配，且在方案设计初期很难确认。许多产品需要等到性能样机出来后，才能开始非功能指标的确认和验证工作。如果在这个阶段才发现指标分配不合理，导致的系统更改将对整个系统研制的进度和成本产生极大影响。

MBSE 可在 V 模型的左侧建立了一套方法。这套方法能够对功能、非功能等系统指标进行早期的分配、分析、验证和确认，减少后期对系统设计的更改。

（5）系统架构与设计知识的固化。

许多企业拥有丰富的型号系统研制经验，积累了大量型号研制、系统工程管理的成果。这些经验和成果以图样、专利、标准、设计报告、论文等形式存在，但存在知识分散化、难以有效整合共享的问题，大量经验类知识仅存在于人员的头脑中。

MBSE 可建立起一套产品/系统知识管理系统。系统知识将以利益相关者的需求为源头，展开到系统定义、子系统划分、功能定义、接口定义、指标分析、系统/组件验证与确认等各个方面。

3.2.2 MBSE 的发展历程

从发展历程来看，MBSE 并不是 21 世纪才出现的新名词。早在 20 世纪 80 年代末，美国系统工程界的奠基人之一——A. Wayne Wymore 教授（他于 1961 年创立了世界上第一个系统工程系——亚利桑那大学系统工程系）就一直致力于建立关于系统工程的数学理论。他花费了 6 年时间完成了《基于模型的系统工程》一书。书中 MBSE 的定义与 INCOSE 在《INCOSE 系统工程愿景 2020》中对 MBSE 的定义不同，Wymore 教授的 MBSE 旨在建立系统工程的数学基础。

10 年后，工程意义上的 MBSE 开始崭露头角。1996 年，ISO 和 INCOSE 启动了系统工程数据表达及交换标准化项目，其成果是后来的 STEP AP233。INCOSE 于 1996 年成立了模型驱动的系统设计工作组。1998 年，INSIGHT 杂志出版了《MBSE：一个新范式》专刊，探讨了信息模型对软件工具互操作性的重要性、建模的技术细节、MBSE 的客户价值、跨领域智能产品模型等议题。2001 年初，INCOSE 模型驱动的系统设计工作组决定发起 UML 针对系统工程应用的定制化项目，即 SysML 的起源。2001 年 7 月，INCOSE 和 OMG 联合成立了 OMG 系统工程领域专项兴趣组，该兴趣组于 2003 年 3 月发起了针对系统工程的 UML 提案征集。

又一个 10 年过去，2007 年 9 月，SysML v1.0 发布。2007—2008 年，INCOSE 发布了两版《MBSE 方法学调研综述》。2009 年，INSIGHT 杂志在《MBSE：这个新范式》专刊中宣称：MBSE 已具备一定条件正式登上历史舞台。在此阶段，MBSE 的应用领域已拓展到系统工程，应用行业也拓展到除航空航天、国防军工以外的汽车、轨道交通和医疗器械等民用行业。

2007—2017 年是 MBSE 在欧美航空航天、国防军工、汽车、轨道交通、医疗器械等行业大规模推广实施的 10 年，也是 MBSE 在国外从孕育期走向成长期的 10 年。

2007 年发生了发布《INCOSE 系统工程愿景 2020》、MBSE 倡议、《MBSE 方法学调研综述》第一版、SysML v1.0 等标志性事件。2017 年，SysML v1.5 发布，SysML v1.4 被接纳为国际标准。在这 10 年中，NASA、波音、洛马、空客等公司都在整个集团高层关注和推动 MBSE 培训实施及 IT 环境和文化建设。同时，MBSE 也进入了石化、建筑、健康医疗、智慧城市等领域。2017 年 1 月，INCOSE 成立了油气工作组；5 月，美国德州墨西哥湾海岸分会首次会议召开，主题是将 MBSE 在航空航天领域的应用最佳实践移植到油气行业。

在中国，MBSE 的推广应用也呈加速发展态势。航空业率先在全行业引入系统工程和 MBSE 方法学的实施，科技巨头华为也成功在通信产品设计上导入了 MBSE 方法。目前，航天业正处于理念培育、工具试用和过程改进的前期准备阶段。

前面提到的《INCOSE 系统工程愿景 2020》对 MBSE 的计划和推广起到了非常大的推动作用，其蓝图如图 3.2 所示。

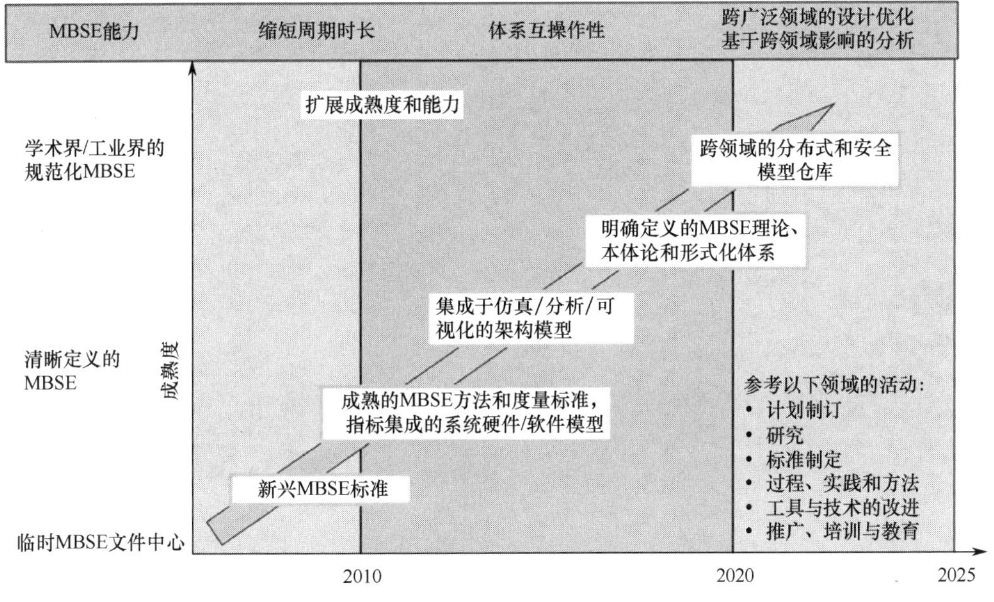

图 3.2 《INCOSE 系统工程愿景 2020》蓝图

在蓝图中，预计到 2025 年之前，MBSE 的成熟度与能力将经历以下几个发展阶段。

（1）新兴 MBSE 标准的出现。

（2）成熟的 MBSE 方法和度量标准，以及与指标集成的系统硬件/软件模型。

（3）集成于仿真/分析/可视化的架构模型。

（4）明确定义的 MBSE 理论、本体论和形式化体系。

（5）跨领域的分布式和安全模型仓库。

3.3 MBSE 方法论

对于方法论这一概念，国际系统功能语言学家 James Martin 给出了这样的定义：方法论是相关过程、方法和工具的集合。过程：执行以实现特定目标的任务的逻辑序列。方法：执行任务的技术。工具：应用于该方法的事物和工具可以提高任务的效率。

MBSE 方法论可以被描述为相关过程、方法、工具和环境的集合，用于在“基于模型的”或“模型驱动的”上下文中支持系统工程的规程。随着建模语言的规范和成熟，MBSE 方法论使用的语言如图 3.3 所示。其中，主流建模语言是 UML 和 SysML。

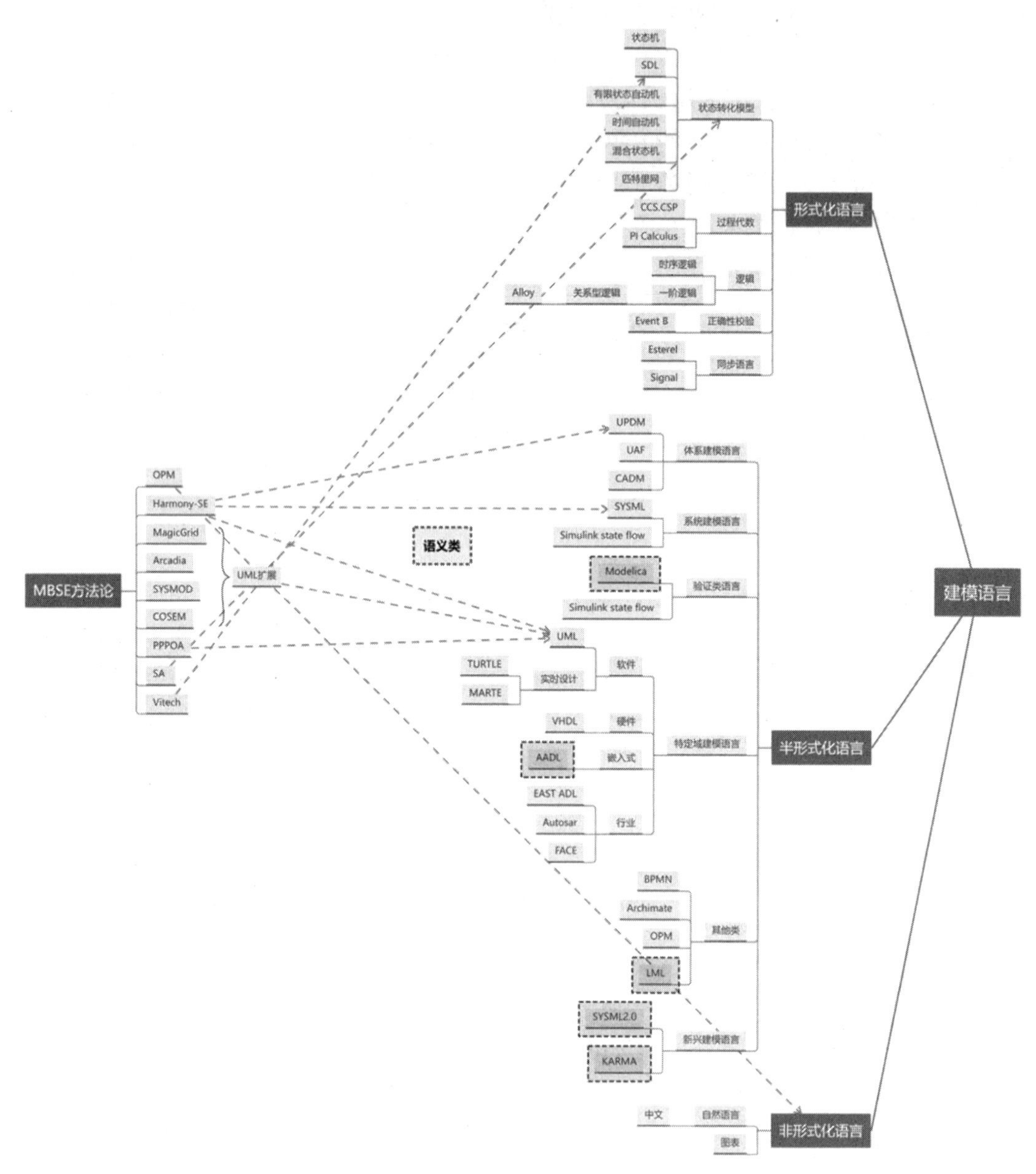

图 3.3　MBSE 方法论使用的语言

随着 MBSE 的出现和发展，国际上逐渐形成了多个具有影响力的方法论。这些方法论提出了系统开发过程所包含的模型构建内容、构建顺序，规定了模型中图形的使用、模型的组织结构等。

本章简要描述了在工业中使用的一些 MBSE 方法论。这些方法论虽然存在差异，但有共通之处，都遵循需求—功能—逻辑—物理（RFLP）的分析过程。主要 MBSE 方法论的发展时间线如图 3.4 所示。

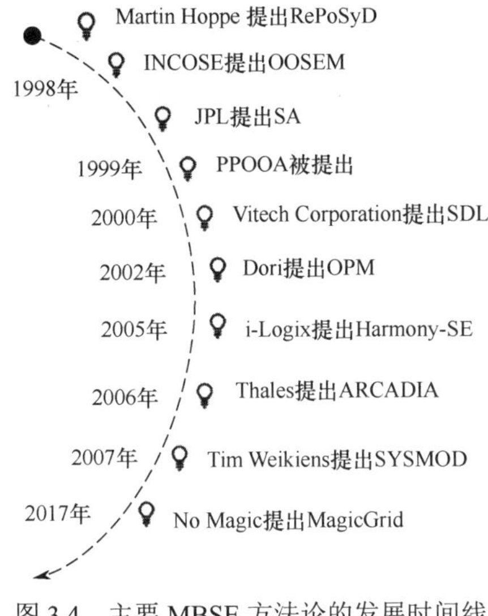

图 3.4　主要 MBSE 方法论的发展时间线

3.4　主要 MBSE 方法论

3.4.1　RePoSyD

需求工程、项目管理和系统设计（Requirements Engineering，Project Management，and System Design，RePoSyD）是支持基于系统工程开发过程的过程模型和工具，涵盖系统整个生命周期。RePoSyD 旨在提供可扩展、可适应的解决方案，根据项目和组织需求定制调整。图 3.5 所示为 RePoSyD 的三大功能：需求工程、项目管理和系统设计。

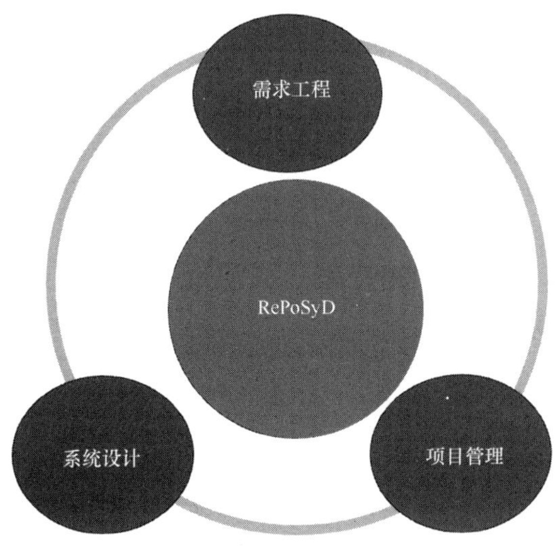

图 3.5　RePoSyD 的三大功能

RePoSyD 的目标是提供统一数据源和一致信息模型，确保数据的准确性和可靠性，遵循“单一真理来源”原则，即 RePoSyD 中的数据普遍有效。

RePoSyD 具有开放接口和可扩展性，可与其他 IT 系统连接，使用 Web 前端作为“单页应用程序”，在 Web 浏览器上运行。

此外，RePoSyD 是开源的，不收取许可费用，不使用专有格式存储信息，为用户提供了自由使用、定制和修改 RePoSyD 的灵活性，以满足特定需求。

（1）需求工程:

- 系统上下文定义和利益相关者分析。
- 能力定义和相关要求推导。
- 管理需求（优先级、成熟度、类别）。
- 从客户文档中获取需求。
- 捕获规范性文件及其要求。
- 需求可追溯性。
- 定义要求的测试矩阵，包括验收标准、测试步骤、先决条件和安全措施。
- 生成系统和测试规范。

（2）项目管理:

- 工作分解结构，以及相关工作包、任务和可交付成果。
- 工作包间可追溯性和项目管理要求相关可追溯性。
- 给工作包分配资源和能力规划。
- 决策管理。
- 动作跟踪。
- 记录和跟踪操作，并分配 RePoSyD 中的信息。
- 管理会议记录，包括通过电子邮件发送会议记录。

（3）系统设计:

- 定义系统架构：功能故障、系统故障、物理故障。
- 图形建模：FFBD、系统上下文图。
- 接口管理。
- 系统状态。
- 危险日志。

（4）其他功能:

- 版本化所有信息和链接。
- 配置管理。
- 变体管理，项目中可定义任意数量解决方案空间，信息元素（如需求）可包含在不同解决方案空间，无须复制。
- 报告引擎会生成不同格式的文档，如 PDF、HTML 等。
- 通过角色和组进行访问控制。

- 提供项目标准和信息模板。
- 元模型管理。

3.4.2　OOSEM

面向对象的系统工程方法（Object-Oriented Systems Engineering Method，OOSEM）是一种集成了自顶向下的、基于模型的方法，使用 OMG SysML 支持系统的规范、分析、设计和验证。OOSEM 基础如图 3.6 所示。OOSEM 将面向对象的概念与传统的自顶向下的系统工程方法和其他建模技术结合，帮助构建更灵活和可扩展的系统，以适应不断发展的技术和不断变化的需求。OOSEM 还旨在简化与面向对象的软件开发、硬件开发和测试的集成。

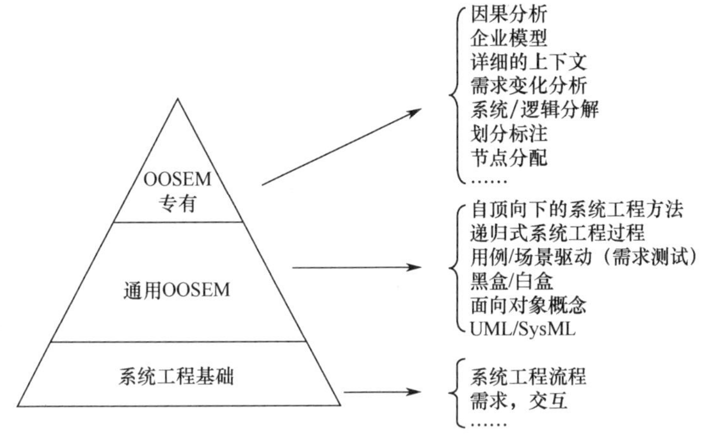

图 3.6　OOSEM 基础

OOSEM 是从 20 世纪 90 年代中期软件生产力协会（现在的系统和软件协会）与洛克希德·马丁公司合作的工作中发展而来的，部分应用于洛克希德·马丁公司的大型分布式信息系统开发，包括硬件、软件、数据库和手动过程组件。INCOSE 切萨皮克分会于 2000 年 11 月成立了 OOSEM 工作组，以进一步发展该方法。各行业和 INCOSE 中的论文都对 OOSEM 进行了总结。

OOSEM 的目标如下。

（1）获取和分析需求并设计信息，以定义复杂的系统。

（2）与面向对象软件、硬件和其他工程方法的集成。

（3）支持系统级重用和设计演进。

OOSEM 活动和建模组件如图 3.7 所示，主要包括以下活动。

（1）分析需求：此活动捕获“当前”系统和企业的局限性与潜在的改进领域；对现状分析的结果可用于开发未来的企业以及相关的任务需求；企业模型描述了企业、组成系统（包括要开发或修改的系统）以及企业的参与者（企业外部实体）；使用因果分析技术分析企业的现状，以确定企业的局限性，并将其作为推导任务需求和未来企业模型的基础；任务需求是根据任务/企业目标、有效性度量和顶层用例来确定的；用例和场景捕获了企业功能。

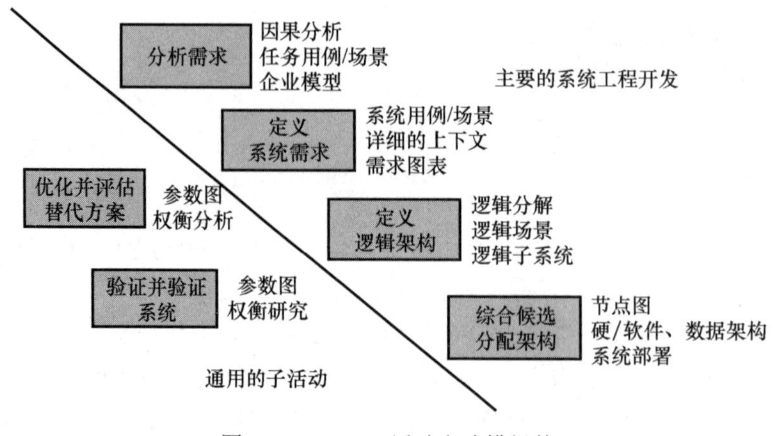

图 3.7 OOSEM 活动和建模组件

（2）定义系统需求：此活动旨在明确支撑任务需求的系统需求；系统被建模为一个黑盒，并与企业模型中定义的外部系统和用户进行交互；系统级用例和场景反映了有关如何使用系统来支撑企业的操作概念；使用带有泳道的活动图对场景进行建模，泳道代表黑盒系统、用户和外部系统；每个用例和场景都用于推导黑盒系统的功能、接口、数据和性能需求；在此活动阶段会更新需求管理数据库，将每个系统需求追溯到企业/任务级用例和任务需求。

（3）定义逻辑架构：此活动包括将系统分解并划分为相互交互的逻辑组件，以满足系统需求；逻辑组件捕获系统功能，如由 Web 浏览器实现用户界面，或由特定传感器实现环境监视器；逻辑架构/设计减轻了需求变更对系统设计的影响，并有助于管理技术变更。

（4）综合候选分配架构：分配架构描述了系统物理组件之间的关系，包括硬件、软件、数据和程序；系统节点定义资源的分配；将每个逻辑组件映射到系统节点，以解决功能如何分配的问题；划分准则也适用于解决分配问题，如性能、可靠性和安全性；将逻辑组件分配给硬件、软件、数据和操作程序组件；软件、硬件和数据架构是基于组件的关系派生的；每个组件的需求都可以追溯到系统需求，并在需求管理数据库中进行维护。

（5）优化并评估替代方案：此活动在所有其他 OOSEM 活动中均会执行，用来优化候选架构并进行权衡分析以选择理想的架构；参数模型可对性能、可靠性、可用性、生命周期成本和其他专业工程问题进行建模，且用于分析和优化候选架构，使其达到进行备选方案所需的水平；权衡分析的准则和加权因子可追溯到系统需求和有效性度量；该活动还包括对技术性能指标的监控和对潜在风险的识别。

（6）验证并验证系统：此活动旨在验证系统设计是否满足其需求，同时确认利益相关者对需求的满足情况；包括制订验证计划、程序和方法（如检查、演示、分析和测试）；系统级用例、场景和相关需求是测试用例和相关验证程序开发的主要输入；验证系统也可以采用上述同样的活动和产品进行建模；在此活动期间会更新需求管理数据库，以建立从系统需求并设计信息到系统验证方法、测试用例和结果的追溯。

这些活动可以在系统的每个层级上进行递归和迭代，与典型的“V”型系统工程过程一致。这些活动必须应用系统工程的基本原则，如严格的管理流程（风险管理、配置管理、计划、度量等）以及多学科团队，以支持每项活动更加有效。

OOSEM 采用基于模型的方法和建模语言 SysML 表示开发活动所产生的各种产品，使系统工程师能够精确地捕获、分析和定义系统及其组件，并确保各种系统视图之间的一致性。建模产品还可以在其他应用程序中进行完善和重用，以支持产品线和演进式开发方法。

3.4.3 SA

状态分析（State Analysis，SA）是喷气推进实验室（Jet Propulsion Laboratory，JPL）开发的方法，用于支持基于模型和状态的控制框架。状态和模型共同提供操作、预测、控制和评估系统所需的内容。核心概念解释如下。

（1）状态：演化系统瞬时状态的表现。

（2）模型：描述状态如何演化。

（3）状态变量：状态“知识”的抽象。

基于模型和状态的控制架构如图 3.8 所示。

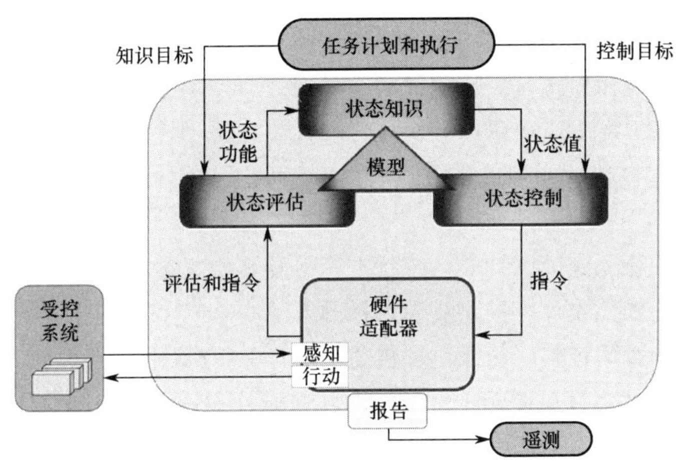

图 3.8 基于模型和状态的控制架构

SA 过程能够以明确的模型形式捕获系统和软件需求，以及软件工程人员对这些需求的实现程度。在传统方法中，软件工程人员必须在系统行为中体现这些需求，尽管系统工程师准确地表达了对系统行为的理解，但往往不够明确。在 SA 中，基于模型的需求直接映射到软件。

在上述给定状态和状态变量定义的基础上，有必要对基于模型和状态的控制架构的关键特征进行清晰说明。

（1）状态是明确的。控制系统的全部知识用一组状态变量表示。

（2）状态评估与控制是分开的。评估和控制仅通过状态变量相互联系，保持二者的独立性有利于客观评价系统状态，保证系统状态的一致性，简化设计，促进模块化，便于软件实施。

（3）硬件适配器提供控制系统与被控制系统之间的唯一接口。它们构成状态框架的边界，提供所有控制和评价系统的度量和命令的抽象表示，直接影响初始硬件输入/输出的翻译和管理。

（4）模型在整个框架中无处不在，不仅用于评估和控制系统状态，也有助于高层次规划，如资源管理。SA 要求以最适用的方式清晰阐述模型。

（5）该框架强调目标导向的闭环运作。与描述预期行为的低层次开环指令不同，SA 用目标描述，即时间区间上状态变量的约束。

（6）该框架提供直接到软件的映射。主要控制要素可直接映射到软件结构模块的组件上。

在 SA 中，准确区分“状态”和“状态知识”两个概念很重要。虽然实际系统状态可能极其复杂，但通常以较简单形式描述。这些抽象的表现形式对描述系统状态而言是充分必要的，被称为状态变量。系统的已知状态是状态变量在相应时刻的取值。状态和模型共同作用，实现操控系统、预测未来状态、控制达到所需状态及评价系统行为的需求。

作为 SA 的理论基础，基于模型和状态的控制框架还有三个核心原则作为 SA 方法的指导准则。

（1）控制包括系统操作的所有方面，这一点只有通过模型才能充分理解并有效体现。因此，必须明确界定控制系统和被控制系统。

（2）为满足系统工程人员需求，必须对模型进行详细刻画，建立模型的基础是理解状态含义。我们所要做的一切都可表示为被控制系统的状态。

（3）软件设计和操作应直接，尽可能减少翻译。

SA 方法定义了状态变化和建模的迭代过程，确保模型在项目生命周期中的合理演化。此外，还需详细阐述设计软件和操作产品的模型机制。总的来说，SA 主要为三种工作提供严密有效的方法。

（1）基于状态的行为建模：针对系统状态变量及其相互关系的建模行为。

（2）基于状态的软件设计：描述实现目标的方法。

（3）目标导向的操作过程：从操作者视角获取任务目标。

基于状态的行为建模直接影响基于状态的软件设计和目标导向的操作过程，在理论上适用于复杂嵌入式系统、自治性和闭环控制。实际上，由于 JPL 管理的空间任务具有这些特点，因此可完整采用 SA 方法。

3.4.4　ISE&PPOOA

集成的系统工程和面向对象体系结构中的流水线过程（Integrated Systems Engineering and Pipelines of Processes in Object-Oriented Architectures，ISE&PPOOA）是一种由需求驱动的、基于模型的系统工程方法，主要成果是开发的产品、系统或服务的功能和物理架构。ISE 子流程如图 3.9 所示。ISE&PPOOA 提出了一种解决工程问题的一致思维方式，综合解决方案的主要任务是识别产品的功能和质量属性。ISE&PPOOA 便于从时间响应特征进行架构评估。

PPOOA 不仅仅是一个过程，更是一个面向实时系统软件设计的体系结构框架。PPOOA 部分强调在集成过程的软件工程部分尽早对开发进行建模。PPOOA 采用两种视角：结构的，使用 PPOOA 构造型扩展的 UML 类图；行为的，由 UML 活动图支持。PPOOA 架构子流程如图 3.10 所示。

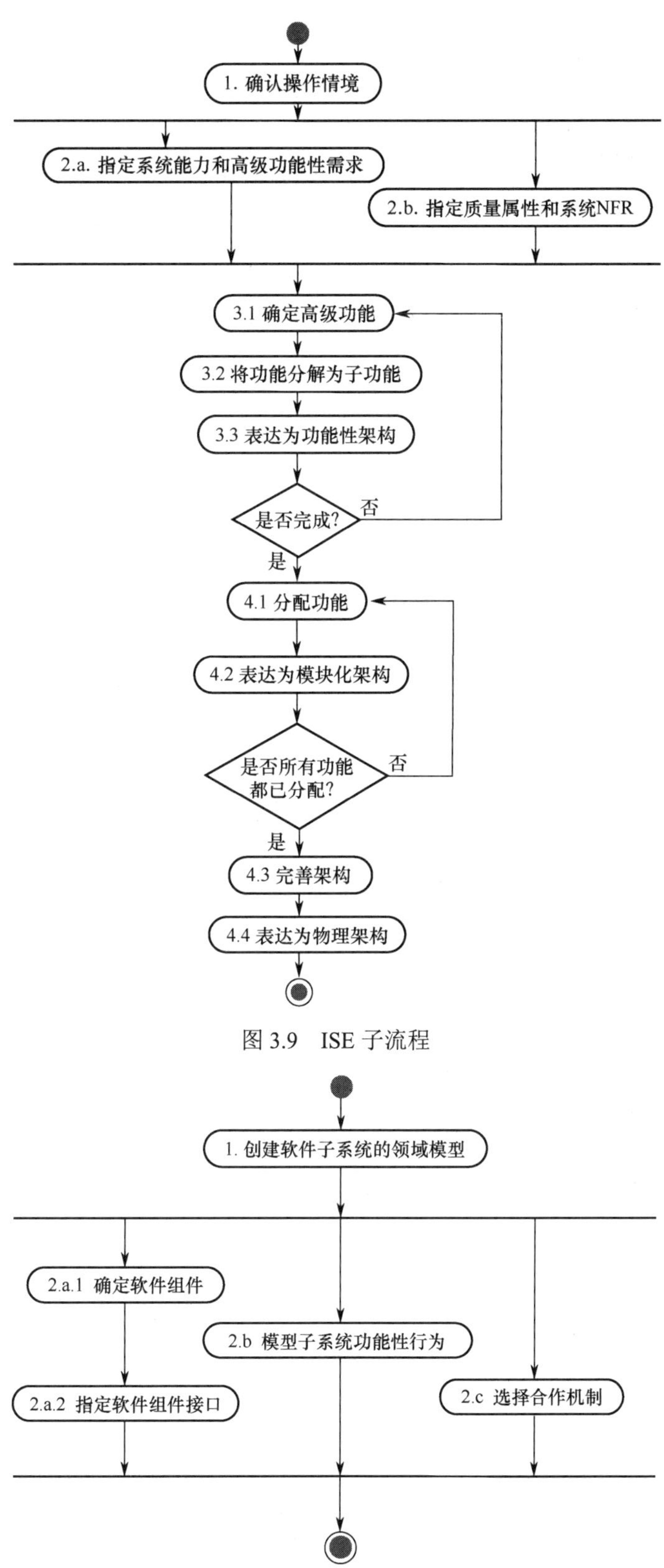

图 3.9　ISE 子流程

图 3.10　PPOOA 架构子流程

PPOOA 的特点如下。

（1）用于构建实时系统的完整解决方案（构建元素+架构流程+CASE 工具）。

（2）基于 UML 符号。将 PPOOA 组件和协调机制的新构模型添加到 UML 元模型中。

（3）支持标准 UML 中未包含的多种组件和协调机制（用于同步和通信）。

（4）强调基于允许性能评估的 UML 活动图的行为建模（“活动因果流”建模系统响应）。

（5）通过允许将行为分配给架构组件（其他工具中没有），简化系统综合和权衡。

（6）架构流程（PPOOA_AP），定义构建具有并发特性的逻辑组件架构的步骤（流程视图）。

（7）PPOOA 是在 Microsoft Visio 商业 CASE 工具之上实现的。

3.4.5 Vitech MBSE 方法论

Vitech 的 MBSE 方法论被标榜为“独立于工具的（Tool-Independent）”。尽管如此，它与选定的工具集 CORE 之间存在紧密联系。Vitech MBSE 方法论基于 4 个主要的并发系统工程（SE）活动。这些活动相互关联，并通过一个通用的系统设计库（System Design Repository）进行维护。

图 3.11 所示为 Vitech MBSE 方法论的主要系统工程活动。

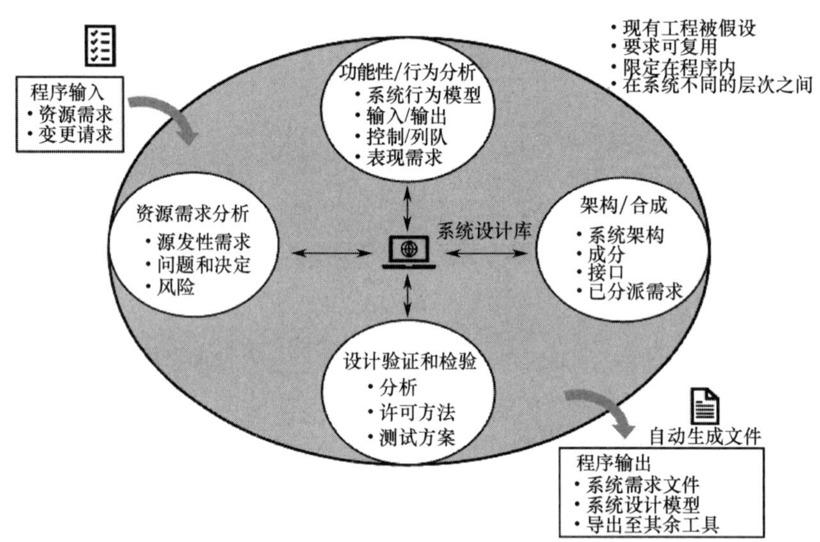

图 3.11 Vitech MBSE 方法论的主要系统工程活动

这些主要系统工程活动与相关“域”关联。Vitech 的 MBSE 主要系统工程过程域如图 3.12 所示，系统工程活动被视为特定过程域（Process Domain）的要素。

Vitech MBSE 方法论强调使用 MBSE 系统定义语言（System Definition Language, SDL）来管理模型产品。这意味着在描述系统的图表和实体时，需要统一的信息模型来管理模型产品的语法（结构）和语义（含义）。系统定义语言具有多种用途，如为需求分析者、系统设计者和开发者在技术交流时提供一个结构化的、通用的、清晰的、适用于各种场景的语言，并且可以生成图形、报表，进行一致性检查。

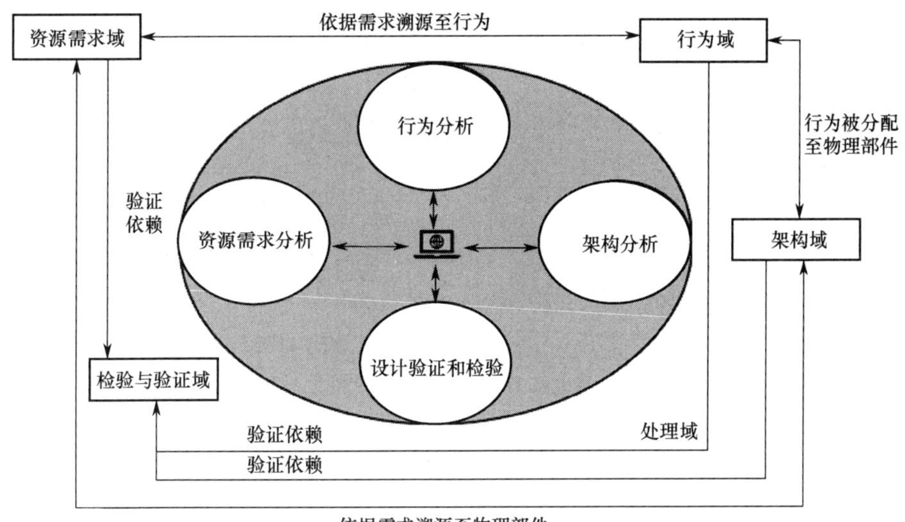

图 3.12　Vitech 的 MBSE 主要系统工程过程域

运用 Vitech MBSE 方法论需注意以下几个核心原则。

（1）通过建模语言对问题和解空间进行建模，采用语义上有含义的图形以确保清晰性和一致性。这有助于模型的可追踪性、一致的图形化表示、自动存档和产品生成、动态验证和仿真，并能促进更加精确的交流。

（2）利用 MBSE 的系统设计库。

（3）设计系统的方式为先横向再纵向，即先关注系统的完整性，再集中于系统的不同层次。

（4）采用工具来完成程序化的大量工作。

3.4.6　OPM

1．概述

Dori 定义了对象过程方法论（Object Process Methodology，OPM）的正式模式，用于系统开发、生命周期支持和演化，结合简单、正式的可视化模型——对象过程图（Object Process Diagrams，OPD）和带有约束条件的自然语句——对象过程语言（Object Process Language，OPL），在一个集成的单一模型中表现系统的功能（设计的系统是做什么的）、结构（系统是如何构建的）和行为（系统是如何随时间变化的）。每一个 OPD 的结构都由语义等价的 OPL 语句或部分语句表示。OPL 是一种面向人机的双重目标语言。

OPM 的基本前提是，宇宙中的一切最终都可以归结为对象和过程两类。在建模层面，OPM 建立在三种类型的实体之上：对象、过程和状态。对象和过程是更高级的构建块，统称为事物。OPM 对这些实体进行了正式定义。

（1）对象包括已经存在的事物以及在物质上或精神上具有存在可能性的事物。

（2）过程是对象执行变换的模式。

（3）状态就是对象当前的情况。

Dori 已经证明 OPM 可以用于系统建模，包括自然系统和人造系统。在这方面，OPM 是一个全面系统范例。它可以用于记录系统架构的功能。系统架构是系统工程过程中的关键交付物。OPM 对系统科学和工程的一个主要贡献是赋予了图形符号（在 OPD 中使用）精确的语义和语法，以及图形符号与自然语言结构（OPL 句子）的明确关联。

2. OPM 工作流程

系统图（System Diagram，SD）是 OPM 元模型的顶层规范，如图 3.13 所示。它指定本体、符号和系统开发过程作为主要的 OPM 特性。本体包括 OPM 中的基本元素、元素的属性及元素之间的关系。例如，对象、过程、状态和聚合都是 OPM 元素。符号以图形（通过 OPD）或文本（通过 OPL 句子）的方式表示本体。

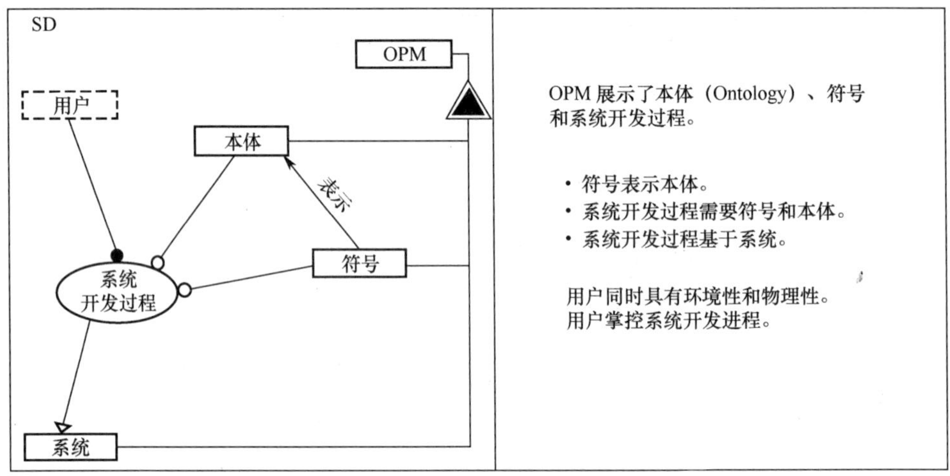

图 3.13 OPM 元模型的顶层规范——SD

图 3.14 所示为 OPM 系统开发过程的一般工作阶段：需求规范、分析和设计、实施以及使用和维护。所有这些过程都使用相同的 OPM 本体，有助于缩小在开发过程中不同阶段之

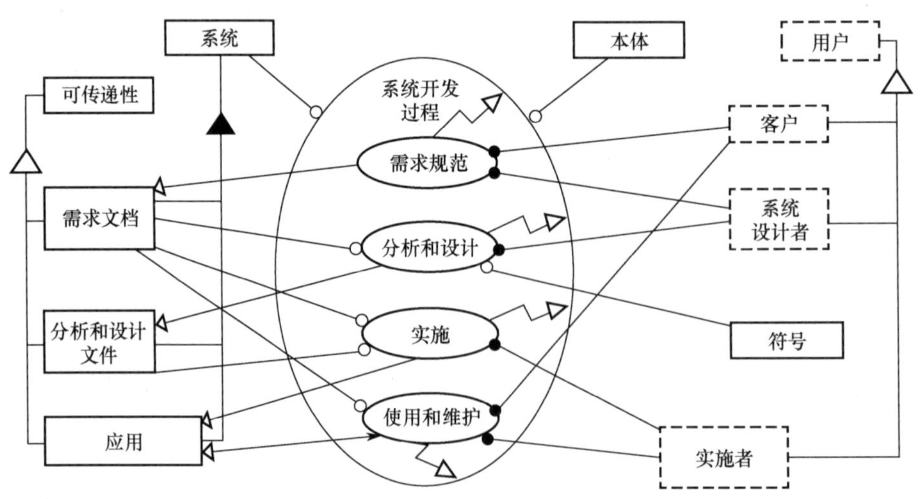

图 3.14 OPM 系统开发过程的一般工作阶段

间的差异。这些过程涉及客户、系统设计者和实施者，他们的任务是满足不同用户的需求。需求规范将 OPM 本体作为输入生成一个新系统，包括需求文档。需求规范的完成标志着系统开发的下一个子过程——分析和设计的开始。

3.4.7　Harmony-SE

Harmony-SE 的开发起源于 i-Logix。Harmony-SE 在某种程度上体现了系统设计的经典 V 模型。V 模型的左侧描述了自顶向下的设计流程，右侧描述了自底向上的集成阶段，从单元测试到最终的系统验收。

Harmony 工作流是迭代的，涵盖需求分析、系统分析和设计、软件分析和设计三个阶段，具有增量周期，并假设模型和需求工件是在集中的模型/需求存储库中维护的。支持需求分析阶段的模型包括需求模型和系统用例模型。在系统分析和设计阶段，每个用例可转换为可执行模型，利用模型执行来验证相关的系统需求。软件分析和设计阶段的主要可执行模型是体系结构分析模型和系统体系结构模型。Harmony 集成系统与软件开发过程如图 3.15 所示。

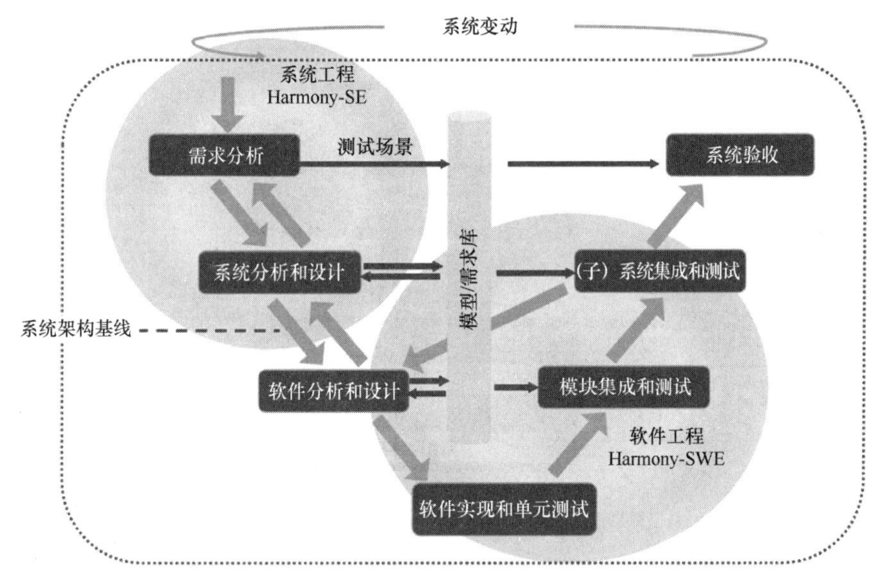

图 3.15　Harmony 集成系统与软件开发过程

需求分析：收集并梳理需求。将复杂需求细化和分类为功能性和非功能性需求。需求之间不得相互矛盾；需求模型用于可视化需求分类；需求被分配给用例，系统用例模型用于将需求分组到用例中。

系统分析和设计：对需求分析中确定的用例进行功能分析，对各个用例派生场景和活动，并从这些场景和活动中依次获得可执行模型，定义各个用例的系统行为。根据基本需求，利用模型执行来验证行为模型。

软件分析和设计：将系统工程过程的结果模型作为规范模型交给后续的硬件和软件开发。软件开发可以再次遵循基于模型的开发过程。软件分析和开发的组织方式不属于 Harmony 流程的范围。

软件实现和单元测试：开发各个子系统和软件组件的实施。该阶段的组织不属于Harmony流程的范围。

模块集成和测试：在软件实现和单元测试阶段开发的硬件和软件组件被（可选地）集成在模块中，即根据软件分析和设计阶段中系统分解的功能子系统实现，根据软件分析和设计阶段获得的系统分解来验证模块集成。

（子）系统集成和测试：模块集成在系统实现中。集成系统已根据要求进行验证。

系统验收：如果集成系统符合所有要求，则系统被接受。工程和开发随着系统验收成功而结束。

MBSE Harmony-SE 的关键目标：识别/导出所需的系统功能；识别相关的系统状态和模式；将识别的系统功能/模式分配给物理体系结构。

Harmony-SE过程中的任务流和工作产品（工件）包括以下三个顶级过程元素（见图3.16）：需求分析；系统功能分析；架构设计。

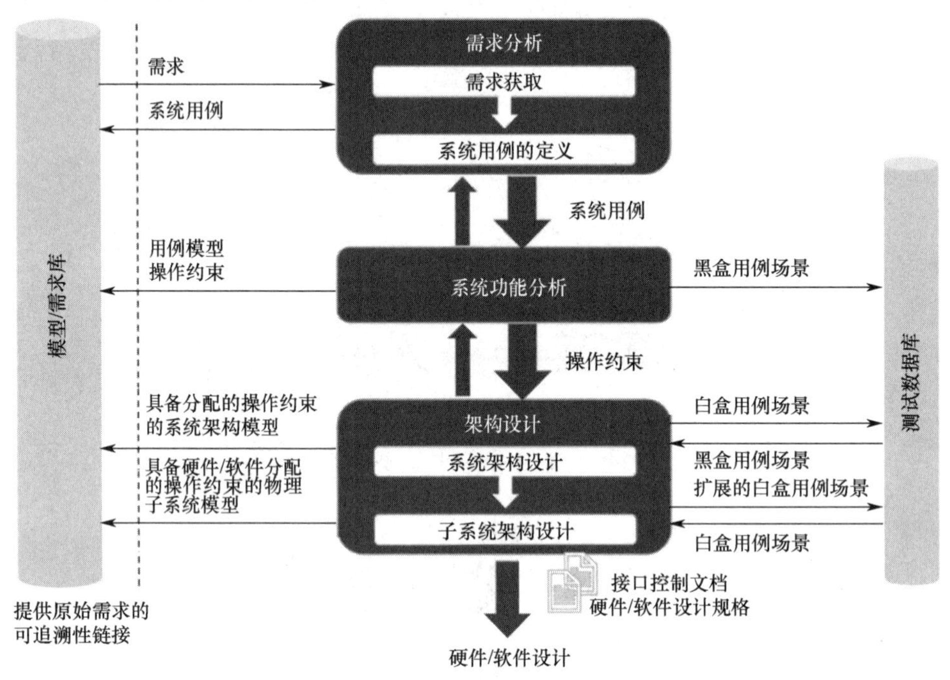

图3.16　Harmony-SE 过程元素

图3.16更好地说明了Harmony-SE过程元素以及一些主要工作的流程。除了“模型/需求库”，Harmony-SE还使用“测试数据库”来捕获用例场景。在图3.16中，深色填充框所示的三个过程元素在Harmony-SE/SysML Deskbook中有详细的指导，每一个元素都有详细的任务流和工作产品。

3.4.8　ARCADIA

架构分析与设计集成方法（Architecture Analysis and Design Integrated Approach，ARCADIA）是一种基于模型的工程方法，适用于工程系统、硬件和软件架构设计。其物理架构如图 3.17 所示。该方法强调持续工程，并与 ISO/IEC/IEEE 15288:2023 和 IEEE 1220 标准中定义的系统工程流程保持一致，明确区分了问题域和解决方案域：问题域包括运行分析和系统分析两个工程层级活动，主要关注业务需求和系统作为“黑盒”的外部功能分析；解决方案域包括逻辑架构和物理架构定义的两个工程层级活动，主要将系统作为“白盒”进行内部功能分析，并分析系统组成和组件实现。

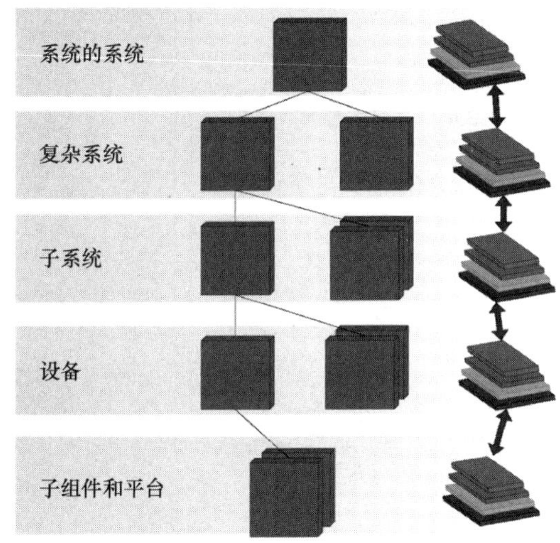

图 3.17 ARCADIA 的物理架构

1. ARCADIA 的基本原则

（1）所有工程利益相关者通过共享模型共享相同的方法、信息、需求描述和产品。

（2）将每种专业工程类型（如安全性、性能、成本和质量等）形式化为与需求相关的“视点”，并从中验证所提出的架构。

（3）建立架构预期验证的规则，以便尽早验证架构。

（4）通过模型的联合细化，支持不同工程层级之间的协同工程，并推论/验证/链接不同层次和专业的模型。

2. ARCADIA 的新特性

（1）涵盖工程的所有构造活动，包括从捕获客户的操作要求到集成/验证/确认（IVV）。

（2）考虑工程的多个层次及层次之间的有效协作（系统、子系统、软件、硬件等）。

（3）将协同工程与专业工程类型（安全性、性能、接口、物流等）和 IVV 集成。

（4）基于模型构建，这些模型不仅具有描述性，还具备验证架构定义和属性的功能，是团队协作设计的核心支撑。

（5）成功通过实际项目和受限操作环境的适用性测试，已在泰雷兹集团多个部门和多个国家的数十个大型项目中使用。

3. ARCADIA 工作层级

ARCADIA 工作层级如图 3.18 所示。

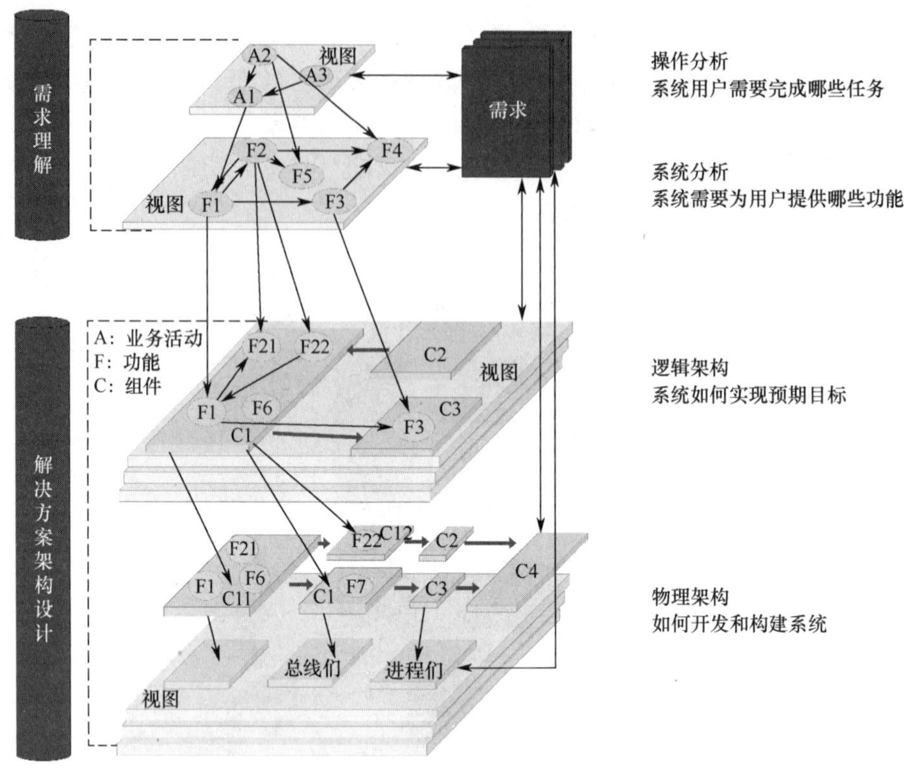

图 3.18 ARCADIA 工作层级

（1）操作分析（Operational Analysis）：系统用户需要完成哪些任务？

通过识别与系统交互的必要参与者（Actors）、他们的活动以及彼此之间的交互，分析系统用户面临的问题。

（2）系统分析（System Analysis）：系统需要为用户提供哪些功能？

进行外部功能分析，识别用户所需的系统功能（例如，“计算最佳路径”和“检测威胁”），这些功能受到所需非功能属性的限制。

（3）逻辑架构（Logical Architecture）：系统如何实现预期目标?

- 内部功能分析：为实现前一阶段确定的“用户”功能，必须执行并整合的子功能。
- 通过集成选择在这一层级处理的非功能性约束，识别执行这些内部子功能的逻辑组件。

（4）物理架构（Physical Architecture）：如何开发和构建系统?

- 该层级的目标与逻辑架构层的目标基本相同，不同之处在于物理架构定义了必须创建的系统最终架构。
- 物理架构增加了实现和技术选择所需的功能，并重点强调了执行这些功能的行为组件（如软件组件），使用提供必要材料资源的实现组件（如处理器板）来实现这些行为组件。

3.4.9 SYSMOD

系统建模流程（Systems Modeling Process，SYSMOD）是一种通用方法论，与建模语言

SysML 良好配合。用户可根据特定目的制定基于 SYSMOD 的方法论（目的驱动方法论）。SysML 模型元素，包括构造型和建模工具，都是基于该方法论的衍生物（查询驱动建模）。图 3.19 所示为方法论、语言和工具的关系。方法论、角色、产品、方法、过程和工具的关系如图 3.20 所示。

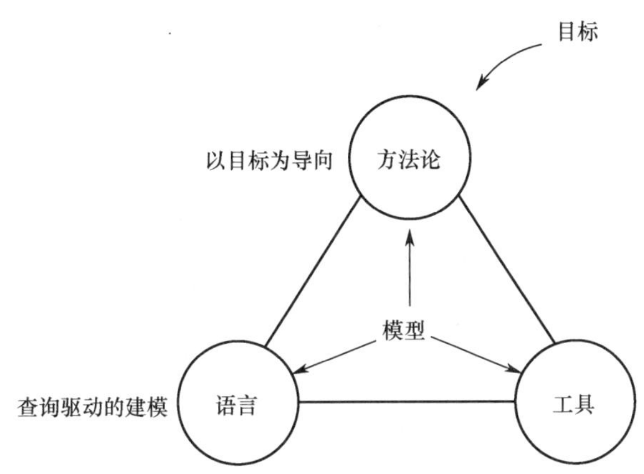

图 3.19　方法论、语言和工具的关系

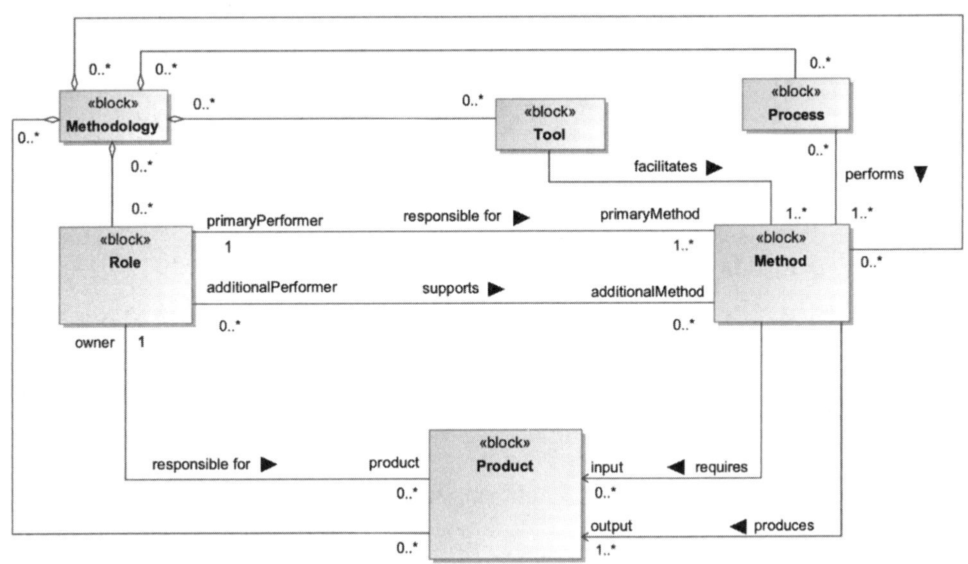

图 3.20　方法论、角色、产品、方法、过程和工具的关系

SYSMOD 的域对象：领域知识模型描绘了 SYSMOD 的结构，包括主要概念及其关系。

角色：角色描述执行方法并负责产品人员的配置文件。

方法：方法是创建系统开发重要成果的任务集合。

产品：生产任务的目标产品。

过程：过程提供方法执行的基本合理逻辑顺序。

SYSMOD 是分析设计建模系统的实用方法，提供包含输入/输出工作产品、指南和最佳实践的任务工具箱。

3.4.10 MagicGrid

MagicGrid 是一种 MBSE 方法论，由 No Magic 公司(现已被达索公司收购)基于 INCOSE OOSEM 方法和工程实践提出，适用于开发复杂产品。MagicGrid 方法论框架如图 3.21 所示，按照产品在不同研制阶段需要关注的问题，将设计过程分为问题域（产品需求分析）、解决方案域（产品方案设计）和实施域。通过不断设计迭代，实现复杂产品的正向设计和完整的追溯过程。MagicDraw 软件可根据 MagicGrid 方法论提供设计向导和流程模板，帮助 MBSE 在研发各阶段落地实施。

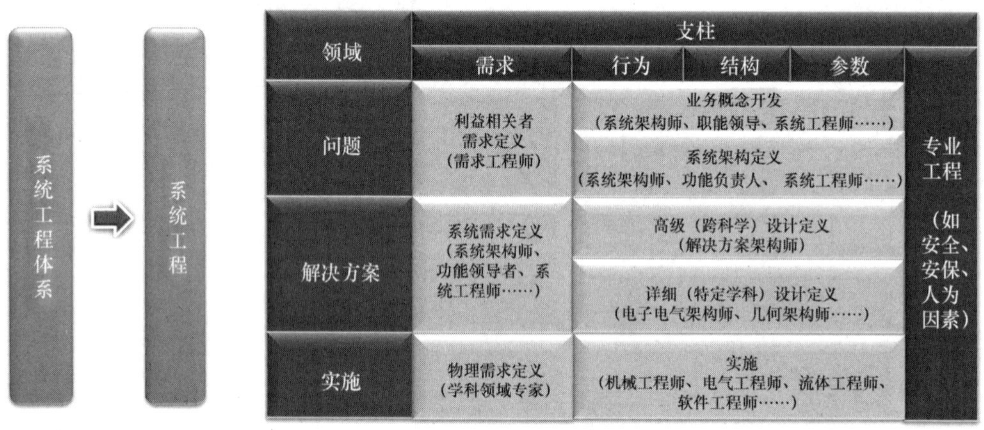

系统工程体系
系统工程
领域
支柱
需求
行为
结构
参数
问题
利益相关者需求定义（需求工程师）
业务概念开发（系统架构师、职能领导、系统工程师……）
系统架构定义（系统架构师、功能负责人、系统工程师……）
专业工程（如安全、安保、人为因素）
解决方案
系统需求定义（系统架构师、功能领导者、系统工程师……）
高级（跨科学）设计定义（解决方案架构师）
详细（特定学科）设计定义（电子电气架构师、几何架构师……）
实施
物理需求定义（学科领域专家）
实施（机械工程师、电气工程师、流体工程师、软件工程师……）

图 3.21 MagicGrid 方法论框架

MagicGrid 方法论综合考虑了系统建模、仿真和优化。首先从利益相关者的角度(有效性度量）定义要实现的目标，然后对子系统（性能度量）和组件层级（设计参数）进行分解和量化（基于模拟)，通过从高层设计到详细设计的多项权衡，逐步定义和评估解决方案，使用系统校准和降阶模型闭合环路，对系统层的预期性能进行虚拟验证，确保各层级可追溯性，以检查合规性和评估变更影响。

MagicGrid 方法论基于框架，采用 Zachman 风格的矩阵，指导工程师完成建模过程并回答他们的问题，例如，“如何组织模型？”“建模工作流程是什么？”“在该工作流程的每个步骤中应该生成哪些模型工件？”“这些工件如何链接在一起？”……

MagicGrid 方法论包括系统模型中问题域、解决方案域和实施域的定义，与 ISO/IEC/IEEE 15288:2023 定义的过程保持一致：问题域关注利益相关者需求；解决方案域关注体系结构定义；实施域关注设计定义。每个域在 MagicGrid 框架中表示为单独的行，细分为不同抽象层级，确保分析的完整性和一致性。

问题域包括操作层（理解系统操作使用）和功能层（将需求转化为系统需求）。解决方案域包括解决方案层（构建多学科联合解决方案）和详细设计层（提供实施规范）。实施域包括实现层（开发组成解决方案的资产，如硬件、软件等）。

MagicGrid 方法论在不同抽象层级内部将分析过程细分为需求、行为、结构、参数和专业工程五个支柱，以全面表达产品应具备的属性。

（1）需求：定义利益相关者需求、系统需求和物理需求。

（2）行为：定义功能及其接口，同时考虑静态和动态方面。

（3）结构：将系统分解为可分配功能的子系统，以构成系统架构，直至定义出解决方案架构。

（4）参数：定义设计参数的度量指标，以支持系统分析和权衡。

（5）专业工程：定义不良事件，分析失效模式及其影响和发生概率。

3.5　本章小结

本章主要阐述了基于模型的系统工程（MBSE）的定义、发展历程、方法论概述及其发展情况。与传统的基于文档的系统工程方式相比，MBSE 具有多项优势，并且得到了学术界和工业界的广泛参与，共同构建了 MBSE 方法论。

3.6　本章习题

（1）什么是基于模型的系统工程（MBSE）？

（2）简述 MBSE 的发展历程。

（3）在 MBSE 方法论中，目前主要使用的建模语言是什么？

（4）Harmony-SE 的开发起源于 i-Logix，它在一定程度上反映了系统设计的经典 V 模型。请描述 V 模型的左侧和右侧分别代表什么。

（5）什么是面向对象系统工程方法（OOSEM）？

（6）在使用 Vitech MBSE 方法论时需要注意的核心原则是什么？

（7）概述 Dori 的 Object-Process Methodology。

（8）什么是 Integrated Systems Engineering and Pipelines of Processes in Object-Oriented Architectures（ISE&PPOOA）？

（9）简要论述 JPL 的 State Analysis。

（10）如何定义 SYSMOD？

（11）什么是 RePoSyD？

（12）ARCADIA 的定义是什么？

（13）MagicGrid 方法论根据产品在不同的研制阶段需要关注的问题，将设计过程分为哪些域？

（14）对比分析常见的 MBSE 方法论。

（15）与传统的基于文档的系统工程方式相比，MBSE 的优点主要体现在哪些方面？

（16）MBSE 与数字工程的关系是什么？

参考文献

[1] MARTIN J N. Systems Engineering Guidebook: A Process for Developing Systems and Products[M].1st ed. London: CRC Press, 1996.

[2] ESTEFAN J A. Survey of Model-Based Systems Engineering (MBSE) Methodologies[J]. INCOSE MBSE Focus Group, 2008(25).

[3] DOUGLASS B P. Real-Time UML Workshop for Embedded Systems[M]. 2nd ed. Oxford, UK: Elsevier, Newnes, 2014: 33-66.

[4] LYKINS H, FRIEDENTHAL S, MEILICH A. 4.4.4 Adapting UML for an object oriented systems engineering method (OOSEM)[J]. INCOSE International Symposium, 2000, 10(1): 490-497.

[5] FRIEDENTHAL S. Object Oriented Systems Engineering[J]. Process Integration for 2000 and Beyond: Systems Engineering and Software Symposium, 1998.

[6] LONG, JAMES E. MBSE in Practice: Developing Systems with CORE[EB/OL].[2024-05-13]. https://vitechcorp.com/technical-papers/.

[7] DORI D. Object-Process Methodology: A Holistic Systems Paradigm[M]. 1st ed. Berlin, Heidelberg: Springer, 2002.

[8] KRUCHTEN P. The Rational Unified Process: An Introduction[M]. 2nd ed. MA: Addison-Wesley Longman Professional, 2000.

[9] FERNANDEZ J L.An Architectural Style for Object Oriented Real-Time Systems[C]//Proceedings of the Fifth International Conference on Software Reuse. Victoria, BC, Canada: IEEE, 1998.

[10] WEILKIENS T. SYSMOD: The Systems Modeling Toolbox[M]. 3rd ed. MBSE4U, 2020.

[11] REPOSYD. RePoSyD in brief[EB/OL]. [2024-05-23]. https://reposyd.de/start.

[12] ROQUES P. Systems Architecture Modeling with the Arcadia Method [M]. 1st ed. London: ISTE Press-Elsevier, 2018.

[13] ALEKSANDRAVIČIENĖ A, MORKEVIČIUS A. MagicGrid Book of Knowledge: A Practical Guide to Systems Modeling using MagicGrid[M/OL]. [2024-06-16]. 2nd ed. https://discover.3ds.com/magicgrid-book-of-knowledge.

第 4 章　MBSE 数据互操作性规范——流程用例和数据交换标准

将产品开发流程的数字化从早期概念设计阶段扩展至整个产品生命周期，已成为当前各行业的主要商业战略。在航空航天与国防（A&D）领域，这一点尤为显著。相关计划通过不断增加的嵌入式软件和电子产品，致力于解决网络物理系统的设计复杂性。多种经济业务驱动因素推动了端到端的数字化和基于模型的流程。这种端到端的数字化和基于模型的流程通常称为“数字线程”，具体包括以下内容。

（1）缩短设计周期：通过缩短产品设计与开发周期，实现快速上市，增加市场份额和增强盈利能力。

（2）创新驱动：创新带来独特的产品功能，直接满足最终客户的功能需求。

（3）提高生产力：利用强大的数字模型和文档，提高企业工程生产力和推动供应链协作。

（4）减少工程变更：改进基于模型的设计中的协作，减少工程变更通知（ECO），降低物理原型迭代的需求。

（5）提高产品质量：通过持续的设计验证和集成需求，提高产品质量和可靠性。

（6）降低生命周期成本：降低总生命周期成本，包括制造、保修和在役运营。

（7）符合行业法规：确保符合全球行业法规，如安全认证、再利用和绿色环保等。

为了抓住上述机遇，A&D 领域的原始设备制造商（OEM）认识到，依赖传统的基于文档的开发流程严重阻碍了设计和开发合作伙伴在全球分布的大型供应链中的协作。为应对这一挑战，OEM 正在扩大其数字工具和基于模型的软件工具的使用范围。这些工具用于定义和管理整体系统要求、相关系统架构、产品安全和监管/合同义务。为确保包容性实施，OEM 通过交换概念数据模型与供应链密切协作。这些模型不依赖于传统文档、单一工件或图纸。

为此，OEM 成立了一个航空航天与国防产品分析组（A&DPAG）项目团队，旨在评估当前数据互操作性规范，以实现 MBSE 概念设计过程。A&DPAG 团队成员由具有跨国工程技能的 OEM 公司代表组成。

A&DPAG 成员公司（如空客、波音、通用航空等）提供了主题专家（SME），也称为领域专家，参与评估。被指派的人员拥有数十年的航空航天产品生命周期管理（PLM）和配置管理经验。

CIMdata 管理 A&DPAG 运营、协调研究并管理政策制定的进展。对于该项目，CIMdata 参与促进和协助解决方案评估过程的规划与执行。项目团队共有来自这些公司的二十多位 MBSE 领域专家和一名 CIMdata 代表。

A&DPAG 项目团队的目标是评估航空航天与国防 OEM 及其供应商当前使用数字数据建

模标准开发和传达系统设计要求、行为模型和相应系统架构的能力。项目组一致认为，由于针对单个需求包和行为模型的数据交换标准相对成熟，因此将重点转移到如何利用支持 ADL（架构描述语言）兼容建模语言交换的标准。

Madni 等人提出了将数字孪生技术纳入 MBSE 的总体构想和基本原理。Debbech 等人提出了一种基于模型的系统工程方法，以支持目标驱动的安全推理，并为安全工程和需求工程提供通用模型。Forrier 等人提出了一种基于模型的方法预测车辆在公路上行驶时传动系统上的电机扭矩。Wagner 等人描述了一个名为“航天器系统架构计算机辅助工程工具套件”（CAESAR）的系统，即一个支持 MBSE 的平台。Wang 等人提出了设计—任务—模型系统，并基于模型分配集成框架，提出了一种面向设计任务的模型分配方法，建立了一个多目标模型；设计了一种差分进化-组合自适应非支配排序遗传算法，在最大化模型总值和最小化任务集执行周期之间进行最佳权衡。为了克服这些差距，Fei 等人提出了一种通用的基于模型的系统工程方法，用于航空系统开发的任务和特定的系统设计。Zhang 等人将 MBSE 方法应用于通信系统设计，以实现音频通信功能。现在有机会扩展已开发的 CSRM，使任务工程应用于完整的立方体卫星任务建模。Kaslow 等人提出了 INCOSESSWG 将应对的挑战和方法，包括 CSRM 的扩展路径，以探索其对任务工程概念的适用性，并将任务作为一个模型来捕捉，为在学习空间设计时相互借鉴成功经验创造一个统一的环境。Dantas 等人介绍了安全模式合成，即一种在安全关键系统设计过程中自动推荐安全架构模式的工具：首先，安全模式合成推荐模式以解决系统架构中的故障（可能产生不止一种架构解决方案）；其次，用户根据安全模式合成提供的标准等选择具有模式的系统架构；最后，安全模式合成提供在整个安全工程过程中应考虑的某些要求。

为了加强 MBSE 在民用飞机研制和生产中的推广，何颖团队采用基于模型的系统工程方法，基于 SysML 语言建立压力控制系统功能架构模型，进行架构设计和验证。

在第一阶段，数据交换练习评估了生成、交换和使用在基于 SysML 创作工具中定义的基于模型的系统架构的可行性。新系统设计的一组相应要求被分配给模型特征和元素。这里使用了一个非常简单的子系统示例，即灯光控制系统。

在最初的概念设计场景中，OEM 向供应商发送了一个基于模型的请求，以开发和定义解决方案。OEM 将分析返回的型号，确定是否满足了规定的 OEM 性能要求。概念设计方案模拟了 OEM 如何从供应商那里征求设计建议，目的是为系统或子系统的设计和开发建立合同关系。数字交付包括系统规格——SysML 或基于 SysML 的体系结构图，以及相关的设计需求。OEM 可以选择指定最初的数字交换格式，相应的项目组成员可以使用任何可用的工具来完成数字数据交换。我们之前发表的立场文件《基于模型的系统工程（MBSE）数据互操作性》概述了第一阶段的 MBSE 数据交换练习，以及随后关于行业准备状态的结论。

对于 2018 年进行的第二阶段 MBSE 项目活动，项目团队的目标是就跨航空航天和国防工业的数字数据交换的最有前途的战略和最佳实践达成一致。第二阶段基于最合适的 MBSE 数据标准集（如 SysML、ReqIF、XMI、UMLDI3）和相关 MBSE 数据创作工具的当前成熟度水平。我们之前发表的立场文件回顾了该团队考虑的各种解决方案，并就最有希望的方法提出了初步建议，以实现基于 MBSE 标准的 OEM/供应链设计协作（包括短期和长期）。

总之，基于第二阶段工作的主要短期建议是将第三阶段项目活动的重点放在识别和评估一个或多个独立的、第三方的、基于软件的适配器工具和/或服务上。该工具/服务将支持广泛使用的 ADL 创作工具之间的模型/数据交换，尤其是 A&DPAG 成员公司经常使用的工具和独立的商用软件产品或提供主要 PLM/MBSE 解决方案的工具提供商。

正如第一阶段的工作，基于 SysML 的通用 MBSE 创作工具目前不支持 OEM 及其供应链的双向协作和系统设计流程，可能需要合并其他 MBSE 数据互操作性规范，如规范的 XMI 和 UMLDI。总的来说，目前的 MBSE 数据交换标准不被认为是第三阶段项目活动范围内的适当的近期选择。

其他 MBSE 架构创作工具，包括基于 ARCADIA 框架的 Capella 等开源软件，也包含在第三阶段活动的范围内。

4.1　产业与技术概览

A&D 行业由众多跨国公司组成。这些公司专注于复杂产品和操作系统的设计、制造和支持，产品线涵盖了商用和国防飞机、航天器/卫星、武器系统、推进/发射系统及支持基础设施等。虽然本节主要聚焦于 A&D 行业，但许多其他行业，如汽车、石油和天然气、交通运输、建筑、医疗、机电硬件、消费品等，也在使用相同的设计创作工具。可以合理推断，这些问题集合和潜在解决方案同样适用于任何复杂信息物理产品的设计过程。

4.1.1　A&D 行业的商业现实

（1）一些 A&D 行业跨国公司估计，每个产品在整个生命周期的互操作性机会成本超过 10 亿美元。

（2）在航空航天业，四大 PLM 和 MBSE 软件系统占据主导地位，但在架构创作能力方面的互操作性是有限的。

（3）在缺乏模型集成的情况下，当前的行业解决方案是交换那些定义逻辑体系结构的文档，以及从专有行为模型中派生的相关需求。

（4）没有系统架构模型的交换，供应链的数字化转型受到很大限制，缺乏创建数字孪生/数字主线的明确途径。

4.1.2　项目概述、假设和共同的 MBSE 愿景

（1）航空航天领域的 OEM 以及一级和二级供应商都在投资自己的 PLM 系统和 MBSE 工具链。这基于一个假设：数字化转型是一个共同目标，每家公司独特的数字化能力是其核心竞争力。

（2）OEM 使用许多相同的供应商。他们通过指定特定的工具品牌、数据模式和集成过

程，增加了供应商的业务成本。MBSE 的定义包括 3 个基本构建块：需求、行为和架构模型的集成。

（3）需求和行为模型的数据交换标准已经成熟，易于在工具中获取并可广泛采用。相比之下，架构模型的交换则非常困难。

4.1.3 供应商——协作、多种能力和语言

表 4.1 所示为行业架构建模能力。等级是根据供应商对最终产品的贡献来划分的。OEM 被描述为具有广泛设计和制造能力的大型系统集成商和产品所有者。

表 4.1 行业架构建模能力

原始设备供应商	一级供应商	二级供应商
80% SysML 10% ARCADIA 10%其他	50% SysML 30% ARCADIA 20%其他	10% SysML 20% ARCADIA 10% OPM 10%其他 50%无

一级供应商负责设计和制造具有许多专业技术专长的主要产品系统。**二级供应商**根据自己的详细设计及制造知识和能力被选定，通常专注于特定的硬件类别和制造能力，同时支持一级供应商和 OEM。

4.2 MBSE 数据互操作规范

标准的系统工程设计方法始于利益相关者定义产品或服务的需求。这些需求经过分析，被细化为功能需求和构件需求。产品的功能被整合为逻辑构件，随后通过分析和模拟进行验证。这一设计周期在早期设计阶段不断迭代，直至最终产品被完全概念化和集成。传统的系统设计过程如图 4.1 所示。

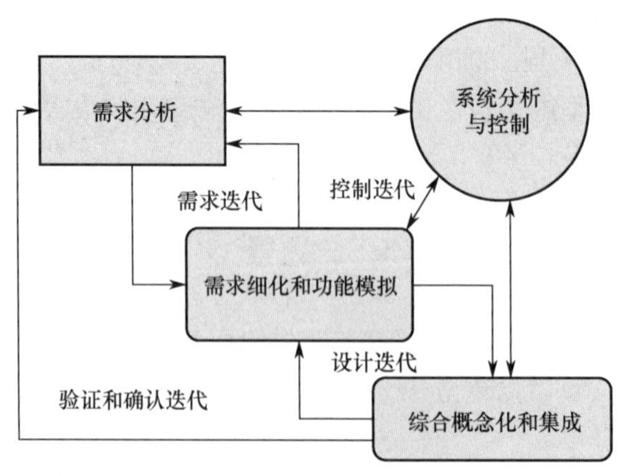

图 4.1 传统的系统设计过程

转换基于模型的范例遵循相同的过程，只是需求被分解并应用于建模元素。这些模型可以被细化并转化为多个视图，进而被链接、同步和集成。

尽管模型可以在单个工具中捕获并在单独的图表中表示，但至少需要 3 种模型类型来表示传统的设计过程。

（1）设计需求的层次、分配和集成视图。

（2）系统的功能和逻辑结构。

（3）产品行为的验证（具有代表功能、子系统、组件、连接性和产品软件行为的潜在独立模型）。

图 4.2 所示为模型类型的简单视图。在复杂系统中，向数字模型的转换扩展了设计能力，使其能够支持数千甚至数百万个元素和关系。在这种情况下，评估元素、属性和特性的一致性，以及探索设计备选方案变得非常困难，尤其是在完全依赖手动转录文档进行管理和执行的情况下。

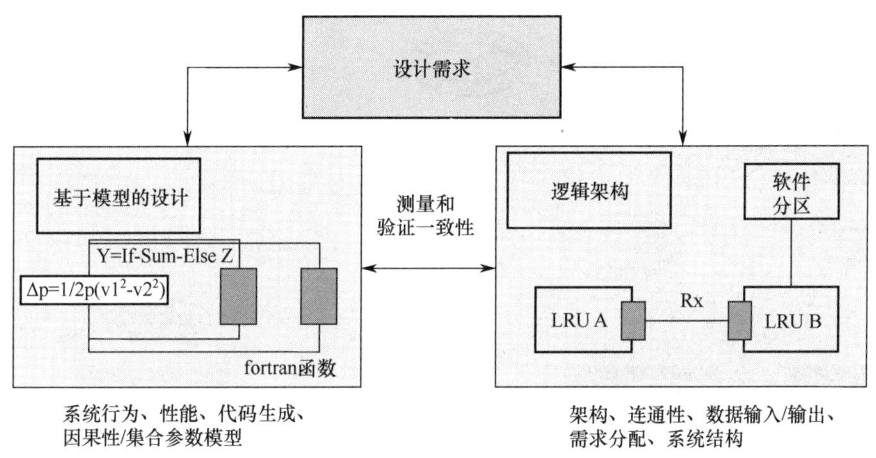

图 4.2　模型类型的简单视图

当创作工具支持通用行业数据标准，并在执行（编译）期间应用这些标准来链接和同步模型时，系统设计过程向 MBSE 流程的过渡将显著增强。为了验证结果，基于模型的定义（MBD）工具模拟了架构模型的行为。MBSE 数据标准路线图如图 4.3 所示。

在应用图 4.2 中描述的基本 MBSE 模型类型时，交换设计需求和行为模型的能力可以得到很好的支持，并且在支持这些特定设计领域的工具中容易实现。然而，本书的主题是系统架构模型的交换和互操作性。最初的假设是，标准语言、框架和方法论的可用性将使这成为一项简单的任务。

尽管系统建模语言（SysML）是最初的数据标准目标，但范围已经扩大，包括由 Capella 工具实施的第二种流行建模方法。与 SysML 相比，ARCADIA 既是一种方法论也是一种语言，而 SysML 只是一种独立于预定义语义的语言。但这并不妨碍 SysML 和 ARCADIA 模型元素与图表类型之间的比较或转换。

如前所述，第三阶段项目旨在识别和评估独立的第三方软件适配器工具和/或 MBSE 数据互操作性服务。为完成此任务，项目计划定义了以下 3 项可交付成果。

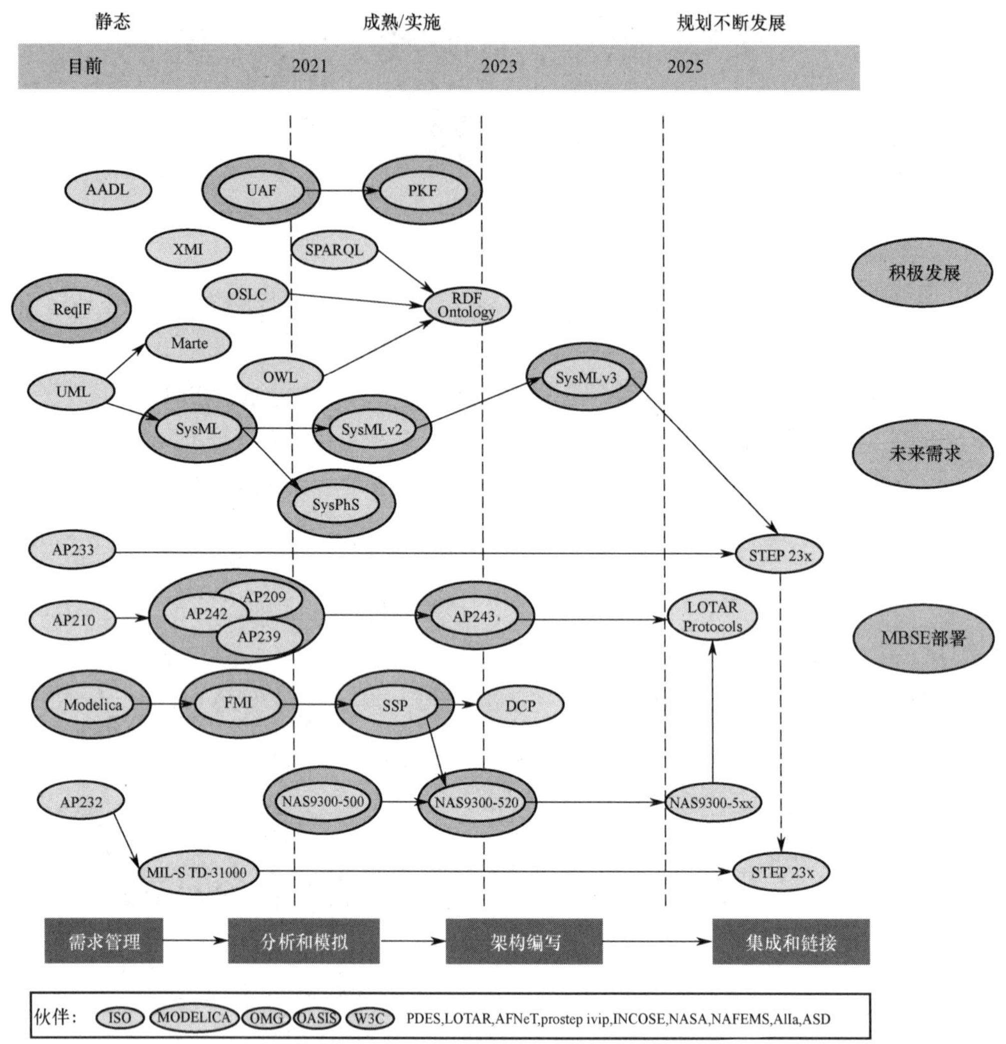

图 4.3　MBSE 数据标准路线图

（1）为 MBSE 模型交换开发流程驱动的用例规范，以启用 OEM/供应链设计协作（Why）。

（2）扩展用例以包括所有系统架构模型接口需求、设计工件以及如何映射语言备选方案（What）。

（3）评估 MBSE 模型互操作性，包括考量软件供应商的能力是否满足特定用例的需求，以及对第三方工具（How）成熟度分数的定义。

了解传统方法涉及传输和接收由图形、表格和文本描述组成的文档和图像。该团队定义了以下 3 种数据交换模式。

（1）基础模型交换：通常是指合同要求的一种单向特定内容传输。这种模式广泛用于共享 3DCAD 内容，并且在其他模型类型方面的能力有限。

（2）互操作性：模型在公司之间进行交换、编辑和重新共享。假设可能存在多个版本。在航空航天领域虽有几个例子，但在汽车行业，通过执行通用工具实现互操作性是很常见的做法。

（3）合作：一个模型版本作为主版本进行维护，并且可供两家公司访问。这符合 PLM 软件供应商的营销愿景，在混合品牌的情况下，许可问题需要成熟的数据标准是所有共享模型的基础。

4.2.1　架构建模选项及其比较

鉴于存在多种架构描述语言（ADL）创作工具，比较它们在实现语言和建模方法方面的差异是必要的。尽管用户界面可能有所不同，但由于对 SysML 作为统一建模语言（UML）的扩展进行了正式规范，因此支持 SysML 语言规范的工具通常是兼容的。ARCADIA 则明显不同，它的普及程度要求对其主要元素和功能进行更细致的考察。尽管存在差异，备选方案的评估标准和评分并未受到 SysML 和 ARCADIA 对比的显著影响。

4.2.2　SysML 图类型

SysML 是一种通用建模语言，用于多个领域的系统工程应用程序和复杂设计。首个开源 SysML 规范于 2005 年 11 月发布（SysML v1.0）。作为 UML 配置文件实施，该语言具有很强的可扩展性，并实现了 ISO10303-233：2012 定义的系统工程数据表示的主要部分。

SysML 图类型有 9 种，用于跨图类型映射语言元素，如图 4.4 所示。

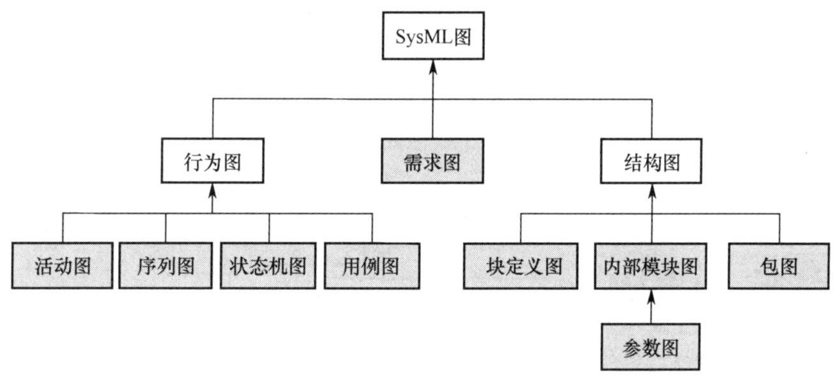

图 4.4　SysML 图类型

（1）包图（Packagediagram）：用于表示模型内部元素的层次关系。

（2）需求图（Requirementsdiagram）：用于表示文字形式的需求，以及不同层次之间需求的追溯关系，需求与测试用例之间的追溯关系。

（3）活动图（Activitydiagram）：表示一种控制流程，即由输入经过一系列控制动作到输出的流程，属于系统行为的一种。

（4）序列图（Sequencediagram）：也称为时序图，表示模型的不同组成部分通过信息交互的时序关系，属于系统行为的一种。

（5）状态机图（StateMachinediagram）：表示模型不同状态之间的转换关系，属于系统行为的一种。

（6）用例图（UseCasediagram）：表示系统的功能动作与外部参与者之间的关系，属于系统行为的一种。

（7）参数图（Parametricsdiagram）：表示对系统属性的约束，用于工程分析，如可靠性、可用性、成本等。

（8）块定义图（BlockDefinitiondiagram）：又称块图，表示系统中各元素的结构、组成和分类。图 4.4 就是一个块定义图，描述了 SysML 图的分类。

（9）内部模块图（Internalblockdiagram）：又称内部块图，描述模块内部各部分的组成和相互关系。

以上 9 种图综合描述了系统不同方面的特性。

（1）结构化的组成，互联关系和分类。

（2）不同类型的控制行为：基于流的、基于信息的、基于状态的。

（3）系统的约束属性。

（4）系统控制行为、结构和约束之间的分配关系。

（5）不同层级的需求，以及需求与测试用例之间的对应关系。

4.2.3 ARCADIA 图类型

ARCADIA 既是一种特定框架的建模语言，也是一种特定领域的建模语言，不受封装、聚合和组合的面向对象（OO）原则的限制，并支持复杂系统的分层架构分解。其图类型如图 4.5 所示。图选项特别适用于普遍存在紧急行为的大型复杂机械系统。

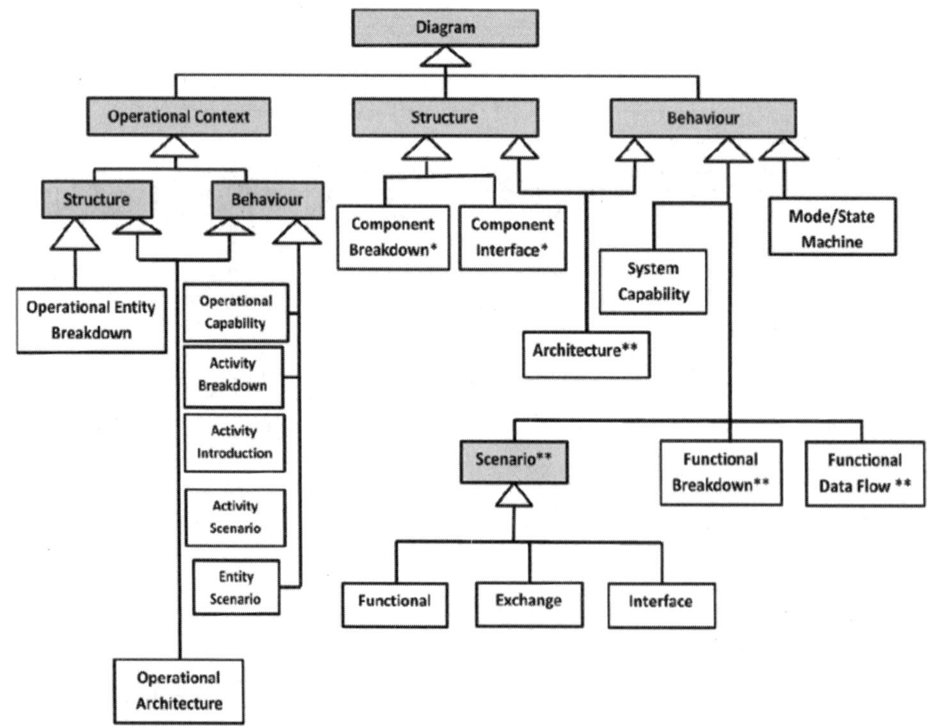

图 4.5 ARCADIA 图类型

4.3　MBSE 用例

4.3.1　整体 MBSE 过程

整体 MBSE 过程（见图 4.6）的专用用例规范需要主要利益相关者的输入和同意。

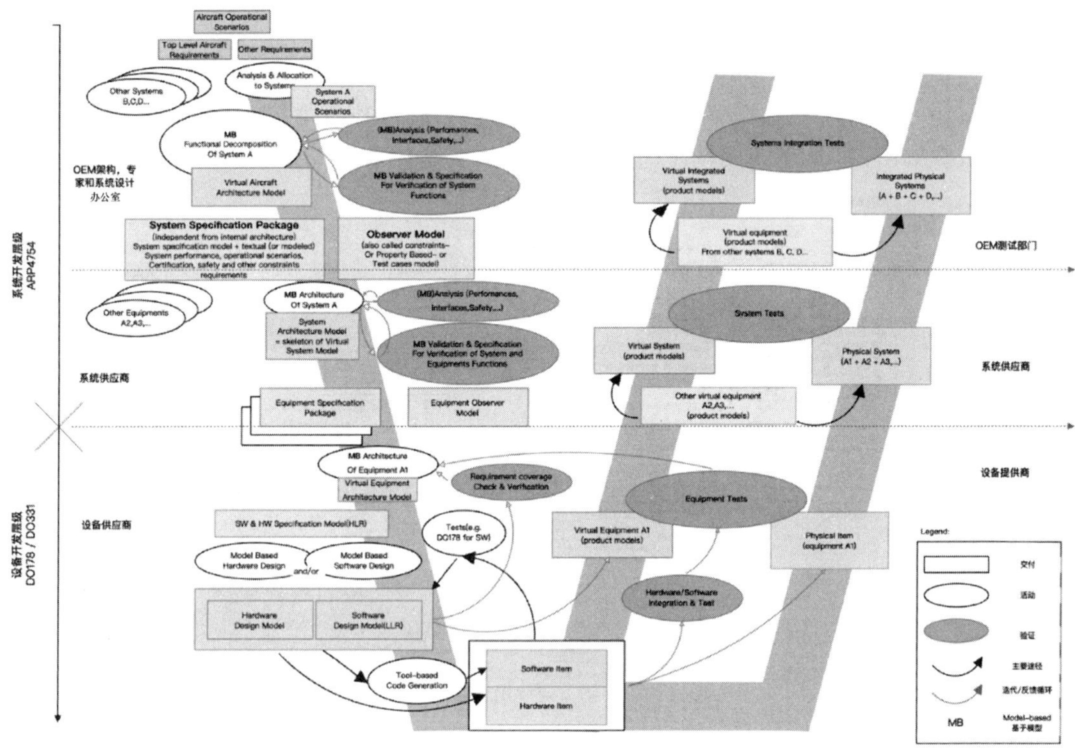

图 4.6　整体 MBSE 过程

系统开发生命周期过程包括以下 3 个基本活动。

（1）指定和设计系统本身。

（2）验证和确认系统设计。

（3）管理整体开发项目。

在开发系统的系统（System of Systems，SoS）时，该过程递归地应用于系统层次结构的每个级别（系统、元素、组件），直到组件和零件规范可用。初始过程可分为以下 3 个阶段。

（1）概念阶段。

（2）初步设计阶段。

（3）详细设计阶段。

为了确定整个流程中不同步骤的可交付成果，下面介绍图 4.6 中自上而下流程中的活动和可交付成果的不同用例。对于某些系统，OEM 将拥有领域知识及维护架构责任和权限。在这种情况下，OEM 定义了系统规范，唯一的外部可交付成果是设备规范包和设备观测器模型。这是为以后简单用例假设的条件。

另一种情况是，某个供应商成为最佳技术来源，并且提供了构成系统规范的众多细节，甚至对原始规格提出了替代方案。在这种情况下，供应商对系统架构、验证与确认模型以及设计要求做出了显著的贡献。随之而来的是对数据交换需求的显著增长，同时模型的复杂性及其集成的难度也随之增加。

4.3.2　用例 1：SoS 和将功能接口转换为逻辑系统（UC1）

系统工程师希望能够将 SoS 分解为可管理的系统模型，即系统和组件被视为整个 SoS 的“黑盒”部分。转换应包括功能、接口和非功能需求。系统体系结构（功能和接口）过渡到单个逻辑系统如图 4.7 所示。用例 1 需要使用的图表类型如表 4.2 所示。

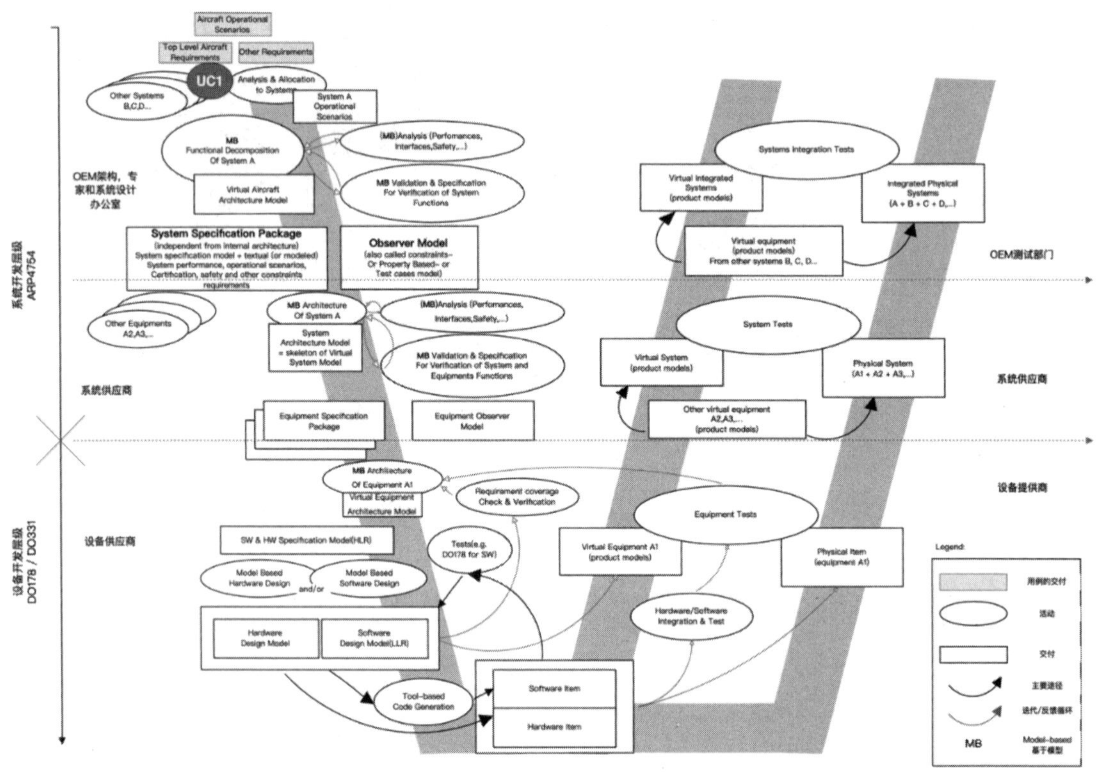

图 4.7　系统体系结构（功能和接口）过渡到单个逻辑系统

表 4.2　用例 1 需要使用的图表类型

来　源	工　件	ARCADIA 图	SysML 图
UC1	系统功能分配	逻辑架构图 物理架构图 模式状态机图 （+操作/系统分析图，以捕获先决条件/输入：飞机操作场景）	活动图 块定义图 内部模块图 序列图 状态机图

先决条件/输入： SoS 规范、设计要求、系统上下文、关键系统属性和设计约束、接口控制文档（ICD）、操作场景和用例要求。

后置条件/输出：一套完整的系统逻辑架构模型包含描述分配给整个系统的功能需求、接口和状态定义的单个系统和组件模型。

4.3.3　用例 2：定义系统操作场景（UC2）

系统工程师希望能够深入理解所开发系统的运行环境，需要定义系统操作场景，以描述在所有预期模式和可能条件下系统所需的行为。这些场景在 ARCADIA 或 SysML 用例中有所体现，如图 4.8 所示。用例 2 需要使用的图表类型如表 4.3 所示。

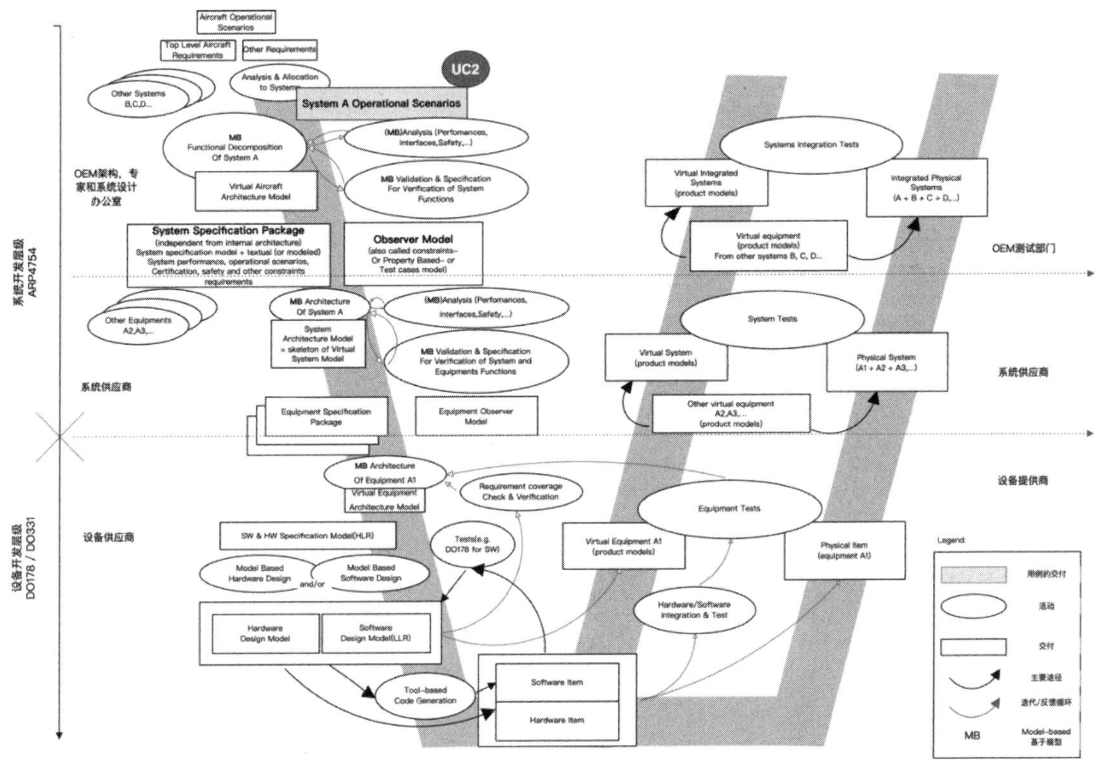

图 4.8　定义系统操作场景

表 4.3　用例 2 需要使用的图表类型

<table>
<tr><th>来　源</th><th>工　件</th><th>ARCADIA 图</th><th>SysML 图</th></tr>
<tr><td rowspan="7">UC2</td><td rowspan="7">操作场景</td><td>系统分析级-任务能力图</td><td>用例图</td></tr>
<tr><td>系统分析级-数据流图</td><td>活动图</td></tr>
<tr><td>系统分析级-功能场景图</td><td>序列图</td></tr>
<tr><td>系统分析级-交换场景图</td><td>块定义图</td></tr>
<tr><td>系统分析级-物理架构图</td><td>内部模块图</td></tr>
<tr><td>模式状态机图</td><td>状态机图</td></tr>
<tr><td>系统架构图</td><td></td></tr>
</table>

先决条件/输入：单个系统和组件的模型描述了为整个系统分配的功能需求、接口和状态定义。

后置条件/输出：系统操作场景描述了正在开发的系统在其所处环境中的行为。

4.3.4 用例 3：定义系统规范包（UC3）

系统工程师交付最终的系统规范包，以便供应商能够继续进行系统设计。图 4.9 所示为定义系统规范包。图中凸显了可交付成果在 V 模型中的位置。用例 3 描述了通常在 OEM 和系统供应商之间交换的最低可交付成果。

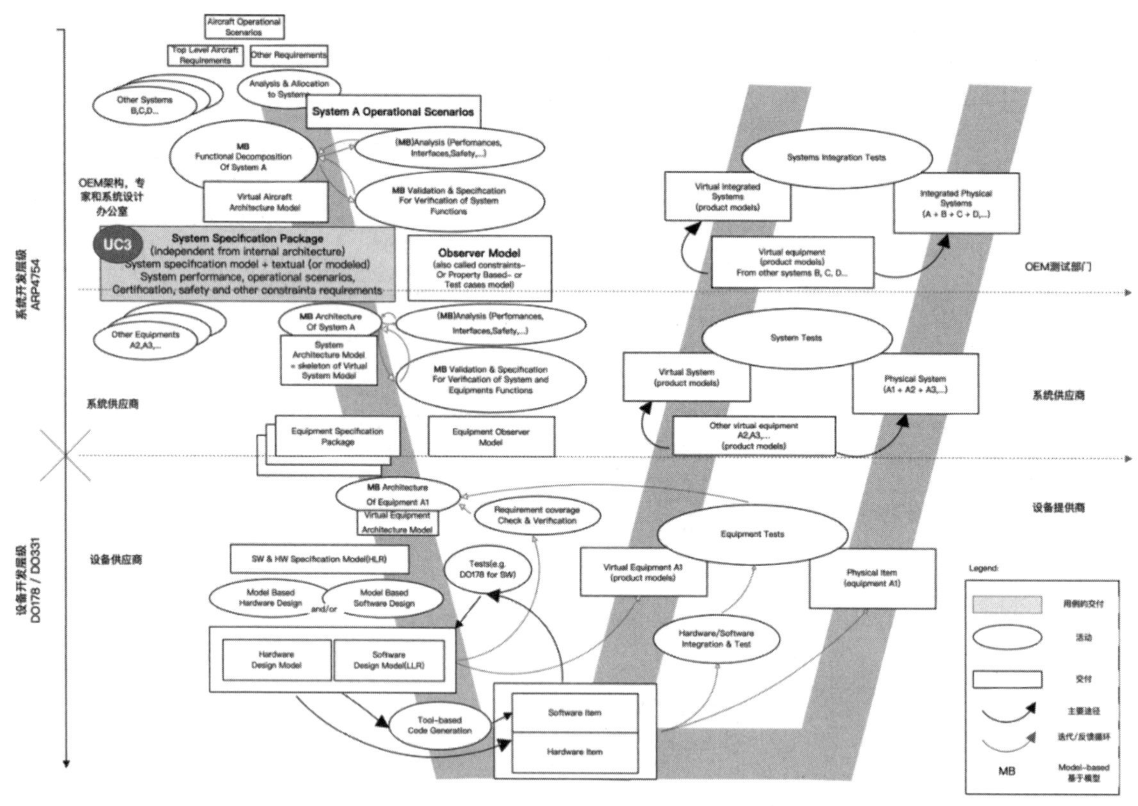

图 4.9 定义系统规范包

以下信息描述了系统 A 的功能分解，包括表示用例 3 的输入和输出结果。

先决条件/输入（由其他用例提供）：功能顶层需求；系统运行场景；明确识别非功能性需求，如性能和认证需求；外部接口定义。

显示为“系统 A 的功能分解”的活动包括定义系统规范模型作为主要部分。系统规范模型包括标称系统行为的可执行功能模型，定义的输入、输出、系统状态，以及性能、设计和安全约束。根据项目的目的和需要，可以从观察者的角度对摘要表述进行文本定义或建模。系统规范模型用于明确阐述系统要求。

用例 3 需要使用的图表类型如表 4.4 所示。

表 4.4 所述工件的开发程度取决于 OEM 与系统供应商的关系以及正在开发的系统类型。在领域知识属于系统供应商的地方，这些工件可能没有被开发用来保护专有知识（备注：

ARCADIA 子系统转换允许生成具有不同 ARCADIA 级别的模型，即与系统供应商的领域知识相称）。

表 4.4　用例 3 需要使用的图表类型

来　源	工　件	ARCADIA 图	SysML 图
UC3	边界图	系统/物理架构图	块定义图 内部模块图
	接口图	系统/物理架构	块定义图 内部模块图
	上下文图	系统架构图	用例图 活动图 块定义图 内部模块图
	功能流图	功能链图** 功能数据流图**	活动图 内部模块图
	行为（白盒时序）图	模型状态机图 功能场景图** 实体交换场景图** 接口交换场景图** 架构图（参数视点）**	状态机图 序列图 参数图
	逻辑架构	逻辑架构图 逻辑组件分解图	块定义图 内部模块图
	物理（系统）架构	物理架构图 物理组件分解图	块定义图 内部模块图 包图

在表 4.4 中，**表示适用于每个 ARCADIA 级别（系统分析、逻辑架构、物理架构）。

由表 4.4 可知，对于多个工件，可以使用多个 ARCADIA 图或 SysML 图来表示。

为了支持最小化、优化的解决方案，项目团队对 ARCADIA 和 SysML 的图表优先级进行了排序，如表 4.5 所示。

表 4.5　ARCADIA 和 SysML 的图表优先级

ARCADIA 图	SysML 图
组件分解图*	块定义图
组件接口图*	内部模块图
架构图**	活动图
功能数据流图**	序列图
功能场景图**	—

在表 4.5 中，*表示可在逻辑架构和物理架构的每个 ARCADIA 级别中使用；**表示可在系

统分析、逻辑架构和物理架构的每个 ARCADIA 级别中使用。

后置条件/输出：系统规范包（独立于内部架构），具体包括以下内容。

（1）系统规范模型（可能包括参数图）。

（2）运营场景。

（3）文本（或建模）系统性能。

（4）认证、安全和其他约束要求。

4.3.5 用例 4：预先安排验证和验证流程并共同开发行为模型（UC4）

系统工程师希望能够验证基于模型的功能规范，结果应是功能行为如何验证的声明，以及用例 3 定义的系统规范的合规性和完整性报告或其他输出。基于模型验证和验证系统的功能规范如图 4.10 所示。图中定义的观察者模型指定了系统上下文，为信息场景提供不同的输入，并指定预期的系统输出行为。观察者模型的使用需要可执行系统规范进行交互和验证。因为需要不同的验证场景来描述预期的系统行为，所以观察者模型在交付前被转发给供应商进行产品验证。表 4.6 所示为用例 4 需要使用的图表类型。

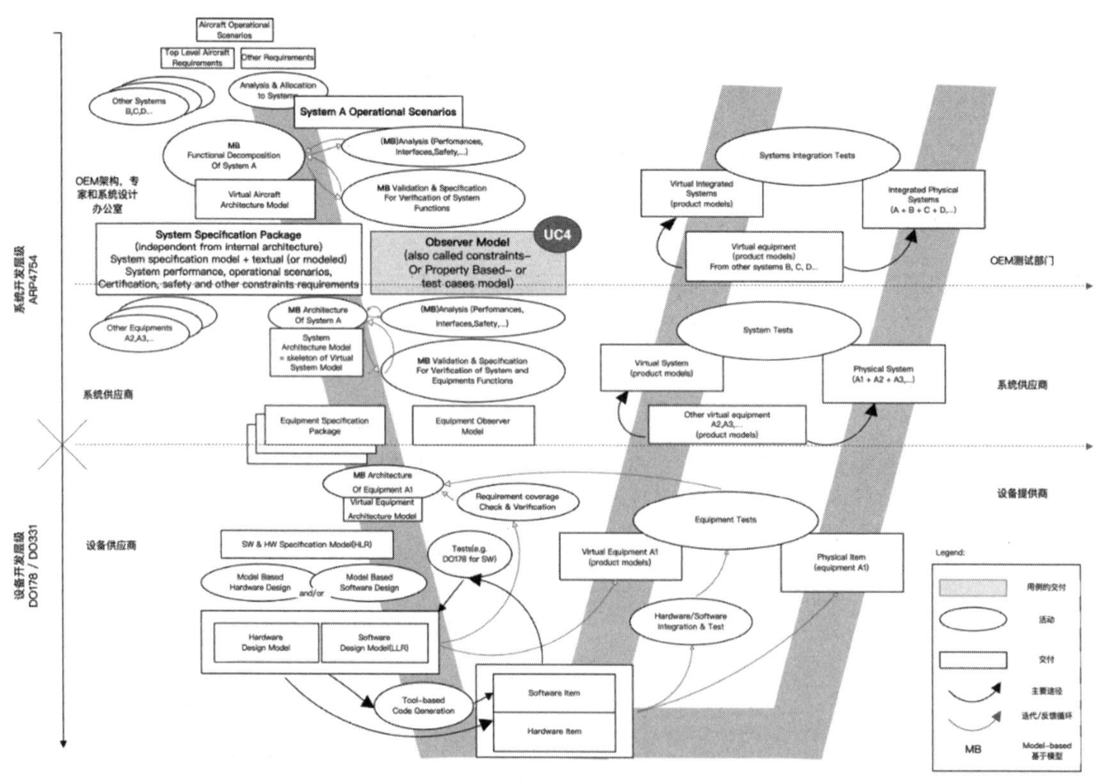

图 4.10 基于模型验证和验证系统的功能规范

先决条件/输入：系统顶层需求规范；操作场景和用例的建模可执行系统功能规范的建模；系统验证场景建模。

表 4.6　用例 4 需要使用的图表类型

来　源	工　件	ARCADIA 图	SysML 图
UC4	V&V 流程	实体/功能场景图 逻辑/物理架构图（参数视点） 模式状态机图	序列图 参数图 状态机图

后置条件/输出：V&V 报告应验证要求架构建模与行为建模相关，根据需求和架构模型内容提供的参数，通过仿真或其他方式演示建模行为。结果包括与供应商的协作和行为模型的共同开发。

4.3.6　用例 5：导出硬件/软件功能规范（UC5）

系统工程师提供设备规范包，以便供应商进行详细的系统设计。设备规范包指定设备的软件和/或硬件解决方案。图 4.11 所示为设备规范包。图中显示了可交付成果在 V 模型中的位置。该过程涉及共同开发 ICD。该 ICD 定义了网络配置、信号接口、每个接口的协议以及软件通信和消息。表 4.7 所示为用例 5 需要使用的图表类型。

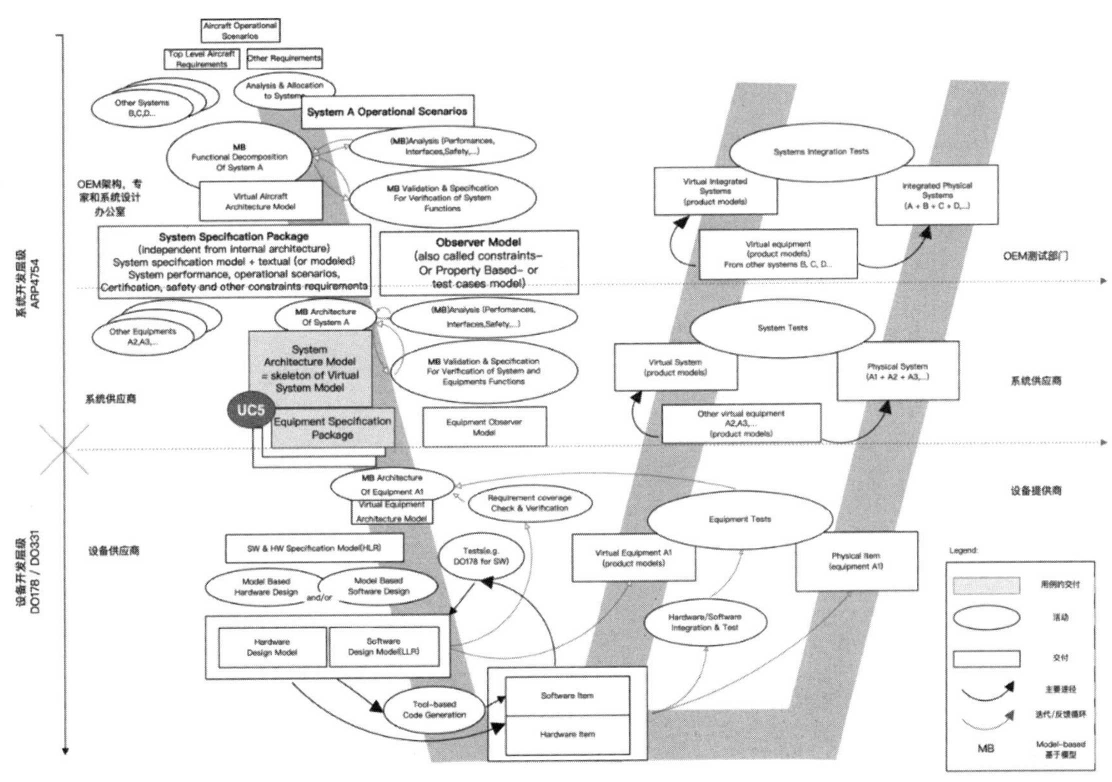

图 4.11　设备规范包

设计过程将产生以下 3 个重要可交付成果。

（1）定义组件/软件/系统故障模式的功能性危险评估（FHA）。

（2）故障隔离图/树。

（3）确定在分析系统对故障模式的响应时必须考虑的相关操作条件。

表 4.7 用例 5 需要使用的图表类型

来 源	工 件	ARCADIA 图	SysML 图
UC5	接口图	物理架构图	块定义图 内部模块图
	行为（白盒时序）图	模式状态机图 物理分析级-实体/功能场景图	状态机图 序列图 参数图
	物理（系统）架构	物理架构图	块定义图 内部模块图

先决条件/输入：系统规范模型；系统性能的行为模型和派生文本描述；作战情景和情景模拟；认证、安全和其他约束要求。

后置条件/输出：设备规格型号；文本（或建模）设备性能；认证、安全［功能危害分析（FHAs）和系统功能测试（SFTs）］和其他约束要求；物理架构和系统/软件/设备行为。

4.3.7 互操作性关键图类型的用例摘要

基于项目目标和定义生命周期用例的广泛范围，MBSE 项目团队将用例 3 和用例 4 确定为最优先级以进行更深入的评估。该团队专注于定义所需的最小系统架构来定义图集，同时使用 SysML 和 ARCADIA 语言，以便在 OEM 与其供应商之间实现基于模型的双向协作过程。

1. SysML 互操作性-高优先级用例图

（1）块定义图。

（2）内部模块图。

（3）活动图。

（4）序列图。

（5）参数图。

（6）状态机图。

2. ARCADIA 互操作性-高优先级用例图

（1）组件分解图。

（2）组件接口图。

（3）架构图。

（4）功能数据流图。

（5）功能场景图。

（6）实体/功能场景图。

（7）逻辑/物理架构图。

（8）模式状态机图。

4.4　MBSE 互操作性解决方案评估

基于 SysML 和 ARCADIA 语言的广泛使用，该团队对 A&D 公司可用的 COTS 软件解决方案进行了“论文研究”，以支持 MBSE 互操作性。这项研究不包括 COTS 工具的任何实际使用或任何深入的基准测试活动，依赖于对有关第三方 MBSE 互操作性解决方案的商业发布信息的审查，并辅以 MBSE 项目团队主题（领域）专家分享的个人经验和知识。已发布/每个解决方案的已知功能都根据项目团队制定的一组要求和评分标准进行评估和排名。

4.4.1　互操作性选项

点对点模型数据翻译（SysML<–>ARCADIA 或 SysML<–>SysML）虽是可能的，但必须考虑以下内容。

（1）基于当前 SysML 标准（v1.6）的翻译功能不是长期解决方案（尽管确定临时功能可能具有成本效益）。

（2）SysML v2 是当前 SysML 标准（v1.6）的范式转变，翻译系统将有根本不同。

（3）SysML v2 将提供多种数据互操作性选项。行业估计需要几年的时间才会部署第一个基于 SysML v2 的互操作性替代方案。

（4）SysML v2 解决方案不保证数据交换。规格选项包括公开工具的 API 为 RESTful 提供服务，或合并 OSLC2（生命周期协作开放服务）支持“数据链接”解决方案。

4.4.2　第三方能力的探索

HowSub 团队对潜在的替代方案和解决方案进行了论文分析（“论文研究”）。图 4.12 所示为一个示例，该示例涉及以下内容。

（1）评估了包含两类功能的 12 种产品（类别包括点对点转换或使用集成数据库的联合架构）。

（2）没有确定具有预期功能的主要 COTS 解决方案。

（3）没有确定基准测试和验证用例的简单途径。

（4）无法就项目团队成员之间的共同业务案例达成一致，而是对 3 个不同的场景进行评分。

基于对 MBSE 数据交换要求、现有工具的能力以及创作工具行业可用产品的多样性的了解，HowSub 团队制定了评估标准和评分模型，可以评估当前潜在的 MBSE 互操作性解决方案。评估标准和评分模型使用现有提供者的“虚拟”同意进行验证。根据解决方案标准对每个潜在供应商进行评分，以模拟为 ADPAG 提供最佳功能的打包功能。

经验丰富的ADL交换公司/工具						工程服务	
公司			公司1	公司2	公司3	公司1	公司2
产品			产品1	产品2	产品3	产品1	产品2
标准	权重	描述标准					
语言							
SysML	1000	目标语言	100%	100%	100%	50%	定制服务
最高得分	43100	总得分	23000	19500	800	14500	21000
		占最高分的百分比	52.00%	45.00%	18.00%	33.00%	48.00%
		有多少项标准得分	54	60	21	47	62

图 4.12　样本替代方案示例

与其他两个子团队的活动并行，HowSub 团队探讨了如何开发一系列商用 MBSE 互操作性软件和服务解决方案，利用多个商业和学术资源派生一个目录。随后，团队成员被指派到一家公司，利用公共领域可获取的数据进行研究，以更好地了解不同 MBSE 互操作性软件解决方案的特性。研究人员将研究成果提交给团队后，团队便对这些成果进行讨论、修改，并扩展共识的类别、标准和相关描述。

HowSub 团队还征求了其他 A&DPAG 项目团队成员和行业同事的意见，他们对现有列表或潜在的 MBSE 供应商及其软件解决方案有经验或了解。基于这些访谈，项目团队得出结论，这些公司对 MBSE 创作工具的兴趣不断增加，新的供应商和产品会不断出现在更多的行业中。

尽管很少有解决方案提供商公开指出 Capella 与其他基于 SysML 的创作工具之间现成的互操作性解决方案，但已委托项目的多个结果是确定的。这提供了更多证据表明环境正在迅速变化，公司合并/收购、合作伙伴关系改变、市场份额增长正在减少定制 ADL 产品的数量，并增加人们对使用数据交换标准或可定制的互操作性解决方案的兴趣。

子团队没有彻底评估使用咨询或服务公司来托管安全的 OEM/供应商 MBSE 数据交换环境。假设此解决方案将放弃自动化产品并依赖于定制的现收现付业务模型。多家公司都在宣传驾驭复杂交易场景的潜力。成本模型和相关性能的概念差异既难以分析，也难以与基于 COTS 的用户控制解决方案相关联。合并后的子团队同意并使用的指导方针是为了未来的优化研究，目的是使用测试实验室条件来验证需要交换的最少和最重要的内容。

将来，实用的解决方案可能会将 COTS 产品与咨询服务结合起来，并代表包含混合建模样式（包括链接数据和集成数据）的数据包的优化解决方案。因此，如果软件解决方案提供商无法提供满足 A&DPAG 团队开箱即用的短期业务需求，则基于服务的方法将需要额外考虑。

虽然在该项目阶段记录了 V 模型生命周期中 5 个潜在 MBSE 用例场景，但更侧重于用例 3（定义系统规范包）和用例 4（预先安排验证和验证流程并共同开发行为模型）。这两个用例定义了最高优先级的数据交换要求，并解决了 MBSE 项目的重点，即如何在航空航天/飞机 OEM 与其供应链中的设计合作伙伴之间实现协作概念系统设计活动。其他用例与整个产品开发生命周期活动相关，但超出了当前工作的范围。支持用例 3 和用例 4 的关键系统架构图类型被分配了最高标准分数。

在实施 MBSE 互操作性解决方案时，HowSub 团队还考虑了定义 OEM 和供应商之间交互的不同业务场景。OEM/供应商解决方案部署和交互场景如图 4.13 所示。在某些情况下，双方可能都需要访问软件工具，或者只有一方需要访问 MBSE 互操作性工具，或者双方都可以依赖服务提供商。这些场景在图 4.13 中进行了说明，并已纳入解决方案评估标准。

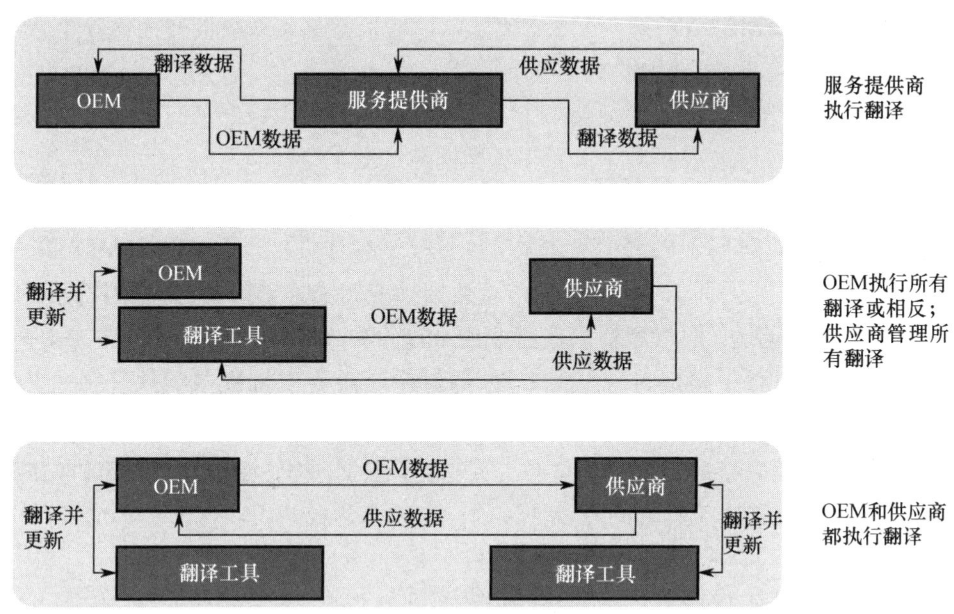

图 4.13　OEM/供应商解决方案部署和交互场景

4.5　本章小结

MBSE 项目团队创建了多个用例，定义了整个生命周期中流程驱动模型互操作性的规范，重点关注用例 3（如何指定）和用例 4（如何将其用于验证目的），生成了要在 OEM 和供应商之间交换的主要 MBSE 工件的定义。假设通过对用例进行全面分析并确定模型和相关图表的最小列表，则可以降低互操作性和翻译要求的复杂性，简化必须交换的数据，有效地实现设计协作。

在开发 SysML 和 ARCADIA 之间的综合映射（比较图表、模型元素和关系）之后，该团队假设交换工件的最小列表会受到建模语言差异的影响，在对两种语言生成的内容进行评估后发现，其在用例优先级方面几乎没有不一致之处，功能上的显著差异是在 ARCADIA 中表示需求时的选项有限。

总体而言，第三方互操作性软件供应商产品或翻译服务仍被认为是近期最可行的解决方案。该解决方案虽不一定支持模型到模型的交换，但支持协作，使用一组有限的图表并取决于来自最主要软件供应商 API 的可用性。

4.5.1 MBSE 数据互操作性——替代方案和临时解决方案

使用基于历史文本的方法定义开发复杂产品成本的例子很多。成本的降低继续激励着行业前进。以下建议支持体系结构模型未来的互操作性。

（1）航空航天业必须积极主动地共同制定双向模型交换和设计协作的互操作性标准。

（2）MBSE 社区必须建立并参与实施者论坛，以验证数据交换用例并评估各个 ADL 产品品牌和相关翻译备选方案的整体能力。

（3）第三方翻译产品通常依赖每个创作工具的 API。业界应鼓励 ADL 软件供应商公开和标准化他们的 API；应根据需要考虑正面和负面的经济激励措施。

（4）虽然最适合从数学上验证设计的行为特征体系结构，许多行为建模工具，如 Modelica 和 Simulink，可用于表示实现体系结构，但随着对功能模型接口（FMI）和系统结构参数化（SSP）的规范以及数据交换和协同仿真数据标准的额外支持，这些数学工具可以部分替代概念架构模型的交换。尽管目前汽车行业的几家主要 OEM 使用此类解决方案并取得了不同程度的成功，但对于集成分布式系统的复杂性，需要支持集成模块化航空电子设备（IMA）的架构。

（5）在没有通用模型交换方法的情况下，航空航天业必须积极鼓励各 PLM 和 MBSE 软件供应商就支持最常用 ADL 工具之间互操作性的交换理念达成共识。

4.5.2 MBSE 数据互操作性——观察和问题

其他影响系统架构和模型交换的因素如下。

（1）MBSE 数据标准的实施（指定 SysML v1.x 的各种版本）在不同的创作工具之间并不一致。虽然随着 SysML v2 的最终发布这个问题有望得到改善，但图形图表的定义还没有标准。

（2）SysML 规范支持创建支持用户定义的构造类型、标记值和约束的自定义配置文件。

（3）在原始设备制造商及其供应链合作伙伴中，每个工程团队使用的建模方法均存在显著差异。

（4）没有行业标准衡量模型的质量和合规性或如何评估 MBSE 模型翻译的准确性和完整性。

（5）没有行业标准管理知识产权保护。

（6）每家公司分配给 MBSE 建模和相关数据标准开发的优先级存在显著差异，翻译工具和随行劳动力的成本何时会超过交换能力的价值。原始设备制造商需要开发和支持标准化的业务案例。

（7）主要的 MBSE 软件供应商是否会提供开放 API 和对第三方软件翻译服务的持续支持。

（8）数据交换标准的变化和数字技术的进步是否会超越翻译产品或流程的价值。

总之，COTS 翻译产品不会涵盖互操作性的所有方面。为了为成功的流程奠定基础，OEM 和供应商必须预先定义数据的使用方式、数据的组织方式、基础数据模型和创作方法。

4.5.3　前进计划

如本书所述，模型互操作性是在 A&D 行业成功实施 MBSE 的关键因素之一。对此进行的评估采用一种极简主义的方法，侧重于架构模型。该方法必须始终如一地应用于所有 MBSE 模型表示，包括需求模型和行为模型。

具有 API 和服务（svc）目标的 SysML 时间表（截至）如图 4.14 所示。ARCADIA 通常由一个工具品牌实施，与其他 ARCADIA 模型的互操作性路径已经存在。由于主要问题是在 SysML v1.*x*（版本指定）和多个软件供应商生产的产品中固有的差异，因此图 4.14 中引用 SysML v2 RFP（提案请求）的主要机会之一是通过规定作为规范的一部分公开提供的标准化 API 来增加交换潜力。通过标准化的 API，SysML 互操作性将由 ADL 软件供应商或第三方互操作性软件供应商确保。鉴于此目标的重要性，对象管理组（OMG）的 SysML 提交团队创建了一个名为 SysML v2 API 和服务的单独 RFP。

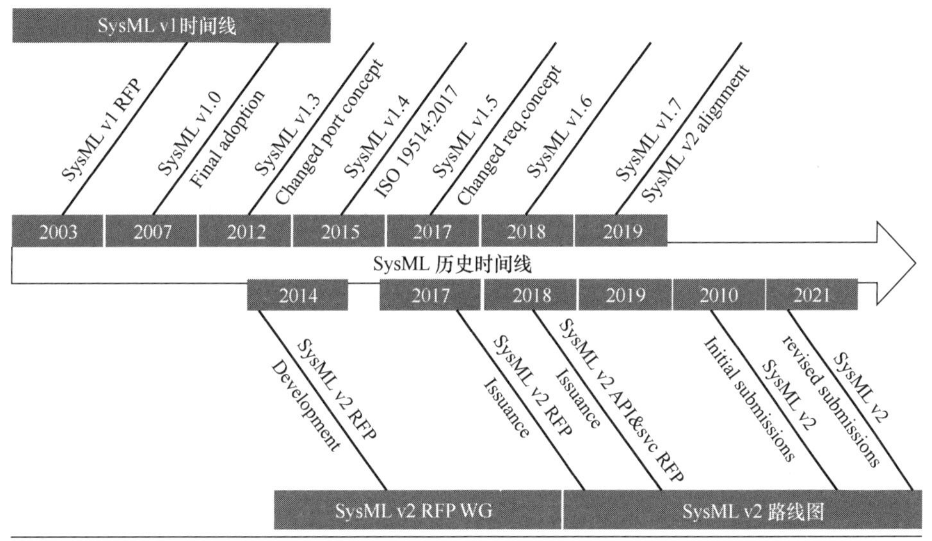

图 4.14　具有 API 和服务（svc）目标的 SysML 时间表（截至）

MBSE 团队的第三阶段活动是第二阶段报告的自然延伸，制定后续步骤并没有产生简单的解决方案。在撰写本书时，SysML v2 尚未最终确定，规范中关于互操作性的规定是可选的。出于这个原因，互操作性情况没有改变，并且可能随着解决方案提供商列表的持续增长而变得更糟。

从数据交换的角度来看，大多数 SysML 产品不便于 CanonicalXMI 的导出和导入，需要专有插件产品来支持有限的点对点交换（品牌之间）。在某些情况下，MBSE 工具提供商显然忽视了新 SysML 规范中的交换条款，并且没有推广替代解决方案。OMG 论坛可能不是解决互操作性问题的合适环境，而且主要的PLMMBSE提供商尚未就互操作性解决方案达成一致。

项目团队最初建议利用 MBSE 用例进行手动软件评估/基准测试活动。ARCADIA 的加入增加了新的复杂性。项目团队还建议聘请第三方协助评估。A&DPAG 成员仍在讨论和考虑下一步是否可行。

项目团队还了解到，其他行业团体正在计划实施多项 MBSE 数据互操作性方案，涉及的组织包括 INCOSE、国防工业协会（NDIA）、法国网络用户协会（AFNeT）、OMG 及美国国务院国防部门等。若能组建一个跨行业的联盟，并与主要的 PLM 供应商合作，利用这些现有举措，共同提出一套整合的工作和协作解决方案，那么将给 A&DPAG 和整个 A&D 行业带来极大的益处。

MBSE 项目团队得出结论，需要额外的工作来开发集成在这些用例中交换的架构模型的解决方案。我们虽然没有探索使用基于替代行业标准［如对象过程方法（OPM）］的供应商中模型的潜力，但有必要了解哪些建模工具适用于业务模型的变化，类似于推动使用大型 3DCAD 工具和中档 CAD 工具的标准。MBSE 项目团队认为，在启动互操作性软件产品评估活动之前，这些额外的任务值得探索。

4.6 本章习题

（1）在 MBSE 中，数据互操作性标准的作用是什么？

（2）如何定义 MBSE 互操作规范？

（3）请简述 MBSE 用例。

（4）请简述整体 MBSE 过程。

（5）什么是数字线程？

（6）模型虽可以在单个工具中捕获并在单独的图表中表示，但至少需要 3 种模型类型来表示传统的设计过程。这 3 种模型类型是什么？

（7）数据交换模式有哪些？

（8）第一个开源 SysML 规范于 2005 年 11 月作为 SysML v1.0 发布，执行 ISO10303-233：2012 定义的系统工程数据表示的主要部分。SysML 图分类法由 9 种图类型组成，请简述 9 种图类型。

参考文献

[1] MADNI A M, MADNI C C, LUCERO S D. Leveraging Digital Twin Technology in Model-Based Systems Engineering[J]. Systems, 2019, 7(1): 7.

[2] DEBBECH S, PHILIPPE B, COLLART-DUTILLEUL S. A model-based system engineering approach to manage railway safety-related decisions[J]. International Journal of Transport Development and Integration, 2019, 3(1): 30-43.

[3] FORRIER B, LOTH A, MOLLET Y. In-Vehicle Identification of an Induction Machine Model for Operational Torque Prediction[C]//2020 International Conference on Electrical Machines (ICEM). Gothenburg, Sweden: IEEE, 2020: 1157-1163.

[4] WAGNER D, KIM-CASTET S Y, JIMENEZ A, et al. CAESAR Model-Based Approach to Harness Design[C]//

2020 IEEE Aerospace Conference. Big Sky, MT, USA: IEEE, 2020: 1-13.

[5] WANG X F, LIAO W H, GUO Y, et al. A Design-Task-Oriented Model Assignment Method in Model-Based System Engineering [J]. Mathematical Problems in Engineering, 2020: 1-15.

[6] XIAO F, CHEN B, LI R, et al. A Model-Based System Engineering Approach for aviation system design by applying SysML modeling[C]//2020 Chinese Control And Decision Conference (CCDC). Hefei: IEEE, 2020: 1361-1366.

[7] TANG C, HE Y, ZHANG K L, et al. Application Practice of Model-Based System Engineering Method in Civil Aircraft Cabin Pressure Control System Design[C]//2021 7th International Conference on Mechanical Engineering and Automation Science (ICMEAS). Seoul: IEEE, 2021: 190-194.

[8] KASLOW D, LEVI A, CAHILL P, et al. Mission Engineering and the CubeSat System Reference Model[C]//2021 IEEE Aerospace Conference. Big Sky, MT: IEEE, 2021: 1-8.

[9] DANTAS Y G, MUNARO T., CARLAN C, et al. A Model-based System Engineering Plugin for Safety Architecture Pattern Synthesis[C]//In Proceedings of the 10th International Conference on Model-Driven Engineering and Software Development - MODELSWARD, 2022: 36-47.

[10] HE Y, YANG C. Model-based design and verification of functional architecture of civil aircraft pressure control system[C]//International Conference on Intelligent Systems, Communications, and Computer Networks (ISCCN 2023). Changsha, 2023: 121-127.

[11] AEROSPACE & DEFENSE PLM ACTION GROP. MBSE Data Interoperability Specification Report-Use Cases & Data Exchange Criteria[R/OL]. [2024-05-19]. https://www.cimdata.com/en/aerospace-and-defense/publications/mbse/1102-model-based-systems-engineering-specification-paper-2.

第 5 章　系统建模语言

在 MBSE 的具体实现上，INCOSE 联合 OMG 在统一建模语言（Unified Modeling Language，UML）的基础上，开发出系统建模语言（System Modeling Language，SysML），提出 MBSE 的整体解决方案，实现基于模型的系统工程开发。

5.1　SysML 概述

SysML 是系统工程的通用建模语言，旨在提供简洁而强大的结构，用于建模广泛的系统工程问题，在指定需求、结构、行为、分配以及系统属性的约束方面尤为有效。

在 UML 成功应用于软件需求分析与设计的基础上，SysML 进一步被扩展应用于复杂系统的模型表述。SysML 从结构、行为、需求和分析等四个维度对系统进行定义，如图 5.1 所示。结构模型强调系统的层次和对象间的相互连接关系，包括组成结构及内部接口；行为模型强调系统的行为，包括活动、交互和状态变迁；需求模型强调需求的来源、需求间的追溯关系、系统分析后的开发需求，以及设计满足需求的情况；分析模型强调系统或部件属性间的约束关系及学科分析方程的定义。

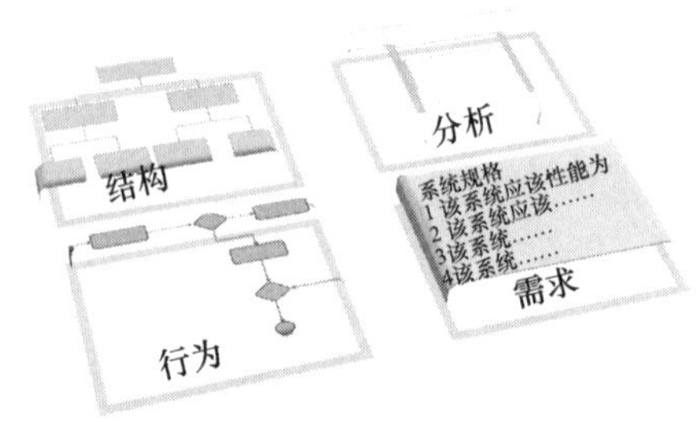

图 5.1　SysML 从四个维度对系统进行定义

上述四个维度对系统的描述确保了系统架构定义的一致性、对象间的关联性及对象描述的整体性。

与 UML 相同，SysML 语言的结构基于四层元模型结构：元-元模型、元模型、模型和用户对象。元-元模型层具有最高的抽象层次，定义元模型描述语言的模型，为定义元模型的元素和各种机制提供最基本的概念和机制。元模型是元-元模型的实例，定义模型描述语言的模型，提供了表达系统的各种包、模型元素的定义类型、标记值和约束等。模型是元模型的实例，定义特定领域描述语言的模型。用户对象是模型的实例。在用户看来，任何复杂系统都是相互通信的具体对象，目的是实现复杂系统的功能和性能。

SysML Diagram 是 SysML 的可视化表示，用于展示系统建模的视图。SysML 定义了 9

种基本图形来表示模型的不同方面，如图 5.2 所示。从模型表述的四个维度划分，这 9 种基本图形分别归类为结构图（Structure Diagram）、参数分析图（Parametric Diagram）、需求分析图（Requirement Diagram）和行为图（Behavior Diagram）。结构图包括块定义图（Block Definition Diagram）、内部模块图（Internal Block Diagram）和包图（Package Diagram）；参数分析图由参数图（Parametrics Diagram）表示；需求分析图由需求图（Requirements Diagram）表示；行为图包括活动图（Activity Diagram）、序列图（Sequence Diagram）、状态机图（State Machine Diagram）和用例图（Use Case Diagram）。

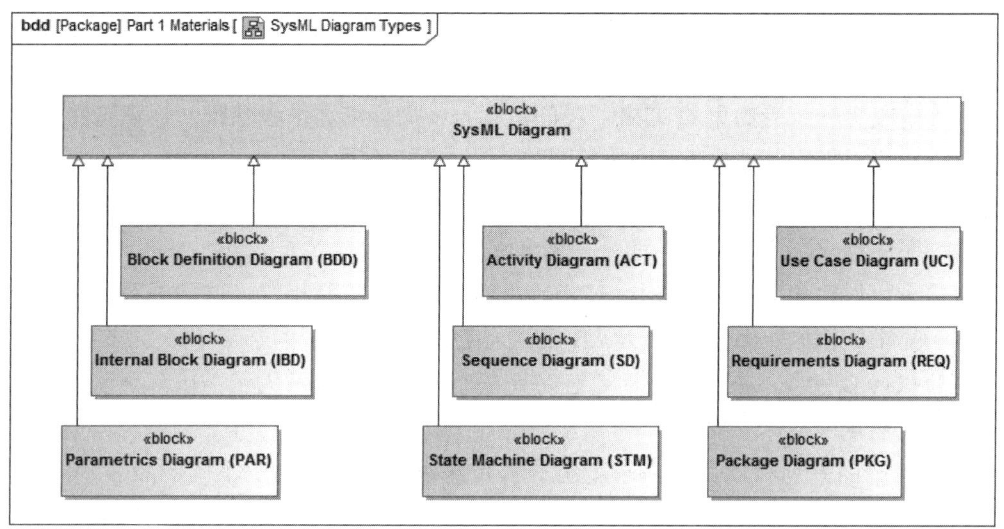

图 5.2 SysML 的 9 种基本图形

近年来，对于 SysML 的研究多种多样。Wolny 等人的主题是对 SysML 进行系统的映射研究，目的如下。

（1）了解现有研究课题和小组的概况。

（2）确定是否存在任何出版趋势。

（3）发现可能缺失的环节。

Anda 等人提出了新的特征模型算术语义，使其能够转换为数学函数（在多种编程语言中），以便为自适应 CPS 生成有效的最优配置，并进一步限制从目标模型生成的函数。Muvuna 等人提出了一种由 MBSE 和 SysML 辅助的方法，用于开发集成智慧城市系统模型。Mili 等人提出了一种基于模型的方法，用于正式验证通信系统能否抵御网络攻击。Gao 等人在 MBSE 方法和 SysML 的基础上，对卫星通信系统架构进行了研究。Salado 等人提出了一种在 SysML 中构建真正基于模型需求的方法。Zhu 等人研究了一种使用 SysML 捕捉航空电子领域功能需求的正式方法。Wang 等人在前人工作的基础上，提出了一个名为“五维系统设计数字孪生”的集成框架，用于将数字孪生与 MBSE 集成到系统设计复杂度分析和预测中。这些研究促进了系统建模语言的发展与工程落地。

5.2 SysML 需求建模

5.2.1 概述

需求规定了必须（或应该）满足的能力或条件，可以指定系统必须执行的功能或系统必须达到的性能条件。SysML 提供建模结构表示基于文本的需求，并将需求与其他建模元素关联。本章介绍的需求图可以用图形、表格或树状结构的形式来描述。需求也可以在其他图上显示，以展示需求与其他建模元素的关系。需求建模结构旨在为传统需求管理工具和其他 SysML 模型之间搭建桥梁。

需求被定义为一个受约束的 UML 类的定型。一个标准需求包括唯一标识符和文本要求的属性。用户可以指定其他属性，如验证状态。

建模者能够通过定义几种需求关系将需求与其他需求及模型元素相联系。这些关系包括需求层次、派生需求、满足需求、验证需求和完善需求等。

复合需求可以包含子需求，使用 UML 命名空间包含机制指定。这种关系允许将复杂需求分解为子需求。例如，系统执行 A、B 和 C 的任务可以分解为子需求：系统应执行 A 任务，系统应执行 B 任务，系统应执行 C 任务。整个规范可以分解为子需求，子需求可以进一步分解以定义需求层次。

存在对跨产品系列和项目的需求重用的真正需求，通常适用于不同产品和/或项目的监管、法定或合同要求，以及跨产品系列（版本/变体）的重复使用要求。在这些情况下，希望能够引用一个需求或在多个背景下的需求集，并将原始需求的更新传播到重用的需求。

由于一个给定的模型元素只能存在于一个命名空间，因此使用命名空间包含机制来指定需求层次排除了在不同情况下重复使用需求的可能性。由于需求重用在许多应用中非常重要，因此 SysML 引入了从属需求的概念。从属需求的文本属性是主需求文本属性的只读副本，被限制为与相关主需求的文本属性相同。主/从关系通过复制关系表示。

派生需求关系将派生需求与其源需求联系起来，通常涉及分析以确定支持源需求的多个派生需求。派生需求通常对应于系统层次结构的下一级需求。例如，车辆的加速度需求可以通过分析得出发动机功率、车辆质量和车身阻力。

满足需求关系描述了一个设计或实现模型如何满足一个或多个需求。系统建模者指定了旨在满足要求的系统设计元素。在上面的例子中，发动机设计满足了发动机功率的要求。

验证需求关系定义了一个测试用例或其他模型元素如何验证需求。在 SysML 中，一个测试用例或其他命名的元素可以作为一个通用的机制来表示任何检查、分析、演示或测试的标准验证方法。用户可以根据需要定义额外的子类来表示不同的验证方法。测试用例的判决属性可以用来表示验证结果。SysML 测试用例的定义与 UML 测试配置文件一致，以促进两个配置文件之间的整合。

细化需求关系可以用来描述一个模型元素或一组元素如何被用来进一步细化需求。例如，一个用例或活动图可以用来细化基于文本的功能需求，或者可以用来展示基于文本的需求如何完善模型元素。在这种情况下，一些详细的文本可以用来完善不太精细的模型元素。

通用的跟踪需求关系提供了需求和其他模型元素之间的通用关系。追踪的语义由于不包括真正的约束，因此相当弱，建议不要将跟踪关系与其他需求关系一起使用。

建模者可以通过定义需求定型的附加子类来定制需求分类法。例如，建模者可能想定义需求类别以代表操作、功能、接口、性能、物理、存储、激活/停用、设计约束，以及其他专门的需求，如可靠性和可维护性，或代表高水平利益相关者的需求。Stereotype 使建模者能够添加约束条件，限制可能被分配来满足需求的模型元素类型。例如，功能需求可以被限制，以便只能由 SysML 行为，如活动、状态机或交互来满足。

5.2.2 图形元素

需求图中包含的图形元素如表 5.1 所示。需求图中包含的图形路径如表 5.2 所示。

表 5.1　需求图中包含的图形元素

节　点　名	具 体 语 法	抽象语法引用
需求图	req ReqDiagram	SysML::Requirements::Requirement, SysML::ModelElements::Package
需求	«requirement» **Requirement name** text="The system shall do" Id="62j32."	SysML::Requirements::Requirement
测试用例	«testCase» **TestCaseName**	SysML::Requirements::TestCase

表 5.2　需求图中包含的图形路径

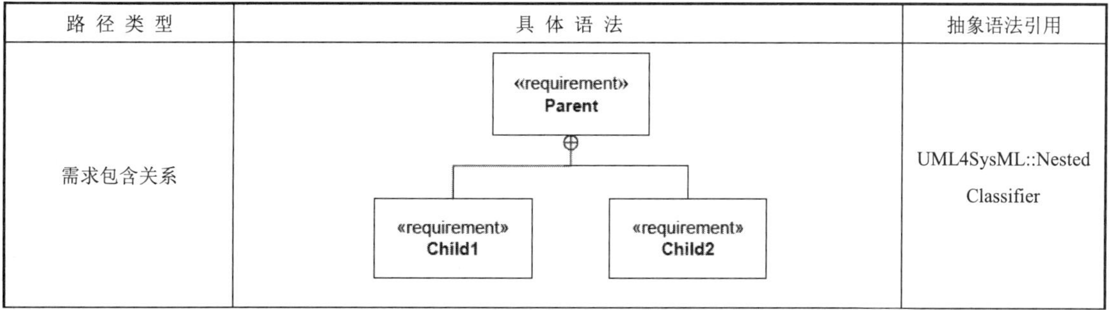

路 径 类 型	具 体 语 法	抽象语法引用
需求包含关系	«requirement» **Parent**; «requirement» **Child1**; «requirement» **Child2**	UML4SysML::NestedClassifier

续表

路径类型	具体语法	抽象语法引用
复制关系	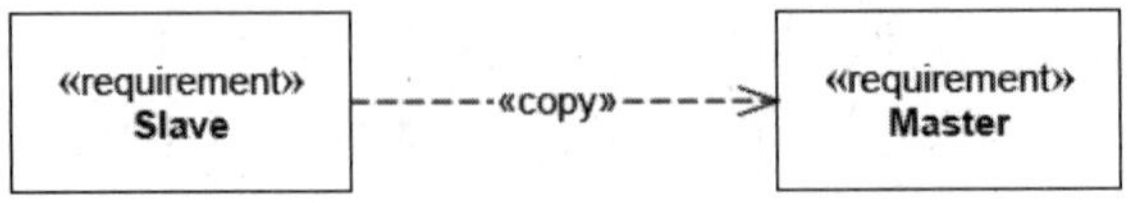 «requirement» Slave - - - - - «copy» - - - -> «requirement» Master	SysML::Requirements ::Copy
复制 Callout	 Master «requirement» Master - - - - - - - - «requirement» Slave	SysML::Requirements ::Copy
派生关系	 «requirement» Client - - - «deriveReqt» - - -> «requirement» Supplier	SysML::Requirements ::DeriveReqt
派生 Callout	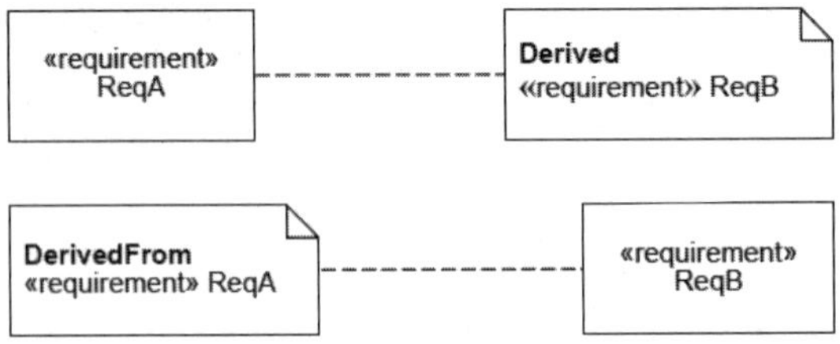 «requirement» ReqA - - - - - - - - Derived «requirement» ReqB DerivedFrom «requirement» ReqA - - - - - - - - «requirement» ReqB	SysML::Requirements ::DeriveReqt
满足关系	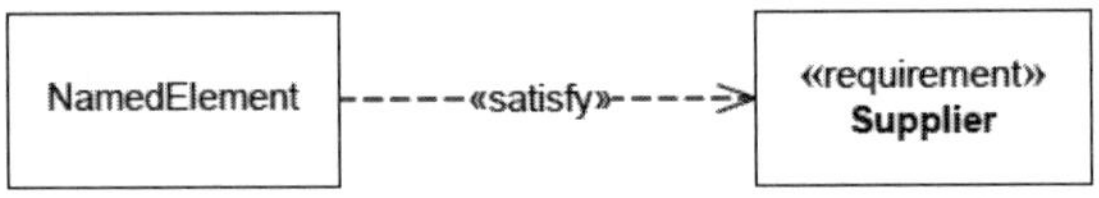 NamedElement - - - - - «satisfy» - - - -> «requirement» Supplier	SysML::Requirements ::Satisfy
满足 Callout	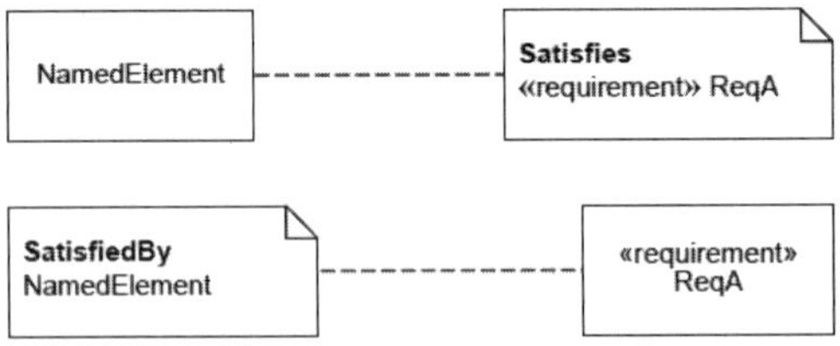 NamedElement - - - - - - - - Satisfies «requirement» ReqA SatisfiedBy NamedElement - - - - - - - - «requirement» ReqA	SysML::Requirements ::Satisfy
验证关系	 NamedElement - - - - - «verify» - - - -> «requirement» Supplier	SysML::Requirements ::Verify
验证 Callout	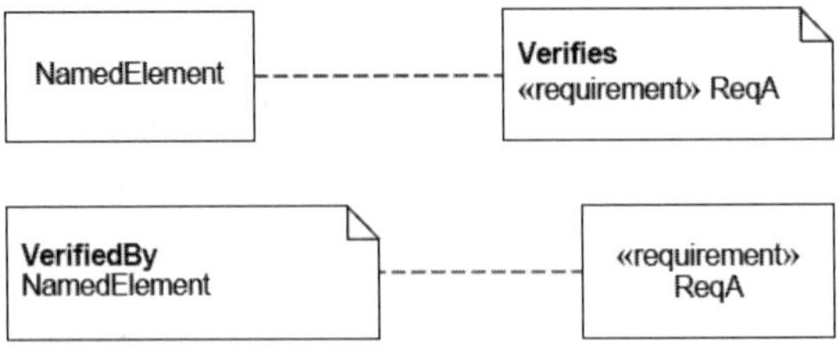 NamedElement - - - - - - - - Verifies «requirement» ReqA VerifiedBy NamedElement - - - - - - - - «requirement» ReqA	SysML::Requirements ::Verify
精化关系	 NamedElement - - - - - «refine» - - - -> «requirement» Client	UML4SysML::Refine

续表

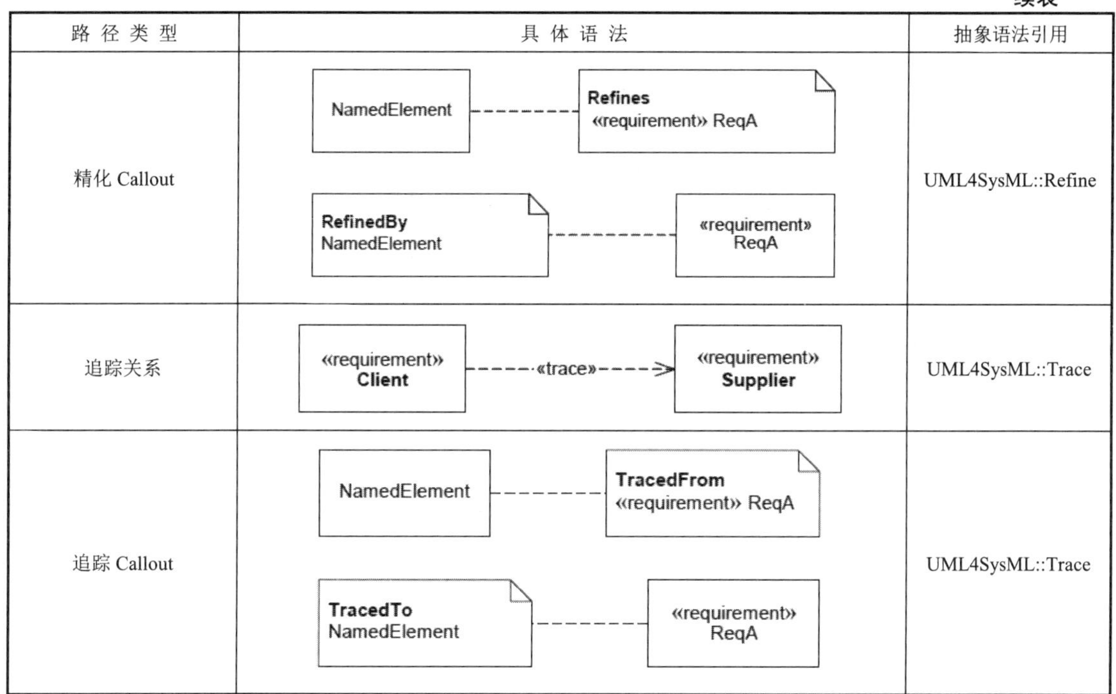

路 径 类 型	具 体 语 法	抽象语法引用
精化 Callout	NamedElement - - - Refines «requirement» ReqA RefinedBy NamedElement - - - «requirement» ReqA	UML4SysML::Refine
追踪关系	«requirement» Client - - - «trace» - - -> «requirement» Supplier	UML4SysML::Trace
追踪 Callout	NamedElement - - - TracedFrom «requirement» ReqA TracedTo NamedElement - - - «requirement» ReqA	UML4SysML::Trace

5.2.3　使用示例

本章所有示例均基于美国国家公路交通安全管理局（NHTSA）的一套公开需求规范。这些需求的名称和 ID 在后面的 SysML 使用示例中将被引用。

1. 需求分解和可追溯性

图 5.3 所示为一个复合需求被分解为多个子需求的例子。

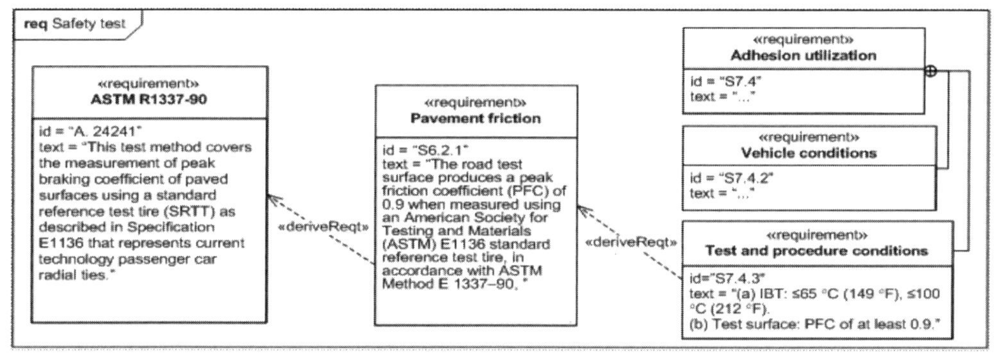

图 5.3　需求分解

2. 需求和设计元素

图 5.4 和图 5.5 分别所示为需求和设计之间的联系及内部块定义图中的需求满足情况。其中，理论依据被展示出来，作为设计方案的基础。

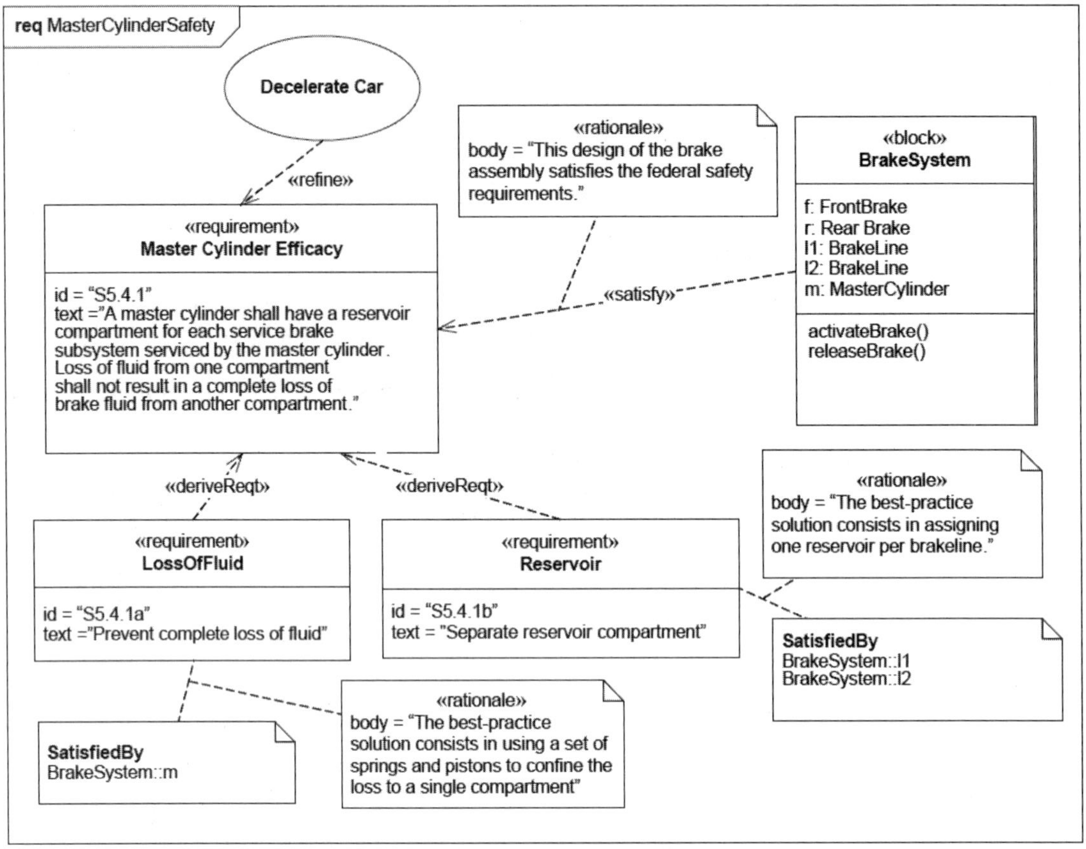

req MasterCylinderSafety
Decelerate Car
«refine»
«rationale»
body = "This design of the brake assembly satisfies the federal safety requirements."
«block»
BrakeSystem
f: FrontBrake
r: Rear Brake
l1: BrakeLine
l2: BrakeLine
m: MasterCylinder
activateBrake()
releaseBrake()
«requirement»
Master Cylinder Efficacy
id = "S5.4.1"
text ="A master cylinder shall have a reservoir compartment for each service brake subsystem serviced by the master cylinder. Loss of fluid from one compartment shall not result in a complete loss of brake fluid from another compartment."
«satisfy»
«deriveReqt»
«deriveReqt»
«rationale»
body = "The best-practice solution consists in assigning one reservoir per brakeline."
«requirement»
LossOfFluid
id = "S5.4.1a"
text ="Prevent complete loss of fluid"
«requirement»
Reservoir
id = "S5.4.1b"
text = "Separate reservoir compartment"
SatisfiedBy
BrakeSystem::l1
BrakeSystem::l2
«rationale»
body = "The best-practice solution consists in using a set of springs and pistons to confine the loss to a single compartment"
SatisfiedBy
BrakeSystem::m

图 5.4　需求和设计之间的联系

ibd BrakeSystem
f: FrontBrake
r: RearBrake
Satisfies
«requirement» MasterCylinderSafety::Reservoir
l1: BrakeLine
l2: BrakeLine
m: MasterCylinder
Safisfies
«requirement»
MasterCylinderSafety::LossOf Fluid

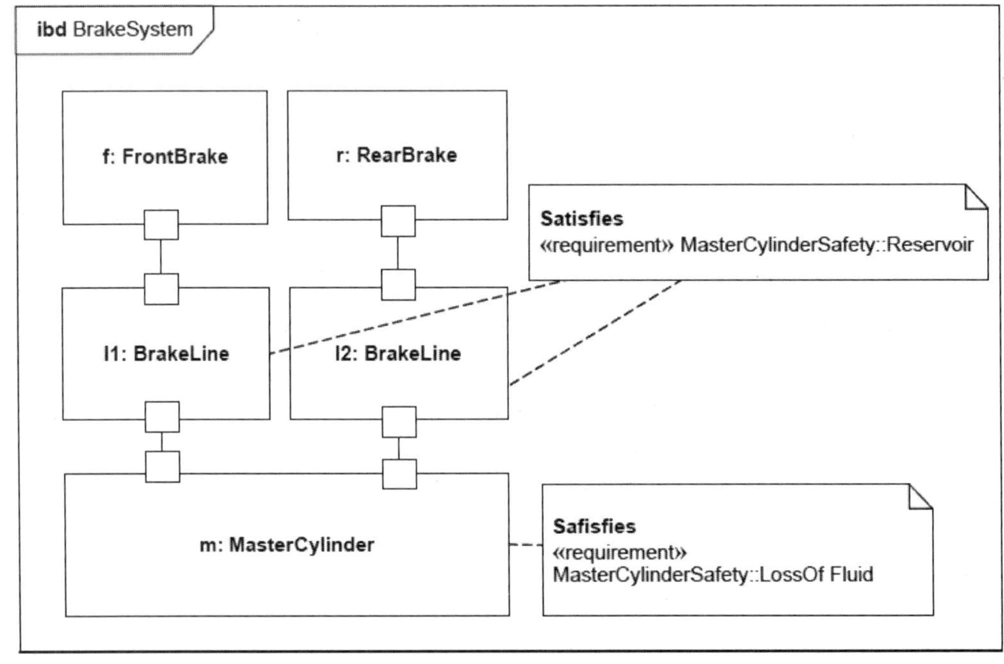

图 5.5　内部块定义图中的需求满足情况

3. 需求复用

图 5.6 所示为使用复制依赖关系来促进重用。图中说明了复制依赖的使用，允许一个需求在几个需求层次中被重复使用。主标签为重用的需求提供了文本参考。

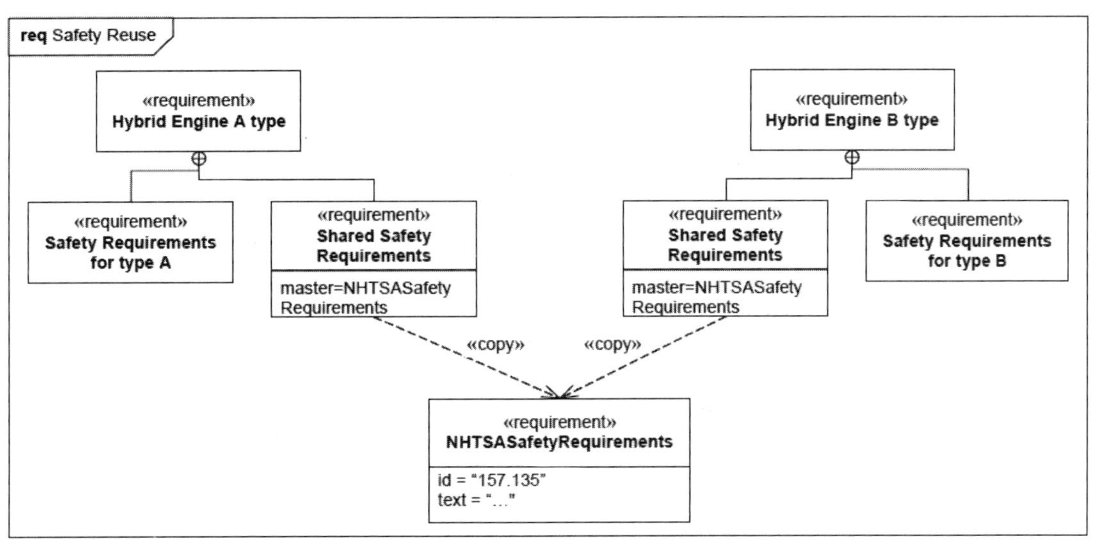

图 5.6　使用复制依赖关系来促进重用

4. 验证程序（测试用例）

图 5.7 所示为包含在 NHTSA Safety Requirements 需求中的防烧毁需求。该示例来自汽车安全领域。请注意，防烧毁需求指出了具体的刹车片温度要求和测试需要的速度及相关指标。防烧毁需求被显示为与 BurnishTest 测试用例的验证关系，使用 Callout 符号表明 Burnish 需求被 BurnishTest 测试用例所验证。

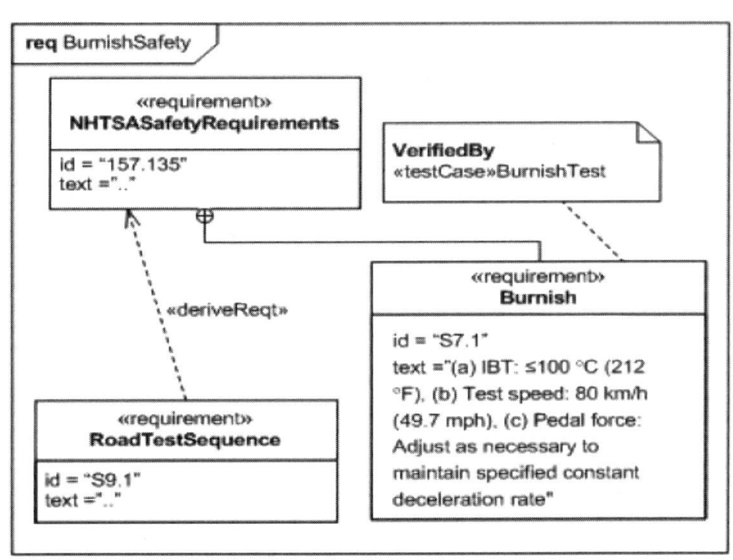

图 5.7　包含在 NHTSA Safety Requirements 需求中的防烧毁需求

图 5.8 所示为 BurnishTest 测试用例的状态机图，以状态机的形式表达了防烧毁需求描述的测试过程。

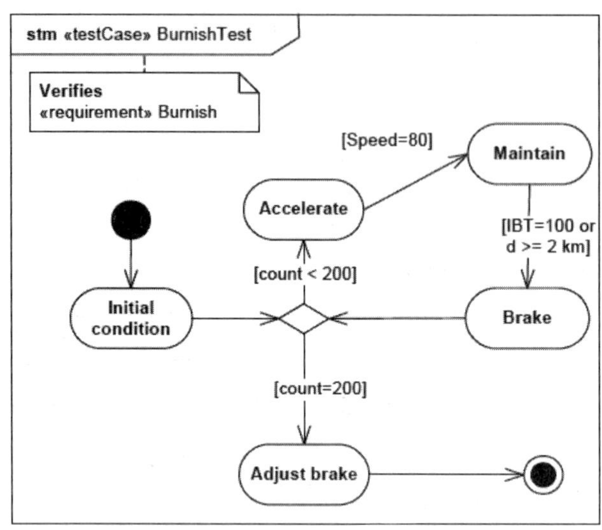

图 5.8　BurnishTest 测试用例的状态机图

5.3　SysML 行为建模

5.3.1　活动图

1．概述

活动建模强调输入参数、输出参数、行为单元及行为之间的逻辑关系，提供了一个处理这些行为的模板式建模约定。下面是对 UML 活动图 SysML 扩展的总结。

2．图形元素

活动图中包含的图形元素如表 5.3 所示。

表 5.3　活动图中包含的图形元素

节　点　名	具 体 语 法	抽象语法引用
行为、 调用行为、 接收事件行为、 信号行为	Action action name : behavior name Event TimeEvent Signal	UML4SysML::Action UML4SysML::CallBehaviorAction UML4SysML::AcceptEventAction UML4SysML::SendSignalAction

续表

节　点　名	具 体 语 法	抽象语法引用
活动	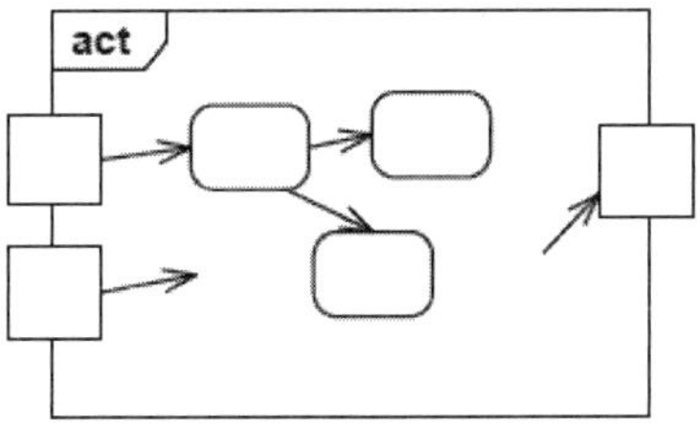 act	UML4SysML::Activity
活动终止节点		UML4SysML::ActivityFinalNode
活动节点	见控制节点和对象节点	UML4SysML::ActivityNode
活动参数节点	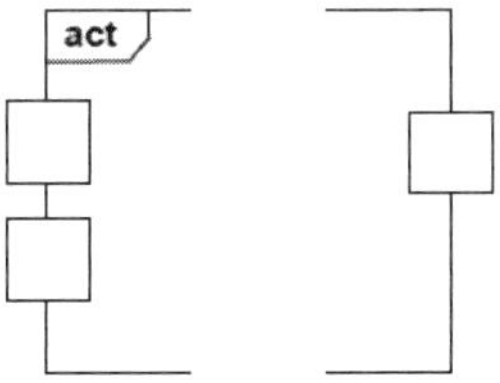 act	UML4SysML::ActivityParameterNode
控制节点	见决策节点、终止节点、分支节点、初始节点、汇合节点和合并节点	UML4SysML::ControlNode
决策节点	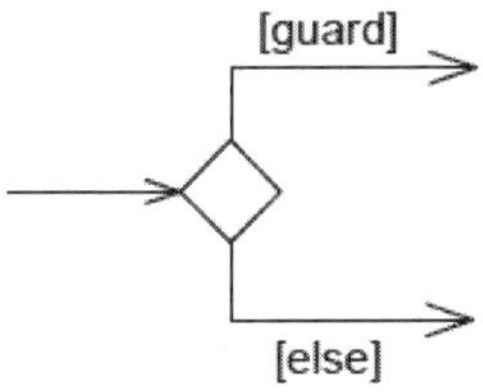 [guard] [else]	UML4SysML::DecisionNode
终止节点	见活动终止节点和流终止节点	UML4SysML::FinalNode
流终止节点		UML4SysML::FlowFinalNode
分支节点	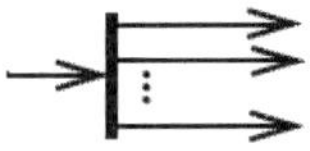	UML4SysML::ForkNode
初始节点		UML4SysML::InitialNode
汇合节点	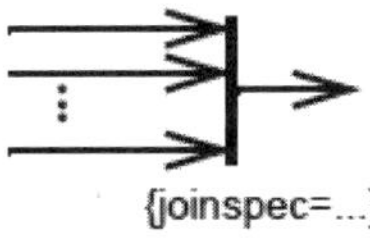 {joinspec=...}	UML4SysML::JoinNode
控制	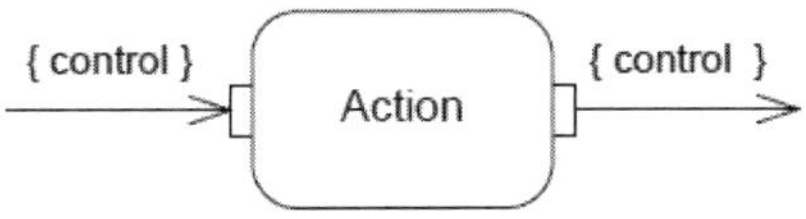 { control }　Action　{ control }	UML4SysML::Pin.isControl

续表

节　点　名	具 体 语 法	抽象语法引用
流	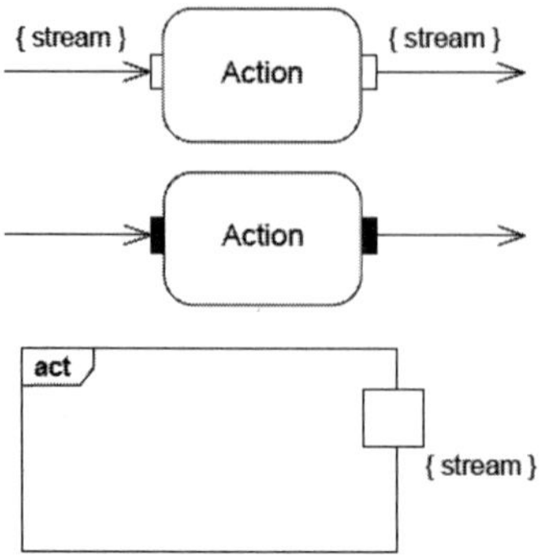 { stream } Action { stream } Action act { stream }	UML4SysML::Parameter.isStream
前置约束、后置约束	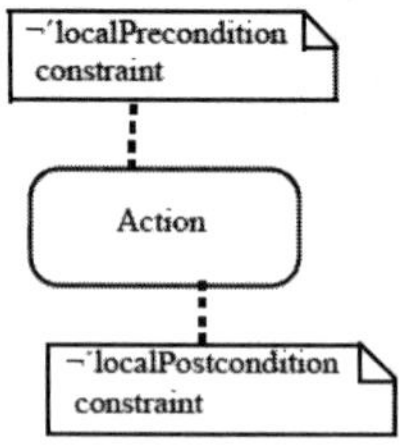 ¬ localPrecondition constraint Action ¬ localPostcondition constraint	UML4SysML::Action.localPrecondition UML4SysML::Action.localPostcondition
合并节点	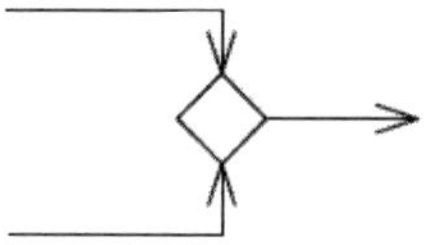	UML4SysML::MergeNode
无缓冲区	 «noBuffer» Action «noBuffer»	SysML::Activities::NoBuffer
对象节点	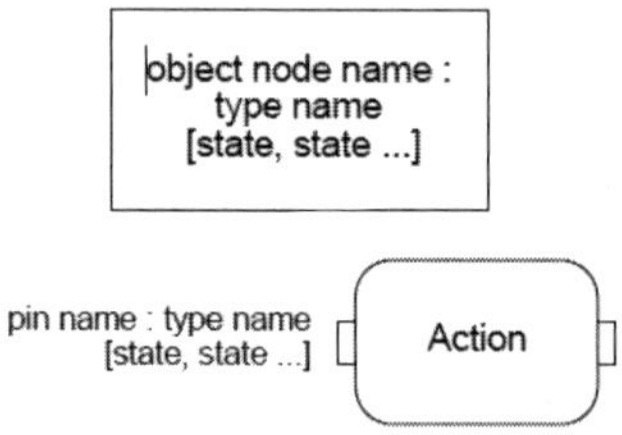 object node name : type name [state, state ...] pin name : type name [state, state ...] Action	UML4SysML::OjectNode and its children, SysML::Activities::ObjectNode
可选	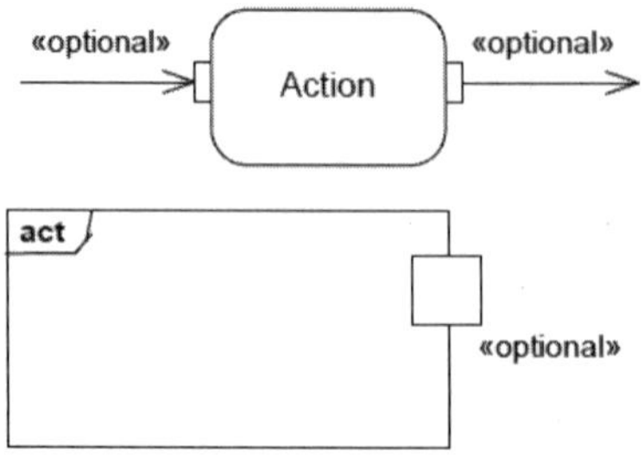 «optional» Action «optional» act «optional»	SysML::Activities::Optional

续表

节 点 名	具 体 语 法	抽象语法引用
缓冲区重写	 «overwrite» Action «overwrite»	SysML::Activities::Overwrite
参数集	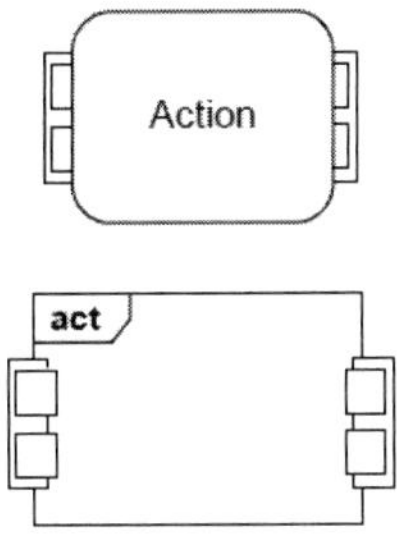 Action act	UML4SysML::ParameterSet
可能概率	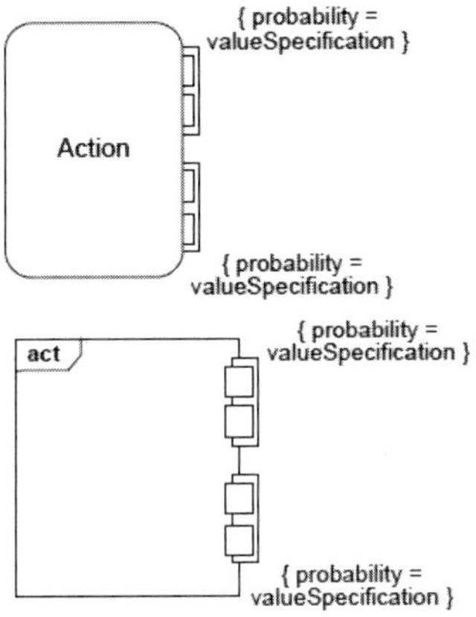 Action { probability = valueSpecification } { probability = valueSpecification } act { probability = valueSpecification } { probability = valueSpecification }	SysML::Activities::Probability
比率	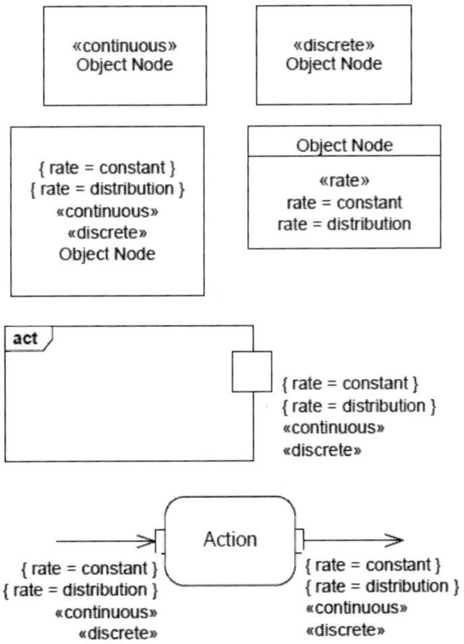 «continuous» Object Node «discrete» Object Node { rate = constant } { rate = distribution } «continuous» «discrete» Object Node Object Node «rate» rate = constant rate = distribution act { rate = constant } { rate = distribution } «continuous» «discrete» Action { rate = constant } { rate = distribution } «continuous» «discrete» { rate = constant } { rate = distribution } «continuous» «discrete»	SysML::Activities::Rate, SysML::Activities::Continuous SysML::Activities::Discrete

活动图中包含的图形路径如表 5.4 所示。

表 5.4 活动图中包含的图形路径

路 径 类 型	具 体 语 法	抽象语法引用
活动边	见控制流和对象流	UML4SysML::ActivityEdge
控制流	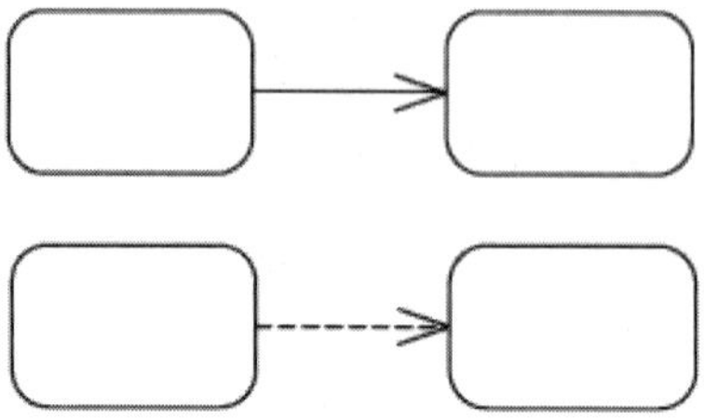	UML4SysML::ControlFlow SysML::Activities::ControlFlow
对象流	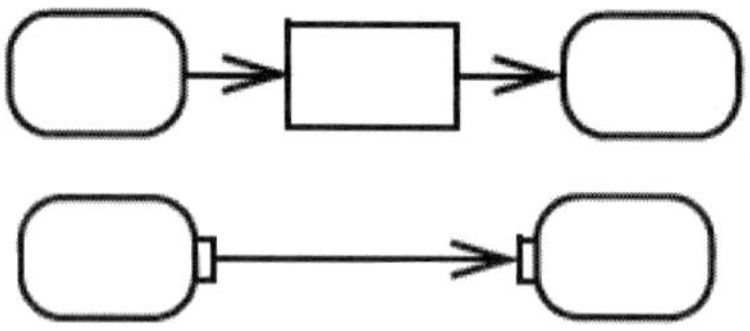	UML4SysML::ObjectFlow
概率流	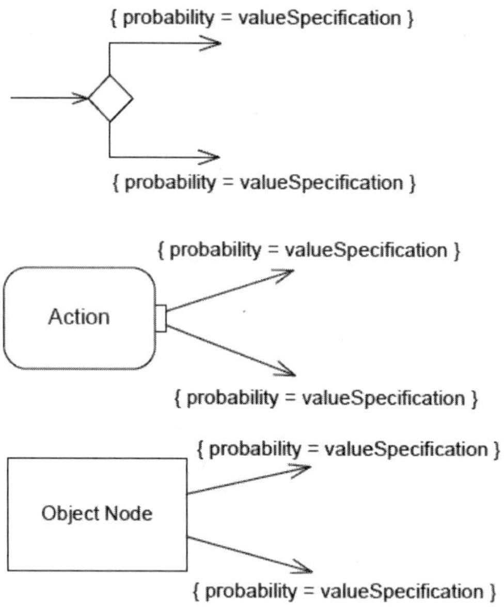 { probability = valueSpecification } { probability = valueSpecification } { probability = valueSpecification } Action { probability = valueSpecification } { probability = valueSpecification } Object Node { probability = valueSpecification }	SysML::Activities::Probability
流比率	 { rate = constant } { rate = distribution } «continuous» «discrete»	SysML::Activities::Rate SysML::Activities::Continuous SysML::Activities::Discrete

活动图中包含的其他图形元素如表 5.5 所示。

表 5.5　活动图中包含的其他图形元素

元　素　名	具 体 语 法	抽象语法引用
块定义中的活动；关联；附属属性	bdd «activity» activity name «adjunct» call action name «activity» activity name «activity» activity name «adjunct» object node name «block» block name «activity» activity name «adjunct» variable name «block» block name «activity» activity name «adjunct» parameter name «block» block name	UML4SysML::Activity UML4SysML::Association SysML::Blocks::AdjunctProperty
活动分区	Partition Name (Partition Name) Action	UML4SysML::ActivityPartition
可中断活动区域	region name	UML4SysML::InterruptibleActivity Region
结构化活动集合区域	«structured» node name	UML4SysML::StructuredActivity Node

3．使用示例

下面的 3 个示例说明了对连续系统的建模。图 5.9 显示了一辆装有自动刹车系统的汽车驾驶和刹车简化模型。打开钥匙有一个持续时间约束，规定这个动作持续时间不超过 0.1 秒。打开钥匙会启动两个行为：驾驶和刹车。这些行为一直执行到钥匙关闭，使用流参数与其他行为进行通信。正如“连续”速率和流属性所表明的那样，当这两个行为都在执行时，“驾驶”行为向“制动”行为持续输出制动压力(流是 UML 行为参数的一个特性，支持在行为执行时输入和输出参数，而不是只在行为开始和停止时）。制动压力信息也流向一个控制运算器。该运算器输出一个控制值来启用或禁用监控牵引行为。在监控牵引上没有使用针脚，一旦被启用，根据 UML 语义，从控制操作者那里连续到达的启用控制值就失去效果。当制动压力为零时，控制运算器会发出禁用控制值。第一个值禁用了监控器，其余的没有效果。当监控器被启用时，输出一个由 ABS 系统决定的施加刹车的调制频率。监控器牵引和控制运算器的耙子符号表明它们是由活动进一步定义的，分别如图 5.10 和图 5.11 所示。

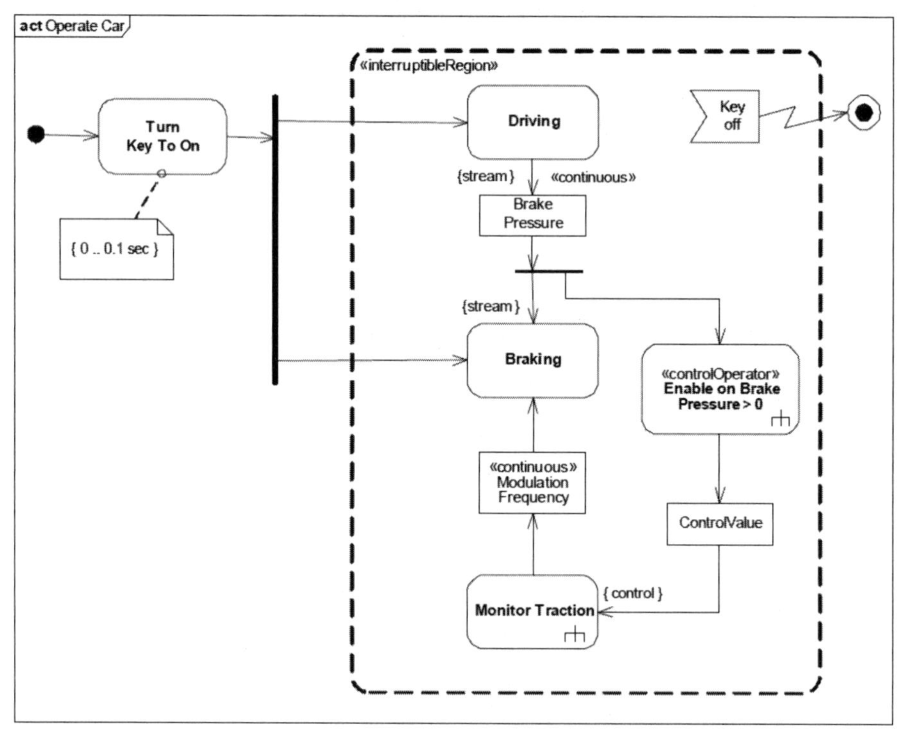

图 5.9 连续系统示例（1）

与 Turn Key To On 动作相关的持续时间约束符号被 UML 简单时间模型所支持。操作汽车活动拥有一个持续时间约束，规定 “打开钥匙”动作持续时间不超过 0.1 秒。本示例中使用的具体 UML 元素是 Operate Car 拥有的持续时间限制，制约着 Turn Key To On 动作。持续时间限制拥有一个持续时间间隔，指定该动作被限制在 0～0.1 秒之间（均为持续时间表达式）。

图 5.10 展示了监控牵引的活动图。当 Monitor Traction 被启用时，监控器开始监听来自车轮和加速度计的信号，如图中左侧的信号接收符号所示，当活动被启用时，自动开始监听。每 10 毫秒计算一次牵引力指数，这是两个信号传输速率中较慢的一个。加速度计信号被连续输入，意味着计算牵引力的输入没有缓冲值。计算牵引力的结果经过决策节点被过滤为阈

值，计算调制频率决定活动的输出。

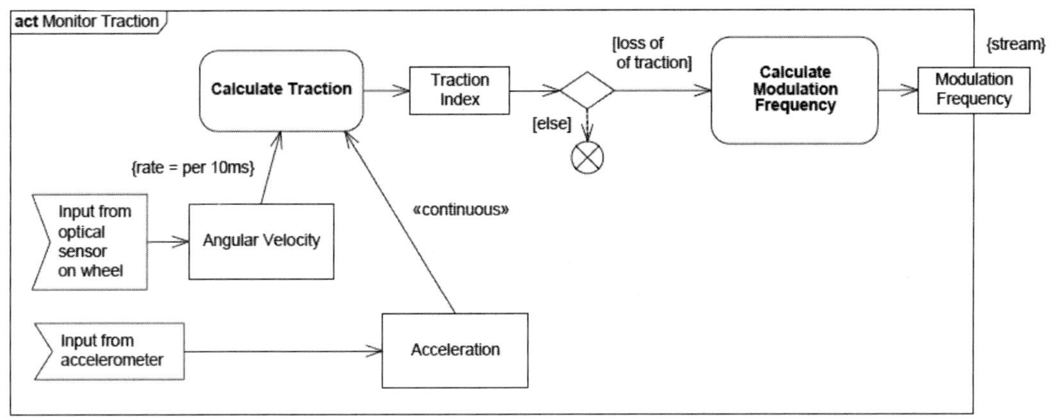

图 5.10　连续系统示例（2）

图 5.11 展示了在制动压力大于 0 时启用控制操作者的活动图。决策节点确定制动压力是否大于零，并且流量被引导到输出一个使能或禁用控制值活动的值定义行为。从决策节点出来的边表示每个分支可能发生的概率。

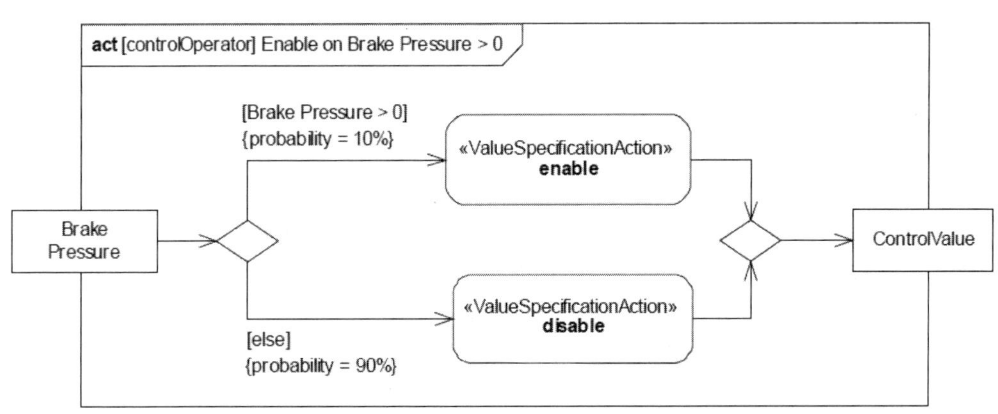

图 5.11　连续系统示例（3）

5.3.2　交互图

1. 概述

交互图用于描述实体之间的交互。UML 支持四种交互图类型，包括序列图、通信图、交互概述图和时间图。序列图是最常见的交互图。SysML 只包括序列图，不包括交互概述图和通信图，因为交互概述图和通信图被认为提供了明显的重叠功能，没有为系统建模应用增加重要的能力。时间图也被排除在外，因为人们担心时间图的成熟度和对系统工程的适用性。

序列图描述了角色和系统（块）之间或系统各部分之间的控制流，表示互动实体（也称为生命线）之间的信息发送和接收，其中时间沿纵轴表示。序列图可以使用特殊的结构表示高度复杂的交互，以表达各种类型的控制逻辑。参考其他序列图上的交互，可将生命线分解。

2. 图形元素

序列图中包含的图形元素如表 5.6 所示。

表 5.6　序列图中包含的图形元素

节　点　名	具 体 语 法	抽象语法引用
序列图	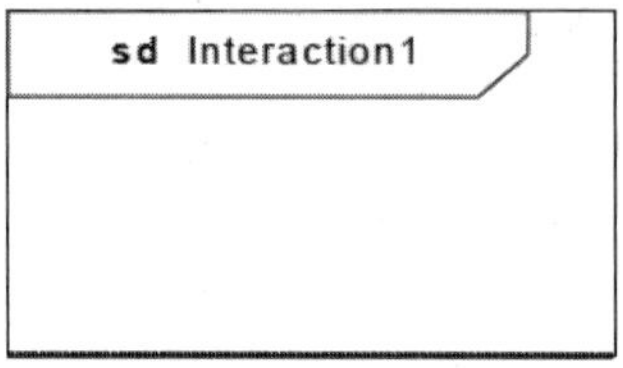 sd Interaction1	UML4SysML::Interaction
生命线	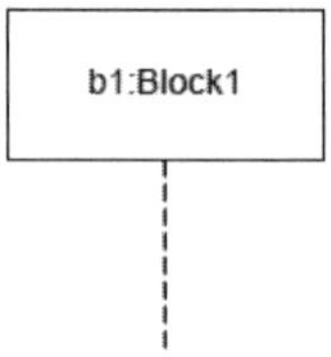 b1:Block1	UML4SysML::Lifeline
执行规范	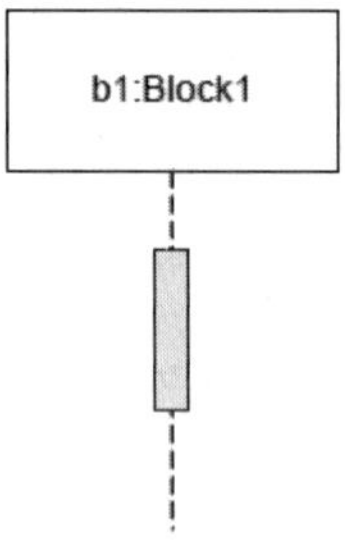 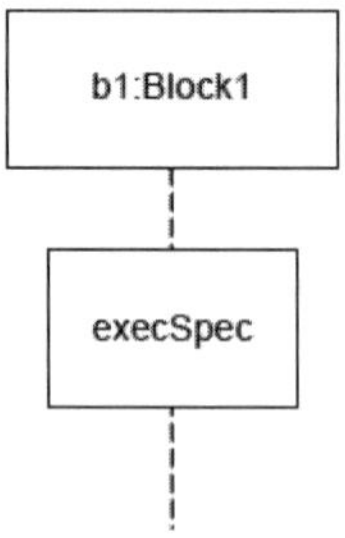 b1:Block1 b1:Block1 execSpec	UML4SysML::ExecutionSpecification
序列图引用	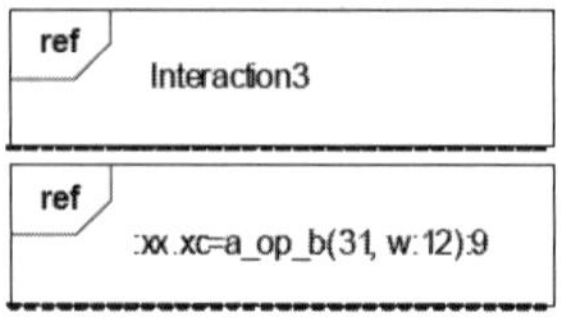 ref Interaction3 ref :xx.xc=a_op_b(31, w:12):9	UML4SysML::InteractionUse 一个只有<互动名称>的互动使用； 一个带有<属性-名称>、参数值、<返回值>等的交互使用

续表

节　点　名	具 体 语 法	抽象语法引用
组合片段	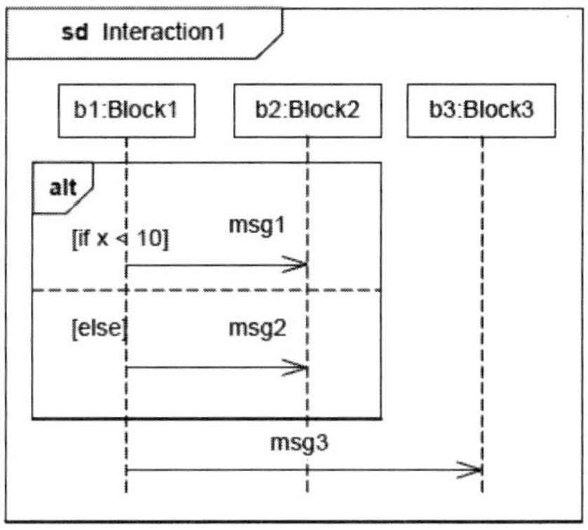 sd Interaction1 b1:Block1　b2:Block2　b3:Block3 alt [if x < 10]　msg1 [else]　msg2 msg3	UML4SysML::CombinedFragment 一个组合片段是由一个交互操作符和相应的交互操作数定义的。 交互操作符包括： seq：弱化顺序。 alt：替代品。 opt：选项。 break：断裂。 par：并行。 strict：严格排序。 loop：循环。 critical：关键区域。 neg：负数。 assert：断言。 ignore：忽略。 consider：考虑
状态不变量/连续性	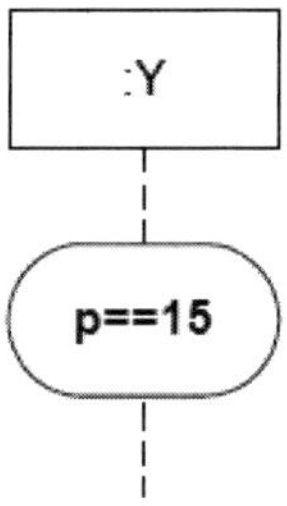 :Y p==15	UML4SysML::Continuation UML4SysML::StateInvariant
组合的片段	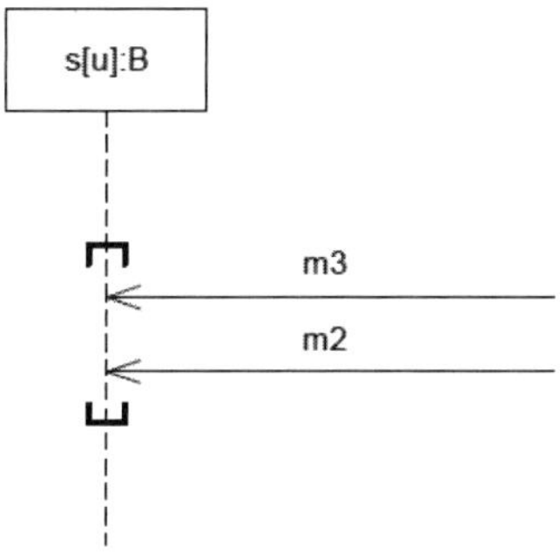 s[u]:B m3 m2	UML4SysML::CombinedFragment （并行下的）
创造事件、销毁事件	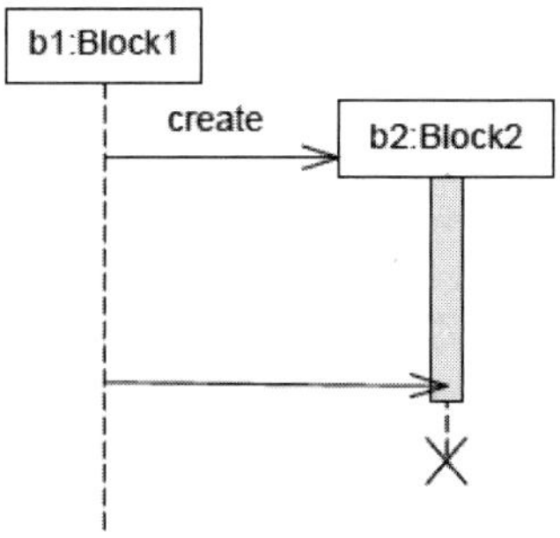 b1:Block1 create b2:Block2	UML4SysML::CreationEvent UML4SysML::DestructionEvent

续表

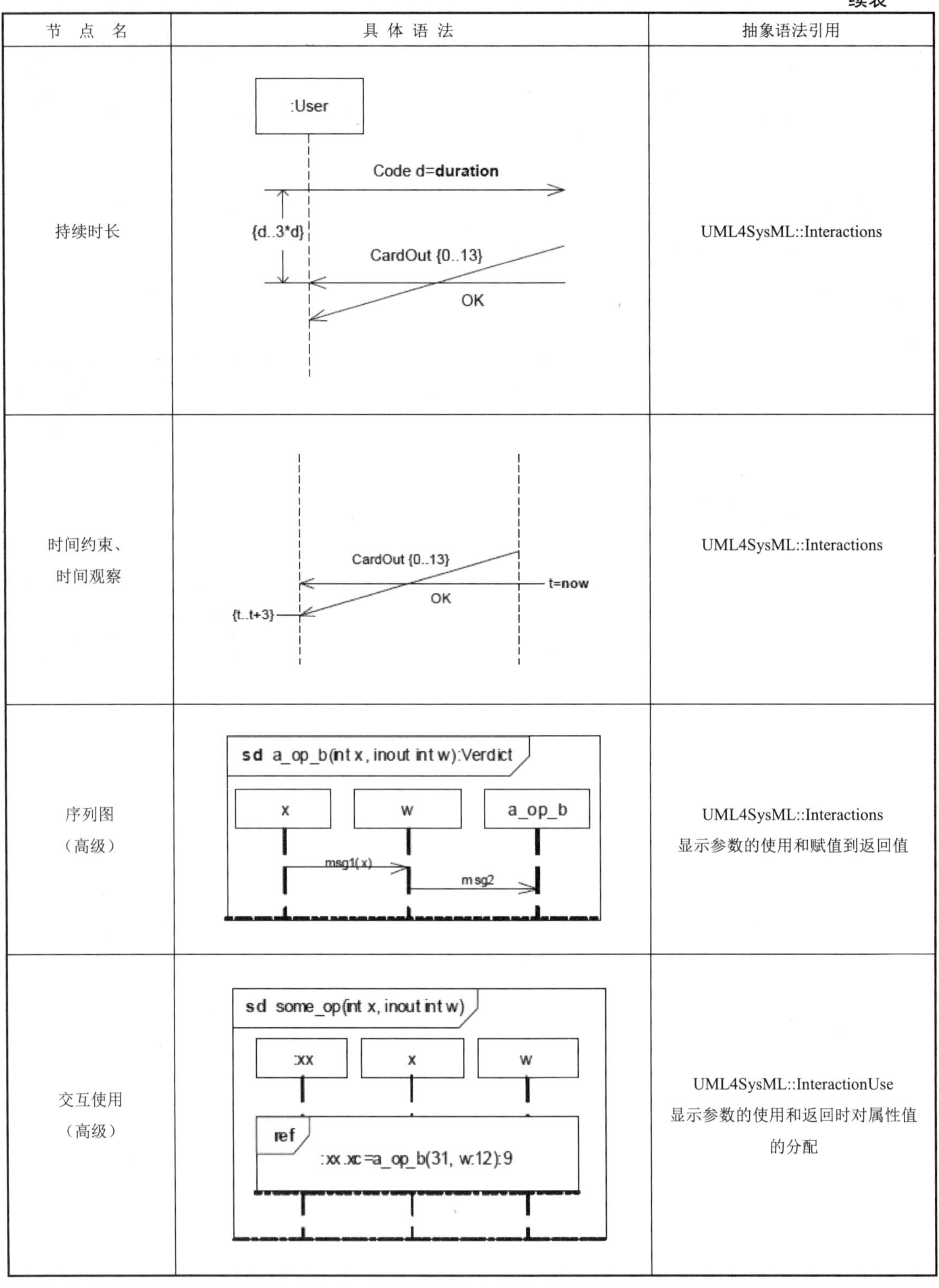

节 点 名	具 体 语 法	抽象语法引用
持续时长		UML4SysML::Interactions
时间约束、时间观察		UML4SysML::Interactions
序列图（高级）		UML4SysML::Interactions 显示参数的使用和赋值到返回值
交互使用（高级）		UML4SysML::InteractionUse 显示参数的使用和返回时对属性值的分配

序列图中包含的图形路径如表 5.7 所示。

表 5.7　序列图中包含的图形路径

路 径 类 型	具 体 语 法	抽象语法引用
消息	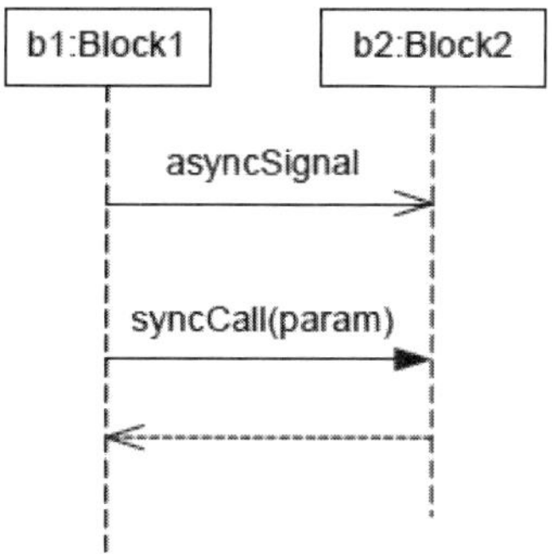 b1:Block1　b2:Block2 asyncSignal syncCall(param)	UML4SysML::Message
丢失消息、找到消息	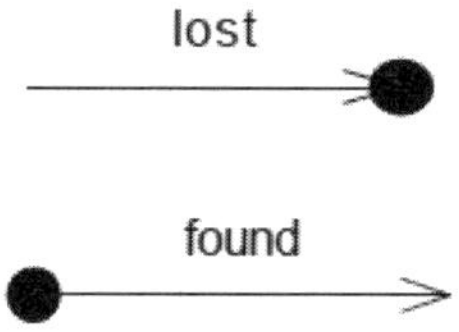 lost found	UML4SysML::Message
一般排序		UML4SysML::GeneralOrdering

序列图中包含的其他图形元素如表 5.8 所示。

表 5.8　序列图中包含的其他图形元素

元 素 名	具 体 语 法	抽象语法引用
在块定义中的图形、活动；关联；附属属性	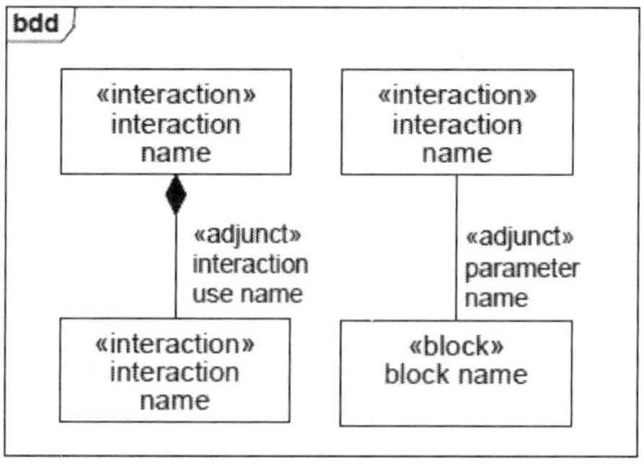 bdd «interaction» interaction name　«interaction» interaction name «adjunct» interaction use name　«adjunct» parameter name «interaction» interaction name　«block» block name	UML4SysML::Interactions UML4SysML::Association SysML::Blocks::AdjunctProperty

3．使用示例

图 5.12 所示为操作车辆的整体系统行为。为了管理复杂性，图 5.12 使用了层次化的序列图，其中提到了进一步阐述系统行为的其他交互（ref StartVehicleBlackBox）。

图 5.13 所示为 StartVehicle 的黑盒交互，包括车辆在启动过程中驾驶员和车辆之间交流的事件和信息。HybridSUV 生命线代表了另一个交互，进一步阐述了车辆在启动时 HybridSUV 内部发生的事情。

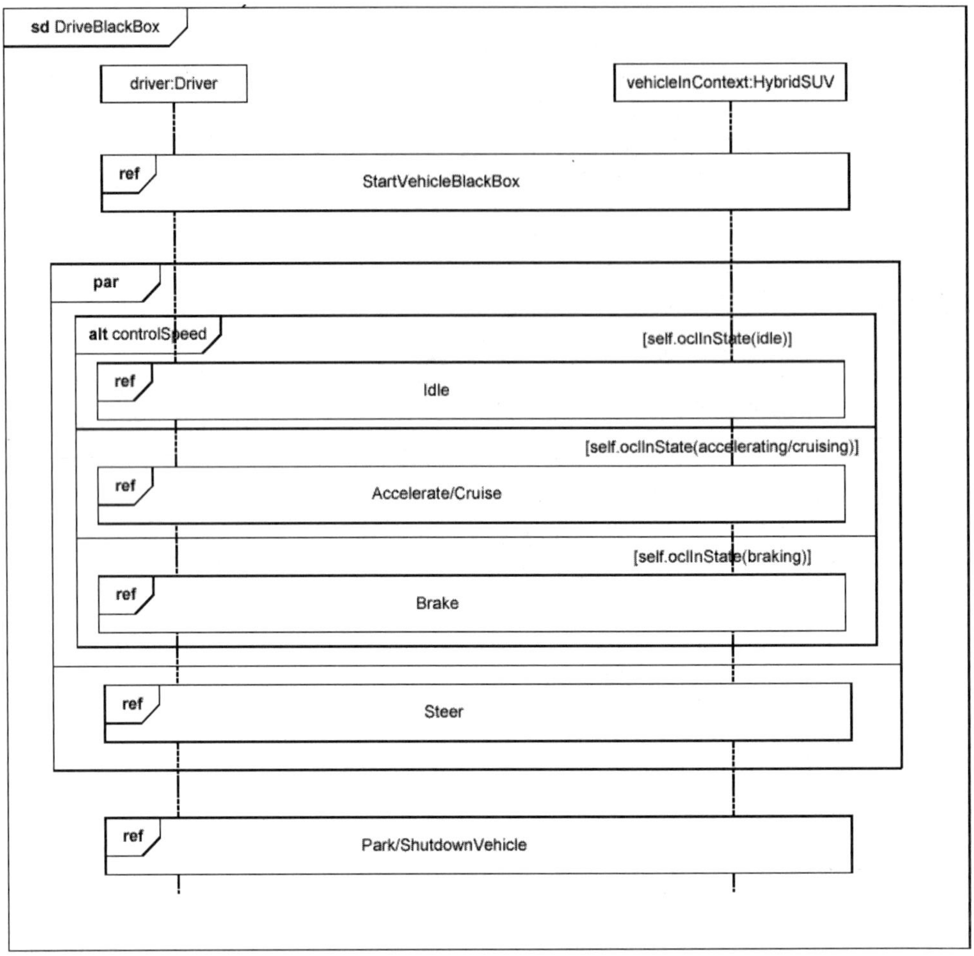

sd DriveBlackBox
driver:Driver
vehicleInContext:HybridSUV
ref
StartVehicleBlackBox
par
alt controlSpeed
[self.oclInState(idle)]
ref
Idle
[self.oclInState(accelerating/cruising)]
ref
Accelerate/Cruise
[self.oclInState(braking)]
ref
Brake
ref
Steer
ref
Park/ShutdownVehicle

图 5.12 操作车辆的整体系统行为

sd StartVehicleBlackBox
driver:Driver
vehicleInContext:HybridSUV
ref StartVehicleWhiteBox
turnIgnitionToStart
1: StartVehicle

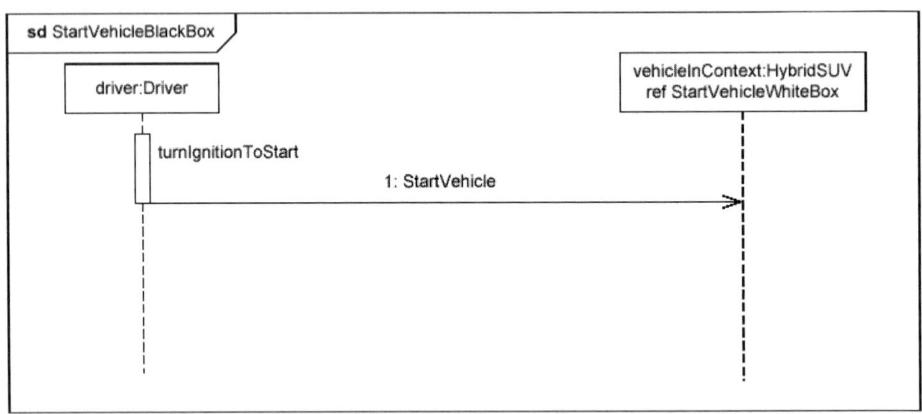

图 5.13 StartVehicle 的黑盒交互（参考白盒交互）

图 5.14 所示为 StartVehicle 的白盒交互，展示了当车辆成功启动时，HybridSUV 内部发生的通信顺序。

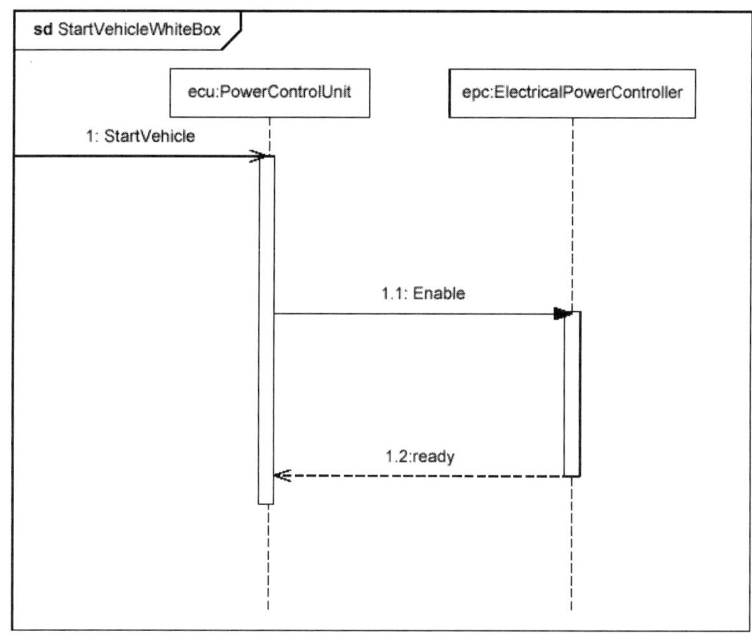

图 5.14　StartVehicle 的白盒交互

5.3.3　状态机图

1. 概述

状态机图定义了一系列概念。这些概念可通过有限状态转换系统对离散行为进行建模。状态机通过对象的转移和状态来表示行为，即对象的状态历史。在状态转移、进入和退出过程中调用的活动，与相关的事件和判定条件一起被指定。在状态中调用的活动被称为“做活动”，可以是连续的也可以是离散的。复合状态包含嵌套状态，可以是顺序的也可以是并发的。

在 SysML 中，为了降低语言的复杂性，排除协议状态机的 UML 概念。标准的 UML 状态机概念（在 UML 中称为行为状态机）被认为足以表达协议。

2. 图形元素

状态机图中包含的图形元素如表 5.9 所示。

表 5.9　状态机图中包含的图形元素

节 点 名	具 体 语 法	抽象语法引用
状态机图	stm [block] ThisBlock [OwnedStateMachine]	UML4SysML::StateMachines

续表

节　点　名	具 体 语 法	抽象语法引用
条件判定	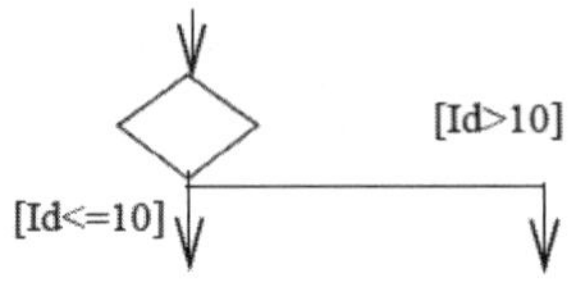 [Id>10] [Id<=10]	UML4SysML::PseudoState
复合状态	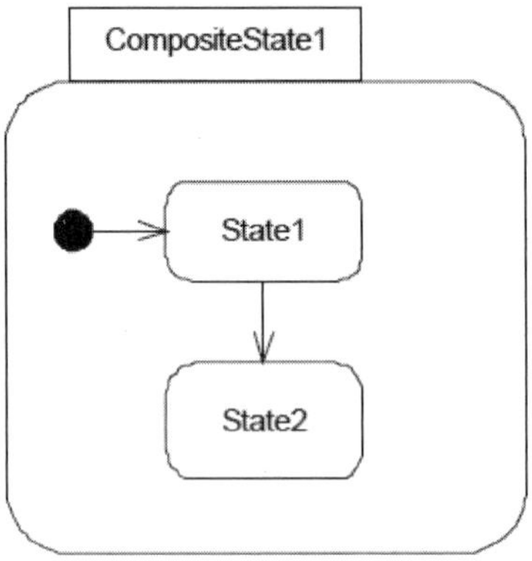 CompositeState1 State1 State2	UML4SysML::State
入口点	 again	UML4SysML::PseudoState
出口点	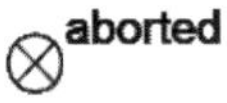 aborted	UML4SysML::PseudoState
最终状态		UML4SysML::FinalState
历史（虚拟状态）	 H*	UML4SysML::PseudoState
历史（浅层虚拟状态）	 H	UML4SysML::PseudoState
初始虚拟状态		UML4SysML::PseudoState
接收信号动作	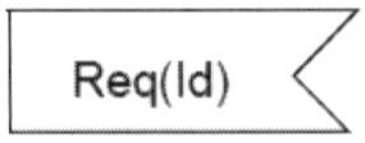 Req(Id)	UML4SysML::Transition
发送信号动作	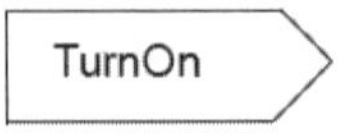 TurnOn	UML4SysML::Transition
动作	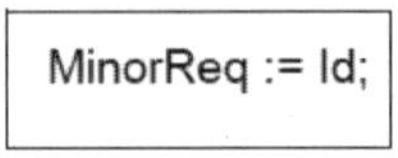 MinorReq := Id;	UML4SysML::Transition

续表

节 点 名	具 体 语 法	抽象语法引用
区域	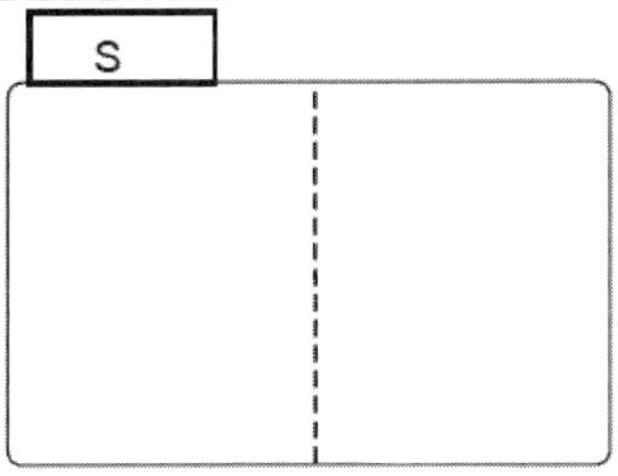 S	UML4SysML::Region
简单状态	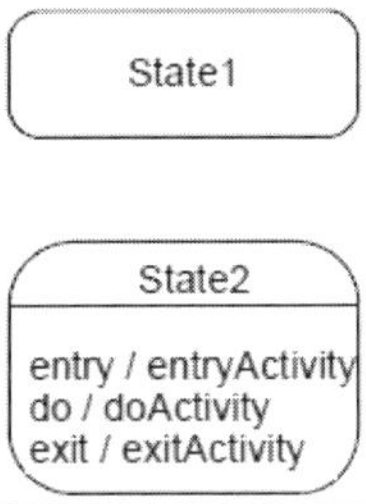 State1 State2 entry / entryActivity do / doActivity exit / exitActivity	UML4SysML::State
状态列表	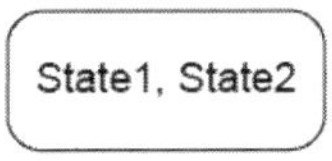 State1, State2	UML4SysML::State
状态机	 ReadAmountSM aborted	UML4SysML::StateMachine
终止节点	 ╳	UML4SysML::PseudoState
子状态机状态	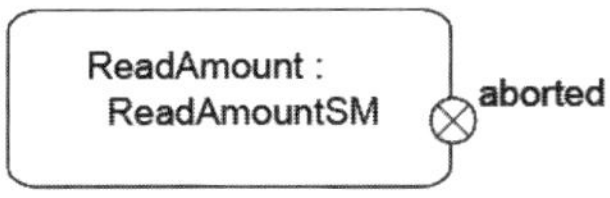 ReadAmount : ReadAmountSM aborted	UML4SysML::State
隐藏复合状态	 HiddenComposite entry / start dial tone exit / stop dial tone	UML4SysML::State

状态机图中包含的图形路径如表 5.10 所示。

表 5.10　状态机图中包含的图形路径

路 径 类 型	具 体 语 法	抽象语法引用
转换	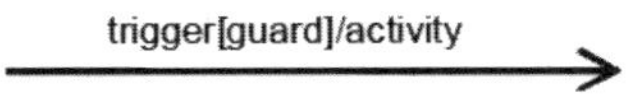 trigger[guard]/activity →	UML4SysML::Transition

续表

路 径 类 型	具 体 语 法	抽象语法引用
替代入口点 连接点参考符号	(via again) ReadAmount ReadAmountSM	UML4SysML:: ConnectionPointReference
替代出口点 连接点参考符号	ReadAmount ReadAmountSM (via aborted)	UML4SysML:: ConnectionPointReference

状态机图中包含的其他图形元素如表 5.11 所示。

表 5.11　状态机图中包含的其他图形元素

元　素　名	具 体 语 法	抽象语法引用
在块定义中 的图形、活动； 关联； 附属属性	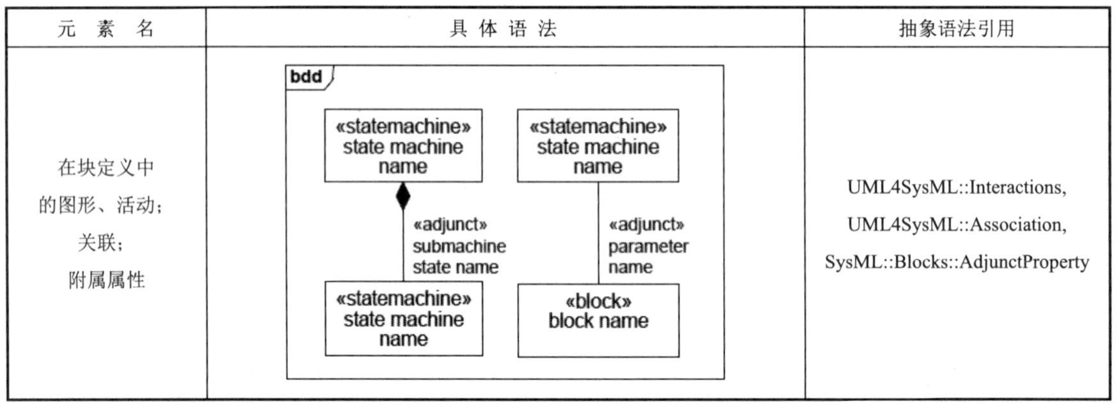	UML4SysML::Interactions, UML4SysML::Association, SysML::Blocks::AdjunctProperty

3．使用示例

图 5.15 所示的状态机图展示了混合动力汽车的高级状态或模式，包括触发状态变化的事件。

5.3.4　用例图

1．概述

用例图描述了一个系统（主体）被其行为者（环境）使用以实现目标。该目标通过主体向选定的行为者提供一组服务来实现。用例也可以被视为通过主体和它的行为者之间的互动而完成的功能和/或能力。用例图包括用例和行为者及两者之间的相关通信。行为者代表了系统外部的利益相关方角色，对应于用户、系统或其他环境实体，可以直接或间接地与系统互动。

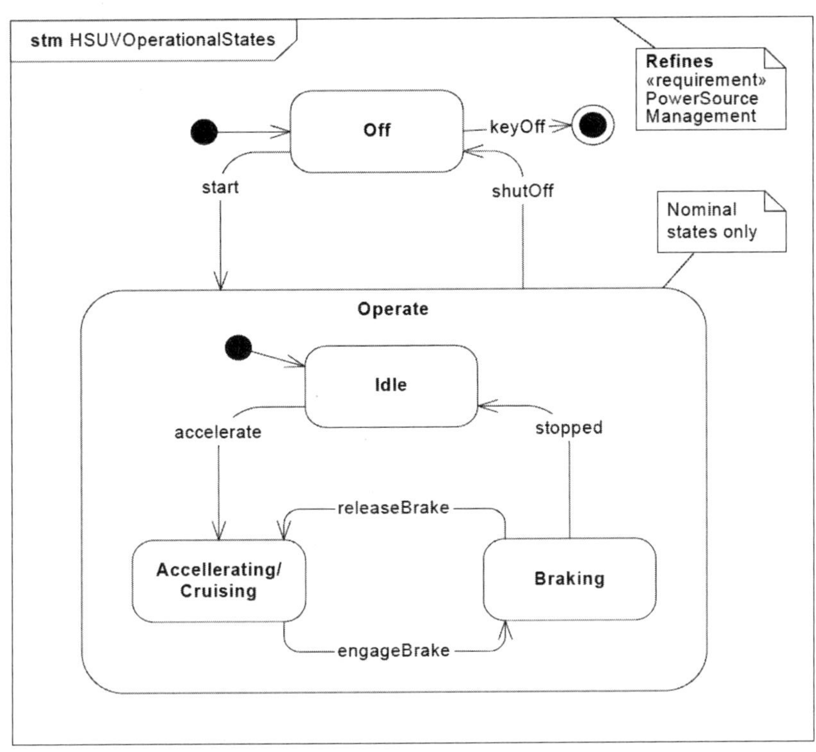

图 5.15　与“驾驶车辆”相关的有限状态机（状态机图）

用例图是一种描述系统使用的方法。行为者和用例之间的关联代表了行为者和主体之间发生的交互，以完成与用例相关的功能。用例的主体可以通过系统边界来表示。被包围在系统边界中的用例表示由活动图、序列图和状态机图等行为实现的功能。

用例的关系是“关联”“包含”“扩展”。行为者通过“关联”关系连接到用例，表示“行为者关联用例”。“包含”关系提供了一种机制，计入多个用例之间共享的共同功能，这些功能是基础用例的行为者实现目标所需要的。“扩展”关系提供了可选的功能（在不需要满足目标的意义上是可选的），在指定的条件下在定义的扩展点上扩展了基础用例。

用例通常被组织成包，包中的用例之间有相应的依赖关系。

2. 图形元素

用例图中包含的图形元素如表 5.12 所示。

表 5.12　用例图中包含的图形元素

节　点　名	具 体 语 法	抽象语法引用
用例	UseCaseName	UML4SysML::UseCase

续表

节　点　名	具 体 语 法	抽象语法引用
带扩展点的用例	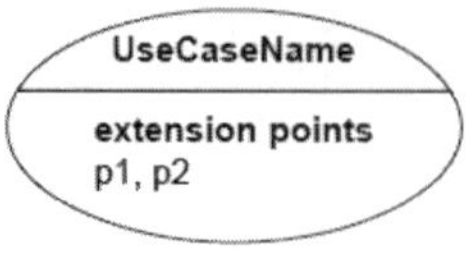 UseCaseName extension points p1, p2	UML4SysML::UseCase
行为者	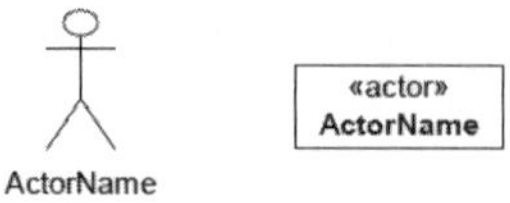 ActorName　«actor» ActorName	UML4SysML::Actor
主体	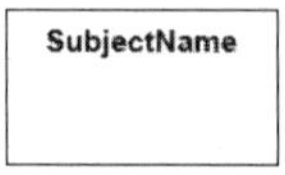 SubjectName	关联结束名称在 UML4SysML::Classifier 之上

用例图中包含的图形路径如表 5.13 所示。

表 5.13　用例图中包含的图形路径

路 径 类 型	具 体 语 法	抽象语法引用
关联		UML4SysML::Association
包含	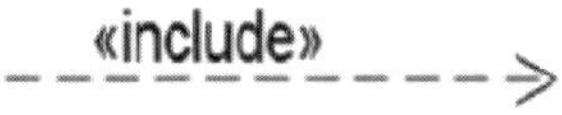 «include»	UML4SysML::include
拓展	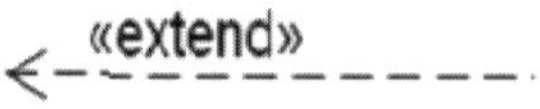 «extend»	UML4SysML::Extend
条件下的拓展	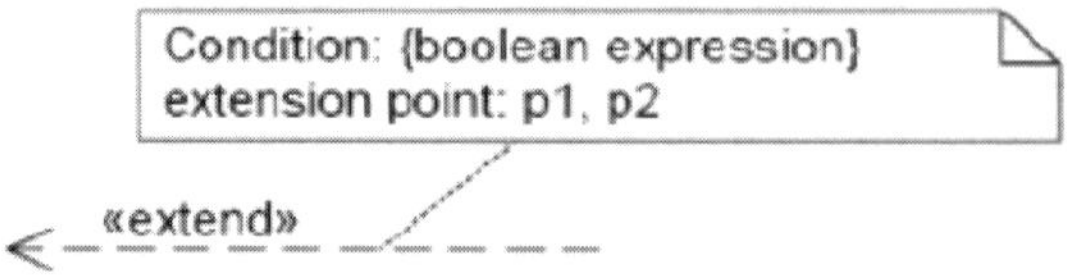 Condition: {boolean expression} extension point: p1, p2 «extend»	UML4SysML::Extend
泛化		UML4SysML::Kernel

3. 使用示例

图 5.16 所示为混合动力 SUV 系统的顶级用例集。为“驾驶车辆”建立操作用例如图 5.17 所示。

在图 5.17 中，“扩展”（extend）关系指定了一个用例的行为可以被另一个（通常是补充性的）用例的行为所扩展。这种扩展发生在扩展用例中定义的一个或多个特定扩展点上。需要注意的是，扩展用例是独立于被扩展用例定义的，即使不依赖于被扩展用例，也是有意义的。扩展用例定义了一组模块化的行为增量，这些增量在特定条件下增强了被扩展用例的执行。例如，“启动车辆”用例被建模为“驾驶车辆”用例的一个扩展，这意味着在执行“驾驶车辆”实例之前，可能需要先执行“启动车辆”实例。

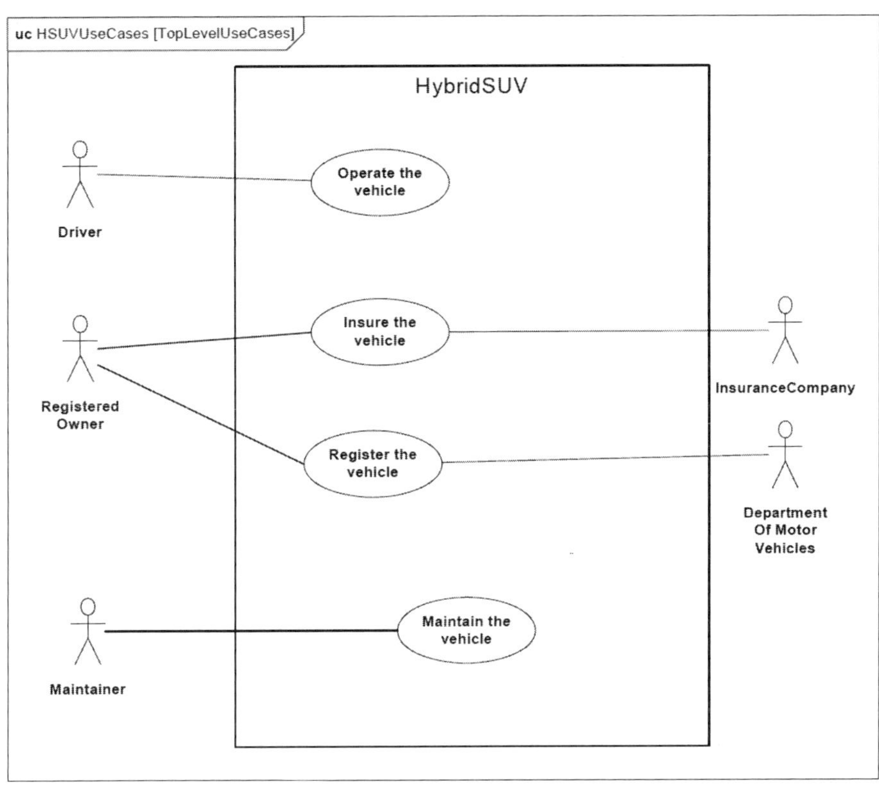

图 5.16　混合动力 SUV 系统的顶级用例集（用例图）

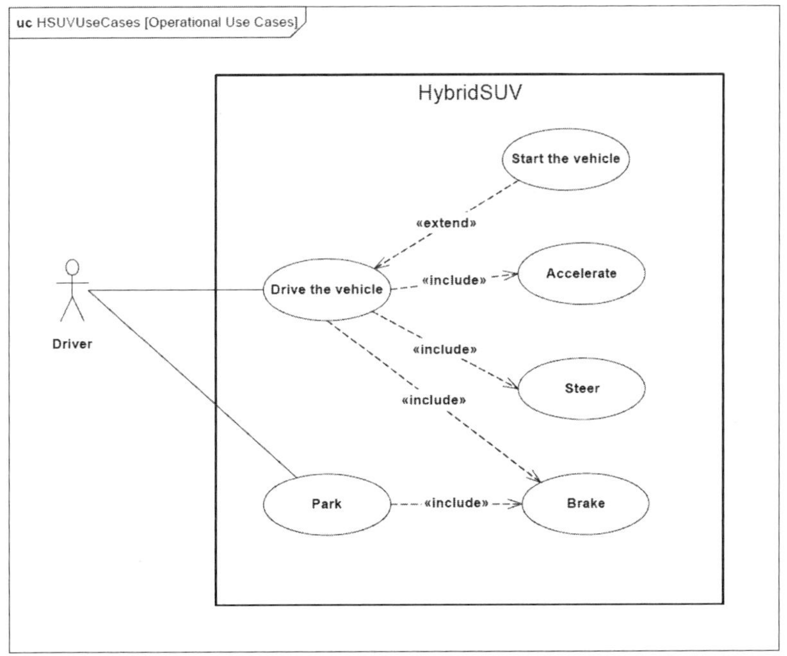

图 5.17　为“驾驶车辆”建立操作用例（用例图）

用例“加速”“转向”和“刹车”是用“包含”关系建模的。“包含”是两个用例之间的一种有向关系，意味着被包含用例的行为被插入包含用例的行为。被包含用例只能依赖于包含用例的结果（值）。这个值是作为包含用例的执行结果获得的。这意味着“加速”“转向”和“刹车”都是执行“驾驶汽车”实例正常过程的一部分。

在许多情况下，“包含”和“扩展”关系的使用是主观的，可能会根据建模者的方法而有所变化。

5.4 SysML 结构及接口建模

5.4.1 块定义图

1. 概述

块是描述系统的模块化单位，每个块定义了描述系统或其他相关元素的特征集合。这些特征可能包括结构和行为特征，如属性和操作，以表示系统的状态和系统可能表现的行为。

块提供了一种通用的能力，将系统建模为模块化组件的树。组件的具体种类、组件之间的连接种类，以及元素结合起来定义整个系统的方式，都可以根据特定系统模型的目标来选择。SysML 块可以在系统规范和设计的所有阶段使用，并且可以应用于许多不同类型的系统，包括对系统的逻辑或物理分解进行建模，以及对软件、硬件或相关元素进行规范。这些系统中的各个部分可以通过不同的方式进行交互，如软件操作、离散状态转换、输入和输出的流动或连续的交互。

SysML 中的块定义图定义了块的特征和块之间的关系，如关联、组成和依赖关系。它在属性和操作方面捕获了块的定义，以及系统层次结构或系统分类树的关系。SysML 中的内部模块图通过属性和属性之间的连接器来捕捉块的内部结构。一个块可以通过属性来指定它的值、组成部分和对其他块的引用。端口属性是一类特殊的属性，用于指定块之间可允许的交互类型，会在 5.4.2 节中描述。约束属性也是一类特殊的属性，用于约束块的其他属性，会在 5.5 节中描述。各种属性的符号可以用来区分内部模块图上特殊类型的属性。

一个属性可以代表它所包围块的上下文中的一个角色或用途，具有提供自身定义的类型。例如，一个块的部分可以被另一个块类型化，该部分定义了其定义块在该部分所属的特定上下文中的局部用法。如一个定义车轮的块可以以不同的方式使用，前轮和后轮可以代表同一个车轮定义的不同用法。SysML 还允许为每种用法定义与个别用法相关的上下文特定值和约束条件，如前轮的气压为 25psi，后轮为 30psi。

块还可以指定描述系统行为的操作或其他特征。除了操作，SysML 严格处理描述系统在任何特定时间点状态的属性定义，包括定义其结构元素之间的关系。5.4.2 节规定了块之间交互的具体形式，行为结构（包括活动、交互和状态机）的第三部分可以应用于块，以指定其行为。

SysML 块是基于 UML 类的，由 UML 复合结构扩展而来。一些可用于 UML 类的功能，如更专业的关联形式，已被排除在 SysML 块之外，以简化语言。SysML 块始终包括定义内部连接器的能力，无论特定块是否需要这种能力。SysML 块还扩展了 UML 类和连接器的能力，包括可重用的约束形式、连接器末端的多级嵌套、复合关联类的参与者属性和连接器属性。SysML 块包括本章规定的几个符号化扩展。

2．图形元素

1）块定义图

块定义图中包含的图形元素如表 5.14 所示。

表 5.14　块定义图中包含的图形元素

节　点　名	具 体 语 法	抽象语法引用
块定义图	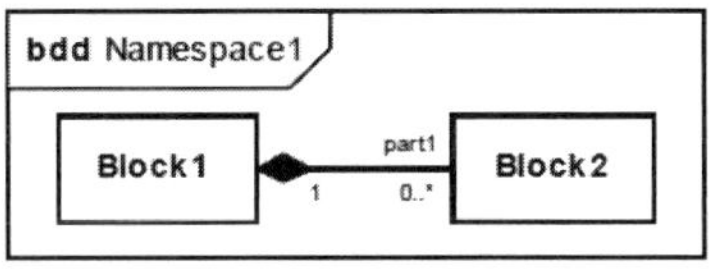 bdd Namespace1 Block1　part1　1　0..*　Block2	SysML::Blocks::Block UML4SysML::Package
块	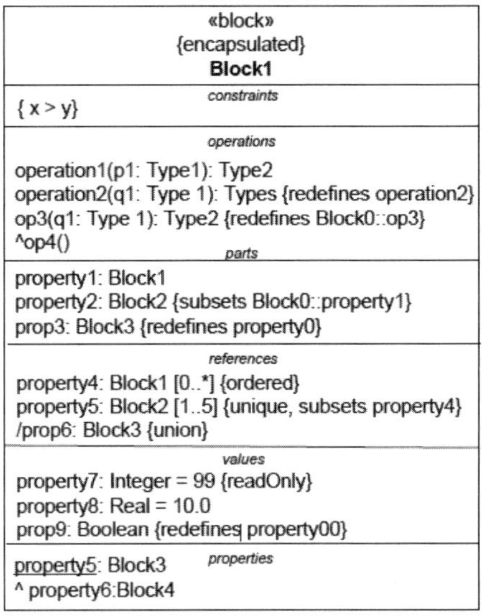 «block» {encapsulated} **Block1** *constraints* { x > y} *operations* operation1(p1: Type1): Type2 operation2(q1: Type 1): Types {redefines operation2} op3(q1: Type 1): Type2 {redefines Block0::op3} ^op4() *parts* property1: Block1 property2: Block2 {subsets Block0::property1} prop3: Block3 {redefines property0} *references* property4: Block1 [0..*] {ordered} property5: Block2 [1..5] {unique, subsets property4} /prop6: Block3 {union} *values* property7: Integer = 99 {readOnly} property8: Real = 10.0 prop9: Boolean {redefines property00} *properties* property5: Block3 ^ property6:Block4	SysML::Blocks::Block
行为者	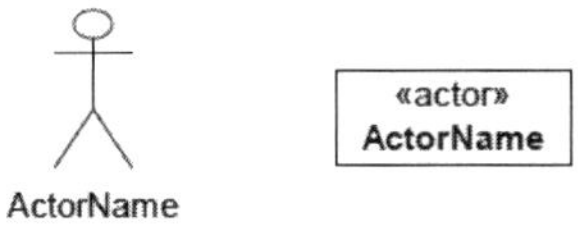 ActorName «actor» **ActorName**	UML4SysML::Actor
值类型	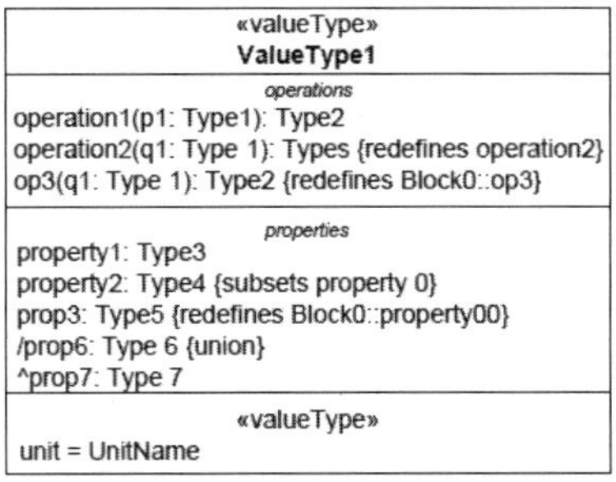 «valueType» **ValueType1** *operations* operation1(p1: Type1): Type2 operation2(q1: Type 1): Types {redefines operation2} op3(q1: Type 1): Type2 {redefines Block0::op3} *properties* property1: Type3 property2: Type4 {subsets property 0} prop3: Type5 {redefines Block0::property00} /prop6: Type 6 {union} ^prop7: Type 7 «valueType» unit = UnitName	SysML::Blocks::ValueType

续表

节 点 名	具 体 语 法	抽象语法引用
枚举	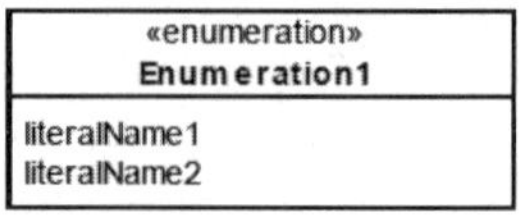 «enumeration» Enumeration1 / literalName1 literalName2	UML4SysML::Enumeration
抽象定义	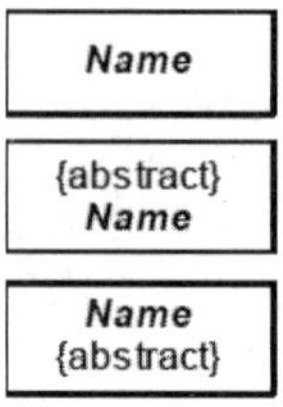 *Name* / {abstract} *Name* / *Name* {abstract}	UML4SysML::Classifier with isAbstract equal true
模式类型属性隔间（Compartment）	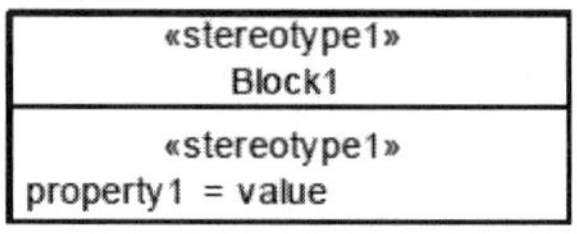 «stereotype1» Block1 / «stereotype1» property1 = value	UML4SysML::Stereotype
行为隔间	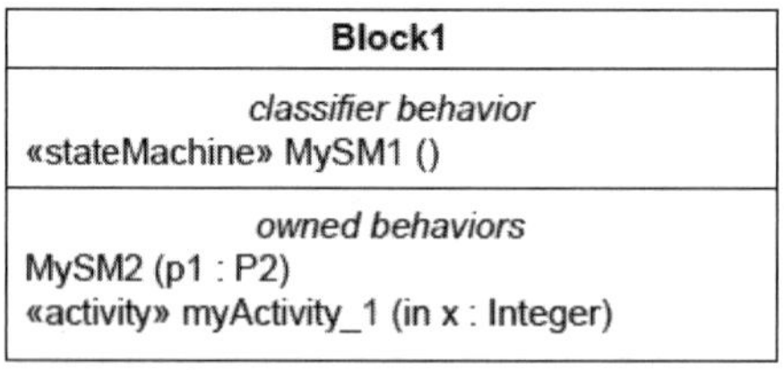 Block1 / *classifier behavior* «stateMachine» MySM1 () / *owned behaviors* MySM2 (p1 : P2) «activity» myActivity_1 (in x : Integer)	SysML::Blocks::Block
命名空间隔间	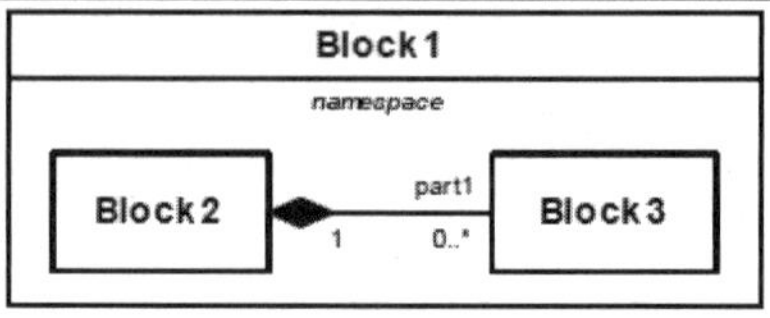 Block1 / *namespace* / Block2 ◆—— 1 part1 0..* Block3	SysML::Blocks::Block
结构隔间	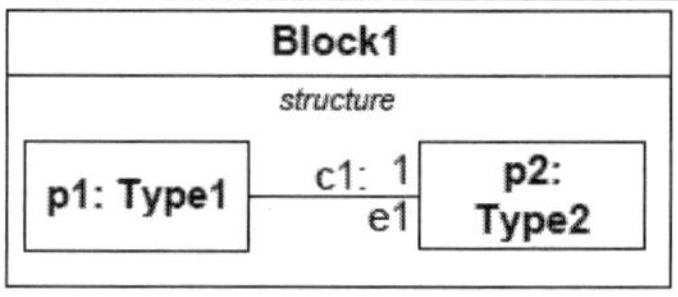 Block1 / *structure* / p1: Type1 —— c1: 1 e1 p2: Type2	SysML::Blocks::Block
边界参考	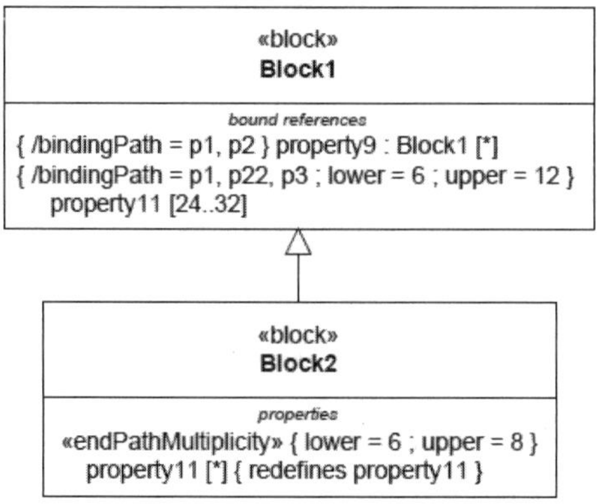 «block» Block1 / *bound references* { /bindingPath = p1, p2 } property9 : Block1 [*] { /bindingPath = p1, p22, p3 ; lower = 6 ; upper = 12 } property11 [24..32] / △ / «block» Block2 / *properties* «endPathMultiplicity» { lower = 6 ; upper = 8 } property11 [*] { redefines property11 }	SysML::Blocks::Block SysML::Blocks::BoundReference SysML::Blocks::EndPathMultiplicity

续表

节点名	具体语法	抽象语法引用
单位	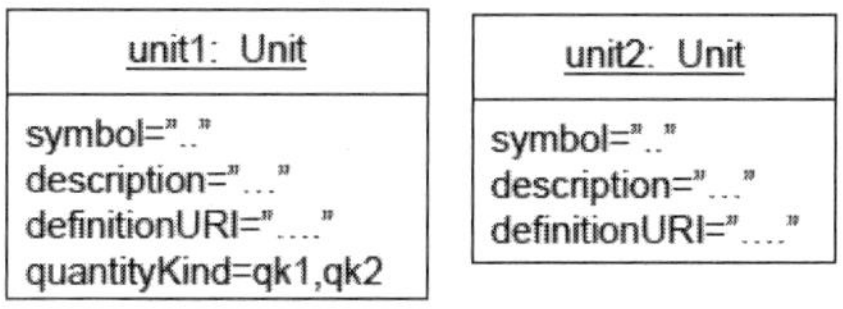 unit1: Unit symbol=".." description="..." definitionURI="...." quantityKind=qk1,qk2 unit2: Unit symbol=".." description="..." definitionURI="...."	UML4SysML::InstanceSpecification
数量种类	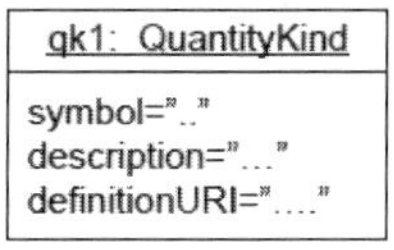 qk1: QuantityKind symbol=".." description="..." definitionURI="...."	UML4SysML::InstanceSpecification
实例规格	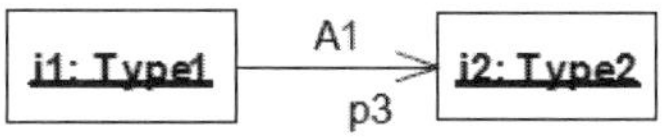 i1: Type1 —A1 / p3→ i2: Type2	UML4SysML::InstanceSpecification
实例规格（仅包含值）	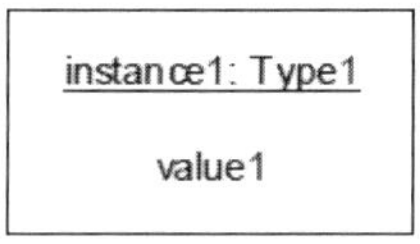 instance1: Type1 value1	UML4SysML::InstanceSpecification
实例规格（包含属性）	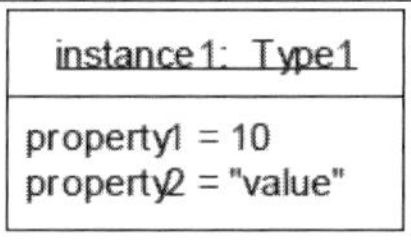 instance1: Type1 property1 = 10 property2 = "value"	UML4SysML::InstanceSpecification
实例规格（嵌套）	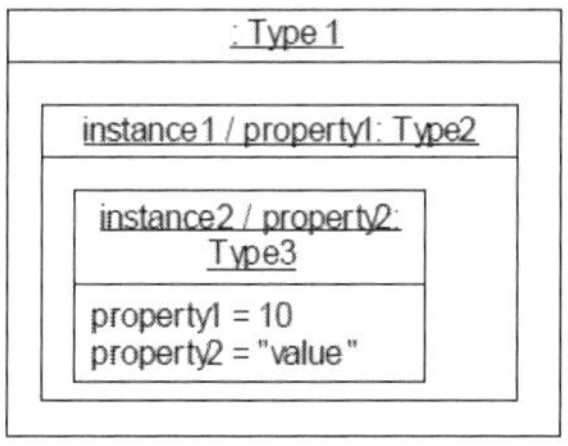 : Type1 instance1 / property1: Type2 instance2 / property2: Type3 property1 = 10 property2 = "value"	UML4SysML::InstanceSpecification

块定义图中包含的图形路径如表 5.15 所示。

表 5.15　块定义图中包含的图形路径

路径类型	具体语法	抽象语法引用
依赖	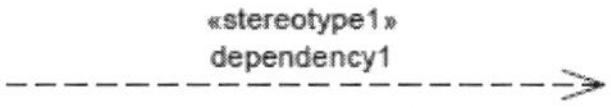 «stereotype1» dependency1	UML4SysML::Dependency
关联	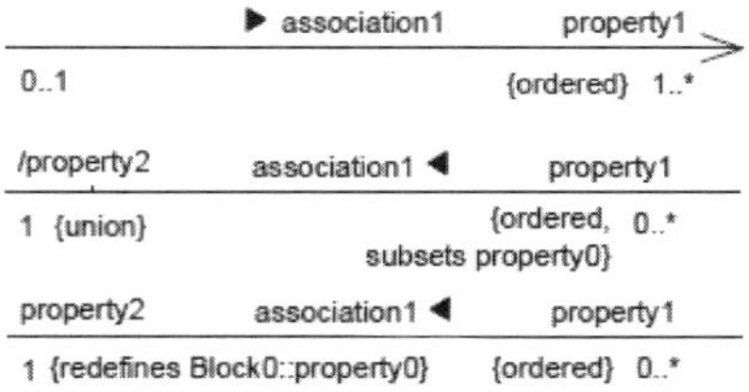 ▶ association1　property1 0..1　{ordered}　1..* /property2　association1 ◀　property1 1 {union}　{ordered, subsets property0}　0..* property2　association1 ◀　property1 1 {redefines Block0::property0}　{ordered}　0..*	UML4SysML::Association and UML4SysML::Property with aggregationKind = none

续表

路 径 类 型	具 体 语 法	抽象语法引用
组成关联	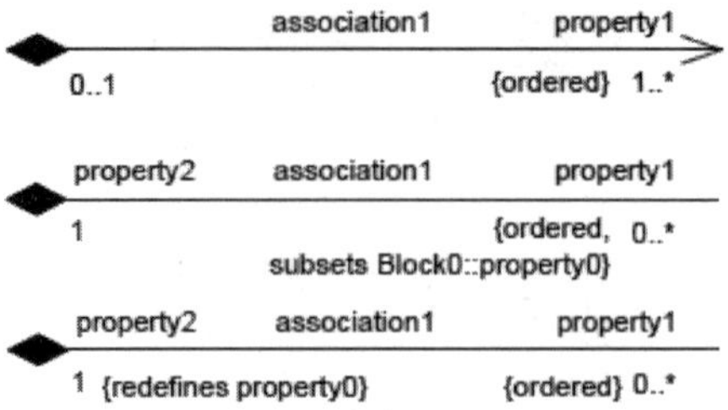 association1 property1 0..1 {ordered} 1..* property2 association1 property1 1 {ordered, 0..* subsets Block0::property0} property2 association1 property1 1 {redefines property0} {ordered} 0..*	UML4SysML::Association and UML4SysML::Property with aggregationKind = composite
聚合关联	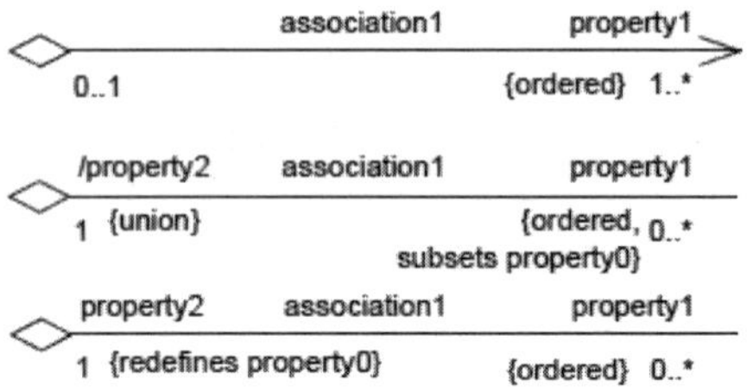 association1 property1 0..1 {ordered} 1..* /property2 association1 property1 1 {union} {ordered, 0..* subsets property0} property2 association1 property1 1 {redefines property0} {ordered} 0..*	UML4SysML::Association and UML4SysML::Property with aggregationKind = shared
多部分组成关联	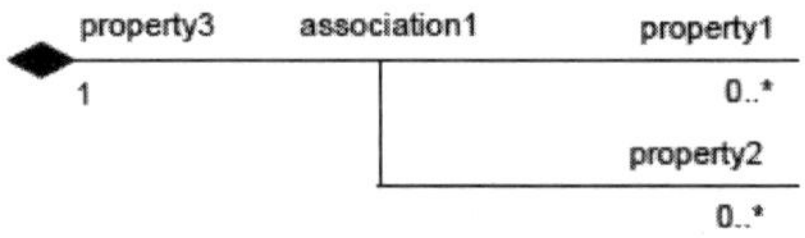 property3 association1 property1 1 0..* property2 0..*	UML4SysML::Association and UML::Kernel::Property with aggregationKind = composite
多部分聚合关联	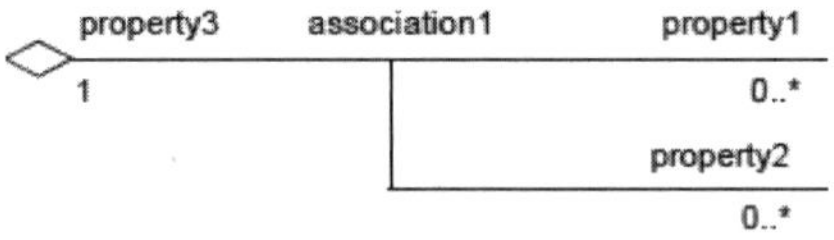 property3 association1 property1 1 0..* property2 0..*	UML4SysML::Association and UML::Kernel::Property with aggregationKind = shared
泛化		UML4SysML::Generalization
多分支泛化	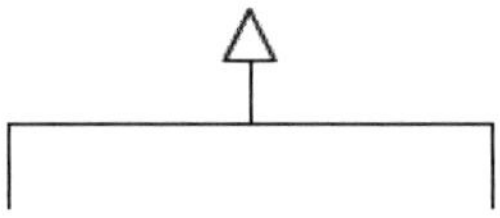	UML4SysML::Generalization
泛化集	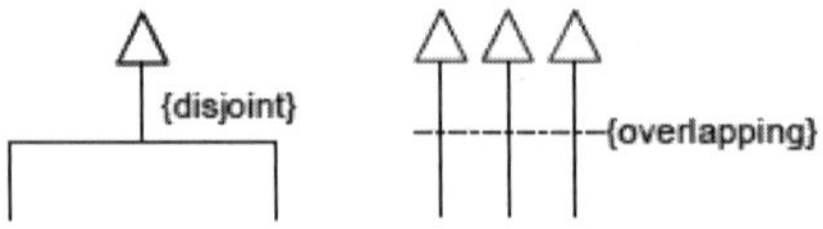 {disjoint} {overlapping}	UML4SysML:: GeneralizationSet
嵌套关系	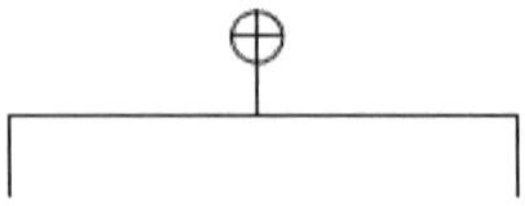	UML4SysML::Class:: nestedClassifier

续表

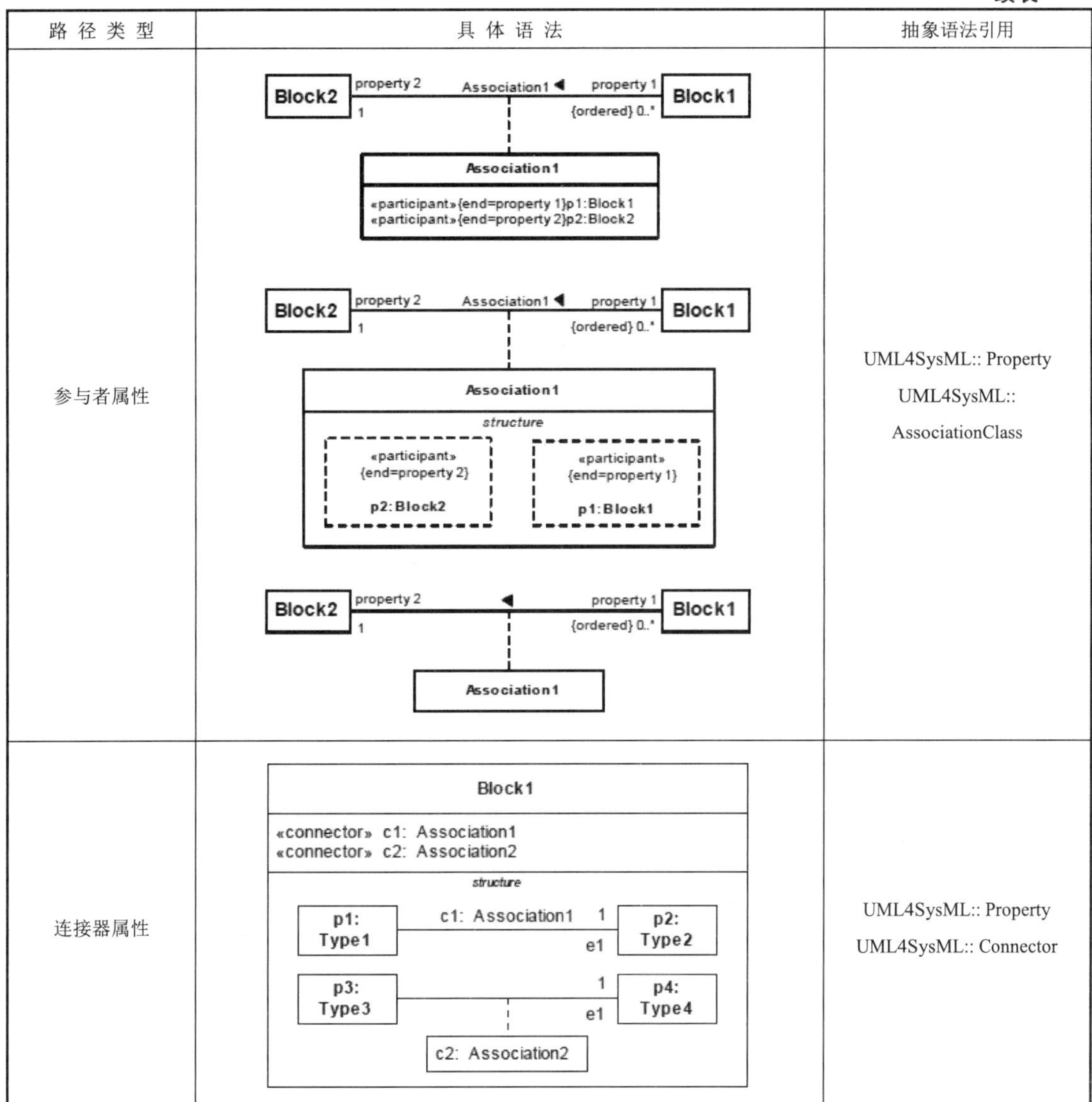

路 径 类 型	具 体 语 法	抽象语法引用
参与者属性		UML4SysML:: Property UML4SysML:: AssociationClass
连接器属性		UML4SysML:: Property UML4SysML:: Connector

2）内部模块定义图

内部模块定义图中包含的图形元素如表 5.16 所示。

表 5.16　内部模块图中包含的图形元素

节 点 名	具 体 语 法	抽象语法引用
内部模块图	ibd Block1 p1: Type1　c1: a1　1　p3　p2: Type2	SysML::Blocks::Block

续表

节　点　名	具体语法	抽象语法引用
属性	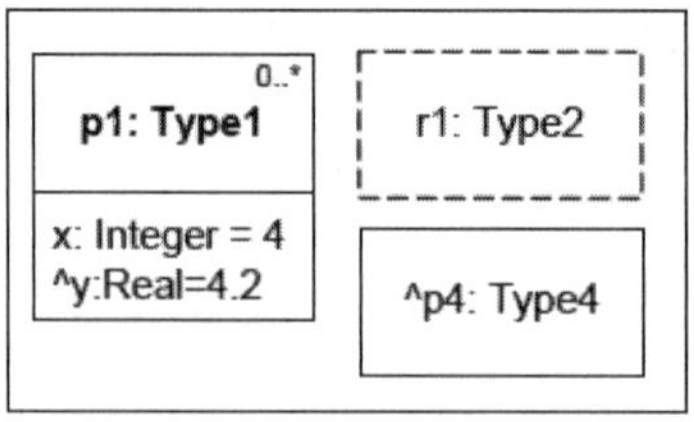 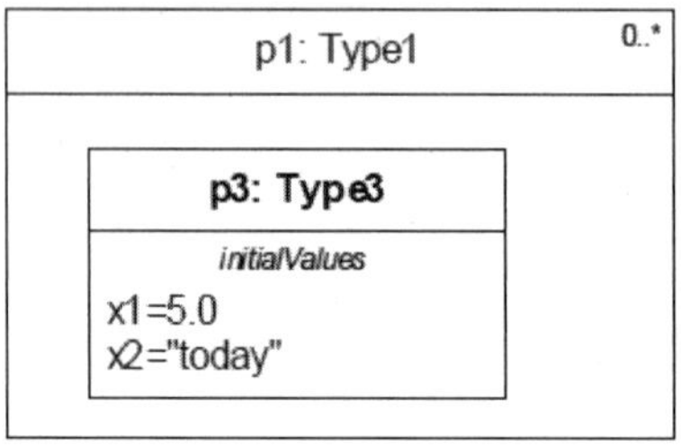 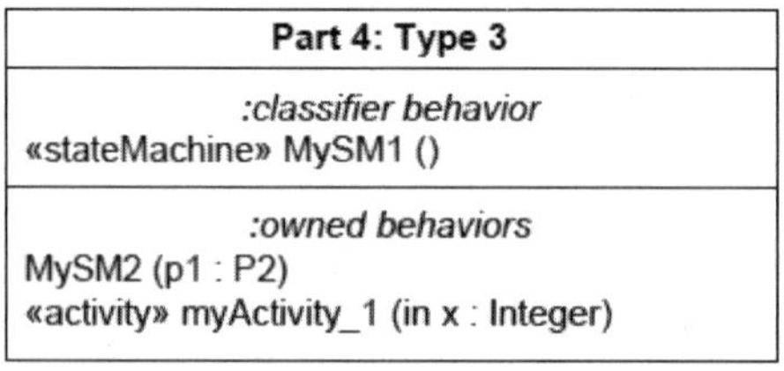 p1: Type1 0..* x: Integer = 4 ^y:Real=4.2 r1: Type2 ^p4: Type4 p1: Type1 0..* p3: Type3 initialValues x1=5.0 x2="today" Part 4: Type 3 :classifier behavior «stateMachine» MySM1 () :owned behaviors MySM2 (p1 : P2) «activity» myActivity_1 (in x : Integer)	UML4SysML::Property
执行者部分	  ActorName «actor» ActorName	SysML::Blocks::PartProperty typed by UML4SysML::Actor
特定属性类型	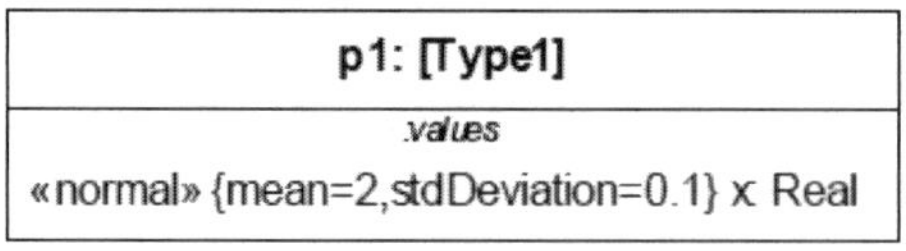 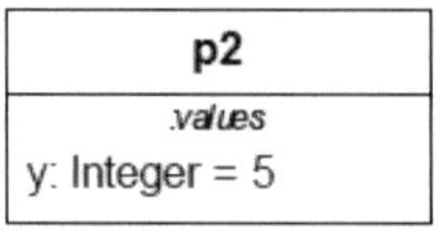 p1: [Type1] values «normal» {mean=2,stdDeviation=0.1} x: Real p2 values y: Integer = 5	SysML::Blocks:: PropertySpecifcType
边界参照	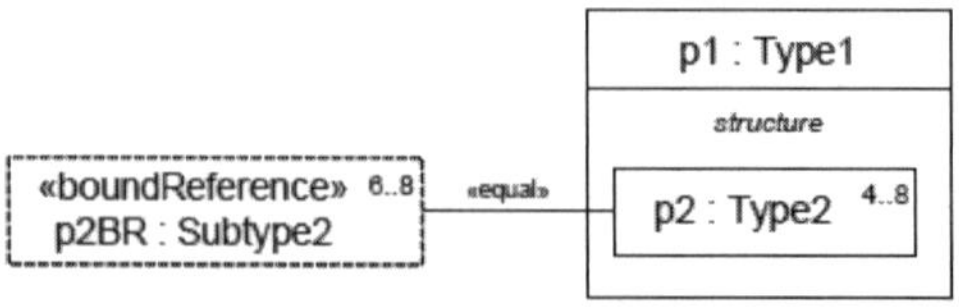 «boundReference» 6..8 p2BR : Subtype2 «equal» p1 : Type1 structure p2 : Type2 4..8	SysML::Blocks:: BoundReference

内部模块图中包含的图形路径如表 5.17 所示。

表 5.17　内部模块图中包含的图形路径

路 径 类 型	具 体 语 法	抽象语法引用
依赖	«stereotype1» dependency1	UML4SysML::Dependency
绑定连接	1　0..* «equal» 1　1	UML4SysML::Connector
双向连接	p1　c1: association1　p2 0..1　0..*	UML4SysML::Connector
单向连接	c1: association1　p1 0..1　0..*	—

3. 使用示例

1）轮毂组件

图 5.18 所示为车轮轮毂组件的块定义图。来自 LugBoltJoint 部分的连接器指向嵌套

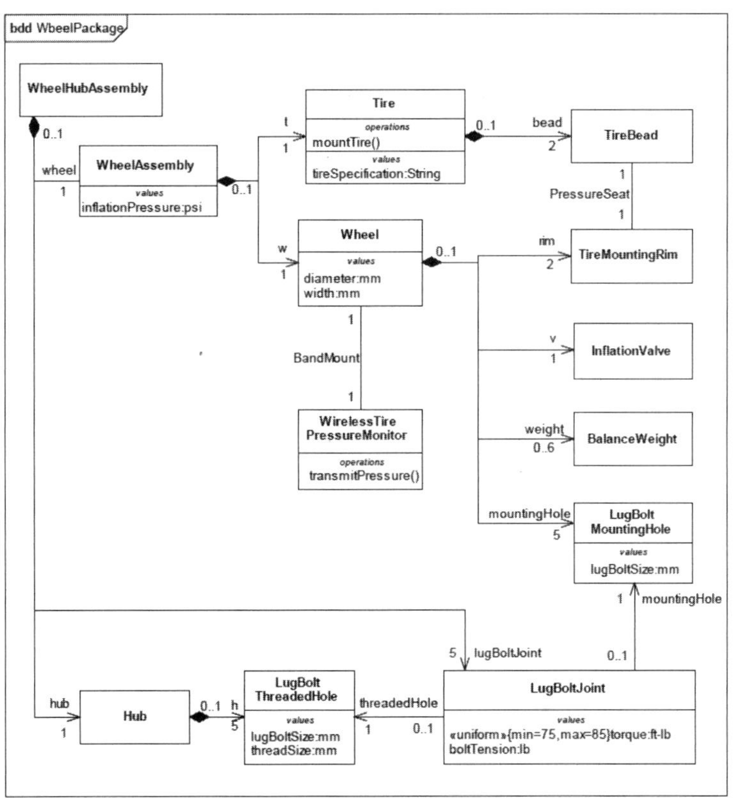

图 5.18　车轮轮毂组件的块定义图

的部分，并使用端口来指定属性的路径，以到达这些部分。对于指向 Hub 部分的连接器的螺纹孔端，属性路径是（hub）。对于指向安装孔的连接器的安装孔端，属性路径是（Wheel，w）。同样地，轮辋和车轮部件之间的连接器在其末端具有属性路径（w）和（t）。

图 5.19 所示为 WheelHubAssembly 的内部模块图。图中展示了如何使用 Wheel 包中定义的块。该内部模块图是一个局部视图，侧重于特定感兴趣的部分，同时省略了图中的其他部分，如“v”（充气阀）和 “weight”（平衡质量）也是车轮的一部分。

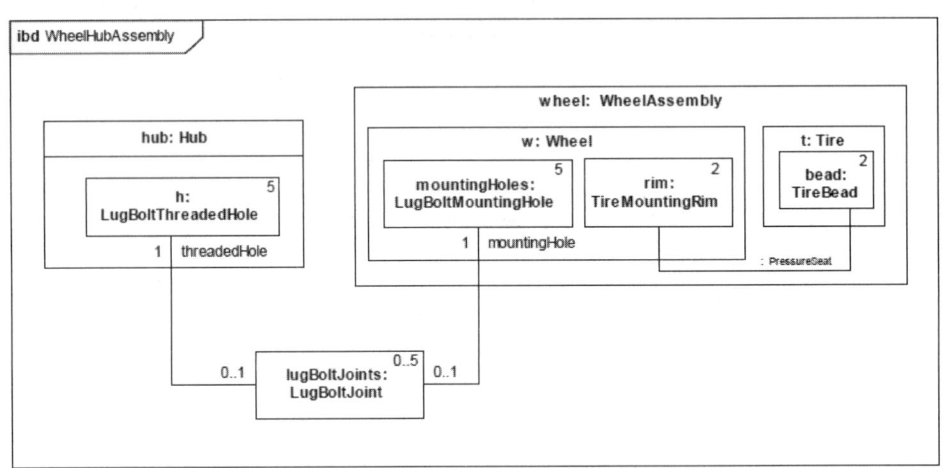

图 5.19 WheelHubAssembly 的内部模块图

2）值类型定义示例

图 5.20 所示为用国际单位制（SI）的计量单位定义值类型。该值类型被定义在示例值类型定义包中。这个包中的值类型可以被导入其他模型包，用于标准化 SysML 块的属性。由于 SysML 单位能够识别该单位所测量的数量类型，即 QuantityKind，因此一个值类型只需要识别单位就可以识别数量类型。

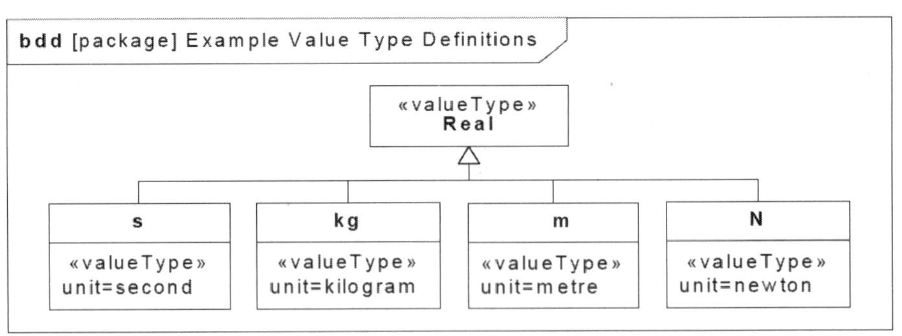

图 5.20 用国际单位制（SI）的计量单位定义值类型

3）SUV EPA 燃油经济性测试的设计配置

SysML 内部模块图可以用来指定具有独特标识和属性值的模块。图 5.21 所示为指定具有车辆识别号（VIN）和独特属性（如质量、颜色和马力）的独特车辆。这个指定车辆的概念与 UML 的实例规范概念不同，并不意味着或假定任何运行时语义，可以应用于指定设计配置。

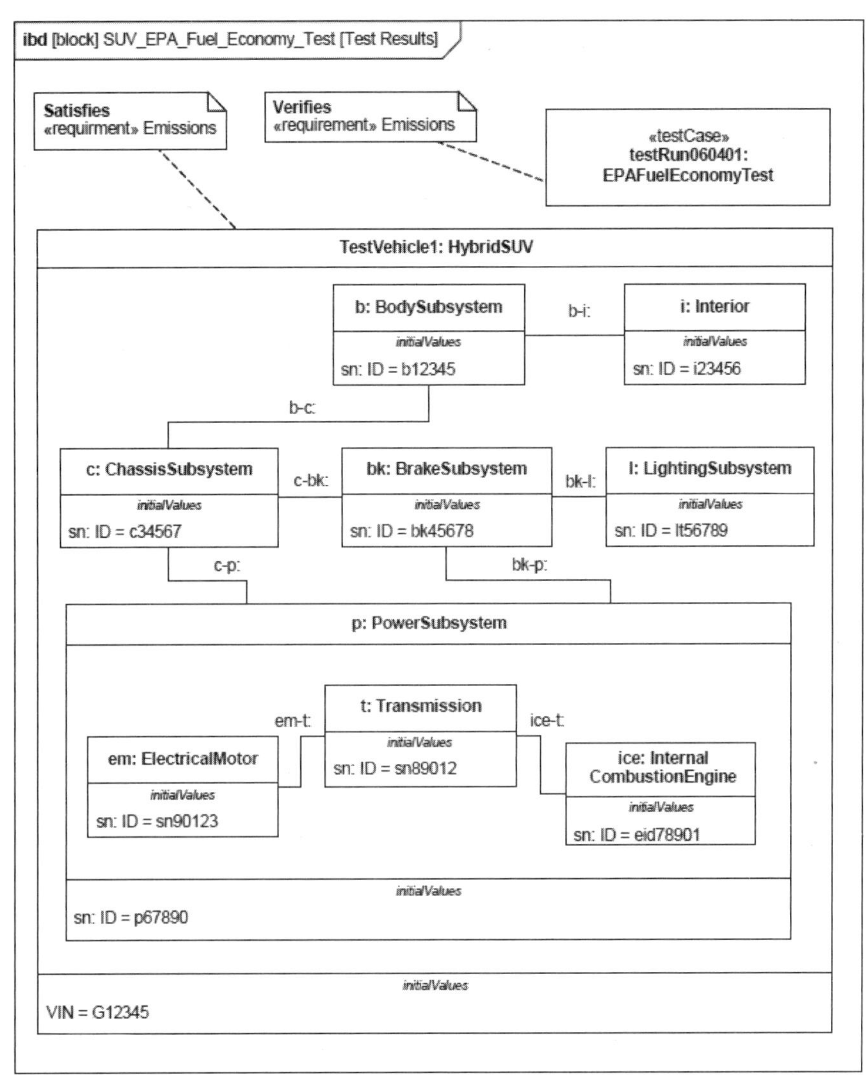

图 5.21　指定具有车辆识别号（VIN）和独特属性（如质量、颜色和马力）的独特车辆

在 SysML 中，通过创建一个 Context 块（context block）的形式可以捕获系统配置。Context 块可以为系统配置捕获唯一的身份，并利用部件和初始值区间来表达特定系统配置规范中的属性设计值。这样的 Context 块可以包含一组部件，代表该系统配置中的块实例，每个部件都包含每个属性的特定值。这种技术还提供了反映分层系统结构的配置，其中嵌套的部件或其他属性可使用初始值区块分配设计值。图 5.22 展示的示例就应用了这种方法。

使用上述基于约束的 PBR（Property-Based Requirements，基于属性的需求）用户配置文件来指定和评估车辆的质量。该需求通过需求约束块（RequirementConstraintBlock）捕获，其中包括一个约束表达式，该表达式反映了两个定义参数的文本需求声明，即实际质量和所需质量。这两个参数都是由 SI 值类型库中的千克值类型所构成的。质量的要求值被表达为 requiredMass 参数的默认值。需要注意的是，所需的值也可以被表达为第二个约束表达式，例如，{requiredMass = 1450}。车辆本身在模型中由一个具有质量值属性的块来表示，其也是由

SI 值类型库中的千克值类型来输入的。

在图 5.22 中，评估需求是否被满足的上下文是通过一个需求上下文块（Requirement Context block）建立的。车辆和车辆质量需求都被用在这个需求上下文（Requirement Context）中。

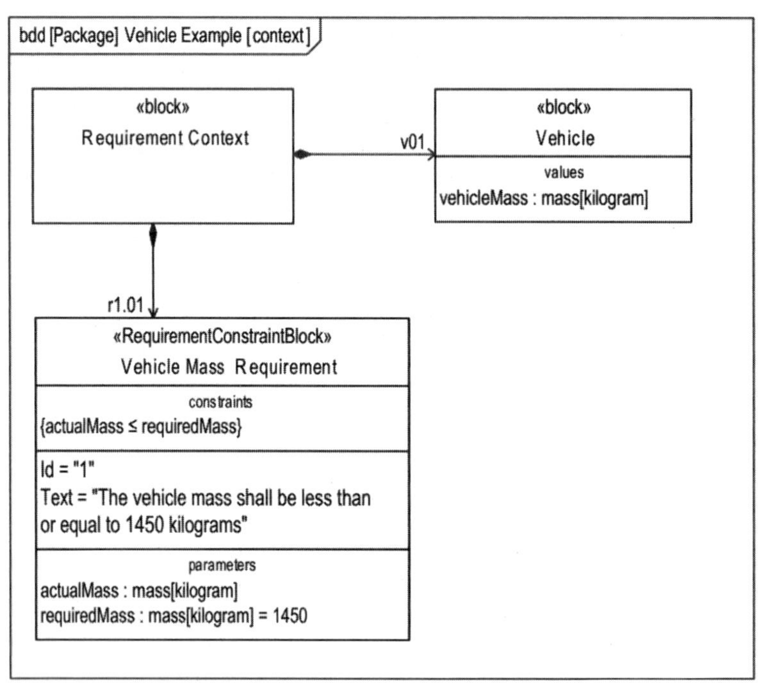

图 5.22　使用基于约束的 PBR 评估需求上下文的示例

图 5.23 所示为需求上下文块的参数图，这对于建立评估车辆质量值与车辆质量要求的一致性方法很有用。与任何参数化模型一样，评估车辆质量值虽不实际执行评估/分析，但指定了关键关系，以便评估工具可以确定车辆是否满足质量要求。

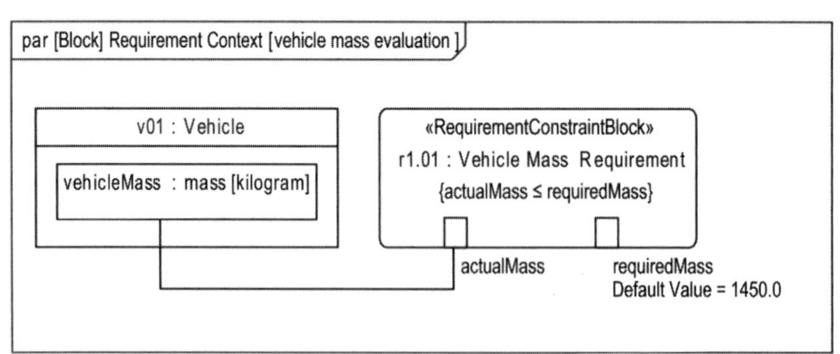

图 5.23　需求上下文块的参数图

图 5.24 所示为在不同情况下使用基于约束的 PBR 实例。图中显示了需求如何在代表规范的模型上被指定。需要注意的是，由 Constraint2 代表的需求适用于车辆块的任何实例，而由 Constraint1 代表的需求适用于由 Context 块的“车辆”角色定义的“使用”车辆块的实例，如

桥梁或车辆运输机上的车辆设计质量。

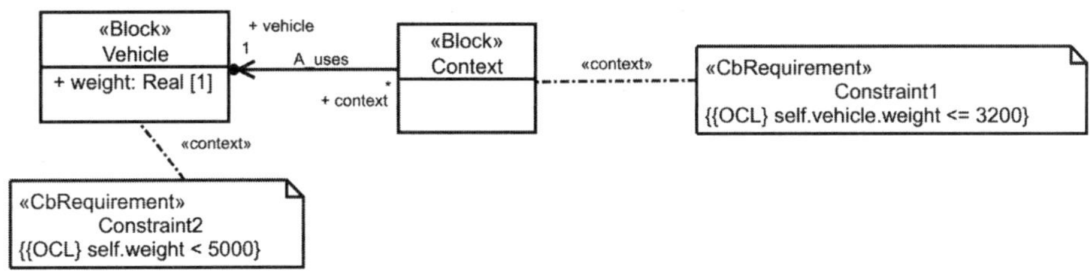

图 5.24　在不同情况下使用基于约束的 PBR 实例

图 5.25 所示为建立一个 AnalysisContext。图中展示了一个特殊情况：其中 testedVehicle 是 Vehicle 块的一个实例，AnalysisContext 是 Context 块的一个实例。使用经典的 OCL 评估器对模型约束进行简单评估，产生的报告显示 Requirement/Constraint2 被满足，而 Requirement/Constraint1 被违反。

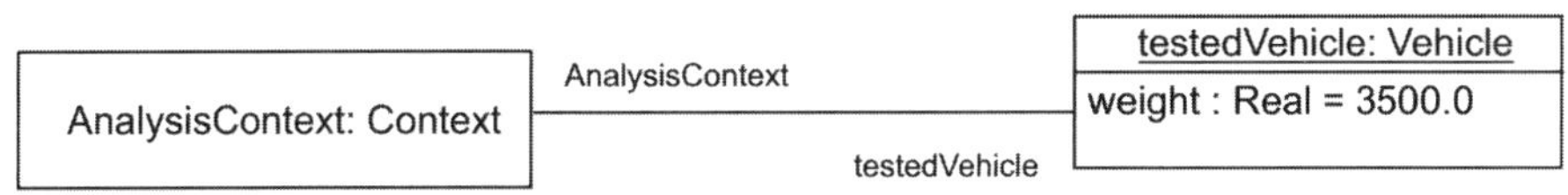

图 5.25　建立一个 Analysis Context

4）水的输送

关联块可以被分解为其属性之间的连接器。这些属性可以是端口。

5）约束分解

图 5.26 以块定义图的形式展示了车辆的组成分解。图 5.27 以内部模块图的形式展示了车辆的组成分解，其中包括绑定的引用。绑定的连接器具有嵌套的连接器末端，连接在车辆的部件内部。

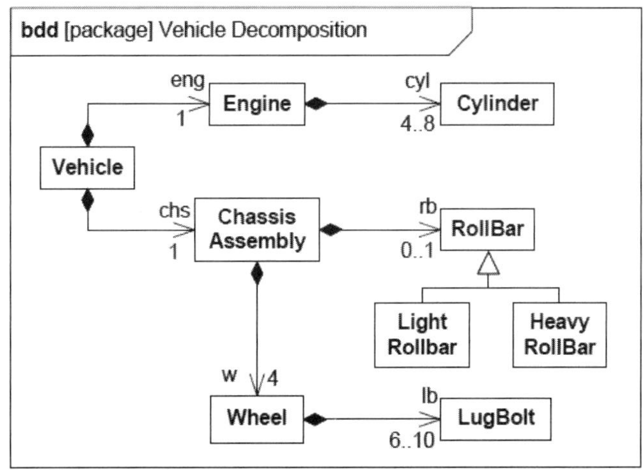

图 5.26　车辆的组成分解（块定义图）

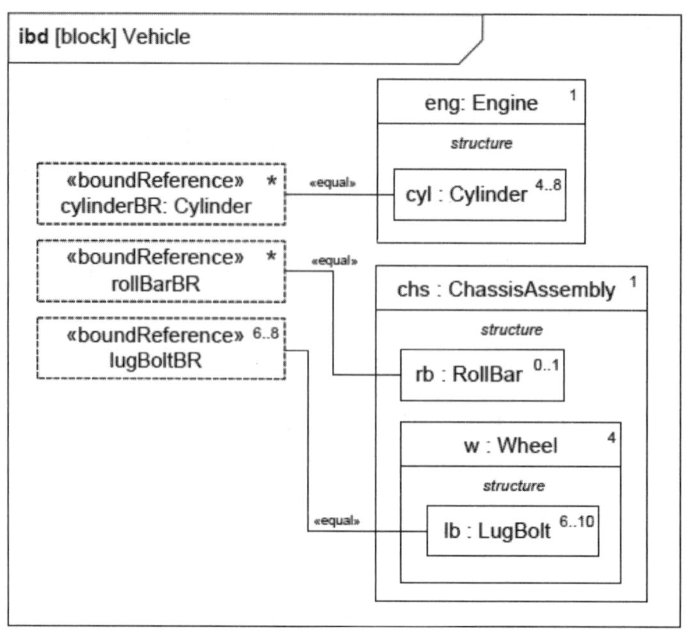

图 5.27 车辆的组成分解（内部模块图）

图 5.28 展示了通过重新定义绑定的引用来限制嵌套部分的车辆特殊化。绑定引用的路径基于绑定相应连接器的属性路径。上面的一般块没有限制绑定的属性，仅要求凸耳螺栓的总数在 24～32 个之间。图 5.28 中左下角的特殊化将油缸的数量限制为 4 个，要求有一个轻型防滚架，所有车轮上共有 24 个螺栓。图 5.28 中右下角的特殊化将气缸数量限制在 6～8 个，排除了任何防滚架，并将每个车轮上的螺栓限制在 6～7 个（通过指定终端路径的上限值和下限值）。

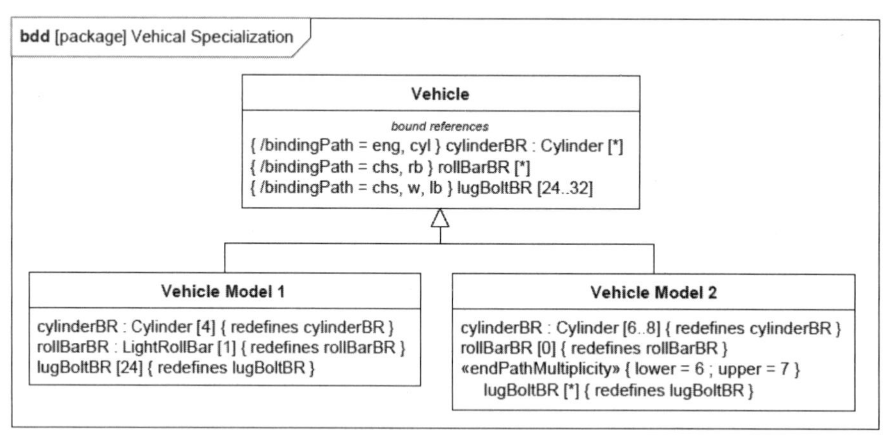

图 5.28 车辆特殊化

6）单位和数量种类

图 5.29 展示了一个最小的示例，在此基础上定义了单位、数量类型和值类型。

就 UML4SysML 元模型和 SysML 配置文件而言，图 5.30 所示为上述示例的实例级表示。这种实例级表示对于模型的互换很重要，特别是在 SysML 的不同实现上。

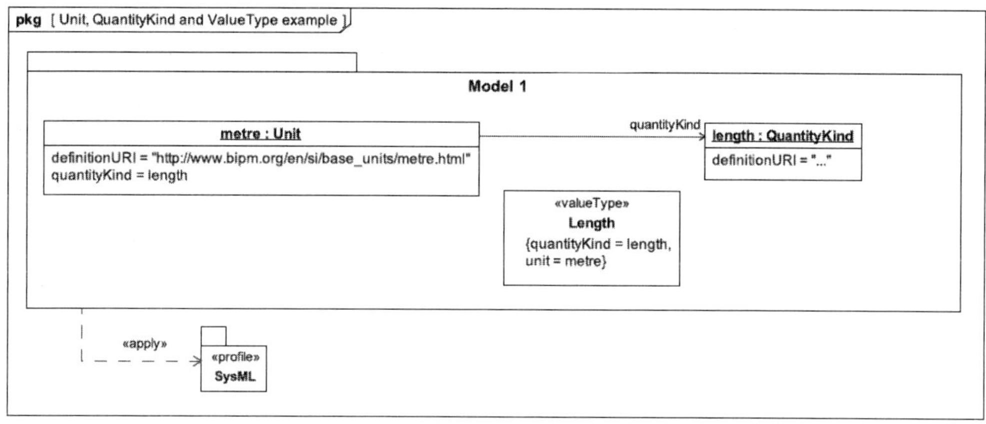

图 5.29　定义单位、数量类型和值类型

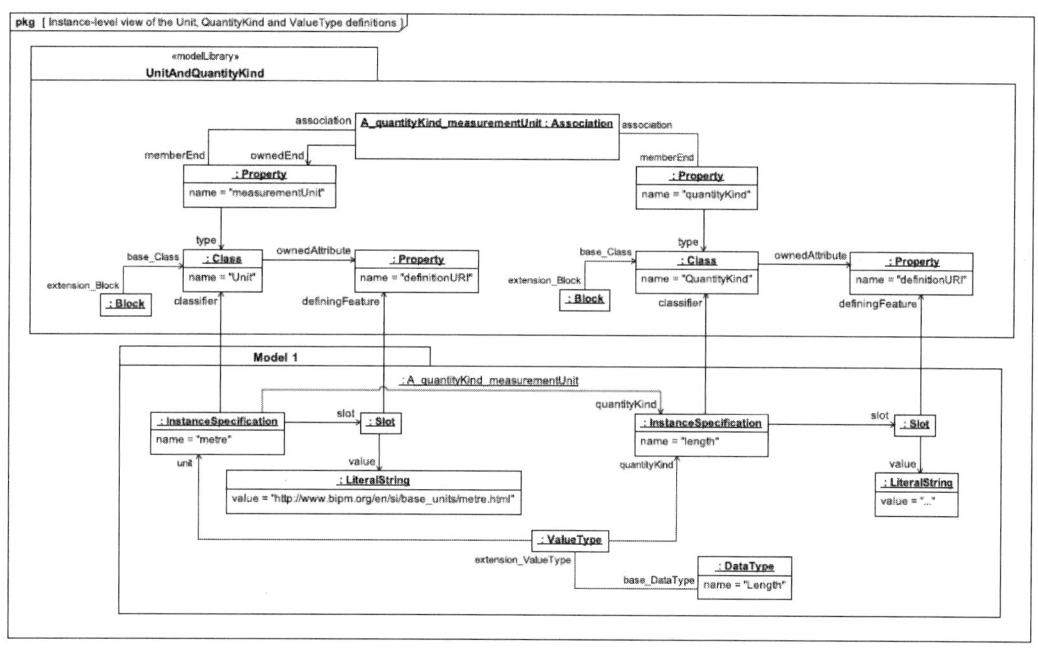

图 5.30　定义单位、数量类型和值类型的实例级表示

图 5.31 所示为等价单元表示法的一个最小示例（省略了 QuantityKind 的类似示例）。

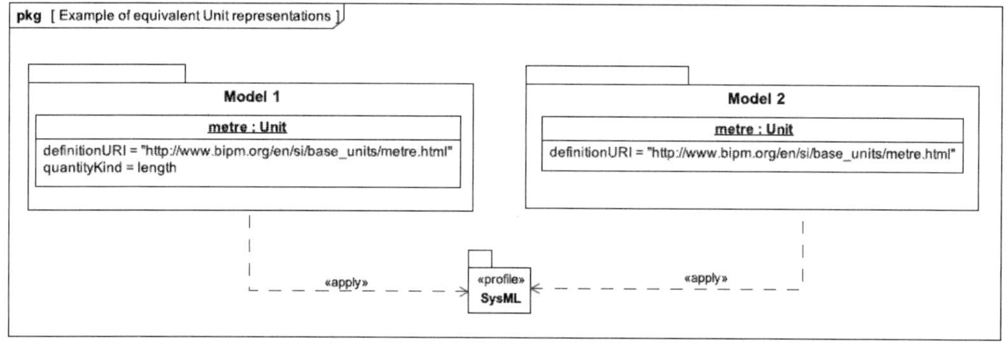

图 5.31　等价单元表示法的一个最小示例

就 UML4SysML 元模型和 SysML 配置文件而言，图 5.32 所示为上述示例的实例级表示。这种实例级表示对于模型的互换很重要，特别是在 SysML 的不同实现上。

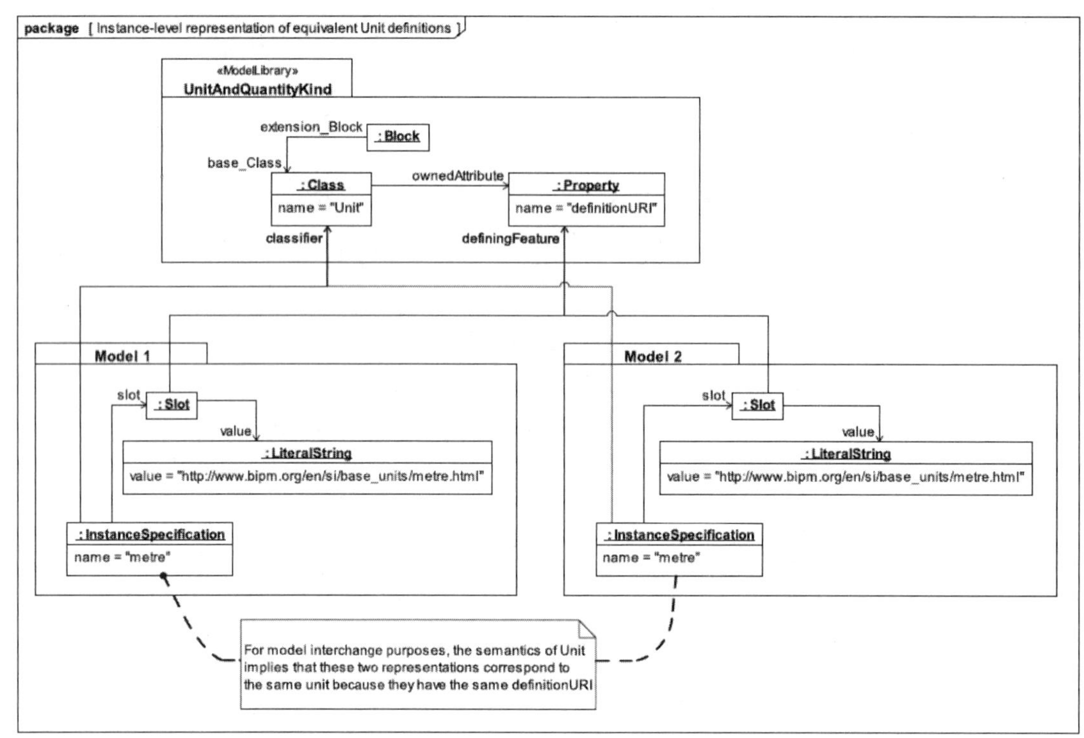

图 5.32　等价单元表示法的实例级表示

5.4.2　端口和流

1．概述

指定端口和流的主要目的是让模块化、可重用的块设计具有明确定义的连接方式和与使用环境交互的接口。本章对 UML 的端口进行了扩展，以支持嵌套端口，并扩展了块，以支持流的属性以及流所需和所提供的功能，包括对端口进行类型化的块。端口可以由支持操作、接收和属性的块来类型化。SysML 定义了一种特殊形式的块（InterfaceBlock），它可以用来支持嵌套端口。默认的兼容性规则是为连接块的使用而定义的，如部件和端口，这些都可以通过指定连接的关联块来覆盖。SysML 中的这些额外能力使建模者能够指定各种可互连的部件，这些部件可以通过多种工程和社会技术实现，如软件、电气或机械部件以及人类组织。本章还扩展了 UML 信息流，用于指定跨连接器和关联的项目流。

1）端口

端口是接口，外部实体可以通过端口以不同或更有限的方式连接到一个块并与之交互，而不是直接连接到块本身。端口具有某种类型的属性，该类型指定了外部实体通过与端口的连接可以获得的特征。这些特征可能包括属性（包括流属性和关联端），以及操作和接收。

2）流属性、提供者和需要者的功能以及嵌套端口

SysML 对块进行了扩展，以支持流属性，以及提供者和需要者的功能。具有端口的块可以类型化其他端口（嵌套端口）。流属性指定了可能在块及其环境之间流动的项目种类，无论是数据、材料还是能量。流动的项目种类是通过输入流属性来指定的。例如，一个指定汽车自动变速器的块可以有一个扭矩的流属性为输入，另一个扭矩的流属性为输出。提供者和需要者的功能是操作、接收非流属性，块通过这些特性支持其他块的使用，或要求其他块支持自己的使用，或两者都是。例如，一个块可能向其他块提供特定服务作为操作，或者有一个特定的几何形状供其他块访问，或者这个块可能需要其他块的服务和几何形状。端口嵌套其他端口的方式与块嵌套其他块的方式相同。端口的类型是一个也有端口的块。例如，在变速器的例子中，支持扭矩流的端口可能有嵌套的端口，用于与发动机或传动轴的物理连接。

3）代理端口与完整端口

SysML 为端口确定了两种使用模式：一种是端口作为其所属块或其内部部分的代理（代理端口）；另一种是端口指定系统的独立元素（完整端口）。这两种模式都是通过外部连接器向端口提供所属块的边界。代理端口通过指定拥有的块或内部部分的一些特征由外部连接器来定义边界，而完整端口则用自己的特征来定义边界。代理端口总是由接口块类型化，接口块是一种没有行为或内部零件的特殊块。完整端口因为自己处理特征，不是暴露其所有者的特征或其所有者的内部部分所以不能是 UML 中的行为，即代表拥有的对象。没有被指定为代理或完整的端口被简单地称为“端口”。

在这两种情况下，块的用户只关心端口的特性，不管这些特性是由代理端口提供还是由完整端口直接处理。代理端口和完整端口支持一般端口的功能，这些功能也可以在没有被声明为代理或完整的端口上使用。建模者可以在开发生命周期的任何时候选择使用代理端口或完整端口，或者不进行选择，这取决于他们的建模方法。

4）项目流

流属性规定了“可以”流入或流出一个块的东西，而项目流规定了在一个特定的使用环境中在块和/或部件之间以及在关联或连接器之间“确实”流动的东西。这种重要的区别使块能够根据其使用环境以不同的方式相互连接。例如，油箱可能包括一个可以接受流体作为输入的流属性。在油箱的一个特定用途中，“汽油”通过一个连接器流入油箱，而在油箱的另一个用途中，“水”通过一个连接器流入油箱。每种情况下的项目流都指定了在特定用途中在连接器上“确实”流动的东西（例如，汽油、水），流属性则指定了可以流动的东西（例如，流体）。这使得项目流和流属性之间能够进行类型匹配，以协助进行接口兼容性分析。

项目流可以由活动图中的对象节点分配，也可以由状态机通过连接器发送信号。

2. 图形元素

端口和流中包含的图形元素如表 5.18 所示。

表 5.18　端口和流中包含的图形元素

节点名	具体语法	抽象语法引用
端口	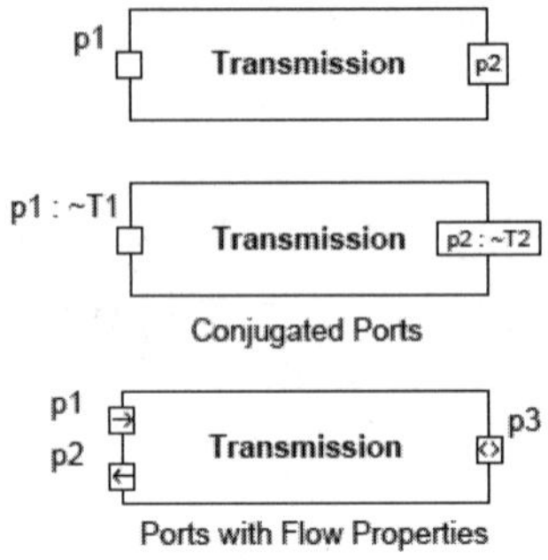 p1 Transmission p2 p1 : ~T1 Transmission p2 : ~T2 Conjugated Ports p1 p2 Transmission p3 Ports with Flow Properties	UML4SysML::Port
端口（隔间标记）	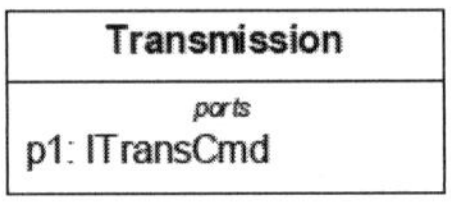 Transmission ports p1: ITransCmd	UML4SysML::Port
端口（带隔间）	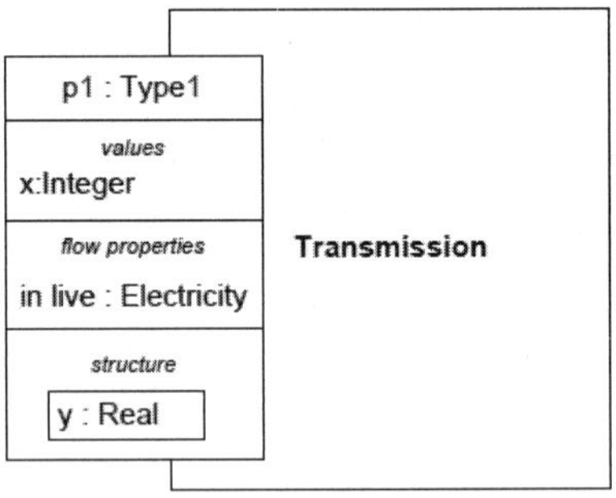 p1 : Type1 values x:Integer flow properties in live : Electricity structure y : Real Transmission	UML4SysML::Port
端口（嵌套）	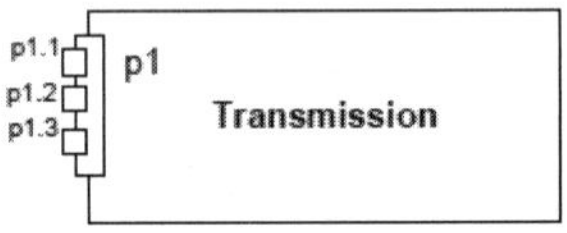 p1.1 p1.2 p1.3 p1 Transmission	UML4SysML::Port
代理端口	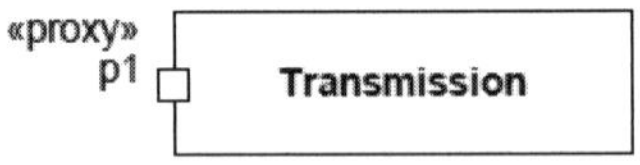 «proxy» p1 Transmission	SysML::Ports&Flows::ProxyPort
代理端口（隔间标记）	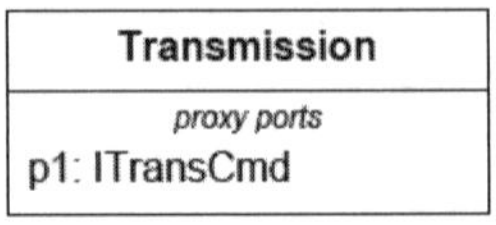 Transmission proxy ports p1: ITransCmd	SysML::Ports&Flows::ProxyPort
完整端口	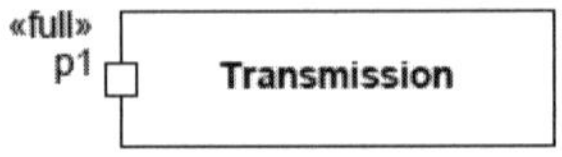 «full» p1 Transmission	SysML::Ports&Flows::FullPort

续表

节　点　名	具 体 语 法	抽象语法引用
完整端口（隔间标记）	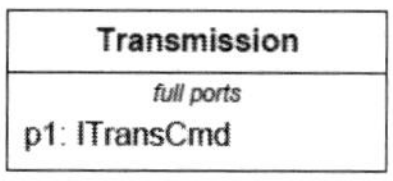 Transmission full ports p1: ITransCmd	SysML::Ports&Flows::FullPort
流属性	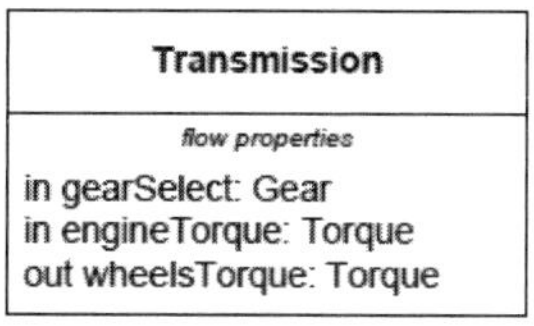 Transmission flow properties in gearSelect: Gear in engineTorque: Torque out wheelsTorque: Torque	SysML::Ports&Flows::FlowProperty
所需和所提供的功能	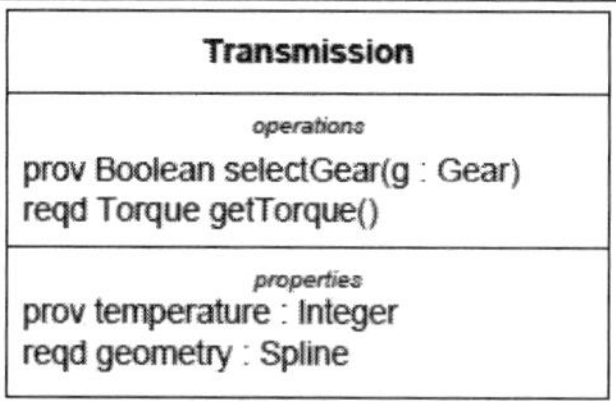 Transmission operations prov Boolean selectGear(g : Gear) reqd Torque getTorque() properties prov temperature : Integer reqd geometry : Spline	SysML::Ports&Flows::DirectedFeature
接口块	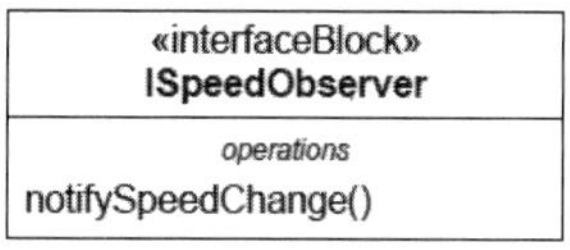 «interfaceBlock» ISpeedObserver operations notifySpeedChange()	SysML::Ports&Flows::interfaceBlock
项目流	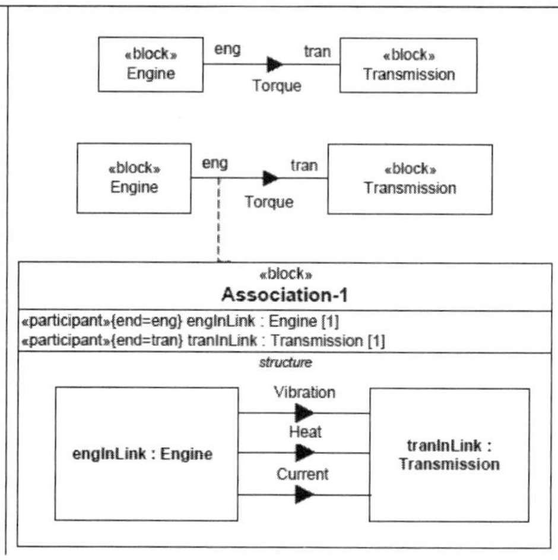 «block» Engine　eng　Torque　tran　«block» Transmission «block» Engine　eng　Torque　tran　«block» Transmission «block» Association-1 «participant»{end=eng} engInLink : Engine [1] «participant»{end=tran} tranInLink : Transmission [1] structure engInLink : Engine　Vibration　Heat　Current　tranInLink : Transmission	SysML::Ports&Flows::ItemFlow
接口	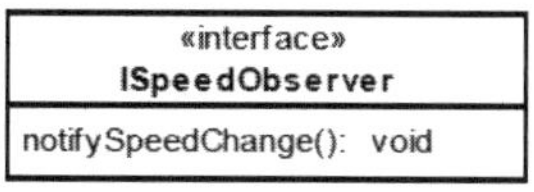 «interface» ISpeedObserver notifySpeedChange():　void	UML4SysML::Interfaces::Interface
需要者和提供者接口	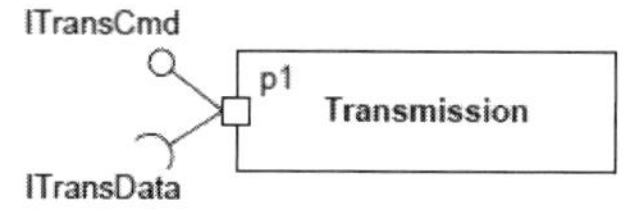 ITransCmd　p1　Transmission　ITransData 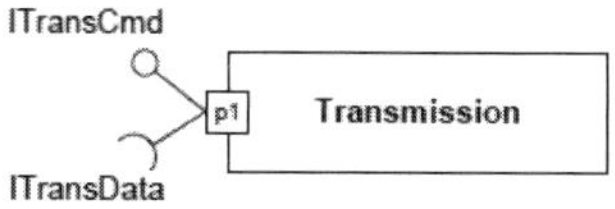 ITransCmd　p1　Transmission　ITransData	UML4SysML::Interfaces::

3. 使用示例

1）具有需要者和提供者功能的端口

图 5.33 所示为在 HybridSUV 示例中使用 ibd:PwrSys 图的一个片段（完整图见图 5.34）。在这个例子中，每个端口都是由一个块组成的，该块指定了通过端口的连接器所提供的和需要的功能。例如，ICE 块指定了提供的操作 setMixture 和 setThrottle，属性 rpm、温度（Temperature）和 isKnocking，以及需要的属性 isControlOn，如图 5.35 所示。这个块将 InternalCombustionEngine 的 ctrl 端口和 PowerControlUnit 的 ice 端口类型化，但在 ice 端口上是共轭的。这意味着 ICE 所提供的功能由 InternalCombustionEngine 的 ctrl 端口提供，由 PowerControlUnit 的 ice 端口需要；而 ICE 所需要的功能则由 InternalCombustionEngine 的 ctrl 端口需要，由 PowerControlUnit 的 ice 端口提供。由于 PowerControlUnit 和 InternalCombustionEngine 是通过端口连接的，因此 PowerControlUnit 可以通过它的端口在 InternalCombustionEngine 上调用 setThrottle 和 setMixture，并穿过连接器到 InternalCombustionEngine 的 ctrl 端口。通过调用这些操作，PowerControlUnit 可以设置内燃机的油门和混合物，还可以通过连接器读取内燃机的属性，以了解它的转速、温度和是否在敲击。反过来，内燃机可以通过连接器读取 PowerControlUnit 的 isControlOn 属性，以确定该装置是否仍在运行，如果不在运行，则可能会自动关闭。

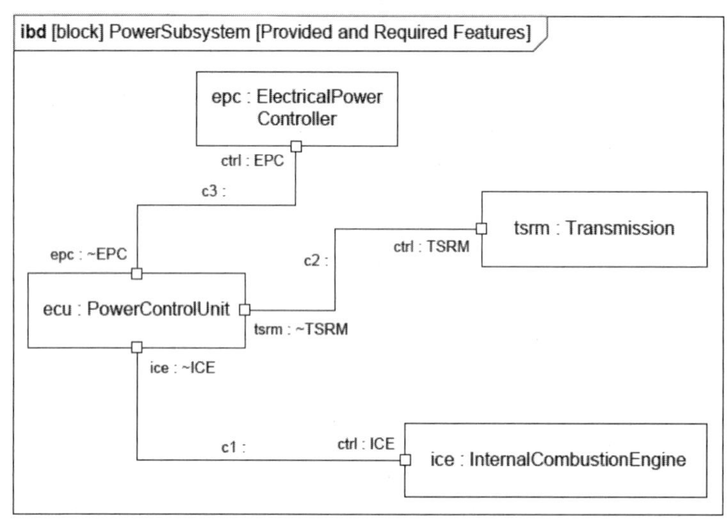

图 5.33 ibd:PwrSys 图的一个片段

2）流端口和项目流

燃料输送子系统的详细内部结构（内部模块图）如图 5.36 所示。图中展示了 ItemFlow 的用法。在此，每个项目流都有一个项目属性（fuelSupply:Fuel 和 fuelReturn:Fuel），表示燃料在燃料管道中的实际流动，可以看到燃料如何在 FuelTankAssy 和 InternalCombustionEngine 之间流动。燃油泵通过 FuelTankAssy 的 p1 端口喷出燃油，燃油通过 fuelSupplyLine 连接器流向内燃机的 fuelFitting 端口，并通过其他端口分配到发动机的内部零件。一些燃料从燃料接头端口通过燃料返回线连接器返回到燃料箱总成。注意，有可能将一个端口连接到多个连接器上，通过外部连接器上的 fuelFitting 端口的流动方向是由燃油管道另一侧的端口方向以及燃油管道上的项目流动方向所暗示的，内部连接器上的流动方向是由发动机内部零件的端口方向所暗示的。

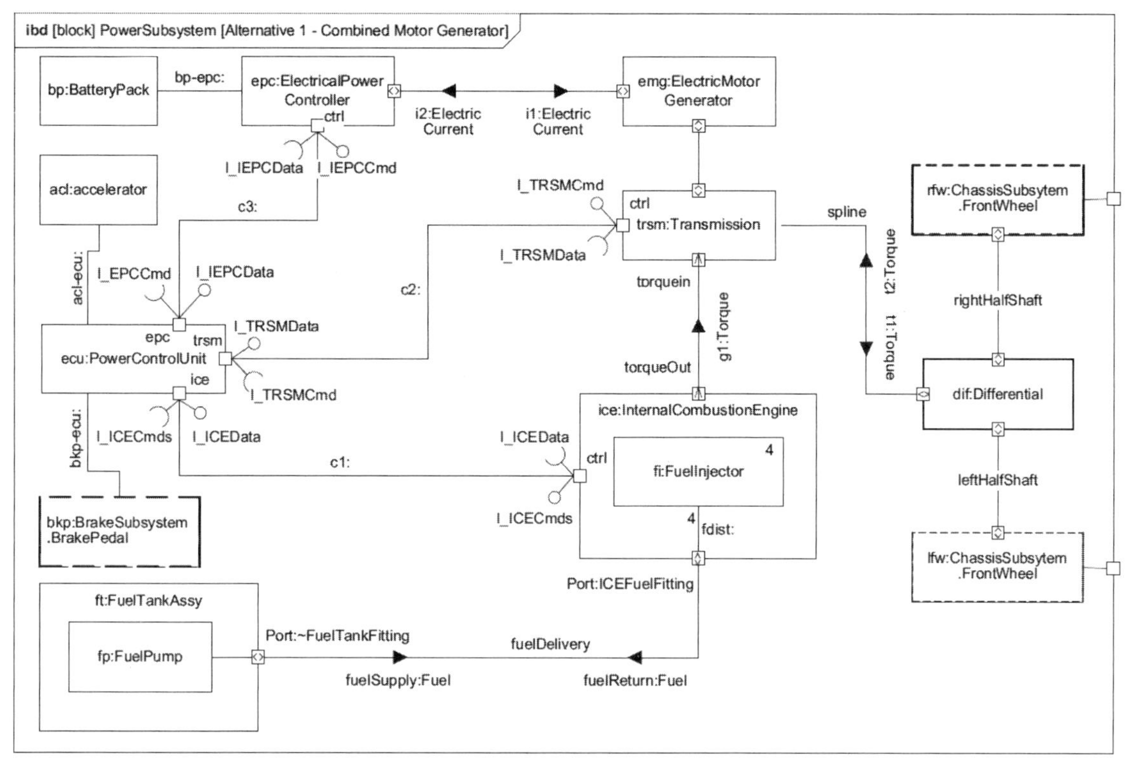

图 5.34　PwrSys 图（内部模块图）

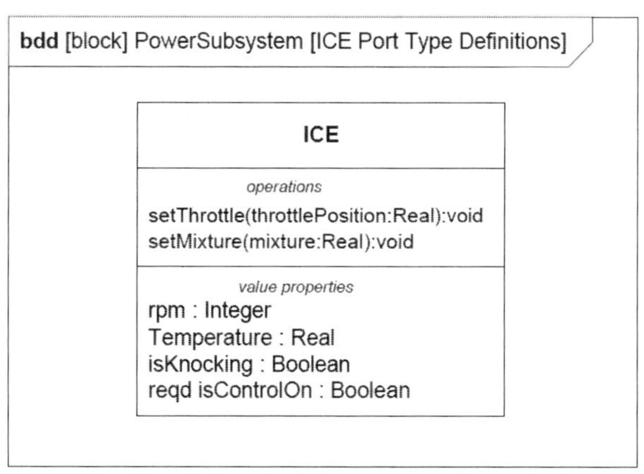

图 5.35　PwrSys 图（块定义图）

3）具有流属性的端口

图 5.37 所示为将连接器合并到 CAN 点线上。图中显示了一种通过 CAN 总线将 PowerControlUnit 与其他部件连接的方法。由于总线上的连接特点是广播式异步通信，因此使用具有流属性的端口将部件连接到 CAN 总线。为了指定端口之间的流量，需要指定流属

性，为 CAN 总线初始定义带有流属性的端口类型如图 5.38 所示。图中 FS_ICE 有 3 个流属性：一个“出”信号类型的流属性（ICEData）和两个“入”Real 类型的流属性。这允许内燃机通过它的 fp 端口传输一个 ICEData 信号，该信号将通过 CAN 总线传输到 Power ControlUnit 的 ice 端口（由 FS_ICE 键入的共轭端口）。这个单一的信号携带了发动机的温度、转速和爆震传感器的信息。此外，PowerControlUnit 可以通过 FS_ICE 的混合物和节气门位置流属性设置内燃机的混合物和节气门。

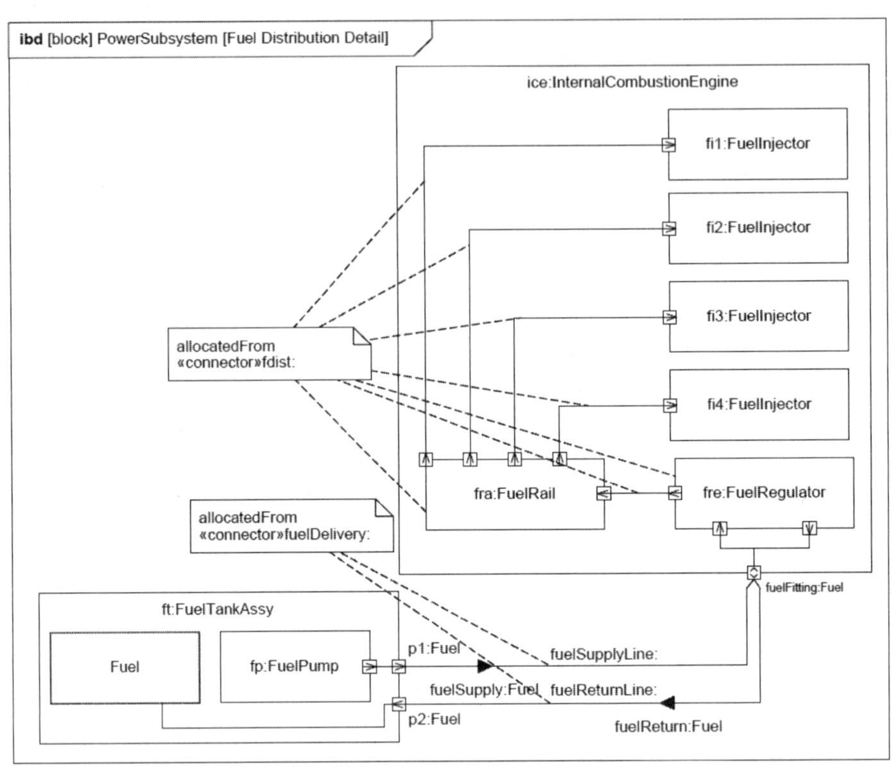

图 5.36　燃料输送子系统的详细内部结构（内部模块图）

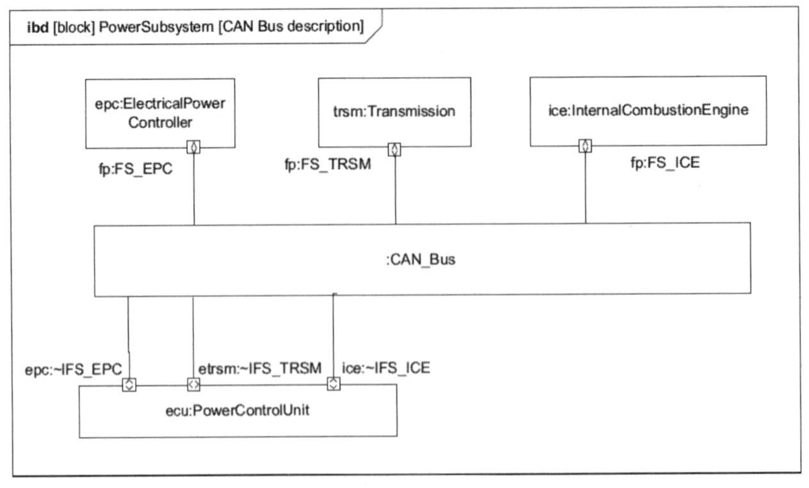

图 5.37　将连接器合并到 CAN 总线上（内部模块图）

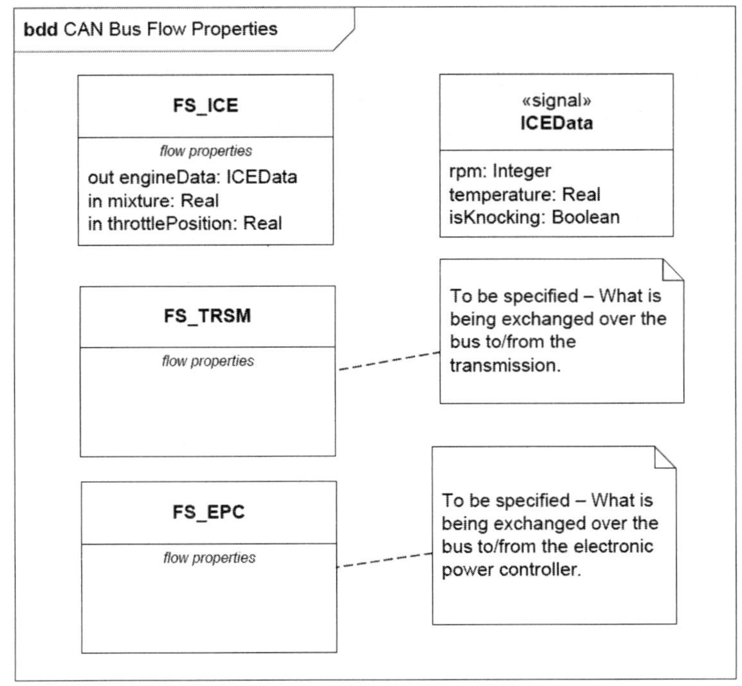

图 5.38　为 CAN 总线初始定义带有流属性的端口类型（块定义图）

4）代理端口与完整端口

建模者可以选择应用 ProxyPort 和 FullPort 的定型，以表明端口是指定其所属块或其内部部分的特征（代理端口），还是为自己单独指定（完整端口）。这是在定义端口时需要关注的问题，使用已经定义了端口的现有块时不关注该问题。使用带有端口的现有块只需要知道端口类型，因为这些现有块定义了可用于通过连接器与这些端口连接或通信的特性。在这种情况下，代理端口和完整端口的定型可能被省略，以简化图表。

ProxyPort 和 FullPort 的定型可以应用于块分类法中的任何层次，无论是最普通的块端口，还是最专业的端口，或者是中间层次的概括。需要的话，端口可以通过重新定义和子集来实现特化，只要它们（包括它们所继承的定型）不同时是代理和全端口即可。图 5.39 所示为代理端口和完整端口使用的一个示例，图中，一个电气插头的通用块被专门化为另外两个块。一般的块可以包含在自己的包中，用于输出给电气插头的用户。专用块是为插头设计者准备的。这个例子展示了两种设计方法：一种使用了代理端口，另一种使用了完整端口。在代理端口设计中，端口暴露了更多的内部组件；在完整端口设计中，端口被特定类型的组件重新定义。相同的类型同时用于代理端口设计的内部组件和完整端口设计的重新定义端口。这两种设计方法在系统构建完成后达到的效果是一致的。

建模者可以在模型开发的任何阶段为代理端口和完整端口应用定型，如果不需要定型约束，也可以不应用所有定型。后面要讲述的图 5.41 碰巧在分配给用户的一般块上使用了非定型的端口，在用于实现的专门化上使用了定型的端口。如果建模者不关心模型是否满足约束（如代理端口上没有行为，或完整端口没有内部绑定连接器），那么建模者可能根本就没有使用定型。

未定型的端口不承诺它们是代理的还是完整的，也不阻止或支配未来对定型的应用，除非它们是违反定型约束的端口。例如，如果一般块上的端口类型有行为定义，那么代理特化就无效了；如果一般的端口与内部零件绑定连接器，那么完整的特化将是无效的；如果一般的端口既有行为又有内部的绑定连接器，那么这两种特化都是无效的。非定型端口具有定型端口的基本功能，包括流属性和嵌套端口，只要建模者不关心代理端口和完整端口之间的区别以及它们施加的约束，就可以使用非定型端口。

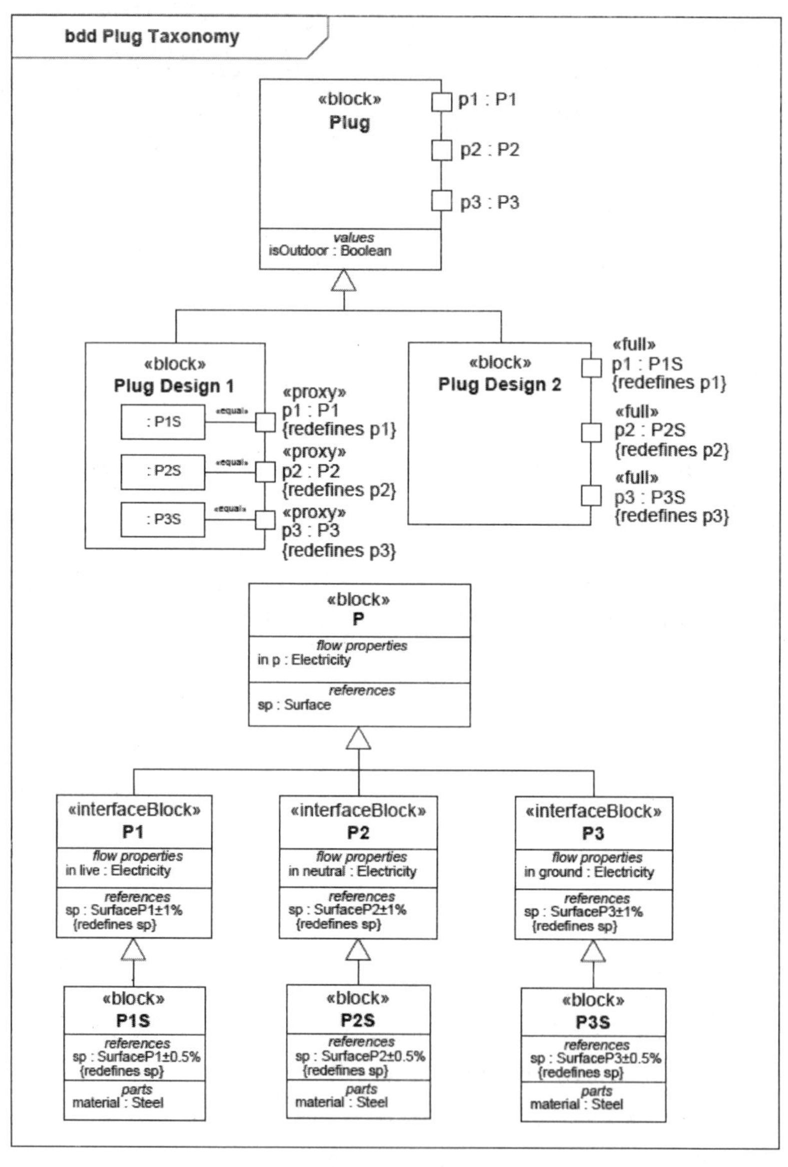

图 5.39 代理端口和完整端口使用的一个示例

5）关联块和端口

图5.40所示为一组水龙头和一个水龙头之间的关联块Water Delivery。“端口”关键字表示哪些关联的末端是端口（关联使用属性作为末端，可以是端口）。图 5.41 所示为 Water Delivery 的内部结构。该结构定义了水龙头和水龙头进水口之间的连接器。参与者属性标识

了被连接的水枪和水龙头。立体上的末端属性指的是图 5.40 中相应的关联末端。清楚起见，图 5.40 显示了参与者属性的类型，但总是与关联块类型相同，可以省略。图 5.41 所示的内部结构连接了参与者的热端口和冷端口。

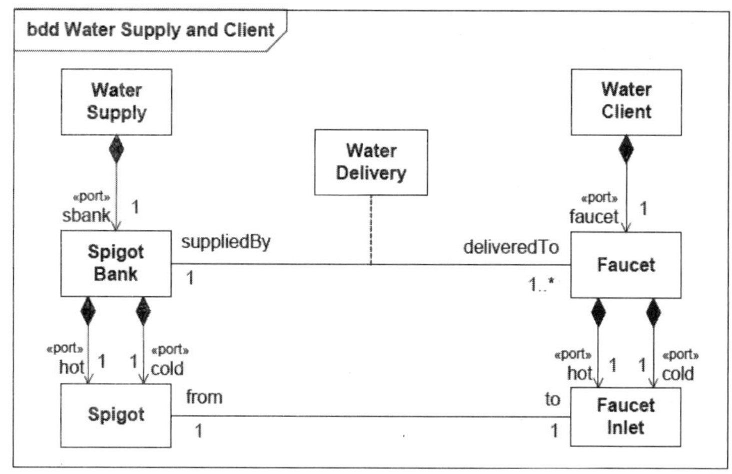

图 5.40　一组水龙头和一个水龙头之间的关联块 Water Delivery

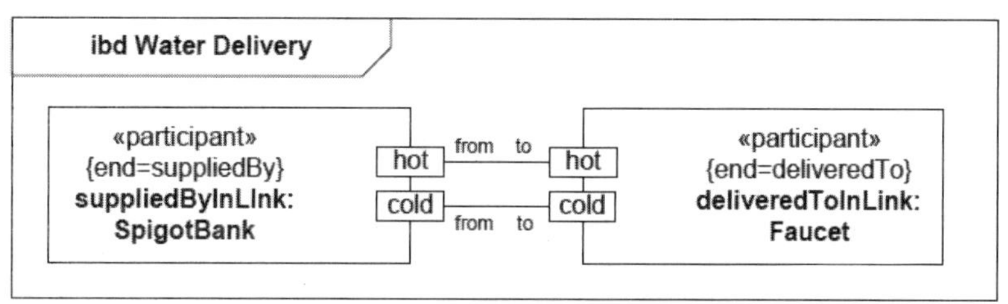

图 5.41　Water Delivery 的内部结构

图 5.42 所示为带有 Water Delivery 类型的连接器的块状房屋的两个视图。根据 Water Delivery 的内部结构，上视图中的连接器被“分解”为下视图中的子连接器。这些子连接器将:WaterSupply 的嵌套端口与:WaterClient 的嵌套端口连接起来。

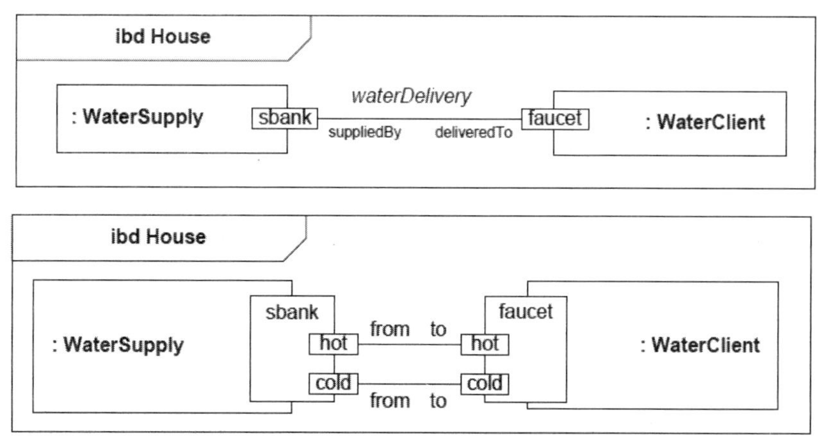

图 5.42　带有 Water Delivery 类型的连接器的块状房屋的两个视图

图 5.43 所示为房屋内供水的特化示例。图中的上半部分显示了 WaterClient 块在 Bath、Sink 和 Shower 中的特化。这些被用作图 5.43 下半部分所示的 House 2 块的内部结构中的部件类型。供水的复合连接器被重复使用了三次，以建立浴室、水槽和淋浴的水龙头入口之间的连接。

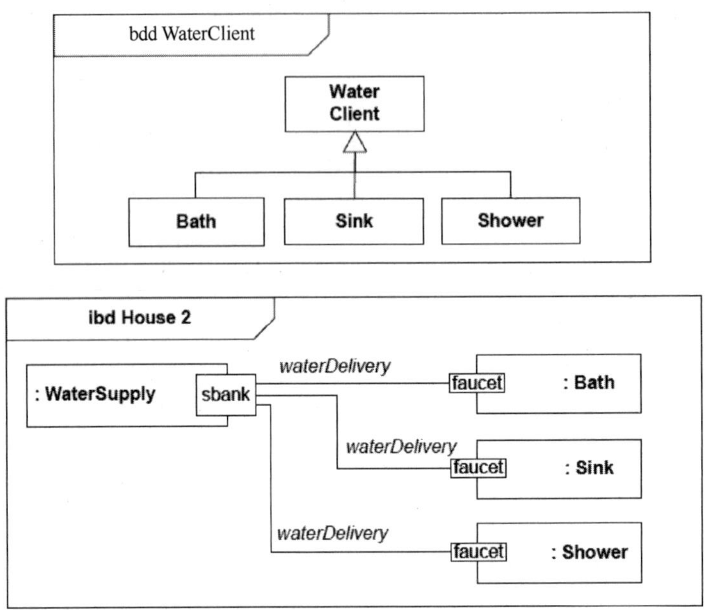

图 5.43 房屋内供水的特化示例

图 5.44 在图 5.45 中 Spigot 和 FaucetInlet 的关联之间添加了一个 Plumbing 关联块。图 5.45 所示为冷热水管道关联块的内部结构。其中包括一个管道和两个配件（为了简洁，省略了额外的部件和连接器的定义）。因为 Spigot 和 FaucetInlet 是引用属性，所以用虚线矩形显示。

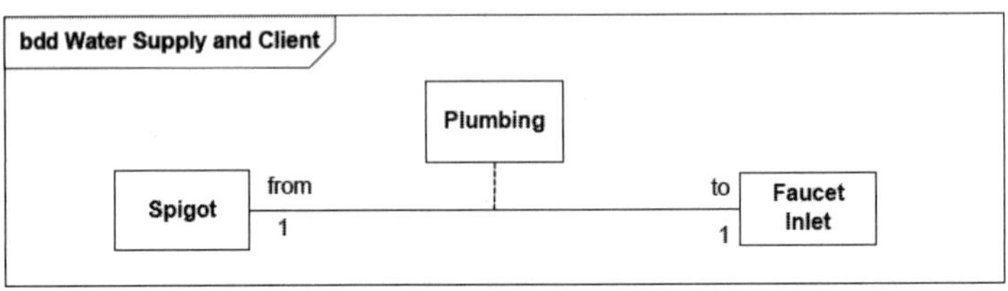

图 5.44 添加 Plumbing 关联块

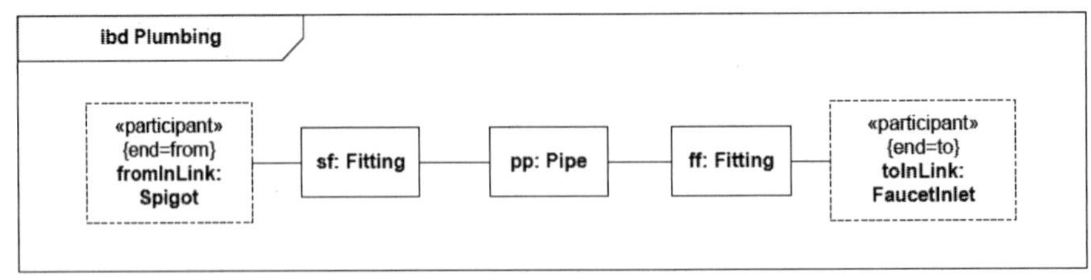

图 5.45 冷热水管道关联块的内部结构

图 5.46 所示为有内部管道连接器的输水关联块。修改了图 5.41，将管道作为输水关联块中的一个连接器类型。下方的连接器明确显示了它的连接器属性，使得它所包含的管道能够

连接到一个安装支架上（为了简洁，省略了额外的部件和连接器的定义）。

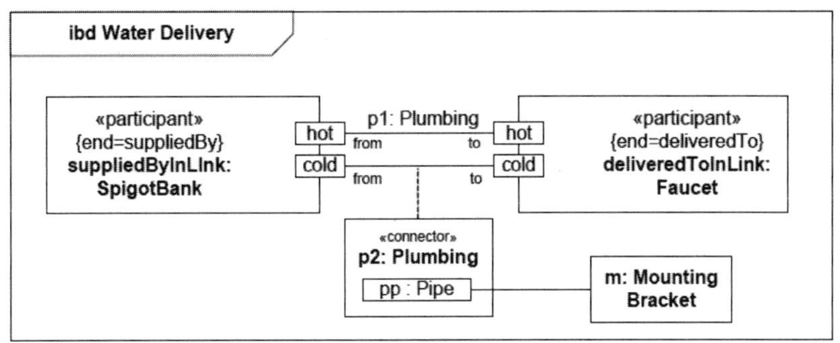

图 5.46　有内部管道连接器的输水关联块

6）项目流

内部模块图中的项目流指定了一个块的局部流动。例如，在图 5.47 中，热水器输出的连接器有一个项目流，表明蒸馏水在流动，尽管热水器的输出流属性表明它生产水，但在这个特定的使用中，热水器中的水是由蒸馏器提供的，所以建模者知道输出的永远是蒸馏水，而不是其他种类的水。项目流可以比实际流更抽象，如右边的连接器所示。蒸馏器生产的是蒸馏水，因为项目流针对的是任何种类的液体，包括蒸馏水，所以它与热水器的连接是兼容的。项目流并不要求加热器接受任何种类的流体，无论项目流的通用性如何，流源仍然在生产水。

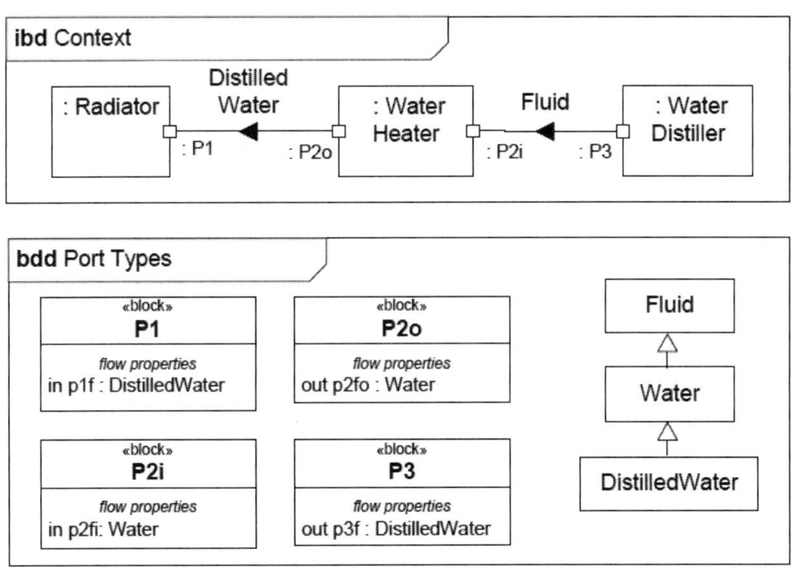

图 5.47　内部模块图中的项目流示例

具有项目流的连接器可以通过具有额外物品流的关联块进行分解。一个项目流和关联块中物品流之间的关系由建模者决定。图 5.48 和图 5.49 是建模者可能选择的项目流分解示例，但它们不是唯一可能的定义，也不是必需的。在图 5.48 中，EnginePart 项目流分类器是分解中的 Piston、Crankshaft 和 Cam 项目流分类器的超类。流属性在嵌套端口的类型中，组成的项目流通过泛化总结了流动项的种类。在图 5.49 中，Engine 项目流分类器对图 5.48 中分解的 EnginePart 项目流分类器进行了组合。端口类型有一个额外的流属性，但不在嵌套的端口中。这些是针对发动机的流，不针对零件。可以在发动机的流属性和零件的流属性之间添加约束条件，以表明零件是在流动的发动机内部，或者是独立的，如作为备用零件。

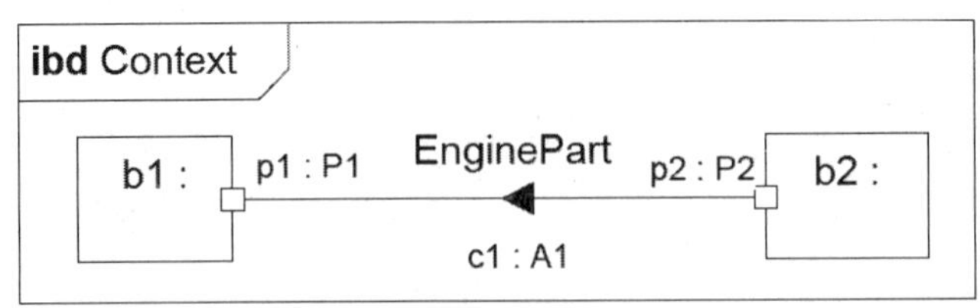

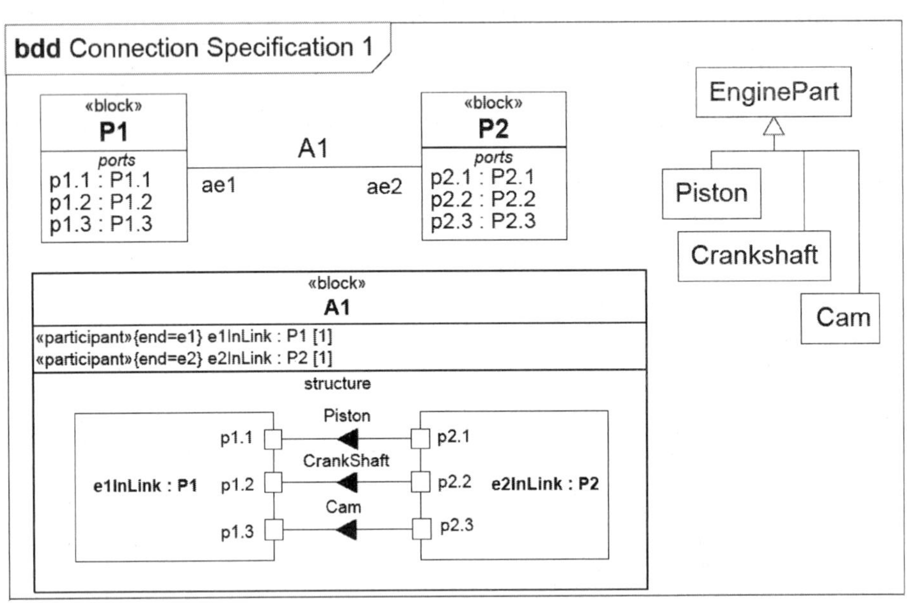

图 5.48 项目流分解示例（1）

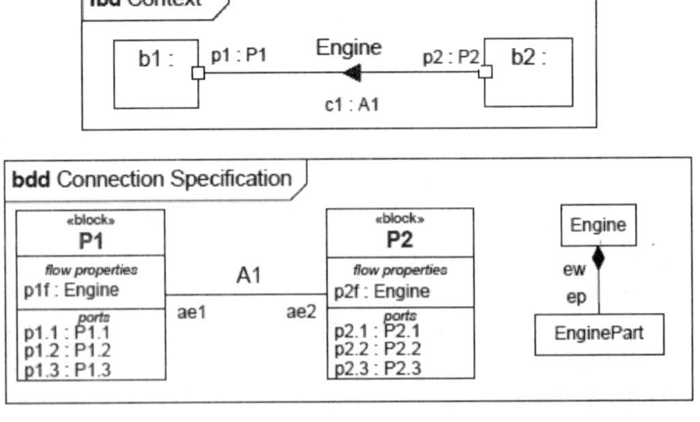

图 5.49 项目流分解示例（2）

5.5　SysML 指标参数建模（约束块）

1．概述

约束块提供了一种整合工程分析（如性能和可靠性模型）与 SysML 模型的机制，可以用来定义一个约束网络，这个网络代表数学表达式，如 $\{F = m \cdot a\}$ 和 $\{a = \mathrm{d}v/\mathrm{d}t\}$，制约着系统的物理属性。这些约束还可以用来确定关键性能参数及其与其他参数的关系，这些参数可以在系统整个生命周期内被追踪。

一个约束块包含如 $\{F = m \cdot a\}$ 的约束以及约束参数，如 F、m 和 a。约束块定义了约束的通用形式，可以在多种情况下使用。例如，牛顿定律的定义可在许多不同的情境下指定这些约束。可重用的约束定义可以在块定义图上指定，并打包进通用或特定领域的模型库中。这种约束可以是任意复杂的数学或逻辑表达式。约束可以嵌套，一个约束可以定义为更基本的约束的组合，如原始的数学运算符。

参数图包含使用约束块来约束另一个块的属性。约束的使用将约束参数（如 F、m 和 a）与块的特定属性（如质量）绑定，为参数提供值。受约束的属性，如质量或响应时间，通常具有简单的值类型，也可能包括单位、数量种类或概率分布。路径名符号可以用来指代块层次结构中的嵌套属性，允许在包含层次结构（如车辆、动力系统、发动机）内深度嵌套的值属性（如发动机排量）在外部包含层次（如车辆级方程）中被引用。约束块的使用背景也必须在参数图中指定，以保持嵌套属性的正确命名空间。

时间可以被建模为其他属性可能依赖的属性。时间参考可以由一个产生连续或离散时间值的本地或全局时钟建立。其他时间值可以通过在时间值中引入延迟和/或偏移后从时钟导出。离散时间值和日历时间都可以从时间属性中导出。SysML 包括 UML 的时间模型，其他 UML 规范提供了更专门的时间描述，可能也适用于特定需求。

系统的一个状态可以用它的一些属性值来指定。例如，当水温低于 0℃时，水可能从液态变为固态。在这个例子中，状态的变化产生了一组不同的约束方程。这可以通过指定以状态属性的值为条件的约束来解决。

参数图可以用来支持权衡分析。一个约束块可以定义一个目标函数来比较备选解决方案。目标函数可以用来衡量系统的有效性或优点，也可以包括与评估替代方案的各种标准相关的效用函数的加权。例如，这些标准可能与系统性能、成本或期望的物理特性有关。绑定到目标函数参数的属性可能有相关的概率分布，用于计算或概率性度量系统的预期值。

SysML 识别和命名约束块，虽不为约束块指定一种计算机可解释的语言，但提供对一个给定约束块的解释（例如，其参数值之间的数学关系）。一个表达式可以通过其他数学描述语言来捕捉数学或逻辑关系的详细说明，并为这些关系提供一个计算引擎。此外，块状约束是无因果关系的，不指定因变量或自变量。具体的因变量和自变量通常由初始条件定义，并留给计算引擎处理。

2. 图形元素

1）块定义图

本节描述的图形元素是对 5.4.1 节中描述的块定义图的补充，具体如表 5.19 所示。

表 5.19 块定义图中包含的图形元素

节 点 名	具 体 语 法	抽象语法引用
约束模块	«constraint» ConstraintBlock1 constraints {{L1} x > y} nested: ConstraintBlock2 parameters x: Real y: Real	SysML::ConstraintBlocks::ConstraintBlock

2）参数图

本节描述的图形元素是对 5.4.1 节中描述的内部模块图的补充，具体如表 5.20 所示。

表 5.20 内部模块图中包含的图形元素

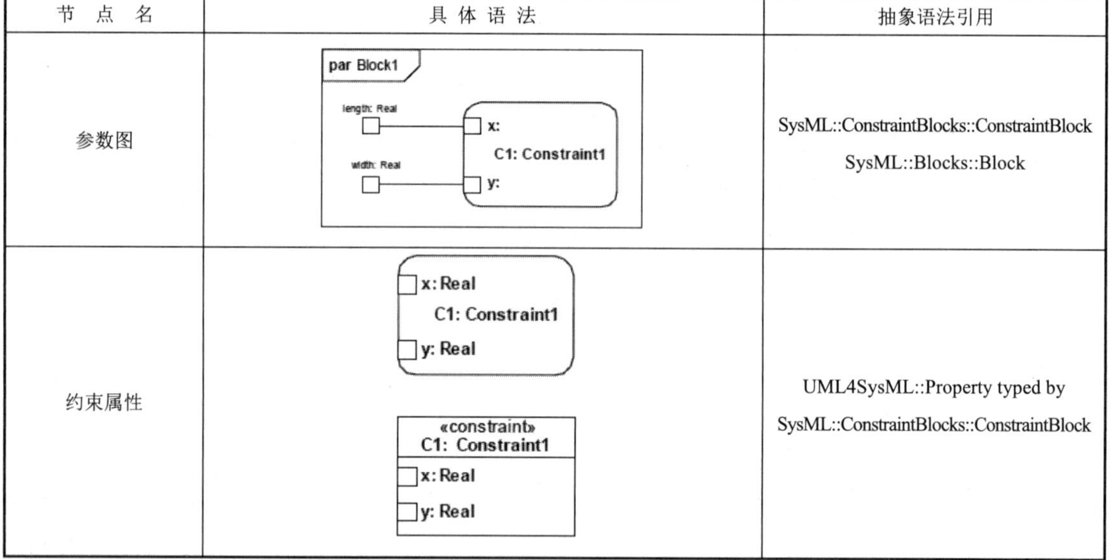

节 点 名	具 体 语 法	抽象语法引用
参数图	par Block1 length: Real width: Real x: C1: Constraint1 y:	SysML::ConstraintBlocks::ConstraintBlock SysML::Blocks::Block
约束属性	x: Real C1: Constraint1 y: Real «constraint» C1: Constraint1 x: Real y: Real	UML4SysML::Property typed by SysML::ConstraintBlocks::ConstraintBlock

3. 使用示例

1）块定义图上约束块的定义

约束块只能在块定义图或包图上定义，且必须有“constraint”关键字显示。在标有“constraints”的区块中，大括号中的字符串是普通的 UML 约束，使用一个特殊区块来容纳约束。约束块在块定义图上的定义示例如图 5.50 所示。这些特殊的约束可用非正式语言指定，也可用更正式的语言，如 OCL 或 MathML。标有“parameters”的隔间显示了约束的参数，该参数在参数图上被绑定。

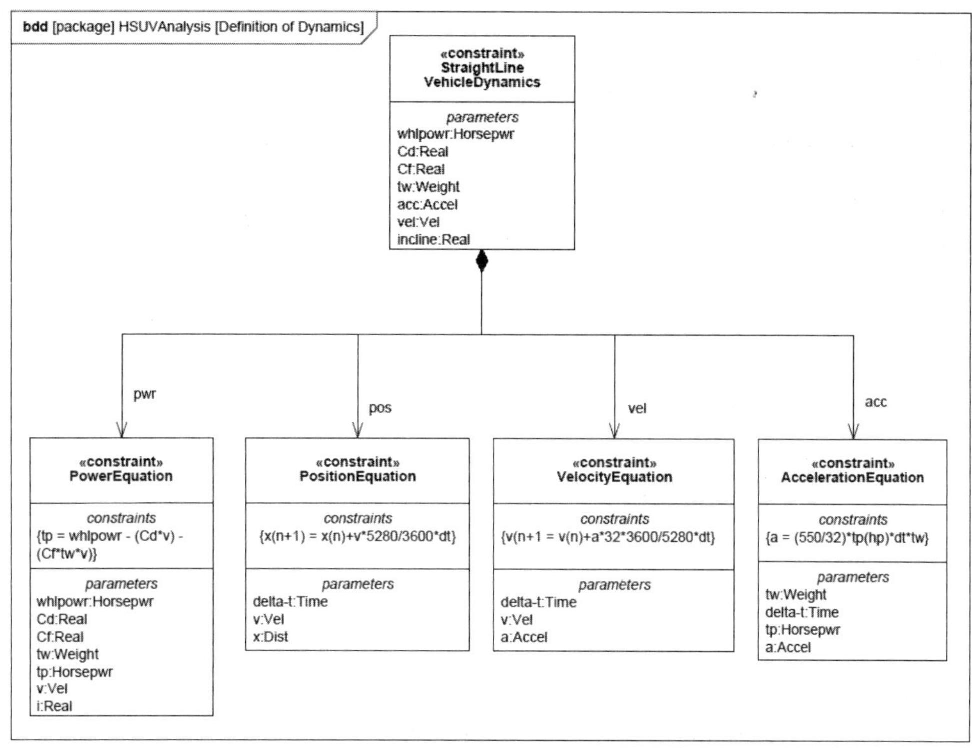

图 5.50　约束块在块定义图上的定义示例

2）参数图中约束块的使用方法

图 5.51 所示为约束属性在参数图上的使用示例。图中展示了引用零件嵌套属性的使用方法，参数图可以利用嵌套属性名称符号来引用多层次的嵌套属性包含。参数图与内部模块图类似，唯一不同的是，参数图可以显示的连接器是绑定连接器。

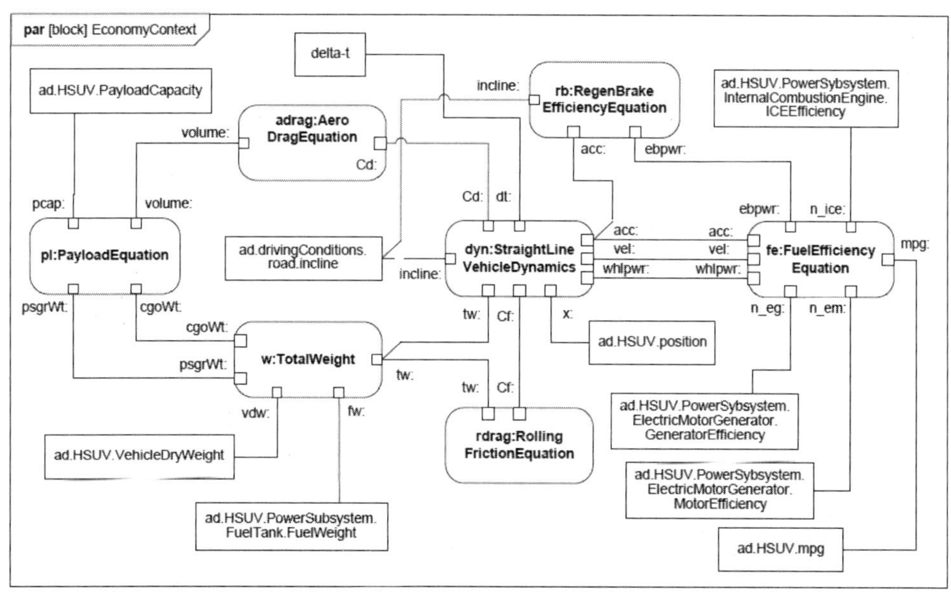

图 5.51　约束属性在参数图上的使用示例

5.6 本章小结

本章对MBSE的系统建模语言SysML进行了简介，包括需求建模、行为建模、结构及接口建模，以及参数建模的全流程建模示例。涵盖了SysML系统模型的四个维度（结构图、参数分析图、需求分析图和行为图）的图形元素及使用示例。

5.7 本章习题

（1）什么是SysML?

（2）简述SysML与UML的异同。

（3）SysML的9种基本图形是哪些？

（4）简述SysML需求建模流程。

（5）SysML需求图的名称是什么？

（6）SysML需求如何进行分解和复用？

（7）如何进行SysML行为建模？

（8）SysML主要使用哪种图描述交互？

（9）SysML状态机图的作用是什么？

（10）简述SysML用例图的主要图形元素。

（11）SysML如何进行结构及接口建模？

（12）SysML如何表示端口？

（13）简述SysML约束块的作用。

参考文献

[1] WOLNY S, MAZAK A, CARPELLA C, et al. Thirteen years of SysML: A systematic mapping study[J]. Software and Systems Modeling, 2020, 19(1): 111-169.

[2] ANDA A, AMYOT D. Arithmetic semantics of feature and goal models for adaptive cyber-physical systems [C]//2019 IEEE 27th International Requirements Engineering Conference (RE). Jeju: IEEE, 2019: 245-256.

[3] MUVUNA J, BOUTALEB T, BAKER K J, et al. A methodology to model integrated smart city system from the information perspective[J]. Smart Cities, 2019, 2(4): 496-511.

[4] BIGGS G, POST K, Armonas A, et al. OMG standard for integrating safety and reliability analysis into MBSE: concepts and applications[J]. INCOSE International Symposium, 2019, 29(1): 159-173.

[5] MILI S, NGUYEN N, CHELOUAH R. Transformation-based approach to security verification for cyber-physical systems[J]. IEEE Systems Journal, 2019, 13(4): 3989-4000.

[6] GAO S, CAO W, FAN L H, et al. MBSE for satellite communication system architecting[J]. IEEE Access, 2019, 7: 164051-164067.

[7] SALADO A, WACH P. Constructing true model-based requirements in SysML[J]. Systems, 2019, 7(2): 19.

[8] ZHU S F, TANG J, GAUTHIER J M, et al. A formal approach using SysML for capturing functional requirements in avionics domain[J]. Chinese Journal of Aeronautics, 2019, 32(12): 2717-2726.

[9] WANG H Q, LI H, WEN X Y, et al. Unified modeling for digital twin of a knowledge-based system design[J]. Robotics Computer-Integrated Manufacturing, 2021, 68(3): 102074.

[10] OBJECT MANAGEMENT GROUP. OMG Systems Modeling Language (OMG SysML) Version 1.6[EB/OL]. (2019-12)[2024-04-11]. https://www.omg.org/spec/SysML/1.6/About-SysML.

第 6 章　SysML 建模工具开发技术

在工业领域，设计复杂系统需要建模与仿真（M&S）步骤来表示系统内部及系统间的交互和行为。随着技术的进步，系统的复杂性不断增加，使得系统更难以建模和模拟。在面对日益增长的复杂性的同时，还必须考虑建模过程中的风险、危害和威胁。

近年来，关于 SysML 建模的研究不断涌现。Alenazi 等人进行了系统性梳理，从 19 项主要研究中发现了 42 个 SysML 建模错误。为了克服这些缺陷，Fei 等人提出了一种基于模型的通用系统工程方法，用于航空系统开发和特定系统设计。Rahman 等人研究了在 Simulink 环境中根据 SysML 标准中的描述模型自动生成 Simscape/Simulink 行为模型的方法。由于该方法是自动化的，可以集成到使用 MBSE 的系统开发工作中，因此可以在整个设计过程中重复运用，并经常用于评估系统设计、找出弱点和采取纠正措施，以创建更具弹性和稳定性的系统。Julio 等人提出了一个基于 CMMI 和 ITIL 方法论的框架。Yang 等人利用 SysML 建模语言和 MagicDraw 建模工具，将传统的基于经验和文档的设计工作转变为基于模型的架构设计工作，利用模型的关联性和可追溯性确保设计过程中信息的完整性。Yang 等人还建立了高架系统的功能层、逻辑层和物理层之间的设计关系，验证了这种建模方法的有效性。Melzer 等人预测，联合搜索的早期验证可能会发现在建模前需要解决的问题。Zhang 等人进行了基于 SysML 建模的民用飞机功能分析技术的研究与应用。作为 UML 建模扩展的 Stereotype 及其衍生附件主要作为配置文件和辅助角色出现，可视为对 Stereotype 在 UML 建模中的工程角色的进一步明确定位。SysML 常用的建模工具包括以下 4 种。

（1）Papyrus SysML。

Papyrus SysML 是一个免费的开源建模工具，允许个人和小团队了解 SysML 及 MBSE 功能。尽管 Papyrus SysML 的功能集有限且不成熟，尚不能与高质量的商业 SysML 建模工具竞争，但它为 Eclipse 基金会提供了一个 UML/SysML 建模器，并支持使用多种建模符号来表示系统的结构和行为。由于 UML 标准对于系统描述不是很有效，因此存在 UML 配置文件。由 OMG 创建的 UML 配置文件允许用户在其语义对象上指定自己的 UML 语言。

Papyrus 基于 Eclipse 提供了建模和执行两个标准的工具。执行部分由 fUML 执行引擎 Moka 处理。Papyrus 为 UML 配置文件提供了广泛的支持，以实现 UML2 的完整标准规范。

Moka 是一个 Papyrus 插件，旨在提供一个符合 OMG 标准的 UML 执行环境。基础 UML 子集（fUML）是 UML 标准的可执行子集，可用于以操作风格定义系统的结构和行为语义，以便进行模拟。Moka 能够执行在 Papyrus UML 编辑器中设计的 UML 模型。此外，Moka 是开源的，并且可以扩展，以支持 UML 配置文件或替代执行语义，满足多种用途的需求。

（2）MagicDraw。

MagicDraw 是一款用于 UML 建模和面向对象系统设计分析的工具。作为最流行的建模工具之一，它是执行 MBSE 的坚实选择，严格执行 SysML 的语法（符号）和语义规则。MagicDraw 提供专有和商业插件，可与需求管理工具（如 DOORS、PTC Integrity）和仿真工具（如 MATLAB/Simulink、Mathematica）集成。

然而，MagicDraw 也有一些缺点，如用户界面过于复杂、活动图不能完全嵌套，以及序列图不能完全理解接口和信号的语义。

（3）Rhapsody。

UML 提供的高级抽象规范形式在嵌入式系统开发中的应用，可以视为对开发流程的一种改进。类图和状态图等图形化表示方法增加了设计概念的直观性，仿真功能为正在开发的系统提供了验证支持。面向对象的技术有助于将系统及其部件的属性形式化，并明确它们之间的构成关系。尽管面向对象的技术可以帮助避免许多概念问题和某些设计缺陷，但仅仅依靠构造本身并不能确保设计在功能要求上的正确性，特别是在安全系统或关键任务嵌入式系统的开发中，形式化方法的应用可以显著提升设计的质量。

Rhapsody 是一款 MBSE 工具，为 UML/SysML 状态机图的语法和语义提供了强有力的支持，包括状态机的模拟和执行。然而，Rhapsody 对活动图和序列图的支持相对较弱，用户界面（UI）直观性不足且显得有些过时，在 SysML 绘图工具中并不是最突出的。Rhapsody 提供了专有插件，可与需求管理工具（如 DOORS）和仿真工具（如 MATLAB/ Simulink）进行集成。Rhapsody 是汽车行业中最为流行的建模框架之一，支持整个 UML 标准，并允许将 C、C++和 Java 等语言的代码嵌入模型。在 Rhapsody 中，状态图用于指定被建模系统的反应行为。

Rhapsody 的缺点包括不直观的 UI、对状态机图语法和语义的偏见、活动图不能完全嵌套及相对昂贵的价格。

（4）Enterprise Architect（EA）。

EA 是遵循 OMG SysML 标准的系统架构建模工具，以用户友好性成为可靠的技术选择。Sparx EA 支持 MBSE 的基础活动，包括需求可追溯性、行为（活动、状态机、序列）图的分析与设计模拟、参数图的贸易研究模拟，以及自动文档生成。Sparx EA 为需求管理工具（如 DOORS）和仿真工具（如 MATLAB/Simulink）提供了专有模块和商业插件，并能很好地与开源标准如团队建模和参数化图表模拟（Open Modelica）集成。

URML 目前作为 EA　CASE 工具的插件实现，主要基于模型定义，尤其是 UML 配置文件图。UML 概要图不仅引入了新概念及其符号，还引入了自定义图类型和工具箱扩展，用以保存表示 URML 概念的图标。URML 插件通过以下方式扩展了 EA：首先，定义带有 EA 特定添加的 UML 配置文件，以添加新语言；其次，提供包含语言概念和关系的工具栏，每个概念和关系都由工具栏中的微型图标表示；最后，定义可通过上下文快速链接器菜单创建的概念或关系。插件的进一步开发可能包括验证规则，以检查模型的语法或启发式模型的质量。除了定义语言 UML 配置文件附带的自定义图表类型外，不在工具中添加任何自定义用户界面元素。

6.1 需求模型开发技术

6.1.1 需求变更

在软件开发过程中，因为面临的问题具有多面性，从不同角度观察会呈现出不同的特征，所以需求变更是难以避免的。然而，人们对问题的认识往往局限在问题的某些方面，加之系统的复杂性可能引发各种交叉问题，从而也导致软件需求的变更。

需求跟踪矩阵（RTM）是一种重要的静态需求跟踪方法，在软件项目中得到广泛应用。传统的 RTM 主要支持从功能需求到设计文档、源代码、测试用例等其他软件产品的纵向追溯，忽视了横向追溯，导致缺陷修改和需求变更响应效率低下。通常情况下，纵向追溯无法为功能需求之间的追溯提供足够的支持，即所谓的横向追溯。缺乏横向追溯是导致缺陷修改不彻底、需求变更评估不充分等问题的直接原因。

在软件生命周期中，需求变更往往是由功能变化引起的。随着面向对象语言的快速发展，人们开始将分析技术应用于面向对象的环境中，利用面向对象的依赖关系来分析变化的影响。

需求变更通常依赖于专业的变更管理系统，这些系统定义了变更管理流程及相关角色和节点。目前业界可选择的变更管理系统包括 3DE、WinChill、ClearQuest、Jira 等。

需求是决定系统开发成功与否的关键因素。需求工程是一个创造性的问题解决过程，主要目的是使研究人员和从业者能够应用适当的理论、模型、技术和工具来更有效地理解和支持需求过程。进行需求工程的方法多种多样，需求的质量可能会受到所采用方法的重大影响。尽管普遍认为没有一种方法适用于所有情况，但如何选择最相关和最合适的方法是从业者和研究人员面临的问题。为了解决这个问题，需要基于社区的努力，将众多需求工程方法组织成一个本体，为确定差距和改进方法之间的接口提供机会。众包本体的开发和验证将促进本体在不同系统类型和应用领域的应用。

块元素是 SysML 中的基本结构单元，用于表示包括硬件、软件和人员在内的各种元素。从需求工程的角度来看，SysML 超越了 UML，为问题、基本原理、利益相关者和需求定义了模型元素。SysML 需求具有名称、标识符、文本内容及其他可能的用户定义属性。需求可以链接到多种类型的模型元素，以实现可追溯性。预定义的关系包括需求的包含、复制、派生、满足（例如，通过用例）、验证（例如，通过测试用例）、细化和通用可追溯性。

需求图包含需求及其关系，以及其他潜在的建模元素（例如，块、用例或测试用例）及其与需求的关系，在理解需求方面具有优势。相同的信息也可以通过表格形式进行可视化，更便于检查关系（例如，作为可追溯性矩阵）。这种表格视图通常比图形视图更具可扩展性，尤其是在处理大量需求和关系时。

与 UML 相比，SysML 更为简洁，具有更少的图表类型，为系统建模提供更精确的概念和语义，并为需求工程活动提供更好的支持。然而，SysML 遗漏了重要的建模概念，尤其是目标。在许多应用中，面向目标的需求工程支持在社会技术方面对非功能性需求进行建模、需求和利益相关者目标之间的可追溯性、对冲突目标进行权衡分析、适应性行为、对管理利益相关者的验证以及整体决策。

在建模时，如何定义和展示这些关系呢？

使用依赖矩阵（Dependency Matrix）批量建立跟踪关系：当确定某两类元素之间的关系时，建议使用依赖矩阵来批量跟踪它们之间的关系。这些关系包括：功能与块之间的分配关系、需求之间的派生关系、需求与用例之间的细化关系、需求与分析对象之间的满足关系等。以功能与块之间的分配关系为例，为了表示功能落实到部件的分配关系，通过分配矩阵进行批量操作，直接在矩阵图中双击交叉单元格即可完成创建相互关系的操作。

当页面需要同时显示几个项目时，可能需要用一个矩阵来填充数据，因为人们通常不清楚数据项的数量，所以支持自定义行列尤为重要。采用 Qt 进行开发，通过在矩阵上布局组件，运用 Qt 中的 model/view 原理进行数据显示，数据可放到对应的控件上显示。通过行列号的设置来随时切换矩阵显示效果。矩阵同时支持根据选取属性的不同，实时展示不同的内容。在展示的矩阵中，有可选取的矩阵属性，如行属性、列属性、行属性的范围、列属性的范围、依赖关系、矩阵的方向和展示的元素等选项，通过不同的选项实时生成矩阵。

6.1.2　SysML 需求关系追溯

在基于模型的需求管理背景下，需求之间以及需求与其他模型元素之间通过“关系”相互连接，构成了模型元素的关系链。这正是 MBSE 相比传统系统工程手段最核心的价值优势所在。

SysML 定义了多种关系，如组成、聚合、泛化、引用、派生、满足、验证、细化、跟踪、影响、分配等。在工程实践中，明确在何种场景下使用何种关系来表达模型元素之间的关联性，是建模指南中需要明确定义的基本原则。

需求建模中“关系”的使用原则如下。

（1）**涉众需求**，也称为 IR（Initial Requirement），用<<businessRequirement>>构造型表示。

（2）**系统需求**，也称为 SR（System Requirement），<<functionalRequirement>>表示功能需求、<<interfaceRequirement>>表示接口需求、<<performanceRequirement>>表示性能需求。

（3）**分配需求**，也称为 AR（Allocated Requirement），一般用<<physicalRequirement>>构造型表示。

系统需求“派生自”（deriveReqt）涉众需求。接口需求“跟踪自”（Trace）功能需求。性能需求“跟踪自”功能需求。功能需求“描述”（Describe）功能。接口需求“描述”端口。性能需求被值属性（Value Property）“满足”（Satisfy），被约束块（Constraint Block）

“精化”（Refine）。涉众需求被用例“精化”。功能“分配”（Allocate）到逻辑块。物理块“继承自”逻辑块。分配需求“描述”(Describe)逻辑块或物理块，“派生自”系统需求。

在基于 RFLP（需求、功能、逻辑、物理）框架的架构设计过程中，设计人员建立了模型元素、关系及视图的模型生成过程。模型生成由建模人员完成，使用者有模型阅读人员、模型评审人员等。在实际业务中，使用者有很多场合需要“消费”模型，包括模型评审、自动生成模型文档、自动生成任务书等。在这些场合中，用户最关心的是各种元素之间的跟踪分解过程。为此，需要基于模型生成展示所需关系的相关视图。常见的视图包括以下 3 种。

（1）需求影响树。

需求影响树以某个指定的树根为起始点，向下展示以特定“关系”（如派生关系、精化关系等）跟踪到的元素。以 SHNI 需求规格为例，其需求影响树如图 6.1 所示。

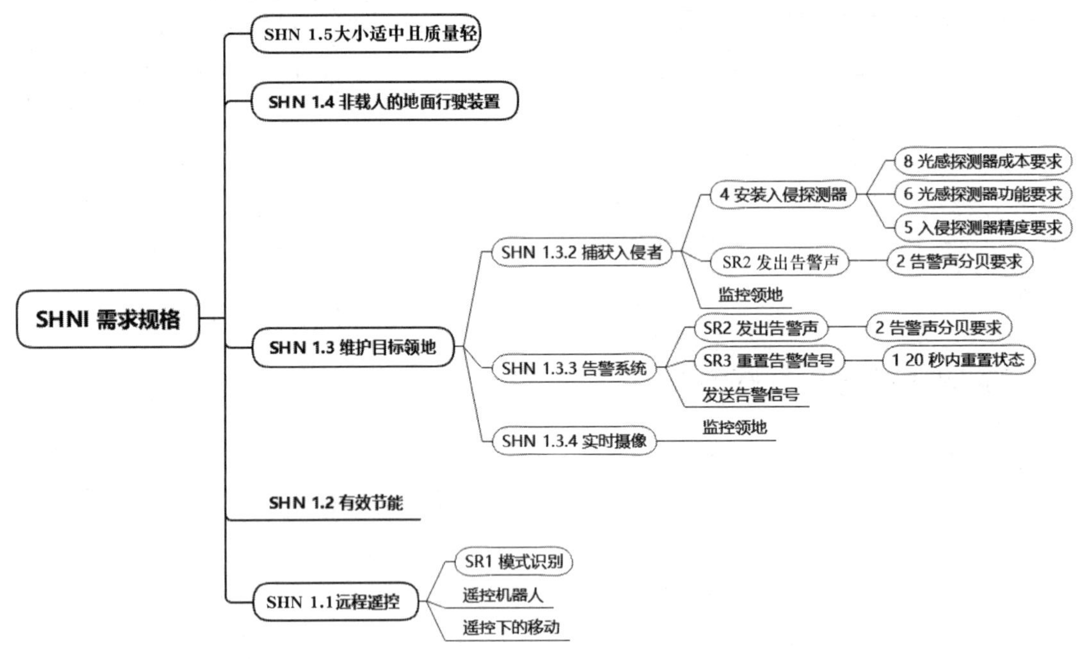

图 6.1　SHNI 需求规格的需求影响树

（2）需求关联表。

需求关联表是需求影响树的另一种表现形式，清晰地展示了上层需求与下层需求之间的分解、分配和派生关系，不受层级限制，深度取决于实际建模的需求。需求关联表的示例如表 6.1 所示。

表 6.1　需求关联表的示例

#	涉众需求	名称	分配需求
1	SHN 1.3.2 捕获入侵者	4 安装入侵探测器	6 光感探测器功能要求 8 光感探测器成本要求
2	SHN 1.1 远程遥控 SHN 1.4 非载人的地面行驶装置	SR1 模式识别	2 告警声分贝要求

续表

#	涉众需求	名　称	分配需求
3	SHN 1.3.3 告警系统 SHN 1.3.2 捕获入侵者	SR2 发出告警声	—
4	SHN 1.3.3 告警系统	SR3 重置告警信号	2 告警声分贝要求
5	SHN 1.5 大小适中且质量轻	SR4 质量要求	110 秒内重置状态

（3）需求关联矩阵。

需求关联矩阵是需求关联表的另一种表现形式，以最直接的方式表达关系。它的局限性在于，一个矩阵只能展示两种关联对象的关系，无法表示多层关联。多层关联需要通过多个需求关联矩阵来展示。需求关联矩阵的示例如图 6.2 所示。

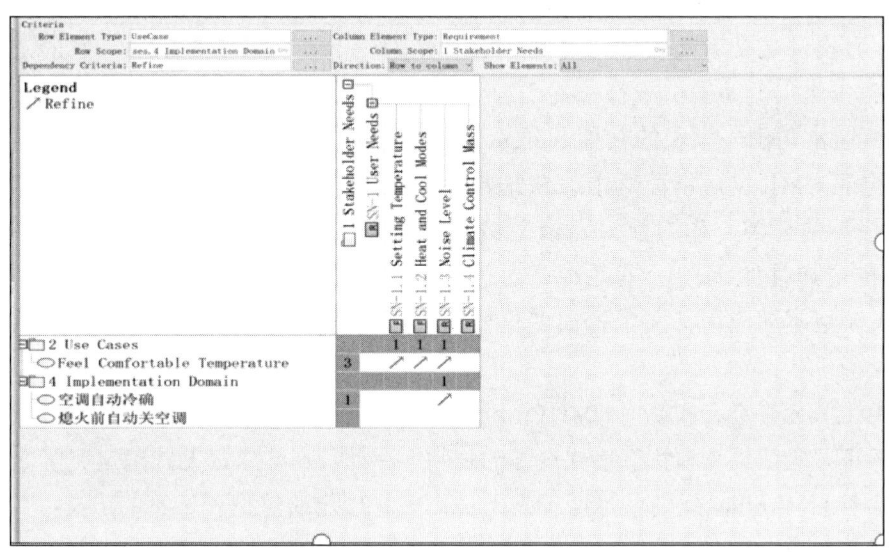

图 6.2　需求关联矩阵的示例

6.2　工具化开发技术

6.2.1　Stereotype 建模技术

在 2009 年之前，针对 Stereotype 的工程建模研究主要面向小型系统或非系统性组件。自 20 世纪 80 年代以来，企业架构的概念一直颇为活跃。在大多数情况下，企业模型是零散的，使用特定领域的框架在工业工具中没有适当的支持。为特定领域的建模需求定制 UML 工具的方法已在 MagicDraw UML 软件中成功实现，并开始在工业界获得广泛采用。定制 UML 的可能性使其更适合作为企业架构的平台，在简化复杂的 UML 语言和关注领域建模概念的同时，使建模者能够重用 UML 工具的强大功能。该方法的提出者在另一篇文章中更为详细地描述了基于 Stereotype 和侧图（Profile）的定制 UML 组件的系统工程的实现细节，提出在 MagicDraw UML 中实现这样一个框架：利用其强大的功能来定制建模环境，定义方法学向导，指定验证规则，分析模型元素关系，并根据用户定义的模板生成文档。以规范需求分析的过程促进更为标准和灵活的软件开发过程。2010 年，作为 UML 建模扩展的 Stereotype 及其衍生附件更多地作为配置文件和辅助角色出现。2011 年左右，出现了以整合嵌入式系统需求管理工具为目标的研究，该研究定义了通用的需求管理领域概念和需求管理与系统开发之间的抽象接口，需要一个可移植的需求管理元模型与各种系统建模语言相适应。该研究通过元模型翻译生成UML配置文件来实现原型化。执行一个应用了 Profile 的模型需要考虑其语义，但在实践中，Profile 的语义主要是以非标准化且零散的形式指定的，不能被模型执行工具处理。2014 年，为标准化配置文件的语义，使用 fUML 和嵌入式系统中的 MARTE 配置文件来解决这个问题的方法被提出。这是 UML 与嵌入式系统以及 fUML 的一次较为成熟的应用。

UML 自设计之初就被构建为可定制的。作为一个潜在的语言系列，它的定义中包含了许多语义变化点，并提供了特殊的语言结构进行完善。Stereotype 作为捕捉特定领域概念的工具，通常与同一领域的其他 Stereotype 一起使用，从而产生了 Profile 的概念，即一个特别指定的 UML 包，包含了相关 Stereotype 的集合。Stereotype 有三种不同的用途：第一种是支持类的分类，作为模拟元模型扩展的手段；第二种是支持对象的分类，作为给对象分配特定属性的手段；第三种是过渡性分类，在添加新的自然类型时使用。UML Profiles 在模型驱动应用开发中扮演着重要角色，它将系统建模而非编码作为系统开发的基石。

早期的工具允许定义和使用UML Profile，但仅限于图形层面，即不支持与定型相关的约束条件的验证，无法检查和执行格式良好的规则。因此，用户永远无法确定使用 Profile 指定的系统是否符合 Profile 规则。早期工具无法正确管理新的定型和标签的定义，并允许检查 Profile 定义的约束。

事实上，Stereotype 的利用探索过程便是致力于将 UML Profile 工具化和可利用化的过程。No Magic 公司的 Cameo System 在 UML 工具开发中，注意到 Stereotype 存在的问题是仅有扩展而无外部约束。最初扩展是为了解决企业架构中采用 UML 的问题，建议增加一层模型定制层用于定义模型元素约束，隐藏 UML 的相关细节，并将 UML Stereotype 元素隐式转换为在领域内仅使用属性和自然术语（Terminology Natural）的第一类特定领域（First-Class Domain-Specific）建模概念。

在以建模为核心的理念中，建议将定制化实现作为建模元素分配至可插拔式建模库中。这个简单的变革出色地解决了两个问题，即隐藏不必要的 UML 复杂细节和转化 UML 为特定领域建模语言（Domain-Specific Modeling Language，DSML）。

对于系统工程工具，UML/SysML 规范的应用程度是衡量质量的一个非常重要和基础的标准，在 UML/SysML 规范中，Stereotype 的实现与应用更是基础中的基础，因为 SysML 是通过 Stereotype 扩展机制对 UML 进行扩展得来的，不仅 SysML 如此，在领域建模中也有大量使用 Stereotype 丰富领域模型的场景。

在 MBSE 工具开发的现阶段，存在下面两大痛点。

（1）对 Stereotype 只实现了最基本的语义支持，taggedValue、slot 等机制没有实现，且短期内无开发计划。

（2）UML 元模型数量众多、操作各异，目前多使用配置文件模拟 cameo system modeler 中的一些快捷菜单。例如，当左击某一元素时，与该元素相关的属性、端口、连线等会显示在右侧的浮动菜单中。UML 中的元素操作差异性大，随着开发的深入，diagram.xml 支持的操作已经无法满足越来越丰富的建模需求。

6.2.2 鹰眼（Eagle eye）

鹰眼地图是地理信息系统的基本功能之一，提供了全局地图的概括性视图，用于辅助地理空间导航和提供范围参考。在更复杂的应用场景中，鹰眼地图与数据库结合，根据视图区域的变化动态加载信息数据，实现跨域和分块的信息展示。将鹰眼地图集成到工业建模软件中，有助于构建一个在物理上分布、在逻辑上集成的工业软件平台。

1. 功能价值

鹰眼功能在系统建模设计软件中十分常见，通过缩略图或全局视图展示整个系统模型的概况。鹰眼功能对系统建模设计软件的主要价值包括以下方面。

（1）提升系统可视化效果。

在系统建模设计软件中，用户通常需要在大量的模型元素中执行选择、编辑、移动等操作。由于模型规模较大，缺乏直观的整体概览，因此用户容易在操作中迷失方向或遗漏细节。鹰眼功能通过在同一窗口中提供缩略图或全局视图，使用户可以快速定位和浏览整个系统模型。这样，用户在执行编辑、选择、移动等操作时，能有更明确的目标和方向，同时更好地把握整体结构和规模。

（2）提高系统建模效率。

在系统建模设计过程中，用户通常需要在多个视图之间切换，查看和编辑各种不同的元素和关系。这些操作常涉及频繁缩放和平移视图，以寻找感兴趣的区域，增加操作成本。鹰眼功能提供快速导航系统，用户可通过点击缩略图上的区域，快速跳转至目标区域进行编辑或操作，从而提升建模效率。

（3）提供系统交互性。

鹰眼功能不仅提供系统概览信息，还提供交互功能。用户可通过鼠标拖拽或调整缩略图中的视窗，实时更新主视图的显示区域。这种交互性提升了用户体验，促进了用户与系统的互动，帮助用户更深入地理解系统模型。

（4）方便用户进行信息检索和分析。

在系统建模设计过程中，用户通常需要对模型中的元素和关系进行深入的信息检索和分析，以便更好地理解系统结构和行为。鹰眼功能提供的全局概览使用户能够迅速定位到感兴趣的区域，从而高效地进行信息检索和分析。通过缩略图与主视图之间的交互，用户可以快速导航至目标元素或区域，进行深入分析。

（5）降低系统建模的复杂度。

大型系统建模设计往往涉及复杂的系统结构和关系，需要投入大量的时间和精力去理解和处理。鹰眼功能通过提供简洁明了的全局视图，帮助用户快速理解系统结构和关系，从而降低建模的复杂性。这不仅有助于缩短建模时间，而且提高了建模的精度和质量。

（6）增强系统建模的可维护性。

系统建模设计完成后，需要定期维护和更新以适应不断变化的需求。鹰眼功能的全局概览帮助用户清晰理解系统的整体结构和关系，使得维护和更新过程更为便捷，显著提高了系统的可维护性和可扩展性，使系统能够更好地适应需求变化。

（7）提高系统建模的可重用性。

在系统建模设计中，经常需要对现有模型元素和关系进行多次重用和组合，以便快速构建新系统。鹰眼功能的全局概览帮助用户清晰地理解系统的整体结构和关系，简化重用和组合操作。这极大提高了系统建模的可重用性和可组合性，更好地满足了系统设计的需求。

综上所述，鹰眼功能对系统建模设计软件具有重要价值，不仅提升了系统的可视化效果、建模效率和交互性，而且方便用户进行信息检索和分析，降低了建模的复杂度、增强了可维护性，提高了系统建模的可重用性。这些优势极大提升了系统建模的质量和效率，使其能够更好地适应不断变化的需求。

2. 应用场景

鹰眼地图作为工业建模软件中的一项导航功能，核心作用在于实现主视图与鹰眼视图之间的同步。这种同步表现为当用户在主视图中对元件或形状进行拖拽操作时，鹰眼视图中相应的元件或形状也会同步变化；反之亦然，在鹰眼视图中进行拖拽操作时，主视图将根据鼠标位置的变化相应地移动显示区域。

在主视图中，用户可以创建各种模型。点击鹰眼地图功能按钮即可展示鹰眼视图。用户不仅可以通过鹰眼视图快速获得整个模型的总览，还可以调整鹰眼窗口的大小，为后续操作提供便利。在主视图中选择和拖拽单一组件或多个模型组件时，鹰眼窗口中的对应组件也会被同步选中和拖拽。同样，在鹰眼窗口中进行拖拽操作时，主视图中的对应组件也将即时移动到相应位置展示模型。

鉴于系统工程和SysML模型的复杂性，鹰眼地图技术提供了新的应用场景，并能有效解决实际问题。

（1）鹰眼技术在 GIS 系统和电子地图中已广泛应用，现在被引入建模领域，与建模图像相结合，开拓了新的应用可能性。

（2）将鹰眼功能集成到 SysML 建模软件，有效解决了因 SysML 模型和系统工程复杂性导致的视角冲突问题，提高了建模效率。鹰眼地图使得开发大型复杂模型变得更加便捷，减少了因视角限制导致的绘图错误。用户可以通过拖拽、放大、缩小等操作，从更多角度观察现有模型，这不仅提高了建模软件的便利性，而且优化了用户体验。

（3）结合鹰眼技术，开发国内首款具备鹰眼功能的工业建模软件。这是对《关于将工业设计软件创新突破作为国家“十四五”规划战略性工程实施的提案》的积极响应。通过与相关产业部门深入合作交流，积极创新突破，致力于推动我国工业软件的长期稳健发展。

3. 功能实现

鹰眼功能在系统建模设计软件中提供全局视图，展示系统模型的整体结构和关系，帮助用户更好地理解系统模型，提高建模效率和质量。本节将从以下几个方面介绍鹰眼功能的实现。

1）需求分析

在实现鹰眼功能前，需求分析是必不可少的步骤，需要明确用户的需求和期望。用户希望通过鹰眼功能查看系统模型的整体结构和关系，快速定位到感兴趣的模型元素和关系，并期望鹰眼功能与系统建模设计软件有良好的交互性。在实现鹰眼功能时，需要考虑用户的需求和期望，为用户提供最佳体验。

2）界面设计

鹰眼功能的界面设计是实现其功能的关键。设计时需考虑以下因素。

（1）鹰眼功能的位置和大小。

鹰眼功能通常放置在系统建模设计软件的右下角或左下角，以便用户同时查看系统模型和鹰眼图。鹰眼图的大小应该适中，既要展示整个系统模型，又不应占用过多空间，以便用户进行系统建模工作。

（2）鹰眼功能的形态和样式。

鹰眼图的形态和样式应与系统模型保持一致，便于用户理解系统模型的结构和关系。鹰眼图中的模型元素和关系应与系统模型相关联，并支持交互操作，使用户能快速定位到感兴趣的模型元素和关系。

（3）鹰眼功能的交互性。

鹰眼功能应具备良好的交互性，使用户的系统建模工作更为便捷。例如，用户可以通过鼠标拖拽鹰眼图中的滑块，快速移动至感兴趣的区域，或通过单击鹰眼图中的模型元素和关系快速定位。这些交互操作应与系统建模设计软件保持一致，实现与软件的联动。

3）算法实现

实现鹰眼功能需要进行算法实现。具体来说，需要实现以下几个算法。

（1）缩放算法。

缩放算法用于调整鹰眼图的比例，确保整个系统模型能够被完整展示，通常采用比例缩放的方式，将系统模型按比例缩小以适应鹰眼图的显示区域。此外，缩放算法还能够根据模型和鹰眼图的大小进行自适应调整，以更好地展现系统模型的结构和关系。

（2）滑块算法。

滑块算法的作用是在鹰眼图中标示出当前系统模型的视窗位置。该算法通过视窗缩放的方式，根据当前视窗的位置和大小，在鹰眼图中展示相应的区域；响应鼠标拖拽事件，调整视窗的位置和大小，使用户能够迅速移动至感兴趣的模型区域。

（3）关系映射算法。

关系映射算法负责将系统模型中的元素关系映射到鹰眼图中，通常采用直线映射的方式，将模型中的元素关系按比例呈现在鹰眼图上。关系映射算法也能够根据模型和鹰眼图的大小进行自适应调整，以更清晰地展示系统模型的元素关系。

（4）交互算法。

交互算法用于实现用户与鹰眼图的交互。具体来说，交互算法可以根据鼠标的单击、双击、拖拽等操作来实现用户与鹰眼图的交互功能。例如，当用户在鹰眼图上单击某个模型元素或关系时，系统建模设计软件应自动将焦点切换至相应的模型元素或关系。

4）实现方法

实现鹰眼功能可以采用以下几种方法。

（1）基于 OpenGL 的实现方法。

利用 OpenGL 技术可以实现鹰眼图的绘制和交互操作。具体来说，可以使用 OpenGL 的纹理贴图技术来展示系统模型和鹰眼图，使用 OpenGL 的事件响应机制来实现鹰眼图的交互功能。这种方法的优点在于 OpenGL 强大的图形渲染能力能够提供高质量的鹰眼图绘制和交互体验，缺点是需要掌握 OpenGL 技术，实现难度较大。

（2）基于 SVG 的实现方法。

SVG 技术可以用于鹰眼图的绘制和交互操作。具体来说，可以使用 SVG 的缩放和平移功能来实现视窗缩放和滑块功能，使用 SVG 的路径绘制功能来实现关系映射功能，使用 SVG 的事件响应机制来实现交互功能。SVG 技术的高度可定制性和交互能力使其成为实现高质量鹰眼图的有力工具。不过，这也要求开发者具备 SVG 技术知识，实现难度相对较大。

（3）基于 Web 技术的实现方法。

Web 技术（如 HTML、CSS、JavaScript 等）也可以用于鹰眼图的绘制和交互操作。具体来说，可以使用 HTML 和 CSS 来实现鹰眼图的布局和样式设计，使用 JavaScript 或 Canvas 技术来实现鹰眼图的绘制和交互功能。这种方法的优点是可以利用 Web 技术的跨平台特性和易用性来实现鹰眼图的绘制和交互，缺点是性能较低，适用于小型系统模型。

鹰眼功能对系统建模设计软件具有重要的价值，可以帮助用户更好地理解系统模型的整体结构和关系，快速定位到感兴趣的区域，并提高系统模型的可视化效果和交互体验。为了实现鹰眼功能，需要对系统建模设计软件及其算法进行优化，选择合适的实现方法，并根据具体需求进行定制化开发。

6.2.3 布局布线

在系统建模设计过程中，布局布线（Layout and Routing）是指将系统中的各种组件、元件、器件等放置在适当的位置，并通过适当的导线、线路、信号通路等将它们连接起来的过程。在电路设计领域，布局布线是至关重要的步骤，直接影响电路的稳定性和可靠性等。

系统建模软件中的布局布线功能主要通过优化组件的放置和连接，提高系统的效能和稳定性。布局布线过程包括布局设计和布线设计两个部分。布局设计主要指合理排列和分布系统组件、元件、器件等，以确保系统整体的稳定性和可靠性。布线设计根据系统需求，优化元件间的连接，实现最佳的信号传输和性能表现。

随着计算机建模的发展，MBSE 作为一种形式化建模手段，贯穿整个模型开发过程，在系统开发中越来越占据重要地位。建模语言、建模工具和方法论是 MBSE 的三大支柱。SysML 是最常用的建模语言，系统建模语言视图（SysML Diagrams）是建模可视化的重要部分，其视图布局及其算法是 SysML Diagrams 的关键研究内容。

1. 功能价值

随着技术的发展，系统建模已成为现代工程设计过程中必不可少的一部分。在系统建模的设计过程中，布局布线是至关重要的一步。在系统建模软件中，布局布线功能对设计师来说具有极其重要的价值和作用。

（1）提高设计效率。

布局布线功能可以帮助设计师快速完成系统结构和连接方式的设计，有效提升设计效率。通过布局布线功能，设计师可以在虚拟环境中进行系统建模，避免了传统手工绘图的复杂步骤，并能够实时调整和优化设计。此外，该功能还能自动生成布局和布线图，减少手工计算错误，提高设计精度。

（2）提高设计质量。

布局布线功能有助于设计师在设计过程中预防系统错误和故障，增强系统可靠性。通过布局布线功能，设计师可以对系统的连接方式进行模拟和测试，发现和排除系统中可能存在的错误和漏洞。例如，通过模拟断路和短路情况，检测并修复系统故障。此外，该功能还能自动生成故障诊断报告，为设计师提供重要参考。

（3）减少错误。

布局布线功能可以通过自动布局和手动布局两种方式来完成元件的布置。自动布局根据设计师的设定和限制条件完成元件的布置，从而减少人为因素的影响。手动布局根据设计师的需求和经验完成元件的布置，从而降低错误发生的可能性。通过使用布局布线功能，设计师可以减少设计过程中的错误和漏洞，提高系统的可靠性和稳定性。

（4）提高系统性能。

布局布线功能可以帮助设计师优化系统的性能和效率。通过布局布线功能，设计师可以对系统的结构和连接方式进行优化，提高运行效率。例如，优化电路结构、缩短信号传输路径、降低噪声干扰等，以提升系统的工作速度和精度。布局布线功能还可以根据系统的设计要求自动计算电路参数、信号传输延迟等，为设计师提供重要的参考信息，帮助设计师快速定位和解决系统性能问题。

（5）降低系统成本。

布局布线功能帮助设计师在虚拟环境中进行设计，减少工程成本和空间占用。设计师可以优化电路结构和连接方式，减少元件数量和降低空间需求，从而降低成本。

（6）支持多样化设计需求。

布局布线功能支持定制化设计，满足不同设计师的需求。通过自定义限制条件和元件属性，布局布线功能能够适应不同的设计场景，提高系统的灵活性和适用性。

总而言之，布局布线功能在系统建模设计软件中扮演着重要角色，其价值和作用不容忽视。不仅提升了设计效率和准确性，还减少了设计错误，提高了系统可靠性，同时支持多样化的设计需求。通过优化布局和布线，系统性能和稳定性得到增强。

3. 功能实现

1）问题描述

布局问题在众多领域中均有应用，图布局问题涉及图元位置的确定。优秀的图布局算法能够提升系统的结构性和可读性。图布局问题是 NP 难问题，研究人员已经提出多种有效算法来解决这一问题。

图布局的质量在很大程度上取决于应用场景。图形绘制算法必须考虑美学因素，使图形易于阅读。可读性和突出特征具有主观性，取决于图形生成的目的。

图布局算法的输入是 $G=(V,E)$，输出需要满足以下要求：

- 遵守绘图规范，如正交布局、网格布局、树布局等，部分布局要求连线无交叉。
- 满足美学要求，如最小化连线交叉/弯曲、均匀布局边缘长度、最小化总边缘长度/绘图面积、满足角度分辨率、保持对称性等。
- 考虑局部限制，如相邻顶点、顶点/边分组的限制。

接下来将讨论不同的布局问题定义、输入/输出，以及功能实现过程中所需的概念。

（1）树布局。

树布局的目标是为给定的树寻找一种合理的图形表示，通常树根位于顶部，子节点位于下方。优化输出需要遵循以下原则：

- 树的边不应该相互交叉。
- 同深度节点应绘制在同一水平线上。
- 树应尽可能紧凑。
- 保持父母节点对子节点的聚焦。
- 无论树的形状如何，都应绘制成相同的子树。
- 父节点的子节点应均匀分布。

（2）分层布局。

给定一个有向图 $G(V,E)$，分层布局的目标是找到 G 的二维分层图，同时满足以下要求以确保输出的可读性：

- 顶点绘制在水平线上，无重叠；每条线代表一个层级；所有的边都指向下方。
- 相邻层级之间的边用直线绘制。

- 不相邻层级之间的边尽可能地画成直线。
- 最小化边缘交叉点的数量。
- 互相连接的顶点尽可能靠近对方。
- 进入或离开一个顶点的边的布局是平衡的，即边在共同的目标或源顶点周围的间隔是均匀的。

（3）正交布局。

平面图是没有边交叉的图，通常可以用面 f 和围成面 f 的顺序边的集合来表示。

正交布局基于平面图，正交表示不仅包括平面表示，还包括以下几点：

- 面 f 中每一对连续边之间的角度可以是 90°、180°、270°、360° 中的任意一个。
- 对于面 f 中的每条边 e，边 e 只能有 90° 或 270° 的拐点。

简而言之，正交表示一个正交嵌入，但没有任何关于边缘长度的信息。归一化的正交表示每个面 f 的形状是正方形。

2）树布局的实现

（1）Reingold 和 Tilford 算法。

Reingold 和 Tilford 提出了解决树布局问题的算法。Walker 改进了 Reingold 和 Tilford 算法，从二叉树拓展到任意树，并解决了小规模子树过于紧凑的问题。

Reingold 和 Tilford 算法采用自下而上的扫描方式递归绘制树。首先计算子树的新位置，然后移动子树。该算法定义树的轮廓线为从根节点到最高层，每层最左边和最右边节点组成的序列用于解决子树部分重合的问题。算法为每个节点 v 定义了一个初始 x 坐标 prelim(v)和一个修改值 mod(v)，表示子树相对于根的偏移距离。

（2）Walker 算法。

Walker 算法沿用了上述概念，通过两次遍历来产生节点的最终 x 坐标：

- 使用后序遍历为每个节点 v 分配初始 x 坐标 prelim 和修改值 mod。
- 使用先序遍历计算每个节点的最终 x 坐标。

首先，使用后序遍历定位最小的子树（叶子），然后从左到右递归。同级节点之间总是彼此相隔一段距离（sibling separation）；相邻子树之间至少有一段距离（subtree separation）。节点的子树是独立形成的，在允许的分离值范围内应尽量靠近。当一个节点的所有子树遍历过后，该节点被置于最左和最右的子代中心。

最后，使用先序遍历确定每个节点的最终 x 坐标，从树的顶点开始，将每个节点的 x 坐标值与它的祖先 mod 字段的总和相加。

（3）mod 与 prelim 的计算。

Walker 算法第一次遍历采用后序遍历。计算各节点的 mod 与 prelim 值：

- 叶子节点：

$$\text{mod(v)=0; prelim(v)=prelim(left(v))+siblingseperation}$$

- 非叶子节点：

$$\text{mod(v)=prelim(v)}-\text{[prelim(leftmost)+prelim(rightmost)]/2}$$
$$\text{prelim(v)=prelim(left(v))+ siblingseperation}$$

式中，left(v)为 v 的左兄弟节点，rightmost 为 v 的最右兄弟节点，siblingseperation 为预设的相邻兄弟节点的距离。

（4）算法分析。

Walker 算法解决了一般树的布局问题，在后序遍历时需要找到发生冲突的邻居的最大不同祖先，时间复杂度为 $O(n^2)$。Buchheim 等人将 Reingold 和 Tilford 算法改进成线性算法，主要在遍历右边的轮廓、寻找最近共同祖先、寻找最小树等方面取得了不错的效果。

3）分层布局的实现

（1）Sugiyama 算法。

Sugiyama 等人提出了用于寻找满足可读性要求的分层图的算法，被称为 Sugiyama 算法，其步骤如表 6.2 所示。

表 6.2 Sugiyama 算法步骤

算法：Sugiyama 算法	
输入：有向图 $G(V, E)$	
输出：有向图的一个分层布局	
1	去环（颠倒一些边的方向，将输入的图 G 转化为有向无环图）
2	分层（将有向无环图分层）
3	同层节点排序
4	确定各层顶点坐标

（2）去环。

去环操作通过颠倒边的方向使有环图变为无环图。

去环采用深度优先遍历（DFS），对于有向图 $G(V, E)$，通过数组 stack 来存储 DFS 中已经遇到的顶点。当同一顶点再次出现时，与之相连的边会被添加到边集 E_r 中，并从图中暂时移除，最后边集 E_r 中剩余的就是需要翻转的边。数组 mark 包含所有访问过的顶点。

因为所有顶点和边都会被遍历，所以 DFS 去环算法的时间复杂度为 $O(|V|+|E|)$。

（3）分层。

分层操作将顶点分配到各层，并为每条跨越两层以上的边引入假顶点和假边，以便建立一个适当的分层。

许多论文中选择 Tamassia 提出的最长路径算法或 network simplex 之类的算法进行分层。本书使用无环图的拓扑排序算法，虽然结果可能不是最佳的，但可以及时实施。

拓扑排序算法步骤如下：

① 复制顶点和边的信息。

② 寻找所有没有入边的顶点，并添加到排序数组中。

③ 删除源自这些顶点的所有边，从图中删除已排序的顶点。

④ 若所有顶点都被访问过，则算法结束。否则重复步骤②③。

算法结束后，获得二维数组 map，保存每层放置的节点，同时更新节点信息中的 layer 变量。

（4）同层节点排序。

该操作旨在通过在各层中对顶点进行排序，以减少层间边的交叉。

首先，消除跨层边，具体步骤如下：

① 通过遍历二维数组 map 来识别跨层边。

② 逐条删除跨层边，并在两层之间的每一层中插入一个空白节点，即在 map 对应层中加入空白节点，并从边的起点开始，依次连接下一层（或上一层）的空白节点，直到终点。

其次，为了减少边交叉，Sugiyama 提出了 Down-Up 算法，以最小化边交叉问题。给定一个具有适当层次结构的图 $G(V,E,L)$，其点集 $V=\{v_1,v_2,\cdots,v_n\}$，边集 $E=\{e_1,e_2,\cdots,e_m\}$，$\text{map}=\{V_1,V_2,\cdots,V_i\}$。其中，$V_1,V_2,\cdots,V_i \in V$，$s_i$ 是 V_i 中顶点的一个线性顺序，S_i 是所有可能顺序 s_i 的集合。目标是找到一组线性序列 $s=\{s_1,s_2,\cdots,s_i\}\in S_1\times S_2\times\cdots\times S_i$，使得边交叉的总数最小。令 $K(G,s)$ 表示一组线性顺序 s 的边交叉总数，$K(V_i,V_{i+1},s_i,s_{i+1})$ 表示具有线性顺序 s_i 和 s_{i+1} 的层 V_i 与 V_{i+1} 的边交叉数。

Down-Up 算法的步骤如下：

① 令 i=1，初始化 s_i。

② 对于 $s_i\in S_i$，找到一组 $s_{i+1}\in S_{i+1}$，使 $K(V_i,V_{i+1},s_i,s_{i+1})$ 最小。

③ 如果 $i<n-1$，那么 i 自增并且重复步骤②；否则，执行步骤④。

④ 对于 $s_{i+1}\in S_{i+1}$，找到一组 $s_i\in S_i$，使 $K(V_i,V_{i+1},s_i,s_{i+1})$ 最小。

⑤ 如果 $i>1$，那么 i 自减并重复步骤④；否则，算法终止。

这是一种启发式算法，它从为 V_1 中的顶点选择一个随机顺序 s_1 开始，重复执行上述 5 个步骤，直到 s 不发生变化或达到最初给定的最大迭代数。

V_i 与 V_{i+1} 的边交叉数 $K(V_i,V_{i+1},s_i,s_{i+1})$ 的计算方法如下：

构造邻接矩阵 $A(a_{kj})$；$1\leqslant k\leqslant |V_i| \&\& 1\leqslant j\leqslant |V_{i+1}|$。$\boldsymbol{A}_{kj}=1$ 表示 V_i 第 k 个节点和 V_{i+1} 第 j 个节点有连接。遍历该矩阵，当 $a_{kj}=1$ 时，

$$K(V_i,V_{i+1},s_i,s_{i+1})=\sum_{j=1}^{|V_i|-1}\sum_{k=j+1}^{|V_i|}\sum_{\alpha=1}^{|V_{i+1}|-1}\sum_{\beta=\alpha+1}^{|V_{i+1}|}a_{j\beta}a_{k\alpha}$$

（5）确定各层顶点坐标。

该操作目标是指定顶点的 X 和 Y 坐标，以拉直边缘并最小化图形大小。坐标分配尝试尽可能紧凑地绘制图形，同时考虑美学，避免边缘出现尖锐或不必要的弯曲。在操作时，只需将顶点定位在相等的距离处。

（6）算法分析。

Sugiyama 算法是实现分层布局的通用框架，其中去环、分层、同层节点排序和确定各层顶点坐标都可以采用不同的算法。在 Sugiyama 框架中，同层节点排序是目前研究进展最快的部分。

在实现过程中，去环采用 DFS 算法，分层采用拓扑排序算法，同层节点排序采用 Down-Up 算法，确定各层顶点坐标采用节点遍历算法。整个算法的时间复杂度是线性的。

4）正交布局的实现

（1）弯曲最小化算法。

正交布局可以通过以下步骤实现：

- 给出一个平面 G。
- 计算出弯曲最小的正交图。
- 对最小正交图进行细化，得到归一化的正交表示。
- 将图形嵌入网格。
- 删除归一化过程中加入的虚构边。

上述每个步骤都可以在 $O(n^2\log_2 n)$ 时间内完成。

（2）归一化正交表示。

归一化正交表示的本质是将正交表达中不规则的面转化为矩形的面，如表 6.3 所示。

表 6.3 归一化正交表示

算法：归一化正交表示
输入：正交表示 F
输出：归一化的正交表示 H
在正交表示 F 的每一个拐点上添加顶点
While（f in F）**do**
While （e in f） **do**
If （next（e）在 e 左边） turn（e） = 1;
If （next（e）与 e 方向一致） turn（e） = 0;
If （next（e）在 e 右边） turn（e） = −1;
If （turn（e） = −1） front（e） = e'（逆时针寻找 e',使 e 和 e'所有边缘的转向值之和是 1）
While （e in E） **do**
If（turn（e） = −1） 添加一条从 corner（e）到 front（e）的边 extend（e）;
记录所有 turn（e） = −1 的边，将 f 划分为多个正方形;

next（e）表示 e 的下一条边，corner（e）是 e 和 next（e）的交点，算法逆时针地将所有不规则的面切割成矩形。随机从一条边出发，逆时针沿着边移动，若下一条边在左边则继续向下寻找，若下一条边在右边则沿着这条边切割，将这条切割边与第一条相交边的交点添加到 extend（e）中。这样，一个不规则的图形就被切割成了多个矩形。

（3）对归一化正交表达的网格嵌入。

经过上述步骤（1）和（2），得到了一个正交表示 H。此时，H 的面的集合、围成每个面的边的集合，以及一个面中任意两条连续边之间的角度固定为 90° 或 180° 。除了四个角的边，其他边都没有拐点。此时，只需要分别计算出水平段和垂直段的长度即可。

通常使用构建流网络的方法来解决这个问题。整个算法的流程如下：

① 计算出水平段的长度。构建一个与 H 相关的流网络 N_{hor}，计算 N_{hor} 中的最小成本流，从最小成本流中计算每条水平边的长度。

② 以类似的方式计算垂直段的长度。

③ 最后得到的结果具有最小的宽度、高度、面积和总边长。

（4）流网络的构造。

构造流网络 N=(V,E,S,T,capacity, cost)时需要注意（此处针对竖直方向）：

- N_{hor} 有一个节点对应于 H 的每个内部面。
- 两个额外的 S 和 T 分别代表外表面的下部和上部区域。
- 如果两个面共享一个水平边，则这两个节点之间有连线。
- N_{hor} 中的每条边都有 capacity>=1，cost=1。

（5）算法分析。

算法中每个步骤都可以在 $O(n^2\log_2 n)$ 时间内完成。

在实现过程中，除了考虑边缘位于网格上、弯曲位于网格点上、每个顶点的最大程度等基本的正交布局绘制惯例，还需考虑最小化弯曲数量和顶点最多为 4 个等因素。

5）布局算法的应用

图布局算法在多个领域具有重要应用，包括电网、软件、生物途径、大脑连接、金融市场及电子设计自动化等。

本课题研究的算法主要针对 SysML 状态机图的布局设计。使用 C++、Qt 和 VS 2015 开发整个系统。

（1）系统概述与可行性分析。

本系统的目标是在 Qt 的 UI 界面中加入布局功能。当用户点击相应的布局按钮时，系统能够根据用户要求自动重新布局现有图形，并将结果显示在 Qt 界面上。

可行性分析表明，结合 Qt GraphicsView 框架以及之前章节中对算法的分析，可以将这些算法应用于 GraphicsView 框架，实现系统目标。

（2）系统需求分析。

功能需求分析包括以下内容：

- UI 设计：在 Qt 中加入布局按钮及子按钮。
- 用信号与槽实现界面按钮与槽函数的绑定，运行布局函数。
- 从 Graphicsview 框架获取布局数据。
- 图形预处理功能，如划分连通分量、去环等。
- 设计数据结构以实现布局、布线算法，采用曼哈顿布线。
- 使用 Graphicsview 框架实现渲染功能。

非功能需求分析包括以下内容：

- 稳定性：可以对中小规模布局进行自动重新布局。
- 易用性：在树布局或正交布局中，若初始布局不符合要求，系统将提醒用户。

（3）数据结构设计。

关键类包括 graph、layout、algorithm 和 draw，其类图如图 6.3 所示。graph 类处于底层，存储图的信息；layout 类是基类，树布局、正交布局、分层布局都继承于 layout 类；algorithm 类也是基类，用于实现不同布局算法；draw 类用于绘图的实现。

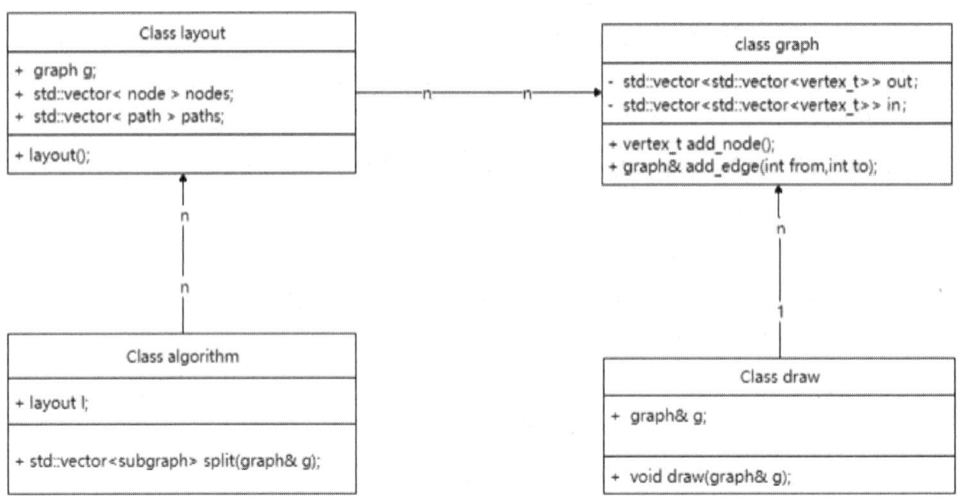

图 6.3　关键类的类图

（4）系统模块设计。

系统分为 4 个模块：数据转换模块、布局模块、布线模块和渲染模块，如图 6.4 所示。

数据转换模块的设计：数据转换模块是系统的存储类，负责实现从 Qt 数据结构到邻接表的数据转换，输入为 Qt QList<Graphicsitem*>数据结构，输出为包含整个图的顶点与边信息的类实例。此外，该模块还实现了添加和删除边或顶点的方法。

布局、布线模块的设计：布局模块负责执行布局算法，计算顶点的位置。输入为数据转换模块输出的类实例，并更改该实例中图的位置信息，图布局流程图如图 6.5 所示。

渲染模块的设计：渲染模块采用 GraphicsView 将最终的 graph 类转换为 Qt 数据结构，并调用 update()进行渲染。这一过程在 draw 类中实现。

（5）功能实现。

树布局实现如图 6.6 所示。

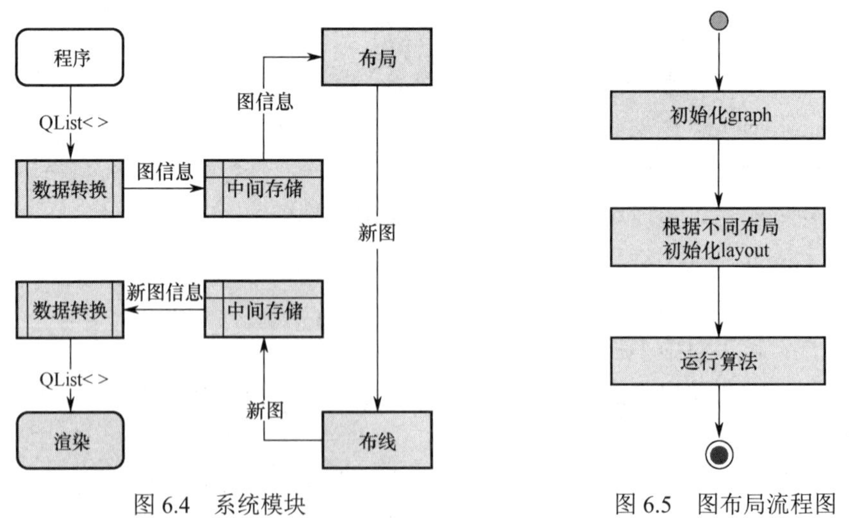

图 6.4　系统模块　　　图 6.5　图布局流程图

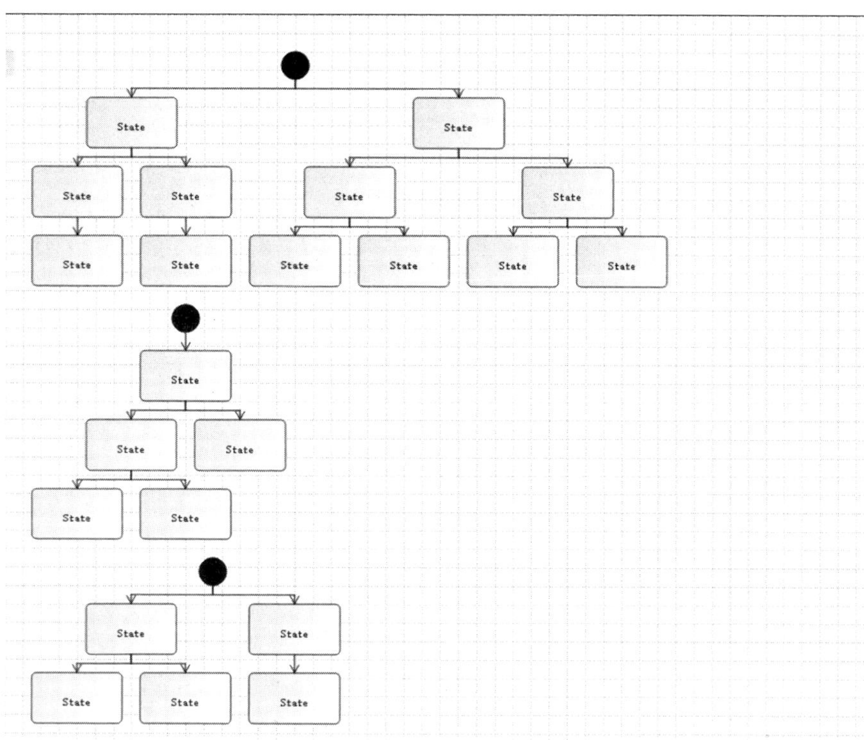

图 6.6　树布局实现

正交布局实现如图 6.7 所示。

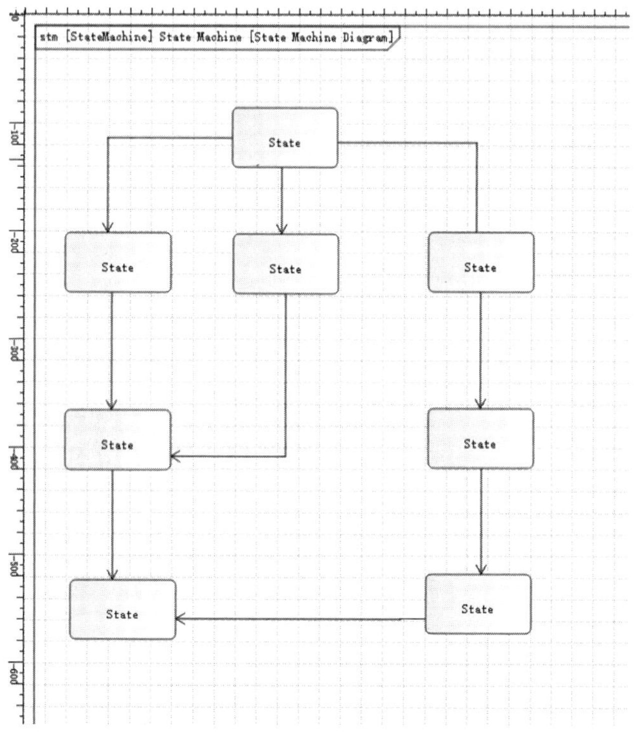

图 6.7　正交布局实现

分层布局实现如图 6.8 所示。

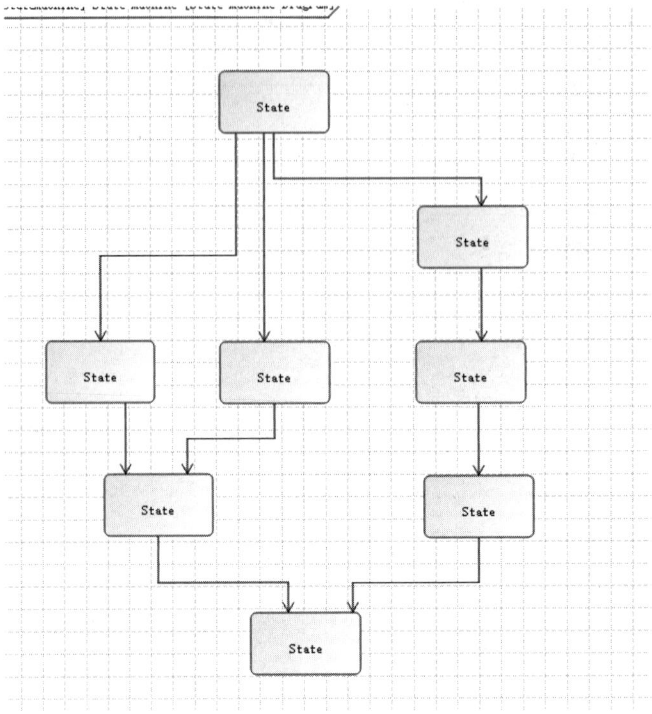

图 6.8　分层布局实现

由图 6.6、图 6.7 和图 6.8 可知，系统基本可以正确地完成中小规模节点的树布局、正交布局和分层布局，初步满足功能性需求。

（6）测试。

测试方法：① 对多个初始布局进行测试，每次测试时单击布局按钮下的分层布局、正交布局、树布局，观察布局是否成功、布线是否重叠。

② 设置错误的初始布局，观察是否报错。

测试结果：对于方法①，若节点数量过大，则重叠可能性大；方法②测试成功。

结果分析：树布局和正交布局在布局时已经将布线因素纳入考量，不会导致布线重叠的问题。分层布局在设计过程中并未充分考虑布线问题，在单独使用曼哈顿布线时容易出现重叠现象。

目前的布局虽不考虑线的可布性问题，但随着节点规模的增加，布线重叠的可能性也会相应增大。

2. 应用场景

1）布局和布线功能应用特点

布局和布线功能在系统建模软件中具有广泛的应用领域。在电子设计领域，布局和布线功能有助于电路板的设计和制造，优化电路系统的性能和稳定性。在计算机图形学领域，布局和布线功能可以用于三维建模和渲染，实现高效流畅的图形显示。在工业设计领域，布局和布线功能对机械装配设计和生产过程控制至关重要，确保装配过程的精确性和效率。在城市规划和交通设计领域，布局和布线功能用于路网和交通信号灯的设计优化，提升交通流量的效率和安全性。

在实际应用中，布局和布线功能应具备以下特性。

（1）**高效性：**快速准确地完成电路元件布置和连接，提升设计效率和精确度。

（2）**可定制性：**根据不同设计需求调整和优化算法及参数。

（3）**稳定性：**确保电路元件布置和连接的稳定性和可靠性。

（4）**易用性：**提供简单直观的用户界面和操作方式，降低使用门槛和学习成本。

2）应用案例

（1）Altium Designer。

Altium Designer 是一款被广泛应用于 PCB 设计领域的系统建模设计软件，提供了一系列布局布线功能，包括自动布局、手动布局和电路优化等。自动布局功能能够根据不同的限制条件和算法自动排列元件，显著提高设计效率与准确性。手动布局功能允许设计师根据个人需求和经验对元件进行细致布置，增强设计的品质与可靠性。电路优化功能通过对布线进行优化调整，进一步提升系统稳定性。

（2）Proteus。

Proteus 是另一款在嵌入式系统建模领域广泛使用的软件，同样提供了全面的布局和布线功能。Proteus 能够自动完成元件布置和连接，并允许用户进行手动调整和优化，从而帮助设计师高效率、高质量地完成嵌入式系统的布局布线设计。

（3）CircuitMaker。

CircuitMaker 是一款免费的系统建模设计软件，具备丰富的布局和布线功能，不仅能自动完成电路元件的布置和连接，而且支持手动调整和优化。CircuitMaker 提供了多种设计模式，包括单层、双层和多层布线，以满足多样化的设计需求。使用 CircuitMaker，设计师能够高效、精确地完成电路设计。

综上所述，系统建模设计软件中的布局和布线功能对于系统建模设计软件具有重要的价值和作用。可以帮助设计师优化系统的结构和连接方式，提高系统的可靠性和稳定性，优化系统的性能和效率，降低系统的成本和占用空间。在实际应用中，布局和布线功能已经成为电子设计自动化软件的重要组成部分，有效协助用户快速、精确地完成系统设计和优化。

6.3　工具可视化特定技术

6.3.1　基于 QCustomPlot 的可视化

QCustomPlot 是一个功能强大的库，能够实现实时数据显示，并在多种媒介上提供高质量的图形展示。开发者只需在项目中加入 qcustomplot.h 和 qcustomplot.cpp 文件，并进行简单配置，即可开始使用 QCustomPlot。图 6.9 所示为 QCustomPlot 中的关键类及其相互关系。

一个 QCustomPlot（图表）类中包含一个或多个图层、一个或多个可进行绘制的元素和一个布局。QCPLayer（图层）类中包含 QCPLayerable（基本的元素）。QCPAbstractItem 类中包含一个或多个位置信息。QCPAxisRect（坐标轴矩形）类中包含一个图例类和多个坐标轴。QCustomPlot 类图中使用最多的是 QCPLayerable 元素，它几乎继承了除 QCPLayer 之外的所有元素。

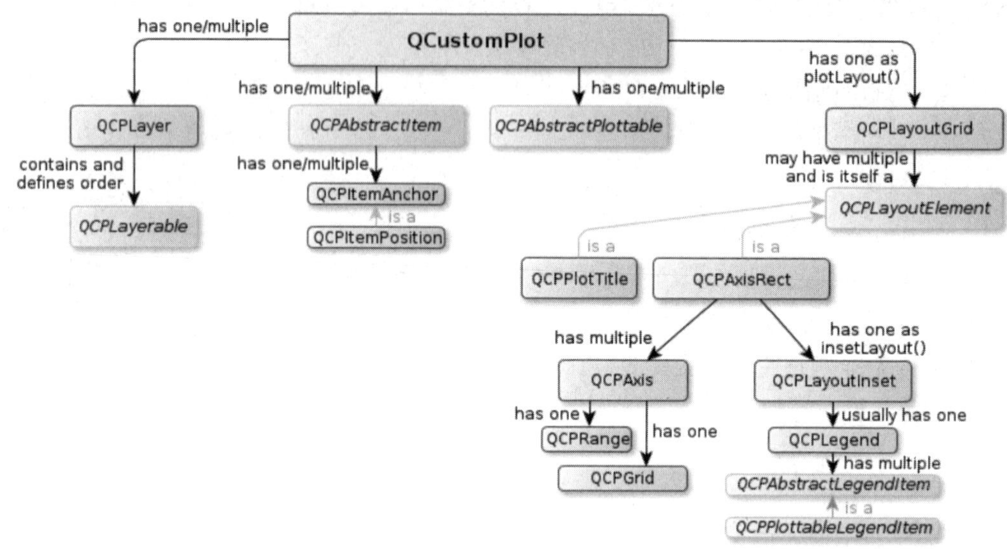

图 6.9 QCustomPlot 中的关键类及其相互关系

图 6.10 所示为 QCustomPlot 库中重要类的继承关系。基于这些关系，本系统对可视化功能进行了开发。

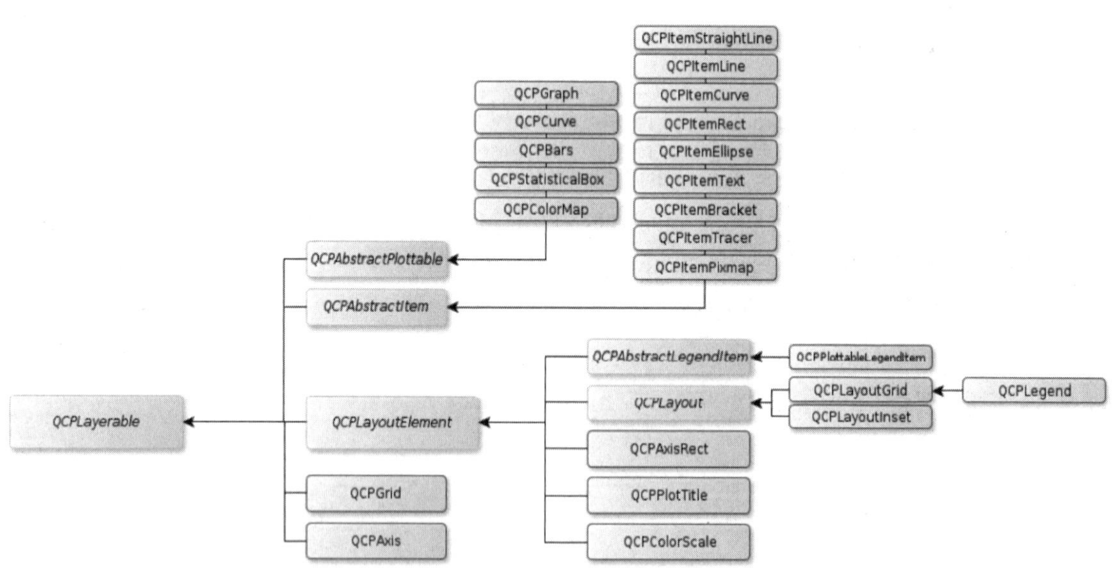

图 6.10 QCustomPlot 库中重要类的继承关系

在实现可视化之前，需要对坐标轴基本属性进行设置。表 6.4 所示为设置坐标轴时使用的相关函数。

表 6.4　设置坐标轴时使用的相关函数

操　　作	函　　数
设置标签名称	customPlot->xAxis->setLabel()
设置标签颜色	setLabelColor(QColor())

设置标签字体	QFont xFont = customPlot->xAxis->labelFont();
	xFont.setPixelSize(20);// 设置像素大小
	xFont.setBold(true);// 粗体
	xFont.setItalic(true);// 斜体
	customPlot->xAxis->setLabelFont(xFont);

设置坐标轴范围	customPlot->xAxis->setRange()
设置背景色	customPlot->setBackground(QColor())

绘制曲线和数据显示类似，先双击文件或右键单击数据表格类型的文件，选择“打开曲线”选项，加载 loadCustomData 对象以加载曲线数据，再通过 getCurveData 获取当前导入的所有曲线数据，并使用 setTreeItemData 传入相应名称的曲线数据进行绘制。表 6.5 所示为绘制曲线的具体函数。

表 6.5　绘制曲线的具体函数

操　　作	函　　数
初始化	m_CustomPlot = new QCustomPlot
基础功能设置	m_CustomPlot->setInteractions
设置矩形边框	m_CustomPlot->axisRect()->setupFullAxesBox()
清空图形	m_CustomPlot->clearGraphs()
添加图形	m_CustomPlot->addGraph()
设置图形范围	m_CustomPlot->graph(0)->rescaleValueAxis(true)
设置 x 轴显示范围	m_CustomPlot->xAxis->setRange()
坐标轴伸缩	m_CustomPlot->axisRect()->setRangeZoomAxes(axes)
自动缩放坐标轴	m_CustomPlot->graph(2)->rescaleKeyAxis(true)

QCustomPlot 提供了四种常见的保存接口，支持 bmp、jpg、png、pdf 四种图片格式的保存。例如，要保存为 jpg 格式的图片，可以使用 saveJpg 函数，并定义图片的格式与大小。以下是导出尺寸为 400px×300px 的图片的示例代码：

```
pCustomPlot->saveJpg( " customPlot.jpg " , 400, 300);
```

6.3.2　基于 QMouseEvent 的交互操作

在系统中，最基础的动态交互操作是通过 QMouseEvent 相关操作来实现的。当用户在视图上使用鼠标进行相应操作时，就会产生相应的鼠标事件。

鼠标移动事件：在 Qt 中，可以通过 QWidget::setMouseTracking()函数追踪鼠标移动。通常情况下，鼠标移动事件仅在鼠标按键被按下时发生。一旦鼠标按键被按下，Qt 将自动捕获鼠标轨迹，鼠标指针所在的父窗口将继续接收鼠标事件，直到所有鼠标按键被释放。这个过程可以通过 event->pos()函数实现，该函数返回鼠标的位置，返回类型为 QPoint。

鼠标双击事件：在 Qt 中，鼠标双击事件 mouseDoubleClickEvent 通常会触发鼠标单击事件 mousePressEvent，因为在双击过程中，鼠标从按下到弹起会发出单击信号，在单击后的短时间内再次从按下到弹起，会再次发出单击信号。为了实现鼠标双击功能，本系统通过设置一个定时器 slotTimerTimeOut 来确定响应时间。

6.4 本章小结

本章重点介绍了 MBSE 中 SysML 相关的建模工具开发技术。首先简单介绍了现有的常用 SysML 建模软件。6.1 节介绍了基于 SysML 技术的需求模型开发技术，包括需求变更和 SysML 需求关系追溯。6.2 节介绍了工具化开发技术，包括 Stereotype 建模技术、鹰眼地图在建模中的应用以及布局布线算法的开发使用。6.3 节介绍了基于 Qt 的工具可视化特定技术，包括 Qt 框架及其具体开发应用等。

6.5 本章习题

（1）如何进行需求变更？

（2）SysML 使用哪些视图进行需求关系追溯？

（3）简述 Strereotype 建模技术。

（4）SysML 鹰眼工具的价值有哪些？

（5）简述 SysML 分层布局的实现流程。

（6）简述 SysML 正交布局的实现流程。

（7）布局布线的应用场景有哪些？

（8）如何使用 QCustomPlot 完成工具可视化？

（9）简述基于 QMouseEvent 的交互操作。

参考文献

[1] ALENAZI M, NIU N, SAVOLAINEN J. SysML Modeling Mistakes and Their Impacts on Requirements [C]//2019 IEEE 27th International Requirements Engineering Conference Workshops (REW). Jeju: IEEE, 2019: 14-23.

[2] XIAO F, CHEN B, LI R, et al. A Model-Based System Engineering Approach for Aviation System Design By Applying SysML Modeling[C]//2020 Chinese Control and Decision Conference (CCDC). Hefei: IEEE, 2020: 1361-1366.

[3] ABDUL RAHMAN M A, MOHD R, MAZLAN S, et al. Model Based Development and Simulation of Cross Domain Physical System[J]. International Journal of Simulation: Systems, Science and Technology, 2015, 16(3): 1.1-1.6.

[4] HECHT M, CHUIDIAN A, TANAKA T, et al. Automated Generation of FMEAs Using SysML for Reliability, Safety, and Cybersecurity[C]//2020 Annual Reliability and Maintainability Symposium (RAMS). Plam Springs, CA: IEEE, 2020:1-7.

[5] RIVERA Y J, CONTRERAS B H, RIVERA S C, et al. Framework to Manage Software Quality on IIoT Apps[J]. IOP Conference Series: Materials Science and Engineering, 2021, 1154(1).

[6] YANG H, ZHAN C, WU H M, et al. Research on Modeling of Aircraft-Level High-lift System Architecture Based on SysML[C]//Journal of Physics: Conference Series. Harbin: ICETIS, 2021, 1827.

[7] MELZER S, THIEMANN S, MÖLLER R. Modeling and Simulating Federated Databases for Early Validation of Federated Searches Using The Broker-based SysML Toolbox[C]//2021 IEEE International Systems Conference (SysCon). Vancouver, BC: IEEE, 2021: 1-6.

[8] ZHANG J, LI P. Research and Application of Civil Aircraft Function Analysis Technology Based on SysML Modeling[C]//Journal of Physics: Conference Series. 2022: 2252.

[9] ARPINEN T, HÄMÄLÄINEN T, HÄMÄLÄINEN M. Meta-Model and UML Profile for Requirements Management of Software and Embedded Systems[J]. EURASIP Journal on Embedded Systems, 2011, 2011(1): 1-14.

[10] TATIBOUËT J, CUCCURU A, GÉRARD S, et al. Formalizing Execution Semantics of UML Profiles with fUML Models[C]//International Conference on Model Driven Engineering Languages and Systems. Valencia, 2014: 133-148.

[11] ATKINSON C, KÜHNE T, HENDERSON-SELLERS B. Stereotypical Encounters of the Third Kind[C]// International Conference on The Unified Modeling Language. 2002: 100-114.

[12] FUENTES L, VALLECILLO A. An Introduction to UML Profiles[J]. UPGRADE European Journal for the Informatics Professional, 2004, 5(2): 6-13.

[13] TUTTE W T. Convex Representations of Graphs[J]. Proceedings of the London Mathematical Society, 1960, 3(1): 304-320.

[14] SUGIYAMA K, TAGAWA S, TODA M. Methods for Visual Understanding of Hierarchical System Structures[J]. IEEE Transactions on Systems, Man, and Cybernetics, 1981, 11(2): 109-125.

[15] REINGOLD E M, TILFORD J S. Tidier Drawings of Trees[J]. IEEE Transactions on Software Engineering, 1981, 7(2): 223-228.

[16] BUCHHEIM C, JÜNGER M, LEIPERT S. Improving Walker's Algorithm to Run in Linear Time[C]// International Symposium on Graph Drawing. 2002: 344-353.

[17] MAZETTI V, SÖRENSSON H. Visualisation of State Machines Using the Sugiyama Framework[D]. Göteborg: Chalmers University of Technology, University of Gothenburg, 2012.

[18] CUNNINGHAM W H. A Network Simplex Method[J]. Mathematical Programming, 1976, 11(1): 105-116.

[19] Healy P, Nikolov N S. How to Layer a Directed Acyclic Graph[C]//International Symposium on Graph Drawing and Netword Visualization. 2001: 16-30.

[20] TAMASSIA R. On Embedding a Graph in the Grid with the Minimum Number of Bends[J]. SIAM Journal on Computing, 1987, 16(3): 421-443.

第 7 章　SysML 行为仿真技术

本章侧重于 SysML 工具的扩展开发技术，这一领域的专业性较强，为了更好地理解，在此先对主要词汇进行定义，中英文词汇表如表 7.1 所示。

表 7.1　中英文词汇表

英　　文	中 文 译 文
action	动作
Syntax Packages	语法包
Common Structure	通用结构
behavior	行为
primitive types	基本类型
implement/implementation	实现
specification	规范
specify / specified	明确规定
Foundational Model Library	基础模型库
base semantics	基础语义
call	调用
invocation	启用
operate / operation	操作
formalize / formalizations	形式化
classifier	分类器
generalization	泛化
receptions	接收
attributes	属性
notification	通知
locus	位置
well-formed	结构完整的
conventions	惯例
derivation	派生
performer	履行者
occurrences	发生（发生的事件）
multiplicity	多重性
derived	派生
pattern	模式
thing	事物
cardinality	基数
enforce	强制执行

续表

英　　文	中 文 译 文
violate	违反
composite	复合的
successor	后继物
common	通用的
modify	修改
interpretate/interpretation	解释
fire	启动
prerequisite	先决条件
suspend	挂起

7.1　SysML 活动图仿真

7.1.1　活动图仿真目的

SysML 活动图是一种重要的建模工具，可以帮助开发人员更准确地描述系统的行为和性能。SysML 活动图仿真能够高效地分析和优化系统的行为与性能，进而提升系统的可靠性与稳定性。

具体来说，SysML 活动图仿真的主要目的包括以下几个方面。

（1）验证系统行为：通过 SysML 活动图仿真，可以模拟系统的行为和性能，确保其满足预期。系统行为指的是系统对输入的响应和产生的输出。仿真有助于开发人员在实现系统前理解和验证系统行为，发现并解决潜在问题，提高系统可靠性。

（2）优化系统性能：SysML 活动图仿真帮助开发人员识别性能瓶颈，探索优化空间，提升系统性能和效率。仿真使开发人员能够洞察系统在不同场景下的表现，优化设计和实现。

（3）简化系统实现：通过 SysML 活动图仿真，开发人员能更好地把握系统的结构和行为，简化系统的实现和维护。仿真结果有助于发现和解决设计问题，降低系统复杂性。

（4）促进团队沟通：SysML 活动图仿真能够生成文档和报告，促进团队间的沟通。通过仿真结果的可视化，更清晰地展示系统设计和实现，改善文档质量。

综上，SysML 活动图仿真是一个有力的工具，帮助开发人员分析和设计系统的行为与性能，通过仿真验证行为、优化性能、简化实现，并改进文档，提高系统的整体可靠性和稳定性。

SysML 活动图仿真的特点和应用场景如下。

（1）支持多种仿真方法：支持离散事件仿真、连续仿真、混合仿真等多种仿真方法，满足不同系统的仿真需求。

（2）支持多种输出格式：仿真结果可输出为文档、图片、视频等多种格式，满足多样化的输出需求。

（3）支持参数化仿真：允许在仿真过程中调整系统参数，模拟不同场景，评估系统健壮性。

（4）适用于多种系统：不仅适用于软件系统设计，也适用于汽车、飞机、机器人、医疗设备等复杂系统设计。

SysML 活动图仿真是一种可以满足不同领域、不同类型系统仿真需求的强大且灵活的工具，支持多种仿真方法、输出格式和参数化仿真，适用于各种复杂系统的设计和开发。

7.1.2 活动图仿真执行

fUML 是 UML 的可执行子集，用于建模和仿真行为的交互式系统。fUML 提供了一套规范和标准，用于描述和执行面向对象系统的行为，并将其轻松地集成到现有的 UML 建模和工具中。

作为 UML 的一个子集，fUML 拥有标准且精确的执行语义，包括 UML 中用于结构建模的典型构造，如类、关联、数据类型和枚举。此外，fUML 还具备使用 UML 活动图来模拟行为的能力，这些活动图由丰富的基本操作构成。在 fUML 中构建的模型是用建模语言在抽象层面上表达的，具有与传统编程语言相同的可执行性。

与 UML 相同，fUML 由对象管理组织（OMG）进行标准化，并维护 fUML 规范，被正式称为“可执行 UML 模型基础子集的语义”。fUML 还有标准的文本表层语法，称为 fUML 的动作语言（ALF），这对于在 fUML 模型中定义详细行为特别有用，并拥有参考实现意义。

在 fUML 的具体研究成果方面，Mayerhofer 团队在模型驱动开发中，针对模型多视图和不同抽象级别带来的问题，提出了基于 fUML 的新型模型执行环境，使得开发者能够有效地测试和调试 UML 模型。Romero 团队在安全关键型应用程序的形式语义验证方面，使用定理证明评估了 fUML 的基本语义子集，证明了 fUML 在 UML 模型的形式化验证中可以发挥重要作用。Laurent 团队在验证 UML 活动图的形式化过程模型方面，通过定义 fUML 的一阶逻辑形式化验证，完成了对流程模型的控制流、数据流、资源和时间维度的全面覆盖。Jézéquel 团队针对领域特定语言（DSL）在工业上的应用，提出了使用 Kermeta 语言工作台实现应用于语言执行的不同元语言的混搭，以帮助软件工程师设计 DSL。

fUML 的起源可以追溯到 2008 年，当时 OMG 首次发布了 fUML 规范 1.0 Beta1 版本。此后，OMG 持续推出与 fUML 规范及其行为语言 ALF 相关的更新。2014 年 7 月，法国达索公司在其 MBSE 系统设计工业软件 Nomagic 中实现了 fUML 规范，并投入商业使用。2021 年 6 月，OMG 发布了 fUML 规范 1.5 版本。

fUML 支持面向对象建模概念，如类、对象、操作和消息等。与 UML 不同，fUML 还支持执行模型，允许通过仿真验证模型行为的正确性。fUML 建模技术可以在软件开发周期的早期阶段验证系统行为，并为开发人员提供快速反馈，帮助提高系统可靠性。

作为基于模型驱动的执行框架，fUML 能够执行 SysML 活动图仿真。具体来说，fUML 提供了一种基于状态机的执行引擎，可以将 SysML 活动图转换为状态机，并在此基础上执行仿真。

fUML 活动图仿真的执行过程大致如下。

（1）解析活动图：将 SysML 活动图解析成一组动作列表，其中每个动作代表活动图中的一个节点或边。

（2）转换为状态机：将上述动作转换为状态机的状态和转移，并将活动图的控制流转换为状态机的转移条件。

（3）执行状态机：根据状态机的状态和转移条件执行状态机，模拟活动图中的节点和边的执行过程。

（4）仿真控制：通过一组仿真控制命令在仿真过程中控制仿真的进程，如暂停、继续、单步执行等。

（5)仿真事件：在仿真过程中，fUML 还会触发各种仿真事件，如节点和边的执行事件、状态变化事件等。开发人员可以在代码中注册监听器来监听这些事件，并根据事件执行相应的处理逻辑。

fUML 提供了一种基于状态机的执行引擎，可以将 SysML 活动图转换为状态机，并在状态机上执行仿真。通过这种方式，开发人员可以方便地进行 UML 活动图的仿真，并进行系统行为的分析和优化。

fUML 执行活动图仿真还具有以下特性。

（1）仿真粒度：fUML 支持不同粒度的仿真，可以从整个系统的角度进行仿真，也可以从子系统或模块的角度进行仿真。这样可以让开发人员更加灵活地进行仿真和测试。

（2）执行语义：fUML 支持 UML 活动图的所有执行语义，包括顺序执行、并行执行、分支执行、循环执行等。这样可以让开发人员更加准确地模拟系统的行为。

（3）仿真速度：fUML 提供了多种优化技术，可以加快仿真的速度。例如，fUML 可以使用状态机的最小化算法来减少状态机的状态数量，从而加快仿真的速度；使用缓存技术和多线程技术来加速仿真过程。

（4）调试支持：fUML 提供了丰富的调试支持，帮助开发人员更好地分析系统行为和定位问题。例如，fUML 可以记录和显示仿真过程中的执行日志，以便开发人员进行调试；在仿真过程中设置断点，方便开发人员进行单步调试。

（5）集成支持：fUML 可以集成到多种开发环境中，如 Eclipse 和 Visual Studio 等。这样可以让开发人员更加方便地开发和测试系统。

综上，fUML 是一种功能强大的 UML 活动图仿真框架，可以帮助开发人员更好地分析系统行为、优化系统设计和测试系统性能。通过使用 fUML，开发人员可以方便地进行 SysML 活动图仿真，并在仿真过程中进行调试和分析。

7.2　fUML 抽象语法

7.2.1　概述

UML 的子集被称为基本 UML 或 fUML，是一种用于可执行模型的完整计算语言。子集的基本语义将在 7.3 节中被明确规定。

fUML 的一个基本目的是作为用于建模的 UML 表面子集和计算平台语言之间的中介，其中，计算平台语言是模型执行的目标。基本 UML（fUML）子集的转换来源和去向如图 7.1 所示。图中展示了从 UML 表面子集翻译到 fUML，再从 fUML 翻译到计算平台语言的过程。

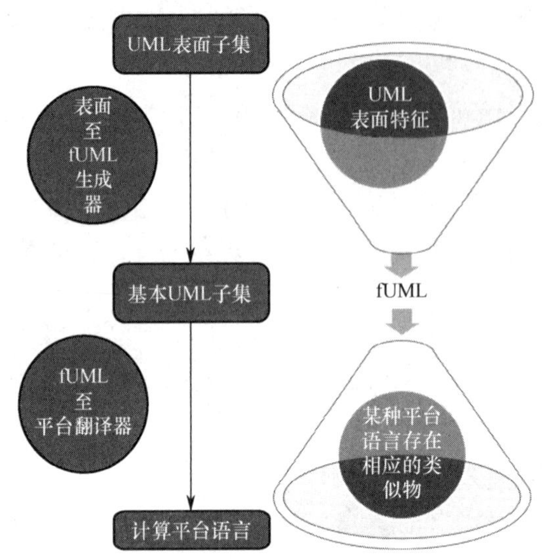

图 7.1 基本 UML（fUML）子集的转换来源和去向

fUML 子集的内容主要由以下 3 个标准决定：

（1）紧凑性：该子集应该很小，以便于清晰语义的定义和执行工具的实现。

（2）翻译的便利性：该子集应该能够直接从 UML 的通用表面子集翻译到 fUML，并从 fUML 翻译到通用计算平台语言。

（3）行为功能性：因为执行 UML 行为目前是用早期的设计功能定义的，因此，本标准只规定了如何执行 UML 行为。fUML 子集不应该包括通过相互协调的 UML 行为集来重新产生的 UML 设计功能。

当然，上述标准之间也存在一些矛盾。假设 UML 有一个表面特征（例如，多态操作调度），在某种平台语言（例如，面向对象的编程语言，如 Java）中也有相应的类似物，但被排除在 fUML 之外（尽管在这种情况下实际并不会这样）。显然，表面的 UML 特征最终被翻译成平台语言的相应特征是理想的。如果该特征被排除在 fUML 之外，那么表面至 fUML 翻译器（surface-to-fUML translator）就有必要生成一套协调的 fUML 元素，使之与该特征具有相同的效果。这样一来，fUML 至平台翻译器（fUML-to-platform translator）就需要识别表面至 fUML 生成器（surface-to-fUML generator）所生成的模式，以便将其映射回目标语言的所需特征。因此，子集的紧凑性可能与翻译的便利性相冲突。

在实践中，用于建模的 UML 表面子集所需特征和计算平台语言的可用特征之间的重叠可能是显著的，特别是在单一的应用领域。此外，对于任何给定的表面特征，表面至 fUML 翻译器可能生成元素的具体模式并没有标准化，这种标准不在本规范的范围内。一般的 fUML 至平台翻译器不能被优化成专门处理一组预期模式的标准集合。

另外，如果 UML 的一个特性被包含在 fUML 中，以减少上述翻译问题，那么就会增加 fUML 语义的复杂性，影响符合这些语义的执行工具的实施。虽然这对任何一个单独的特性来说可能不是很糟糕，但许多这样特性的积累最终会使拥有一个紧凑子集的目的落空。

明确规定的子集解决了在紧凑性和翻译的便利性之间的平衡问题，这一平衡基于对 UML 和计算平台之间共同功能的广泛使用程度的判断。虽然这些判断存在对高度细分的建模和平台市场进行广泛概括的风险，但一旦做出，将有助于确定基本子集的内容。

- 广泛使用的通用功能应具有最简单的译入和译出 fUML 子集的方式，即实现一对一的翻译。这类功能被纳入基本子集。例如，在面向对象模型中，带有属性和操作的类是广泛使用的元素，控制流和对象流在活动建模中也得到广泛使用。
- 适度使用的通用功能应具有直接译入和译出基本子集的方式。这种转换不是一对一的，这类功能不包括在 fUML 子集中，但需要实现直接映射的元素应被纳入。例如，复合结构和简单状态机被认为是适度使用的。
- 较少使用的通用功能可能具有复杂译入 fUML 子集的过程，不包括在基础子集中。简化翻译的功能很少被考虑纳入。例如，关联修饰符和可中断的活动区域被认为是较少使用的。

此外，UML 的某些建模特性并不直接得到 UML 行为功能的支持。例如，UML 默认属性值的语义是，在创建对象时，将默认值分配给属性。然而，UML 中创建对象行为的语义要求在不设置属性值的情况下创建对象。因此，明确 UML 默认值的语义需要使用活动控制和对象流来协调创建对象和分配结构特征值的行为，并且默认属性值不包括在基本子集中。在这种情况下，上述转换方法将被用来生成对应于所需表面 UML 语义的行为集。（请注意，这对嵌入式系统尤为重要，在这种情况下，初始化目的默认动作的执行必须与其他初始化活动仔细协调）。

fUML 子集还包括一些没有执行语义的 UML 元素。这方面的例子包括 Kernel 的注释和包，以及条件节点上的 isDeterminate 和 isAssured 等建模声明。这些元素虽然会降低子集的紧凑性，但不会对语义规范、执行工具的实施或翻译器的构建产生影响。

7.2.2　语法包（Syntax Packages）

本书 7.2.3 节及之后的内容将 fUML 子集的抽象语法定义为 UML 2 抽象语法的子集。包结构与 UML 2 抽象语法模型的包结构相似。UML 2 模型中如果在这里没有相对应的包，则将被全部排除。对于 UML 包含在 fUML 内的包，一些更深层次的元素可能被排除在相应的 fUML 包中。在这种情况下，为抽象语法包的 fUML 版本所展示的模型显示了那些专门在 fUML 中的元素，并明确规定了适用于同一类的 UML 2 中已经明确规定的约束之外的额外约束。

fUML 的子集定义被正式收录在包 fUML_Syntax::Syntax 中。fUML 语法包如图 7.2 所示。每个子包都从相应的 UML 抽象语法包中导入它的命名空间，子包中的所有元素被重新导入顶层的 Syntax 包，使这些元素可以直接从顶层包中通过限定名称统一引用（类似于 UML 抽象语法元模型中使用的命名空间结构）。

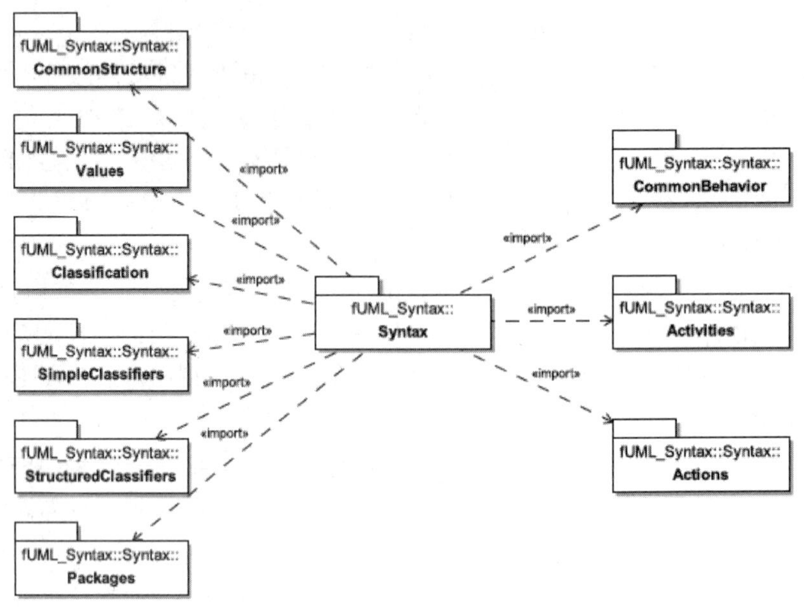

图 7.2　fUML 语法包

一个语法上符合这个子集的 UML 模型应该有一个抽象的语法表示，它只由作为 fUML_Syntax::Syntax 包的（导入）成员的元类实例组成。为了简化，UML 抽象语法元模型中的元关联没有被明确地导入 fUML_Syntax::Syntax 包，但在 fUML 子集中，一个符合要求的模型元素是允许与任何 UML 元模型和本规范中定义的任何进一步约束进行元关联的。

注：这种定义 UML 抽象语法子集的方法类似于定义 UML profile 所涵盖的元模型子集的方法，其中特别识别的包导入和元素导入被用来从子集导入元类到 Profile 的命名空间。

除了可以在 fUML 抽象语法子集中表示，一个语法上符合 fUML 的 UML 模型还应该满足 UML 抽象语法元模型中定义的所有相关约束，以及为 fUML 明确规定的附加语法约束（见图 7.3）。在 7.3 节中明确规定的 fUML 语义只对满足所有必要约束的格式良好的 fUML 模型进行定义。

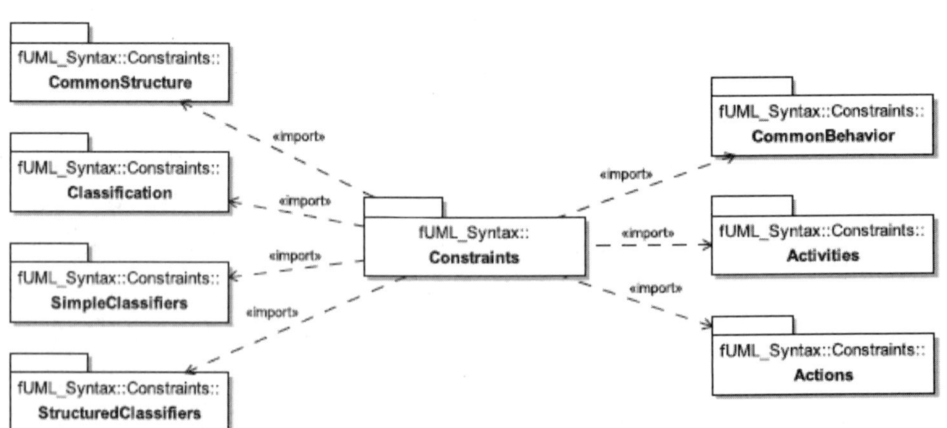

图 7.3　fUML 附加语法约束包

注：这些约束中的每一个约束都有单一的约束元素，即该约束所适用的 UML 抽象语法元类。这些约束被组织成子包（类似于 Syntax 子集模型中的子包）后，重新导入顶层的约束包（Value 和 Packages 语法包没有额外的约束，它们没有相应的约束子包）。

7.2.3 通用结构（Common Structure）

1．概述

fUML CommonStructure 包从 UML CommonStructure 包中导入类。图 7.4～图 7.6 所示的类包含在 fUML CommonStructure 包中。这些图对应于 UML 2 规范中的类图。

（1）来自根（Root）（见图 7.4）：没有排除在 fUML 之外。

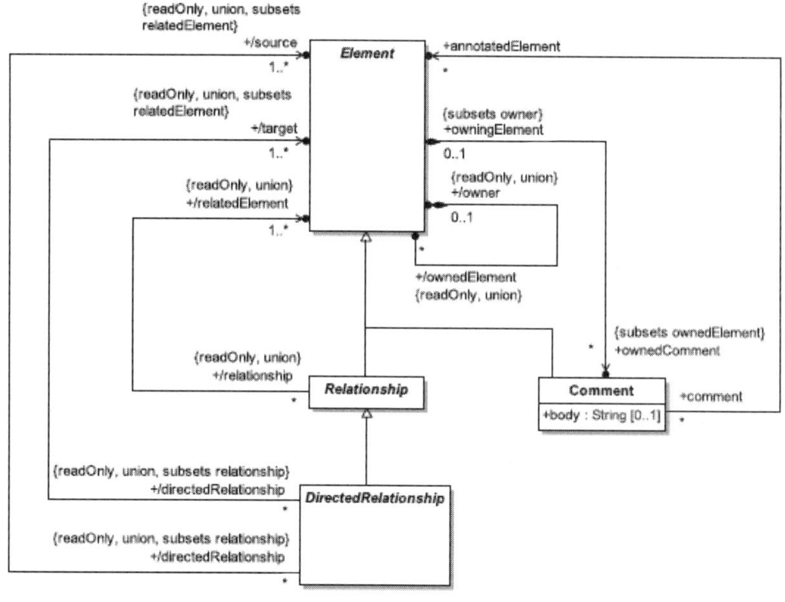

图 7.4 根（Root）

（2）来自模板（Templates）（没有相应的 fUML 图）：因为模板不在 fUML 规范的范围之内，所以所有与模板有关的类都被排除在 fUML 之外。

（3）来自命名空间（Namespace）（见图 7.5）：

- Namespace::nameExpression：名称表达式被用来提供模板内的计算名称，模板被排除在 fUML 子集之外。
- Namespace::ownerRule：命名空间不能在 fUML 中拥有自己的约束，约束被排除在 fUML 子集之外。

（4）来自类型（Type）和多重性（Multiplicity）（见图 7.6）：没有排除在外。

（5）来自约束条件（Constraints）（没有相应的 fUML 图）：约束被认为是设计时的注释，已经被符合语法规则的模型所满足，被排除在 fUML 之外，运行时检查约束条件的一般语义目前在 UML 2 中没有很好的规定，特别是什么时候约束条件应该被评估，以及如果失败应该发生什么。进一步阐述UML中约束条件检查的语义，此时约束被认为是在fUML规范的范围之外。

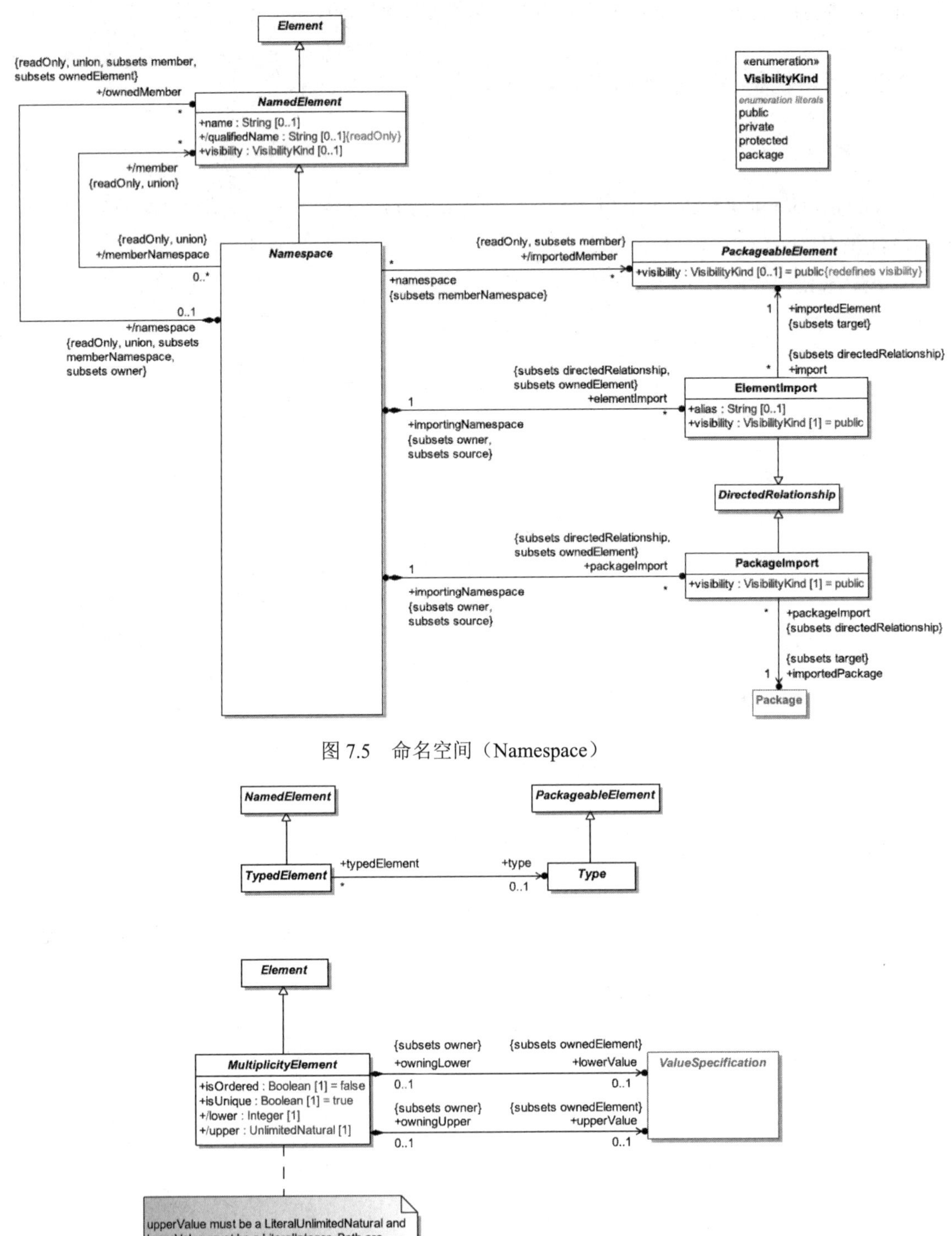

图 7.5　命名空间（Namespace）

图 7.6　类型（Type）和多重性（Multipulicity）

（6）来自依赖（Dependencies）（没有相应的 fUML 图）：所有与依赖关系有关的类都被排除在 fUML 之外，依赖关系要么声明了一个设计意图，要么表达了一个没有重要执行语义的模型级关系。

2. 约束

MultiplicityElement（多重元素）。

[1] fuml_multiplicity_element_required_lower_and_upper

需要 lowerValue 和 upperValue 的 fUML 多重元素类。

upperValue must be a LiteralUnlimitedNatural and lowerValue must be a LiteralInteger. Both are required.

upperValue 必须是一个 LiteralUnlimitedNatural 数据类型，lowerValue 必须是一个 LiteralInteger 数据类型。两者都需要。

self.upperValue->notEmpty（）and
self.upperValue->asSequence（）->first（）.oclIsKindOf（LiteralUnlimitedNatural）and
self.lowerValue->notEmpty（）and
self.lowerValue->asSequence（）->first（）.oclIsKindOf（LiteralInteger）

7.2.4　值（Values）

1. 概述

fUML Values 包从 UML Values 包导入类。图 7.7 所示的类是包含在 fUML Values 包中的，这张图与 UML 2 规范中的类图相对应。

（1）来自字面量（Literals）（见图 7.7）：没有排除在 fUML 之外。

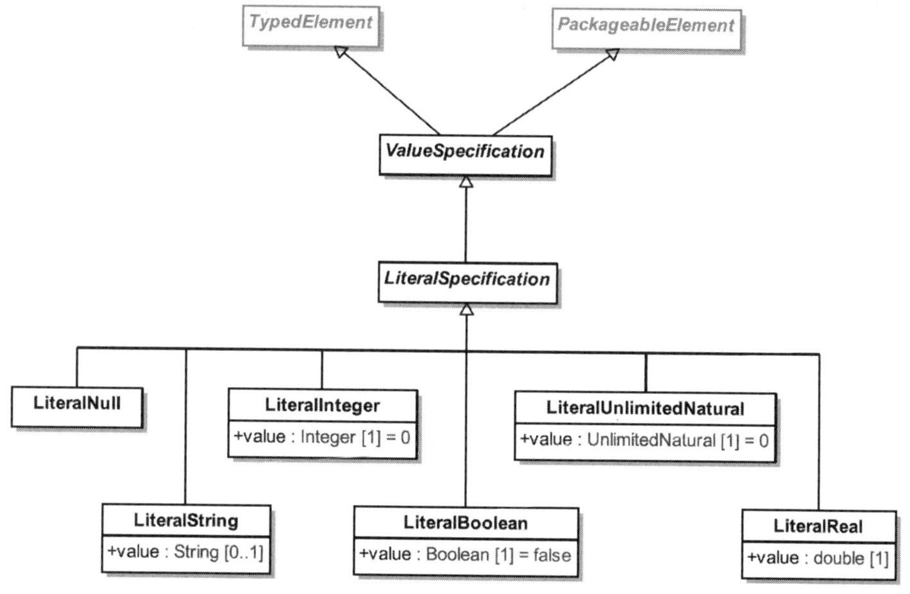

图 7.7　字面量（Literals）

（2）来自表达式（Expressions）（没有相应的 fUML 图）：

- Expression：表达式被排除在 fUML 之外，因为在 UML 中，这个结构只捕获了表达式的解析树，否则其符号只能非正式地表示为字符串，因此不能被正确执行。
- StringExpression：字符串表达式只在模板的上下文中使用，因为模板在 fUML 的范围之外，所以字符串表达式被排除在 fUML 之外。

（3）来自时间（Time）和间隔时间（Duration）（没有相应的 fUML 图）：时间事件和约束不在 fUML 的范围内，时间值被完全排除在 fUML 之外。

（4）来自间隔（Intervals）（没有相应的 fUML 图）：间隔和间隔约束不在 fUML 的范围内，被完全排除在 fUML 之外。

2．约束

无。

7.2.5 分类（Classification）

1．概述

fUML 分类包（Classification package）从 UML 分类包中导入类。图 7.8～图 7.12 所示的类是包含在 fUML 分类包中的，这些图与 UML 2 规范中的类图相对应。

（1）来自分类器 （Classifier）（见图 7.8）：

- Classifier::redefinedClassifier：分类器被判断为在执行过程中增加了显著的复杂性，在大多数情况下没有基本的需求，分类器的重新定义被排除在 fUML 之外。
- Classifier::powerTypeExtent：fUML 中不包括泛化集（generalization sets）。
- Classifier::collaborationUse 和 Classifier::representation：合作（collaborations）不在 fUML 的范围内。
- Classifier::useCase：因为用例不在 fUML 的范围内，所以被排除。
- Classifier::substitution：因为 fUML 中不包括替换的依赖关系（substitution dependencies），所以被排除。

（2）来自分类器模板（Classifier Templates）（没有相应的 fUML 图）：模板不在 fUML 的范围内，所有与分类器模板有关的类都被排除在 fUML 之外。

（3）来自特征（Feature）（见图 7.9）：

- BehavioralFeature::ownedParameterSet：参数集（parameter sets）不包括在 fUML 中，被排除在外。
- Parameter::defaultValue：隐式计算行为特征（或行为）（behavioral feature （or behavior））的默认值，需要协调多个 UML 动作，因为调用动作（call actions）总是需要提供明确的输入或输出。
- Parameter::parameterSet：参数集不包括在 fUML 中，被排除在外。

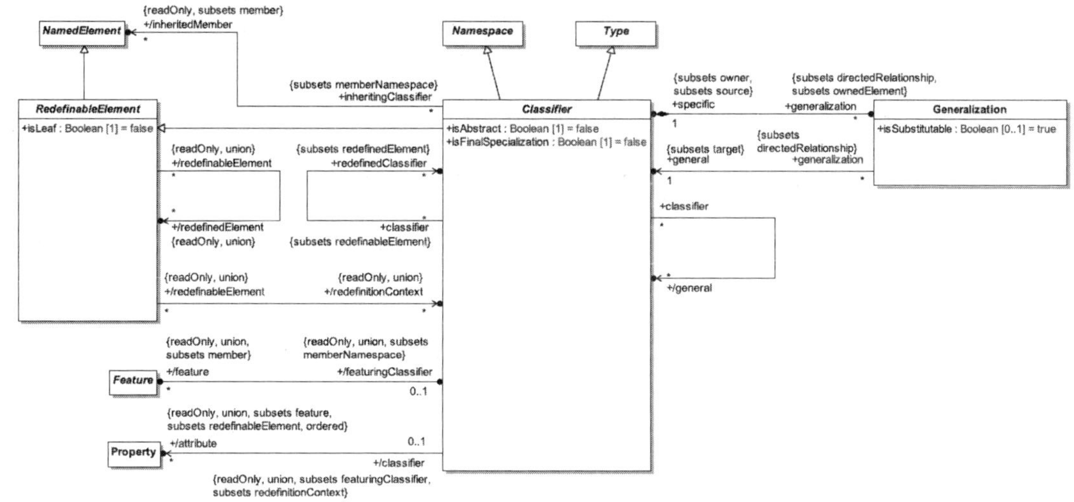

图 7.8　分类器（Classifier）

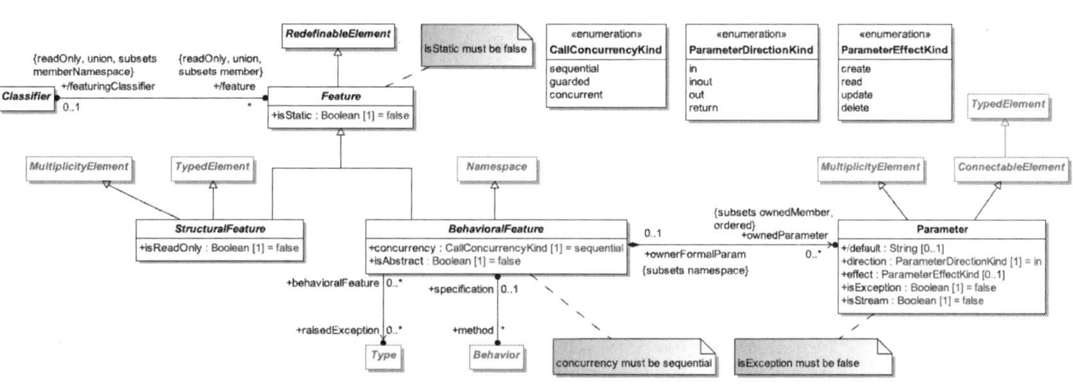

图 7.9　特征（Feature）

（4）来自属性（Property）（见图 7.10）：

- Property::defaultValue：设置默认值需要协调多个 UML 操作。创建对象的操作被明确规定为创建没有默认值的对象，在 fUML 中设置默认值必须在对象创建后，通过使用适当的结构特征动作来明确地建模。
- Property::qualifier：关联限定词（Association qualifiers）被排除在 fUML 之外，因为其效果可以在使用非限定关联（unqualified associations）的模型中有效实现，所以不被认为是基本的。此外，为了便于执行工具和实施翻译器，关联限定词没有被广泛使用到需要包含在 fUML 中，否则会被包含。
- Property::subsettedProperty – subsetting：被排除在 fUML 之外，subsetting 通常用于静态模型中，且对于这种机制的执行语义没有达成共识。（参见 4.2.1 节关于 fUML 执行语义中处理子集相关约定的进一步讨论）
- Property::redefinedProperty：属性在运行时给结构特征的解析（resolution）增加了很大的复杂性，而没有基本的需求，属性的重新定义被排除在 fUML 之外。请注意，操作重定义（operation redefinition）被包含在 fUML 中，它对于多态操作调度（polymorphic

operation dispatching）的默认 fUML 语义是必要的。（关于 fUML 执行语义中处理重定义的相关约定参见 7.3.1 节）

- Property::interface：接口在 fUML 的范围之外。

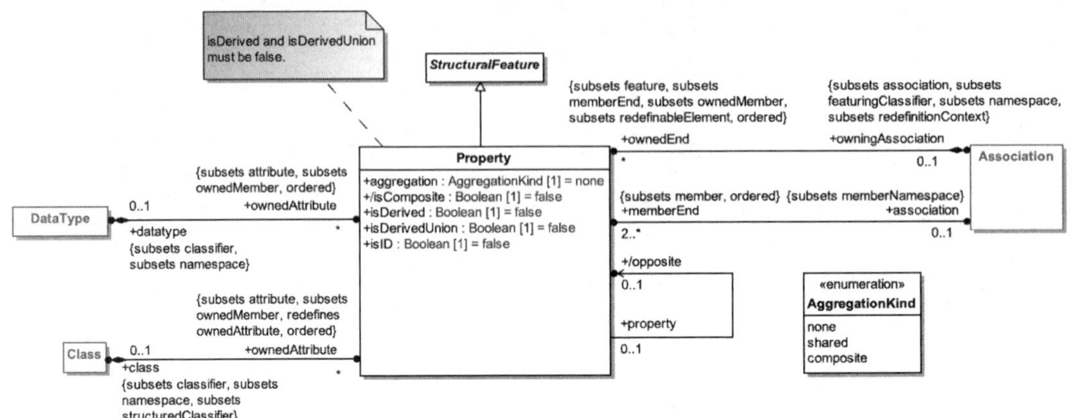

图 7.10 属性（Property）

（5）来自操作（Operation）（见图 7.11）：

- Operation::raisedException：fUML 中不包含异常（exceptions），被排除在外。
- Operation::templateParameter：模板不在 fUML 的范围内，被排除在外。
- Operation::precondition、Operation::postcondition 和 Operation::bodyCondition：因为 fUML 中不包括约束条件，所以被排除。
- Operation::interface：接口（interface）不在 fUML 的范围内。
- Operation::datatype：数据类型（data types）在 fUML 中不能有操作。

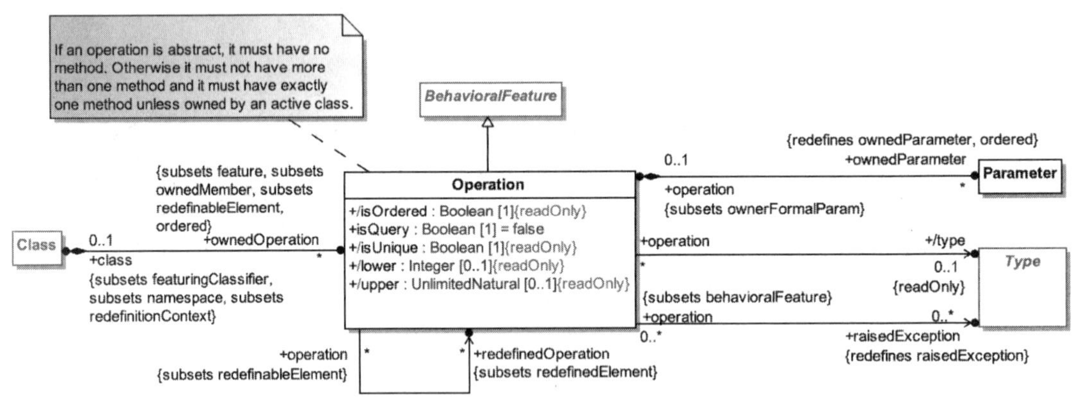

图 7.11 操作（Operation）

（6）来自泛化集（Generalization Sets）（没有相应的 fUML 图）：力量类型（Power types）和泛化集给泛化的语义增加了显著的复杂性，特别是其与类型（typing）和多态操作调度（polymorphic operation dispatching）有关。此外，泛化集的效果可以用普通的类和泛化（regular classes and generalizations）来等效地建模，但这会牺牲一些建模的便利性。因此，力量类型和泛化集不被认为对 fUML 子集具有基本性。

（7）来自实例（Instances）（见图 7.12）：

- InstanceSpecification::specification：fUML 中的实例规范（InstanceSpecifications）只作为结构化实例值（structured instance value）价值规范（ValueSpecification）的一部分，它是用槽（Slot）明确规定的，或者作为枚举直接量（enumeration literal）。没有必要为它的值提供一个单独的规范。

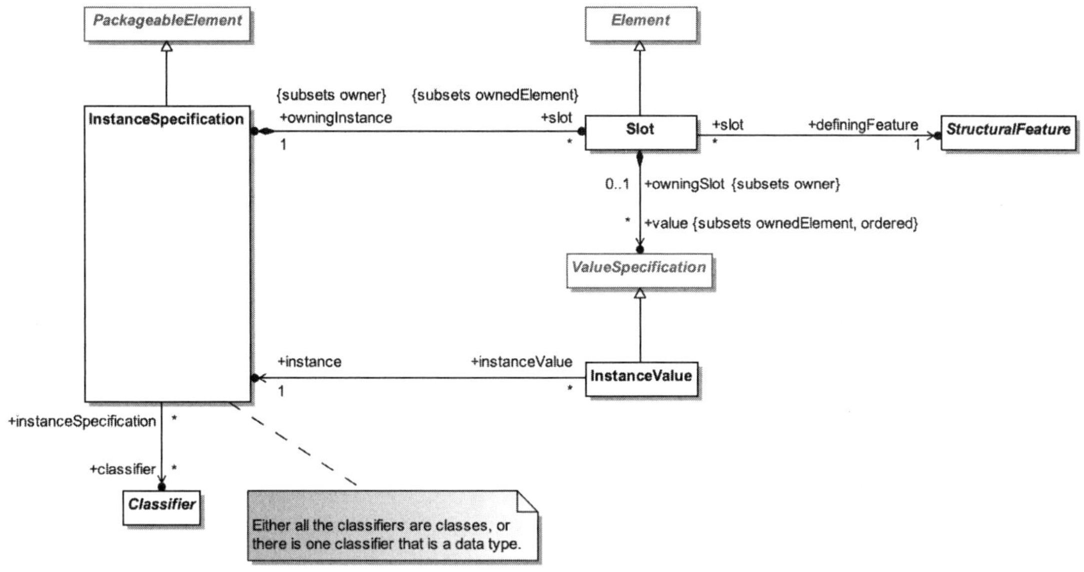

图 7.12　实例（Instances）

2. 约束

1）行为特征（BehavioralFeature）

[1] fuml_behavioral_feature_sequentiality

fuml 行为特性需连续。

concurrency must be sequential
self.concurrency = CallConcurrencyKind::sequential
::类中的字段

2）特征（Feature）

[1] fuml_feature_non_static

fuml 特征需为非静态。

isStatic must be false
not self.isStatic

3）实例规范（InstanceSpecification）

[1] fuml_instance_specification_possible_classifiers

定义约束 fuml 实例规范中的分类器，要么所有分类器都是类，要么有一个分类器是预先指定的数据类型。

```
Either all the classifiers are classes, or there is one classifier that is a data type
self.classifier->forAll（oclIsKindOf（Class）） or
self.classifier->size（） = 1 and self.classifier->forAll（oclIsKindOf（DataType））
```

4）操作（Operation）

[1] fuml_operation_has_at_most_one_method

对 fuml 的操作类进行约束。如果一个操作类是抽象类，那么它必须没有方法。否则，它不能有一个以上的方法，除非被一个活动类拥有，否则它必须有一个方法。

```
If an operation is abstract, it must have no method. Otherwise it must not have more than one method and it must have exactly one method unless owned by an active class.
If self.isAbstract then self.method->isEmpty（）
else
    self.method->size（） <= 1 and
     （（self.class = null or not self.class.isActive） implies
       self.method->size（） = 1）
```

5）参数（Parameter）

[1] fuml_parameter_not_exception

对 fuml 的参数进行约束，不可为异常。

```
isException must be false
not self.isException
```

6）属性（Property）

[1] no_derivation

对 fuml 属性进行约束，属性不可有派生。

```
isDerived and isDerivedUnion must be false
not self.isDerived and not self.isDerivedUnion
```

7.2.6 简单分类器（Simple Classifiers）

1．概述

fUML SimpleClassifiers 包从 UML SimpleClassifiers 包导入类。图 7.13～图 7.15 所示的类是包含在 fUML SimpleClassifiers 包中的，这些图对应于 UML 2 规范中的类似图。

（1）来自数据类型（DataType）（见图 7.13）：DataType::ownedOperation 数据类型在 fUML 中不能有操作，因为它们不是行为分类器（behaviored classifiers），所以不能拥有行为。这意味着不能为数据类型的操作提供可执行的方法。

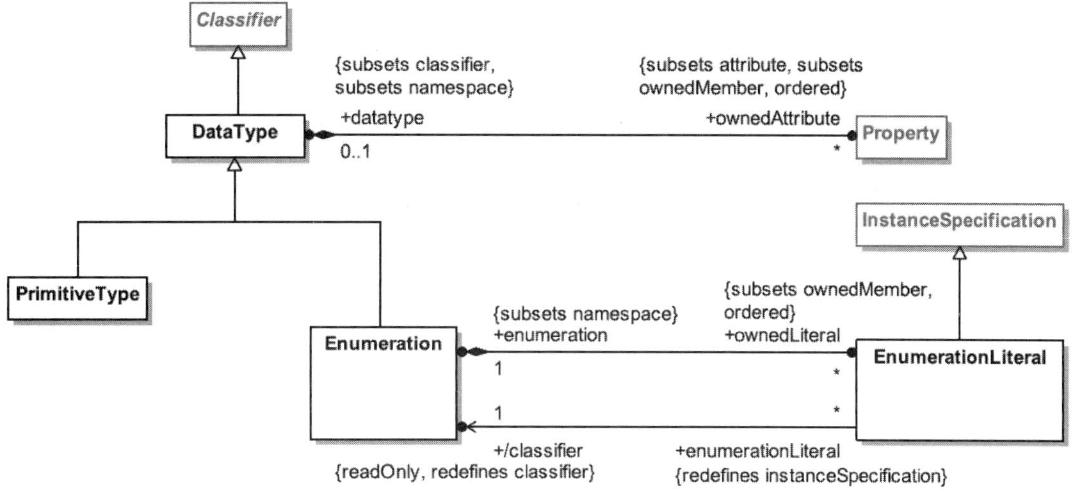

图 7.13　数据类型（DataType）

（2）来自信号（Signal）（见图 7.14）：没有排除在外。

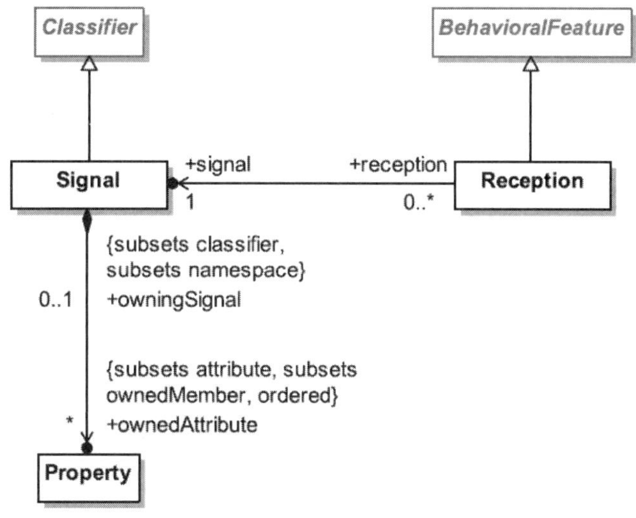

图 7.14　信号（Signal）

（3）来自接口（Interfaces）（见图 7.15）：

- Interfaces：在 fUML 子集中，接口的效果可以通过抽象类和完全抽象操作（entirely abstract operations）来实现。注意，fUML 不包括特别依赖于接口使用的 UML 2 结构化类和端口（structured classes and ports）。
- InterfaceRealization：接口不包括在 fUML 中。
- BehavioredClassifier::interfaceRealization：因为 fUML 中不包括接口的实现，所以接口被排除。

2. 约束

接收（Reception）。

[1] fuml_reception_no_method

接收必须没有相关方法。

A reception must not have an associated method.
self.method->isEmpty（）

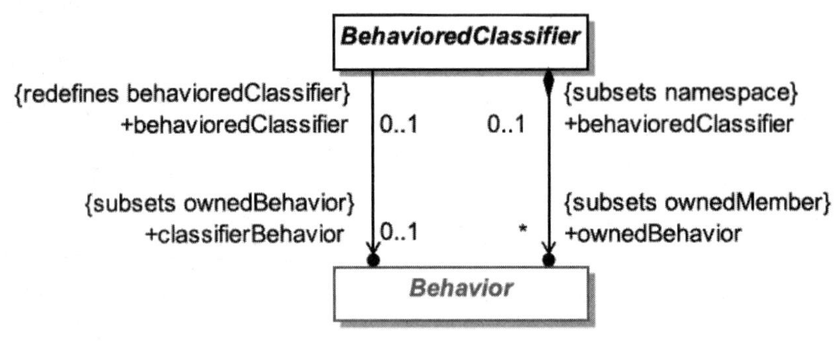

图 7.15 接口（Interfaces）

[2] fuml_reception_not_abstract

接收不能为抽象类。

A reception must not be abstract.
not self.isAbstract

7.2.7 结构化分类器（StructuredClassifiers）

1. 概述

fUML StructuredClassifiers 包从 UML StructuredClassifiers 包导入类。图 7.16～7.17 所示的类是包含在 fUML StructuredClassifiers 包中的，这些图对应于 UML 2 规范中的类似图。

（1）来自结构化分类器（Structured Classifiers）（没有相应的 fUML 图）：连接器被完全排除在 fUML 的范围之外。

（2）来自封装的分类器（Encapsulated Classifiers）（没有相应的 fUML 图）：端口（Ports）被完全排除在 fUML 的范围之外。

（3）来自类（Class）（见图 7.16）：Class::extension，定型（stereotypes）在 fUML 的范围之外。

（4）来自关联（Association）（见图 7.17）：关联类 AssociationClass 作为一种建模结构，增加了语义复杂性，效果可以用普通的类和关联来等效地建模，但要牺牲一些建模的便利性。对 fUML 子集来说，关联不被认为是基础的。

（5）来自组件（Component）（没有相应的 fUML 图）：组件被完全排除在 fUML 的范围之外。

（6）来自合作（Collaboration）（没有相应的 fUML 图）：合作被完全排除在 fUML 的范围之外。

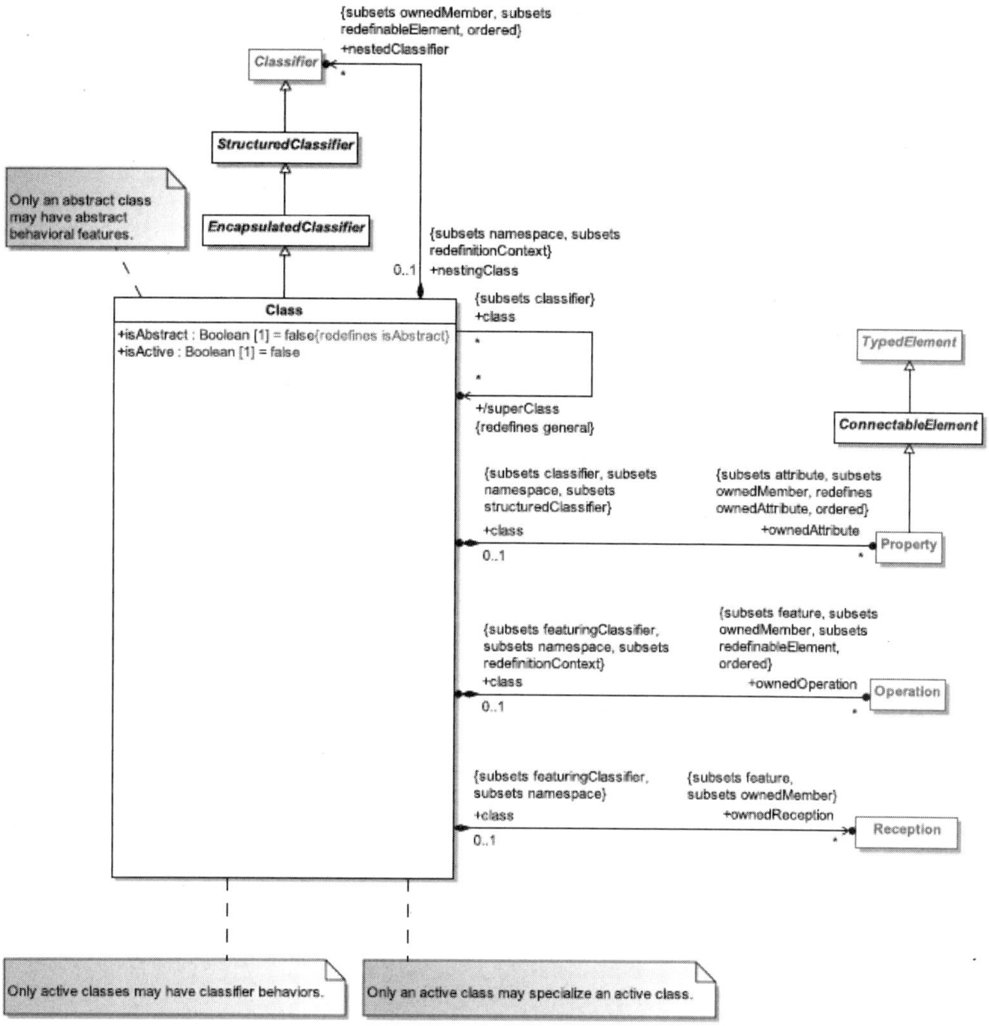

{subsets ownedMember, subsets redefinableElement, ordered}
+nestedClassifier
Classifier
StructuredClassifier
EncapsulatedClassifier
Only an abstract class may have abstract behavioral features.
{subsets namespace, subsets redefinitionContext}
0..1
+nestingClass
Class
+isAbstract : Boolean [1] = false{redefines isAbstract}
+isActive : Boolean [1] = false
{subsets classifier}
+class
+/superClass
{redefines general}
TypedElement
ConnectableElement
{subsets classifier, subsets namespace, subsets structuredClassifier}
+class
0..1
{subsets attribute, subsets ownedMember, redefines ownedAttribute, ordered}
+ownedAttribute
Property
{subsets featuringClassifier, subsets namespace, subsets redefinitionContext}
+class
0..1
{subsets feature, subsets ownedMember, subsets redefinableElement, ordered}
+ownedOperation
Operation
{subsets featuringClassifier, subsets namespace}
+class
0..1
{subsets feature, subsets ownedMember}
+ownedReception
Reception
Only active classes may have classifier behaviors.
Only an active class may specialize an active class.

图 7.16　类（Class）

Relationship
Classifier
{subsets feature, subsets memberEnd, subsets ownedMember, subsets redefinableElement, ordered}
+ownedEnd
{subsets association, subsets featuringClassifier, subsets namespace, subsets redefinitionContext}
+owningAssociation
0..1
Property
Association
+isDerived : Boolean [1] = false
isDerived must be false
{subsets ownedEnd}
+navigableOwnedEnd
{subsets owningAssociation}
+association
0..1
{subsets member, ordered}
+memberEnd
2..*
{subsets memberNamespace}
+association
0..1
{subsets relationship}
+association
{readOnly, subsets relatedElement}
1..*
+/endType
Type

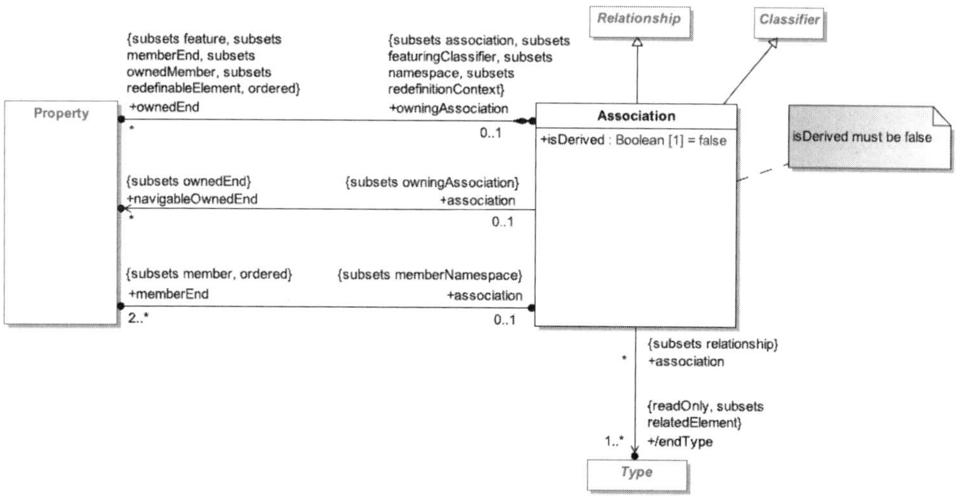

图 7.17　关联（Association）

2．约束

1）Association（关联）

[1] fuml_association_no_derivation（派生）

fuml 的关联类不可派生。

isDerived must be false
not self.isDerived

2）Class（类）

[1] fuml_class_active_class_classifier_behavior

只有活动类才有分类器行为。

Only active classes may have classifier behaviors.
self.classifierBehavior->notEmpty（） implies self.isActive

[2] fuml_class_active_class_specialization（特化）

只有活动类才能特化一个活动类。

Only an active class may specialize an active class.
self.parents（）->exist（isActive） implies self.isActive

[3] fuml_class_abstract_class

只有抽象类才能具有抽象行为特征。

Only an abstract class may have abstract behavioral features.
self.member->select（oclIsKindOf（BehavioralFeature））->exists（isAbstract） implies self.isAbstract

7.2.8 包（Packages）

1．概述

fUML 包从 UML 包中导入类。图 7.18 所示的类是包含在 fUML 包中的类，此图对应于 UML 2 规范中的类似图。

（1）来自包（Package）（见图 7.18）：

- PackageMerge：包的合并不被认为是一个运行时结构，被排除在 fUML 之外。所有的包合并都被认为在模型提交执行之前就进行过了。
- Model：被认为不是运行时结构。对于一个可执行的模型，一个模型包（model package）被认为等同于一个常规包（regular package）。

（2）来自剖面图（Profiles）（没有相应的 fUML 图）：剖面图被完全排除在 fUML 的范围之外。

2．约束

无。

In this specification, a fUML instance model must have Behavior.isReentrant self.isReentrant

2）不透明行为（OpaqueBehavior）

[1] fuml_opaque_behavior_empty_body_and_language

主体和语言必须为空。

body and language must be empty
self.language->isEmpty（） and self.body->isEmpty（）

[2] fuml_opaque_behavior_inactive

不透明行为不能被激活。

An opaque behavior cannot be active.
not self.isActive

7.2.10　活动（Activities）

1．概述

fUML 活动包从 UML 活动包中导入类。图 7.21～图 7.25 所示的类是包含在 fUML 活动包中的，这些图对应于 UML 2 规范中的类似图。

（1）来自活动（Activity）（见图 7.21）：

- ActivityEdge::redefinedEdge：因为行为重新定义（behavior redefinition）被排除在 fUML 之外，所以活动边的重新定义（Activity edge redefinition）被排除在 fUML 之外。
- ActivityEdge::weight：活动边的权重（Activity edge weights）被排除在 fUML 之外。
- ActivityNode::redefinedNode：因为行为重新定义被排除在 fUML 之外，所以活动节点的重新定义（Activity node redefinition）被排除在 fUML 之外。
- ObjectNode::transformation 和 ObjectNode::selection：变换和选择行为（Transformation and selection behaviors）被排除在 fUML 之外。
- 变量被排除在 fUML 之外，动作之间的数据传递可以通过对象流来实现。

（2）来自活动控制节点（ControlNode）（见图 7.22）：JoinNode::joinSpec 连接规范被排除在外，它在 UML 中是两个不精确的可执行定义。

（3）来自对象节点（ObjectNode）（见图 7.23）：

- ObjectNode::selection 和 ObjectNode::upperBound：对象节点的选择和上限被排除在 fUML 之外。
- ObjectNode::inState：因为状态机不包括在 fUML 中，所以对象节点的状态识别被排除在 fUML 之外。

（4）来自可执行节点（ExecutableNode）（见图 7.24）：没有排除在外。

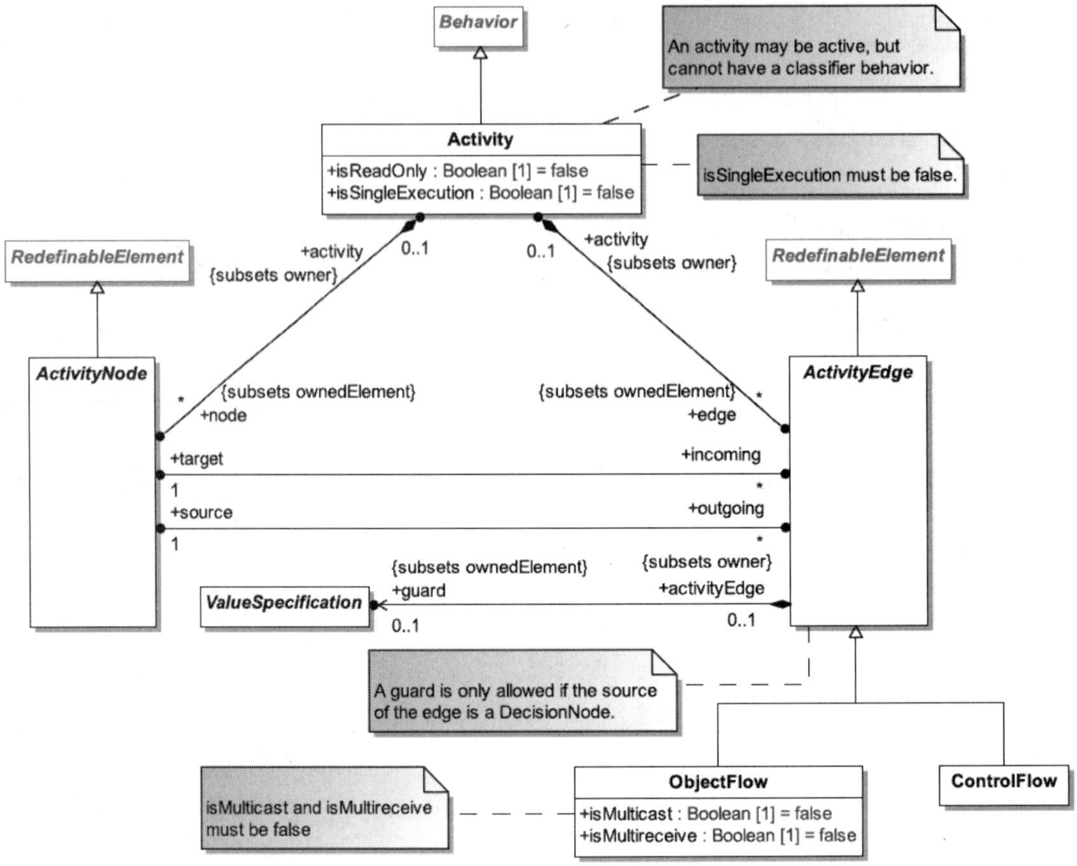

Behavior
An activity may be active, but cannot have a classifier behavior.
Activity
+isReadOnly : Boolean [1] = false
+isSingleExecution : Boolean [1] = false
isSingleExecution must be false.
RedefinableElement
+activity
{subsets owner}
0..1
0..1
+activity
{subsets owner}
RedefinableElement
ActivityNode
*
{subsets ownedElement}
+node
{subsets ownedElement}
+edge
*
ActivityEdge
+target
+incoming
1
*
+source
+outgoing
1
*
{subsets ownedElement}
+guard
{subsets owner}
+activityEdge
ValueSpecification
0..1
0..1
A guard is only allowed if the source of the edge is a DecisionNode.
isMulticast and isMultireceive must be false
ObjectFlow
+isMulticast : Boolean [1] = false
+isMultireceive : Boolean [1] = false
ControlFlow

图 7.21 活动（Activity）

ActivityNode
ControlNode
InitialNode
FinalNode
ForkNode
JoinNode
+isCombineDuplicate : Boolean [1] = true
MergeNode
DecisionNode
+decisionNode
*
+decisionNode
0..1
+decisionInputFlow
0..1
0..1
+decisionInput
FlowFinalNode
ActivityFinalNode
isCombineDuplicate must be false
ObjectFlow
Behavior

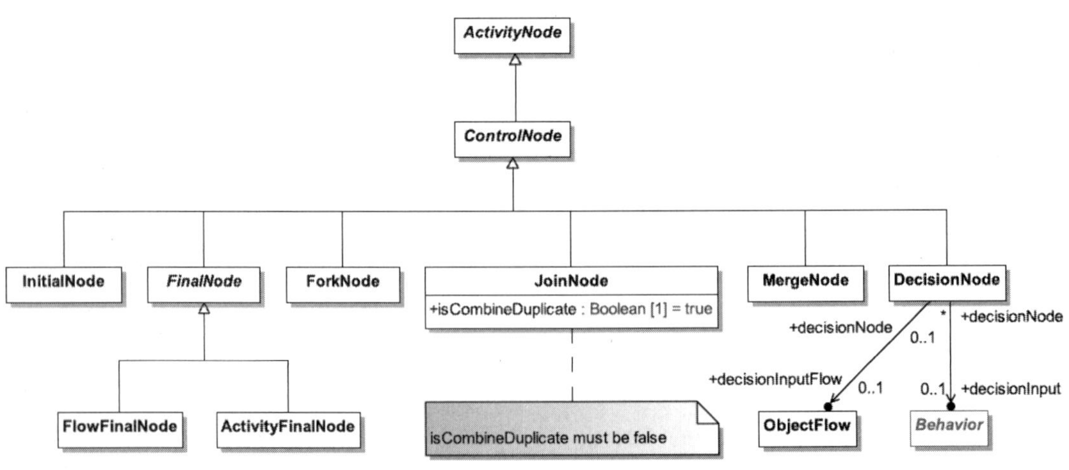

图 7.22 活动控制节点（ControlNode）

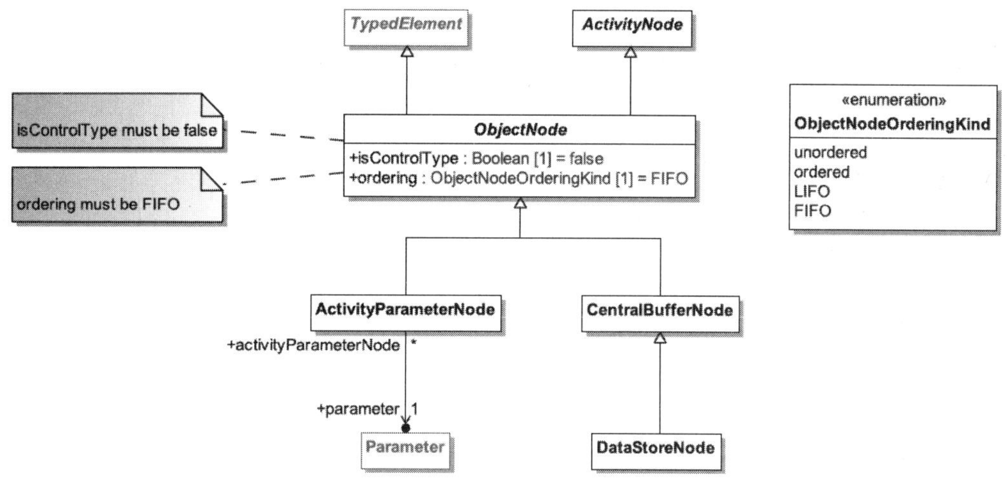

图 7.23　对象节点（ObjectNode）

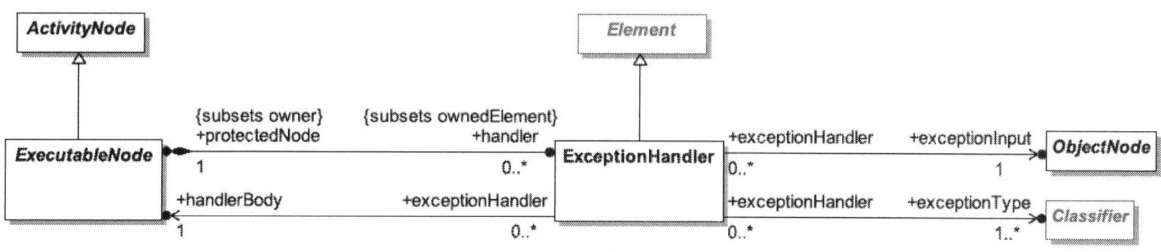

图 7.24　可执行节点（ExecutableNode）

（5）来自活动组（ActivityGroup）（见图 7.25）：

- ActivityPartition：活动分区被排除在 fUML 之外，它们是 UML 活动中一个非常通用的建模结构，且其精确执行语义也尚不清楚。
- InterruptibleRegion：可中断区域被排除在 fUML 之外，它们被认为更适合于“更高层次”的过程建模，不在 fUML 范围内。

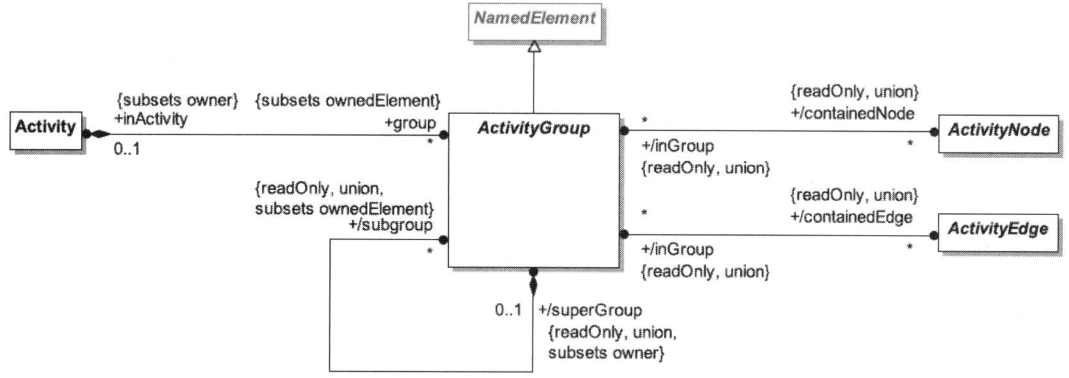

图 7.25　活动组（ActivityGroup）

2. 约束

1）活动（Activity）

[1] fuml_activity_no_classifier_behavior

活动可以是 active 状态，但不能有分类器行为。

An activity may be active, but cannot have a classifier behavior. self.classifierBehavior-> isEmpty（）

[2] fuml_activity_not_single_execution

单独执行属性必须为 false。

isSingleExecution must be false.
not self.isExecution

2）活动边（ActivityEdge）

[1] fuml_activity_edge_allowed_guards

只有当活动边的来源是决定节点时，才允许使用保护。

A guard is only allowed if the source of the edge is a DecisionNode.
self.guard->notEmpty（） implies self.source.oclIsKindOf（DecisionNode）

3）合并节点（JoinNode）

[1] fuml_join_node_not_combine_duplicate（重复）

合并节点的重复组合属性必须为 false。

isCombineDuplicate must be false
not self.isCombineDuplicate

4）对象流（ObjectFlow）

[1] fuml_object_flow_not_multi

对象流不允许多点广播和多点接收。

isMulticast and isMultireceive must be false
not self.isMulticast and not self.isMultireceive

5）对象节点（ObjectNode）

[1] fuml_object_flow_not_multi

对象节点的排序必须是先进先出。

ordering must be FIFO
self.ordering = ObjectNodeOrderingKind::FIFO

[2] fuml_object_node_not_control_type

对象节点不可被控制。

isControlType must be false
not self.isControlType

7.2.11 动作（Action）

1. 概述

fUML Actions 包从 UML Actions 包导入类。图 7.26～7.34 所示的类是包含在 fUML Actions 包中的，这些图对应于 UML 2 规范中的类图。

（1）来自动作（Action）（见图 7.26）：

- Action::localPrecondition 和 Action::localPostcondition：因为 fUML 中不支持约束，所以在 fUML 中不支持动作的局部前提条件和后置条件。
- ActionInputPin：在 fUML 中不支持动作的输入引脚，它们与使用对象流将动作的输出引脚连接到常规输入引脚的方法是重复多余的。
- OpaqueAction：不透明的动作被排除在 fUML 之外，因为其是不透明的，所以不能被执行。
- ValuePin：价值引脚被排除在 fUML 之外，它们与使用价值规范来规定价值的方法是多余的。

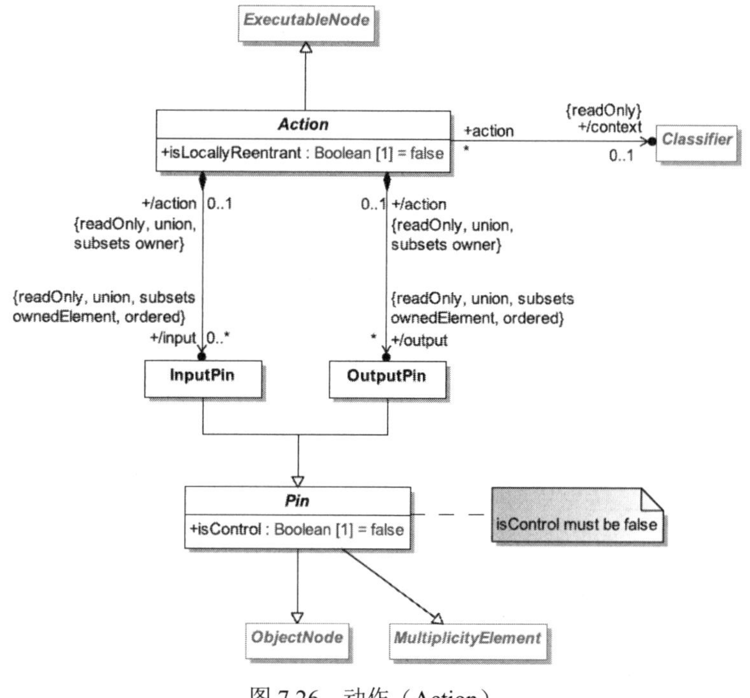

图 7.26 动作（Action）

（2）来自启用动作（InvocationAction）（见图 7.27）：

- InvocationAction::onPort：由于端口被排除在 fUML 之外，因此对启用动作端口的识别被排除在 fUML 之外。
- BroadcastSignalAction 和 SendObjectAction：fUML 中唯一的异步启用机制通过发送信号动作完成，可以实现广播和发送对象的效果。

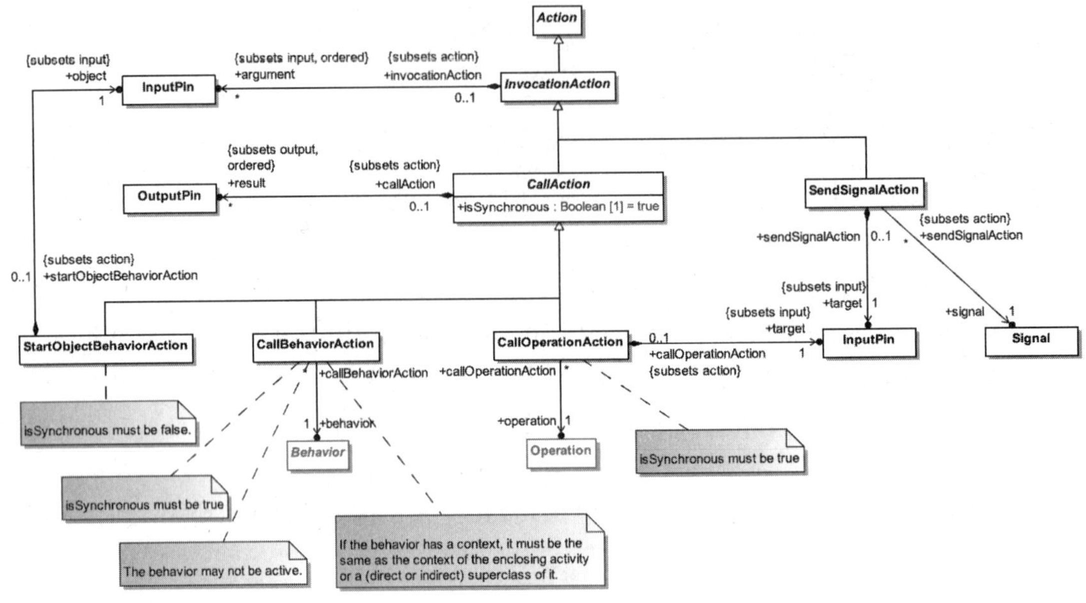

图 7.27 启用动作（InvocationAction）

（3）来自对象动作（Object Action）（见图 7.28）：没有排除在外。

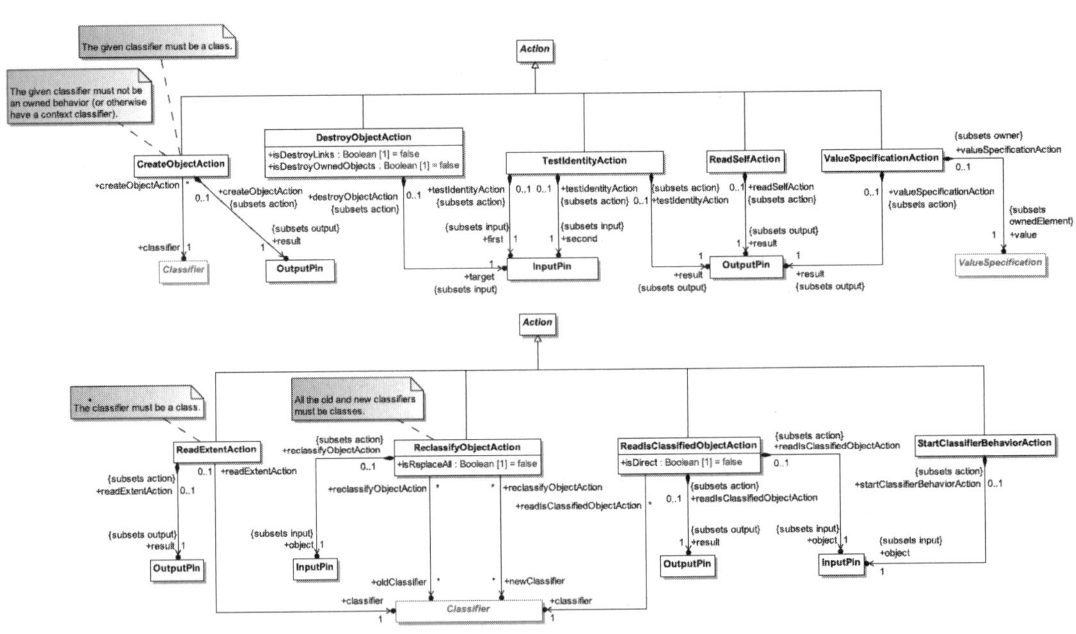

图 7.28 对象动作（Object Action）

（4）来自链接末端数据（LinkEndData）（见图 7.29）：QualifierValue。因为关联限定词被排除在 fUML 之外，所以其值也被排除在 fUML 之外。

（5）来自链接动作（LinkAction）（见图 7.30）：没有排除在外。

（6）来自链接对象动作（LinkObjectAction）（无对应 fUML 图）：因为关联类被排除在 fUML 之外，所以 ReadLinkObject EndAction、ReadLinkObjectEndQualifierAction 和 CreateLink-

ObjectAction 被排除在 fUML 之外。

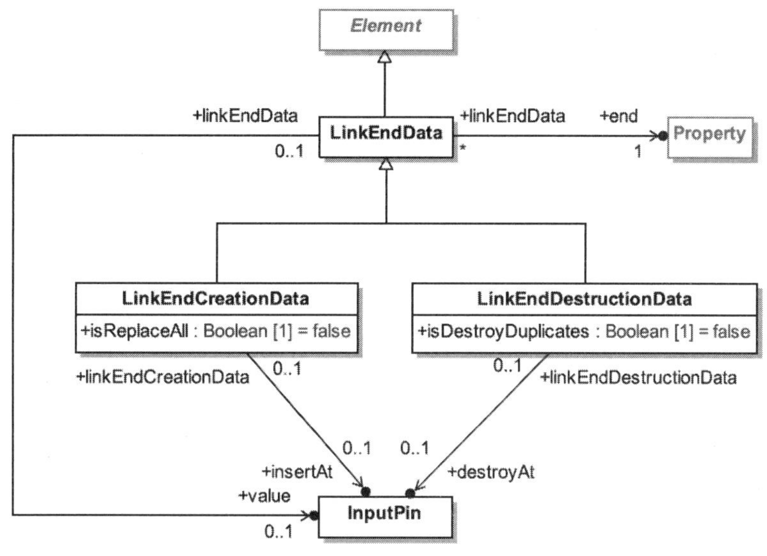

图 7.29　链接末端数据（LinkEndData）

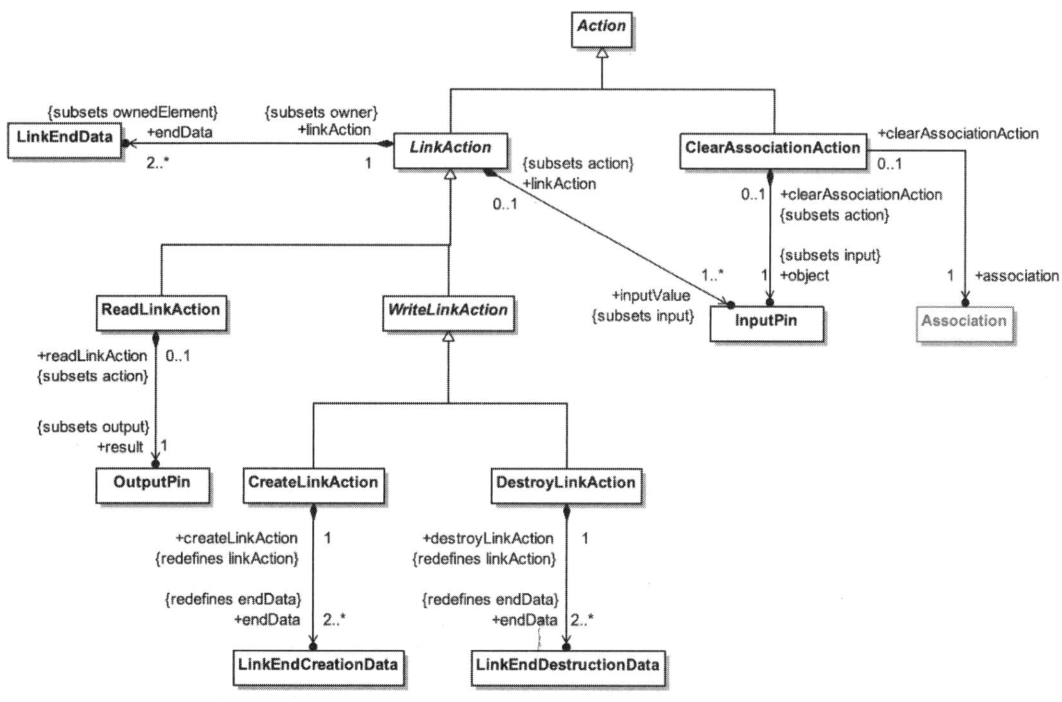

图 7.30　链接动作（LinkAction）

（7）来自结构特征动作（StructuralFeatureAction）（见图 7.31）：没有排除在外。

（8）来自可变动作（VariableAction）（没有对应的 fUML 图）：因为变量被排除在 fUML 之外，所以 ReadVariableAction、WriteVariableAction 和 ClearVariableAction 被排除在 fUML 之外。

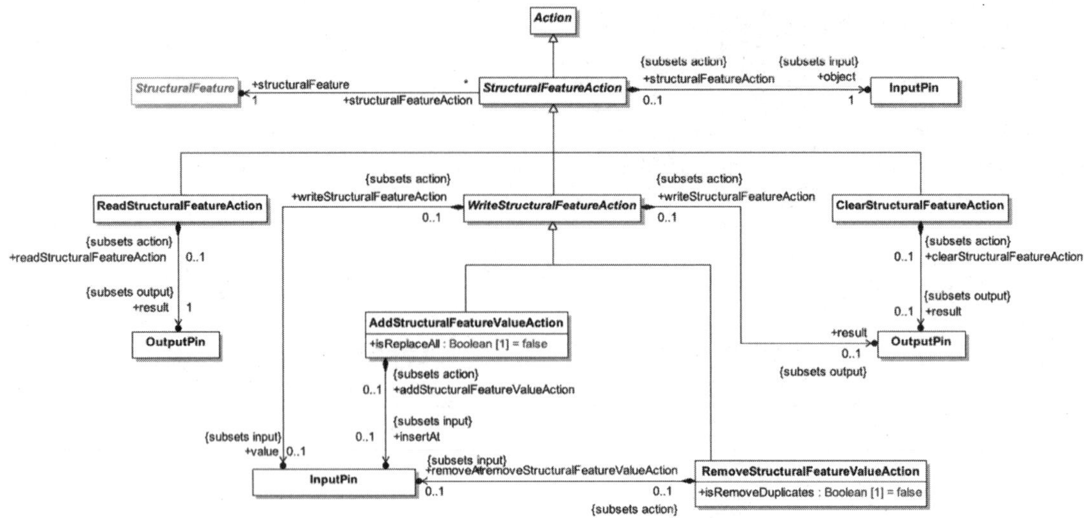

图 7.31 结构特征动作（StructuralFeatureAction）

（9）来自结构化动作（StructuredAction）（见图 7.32）：

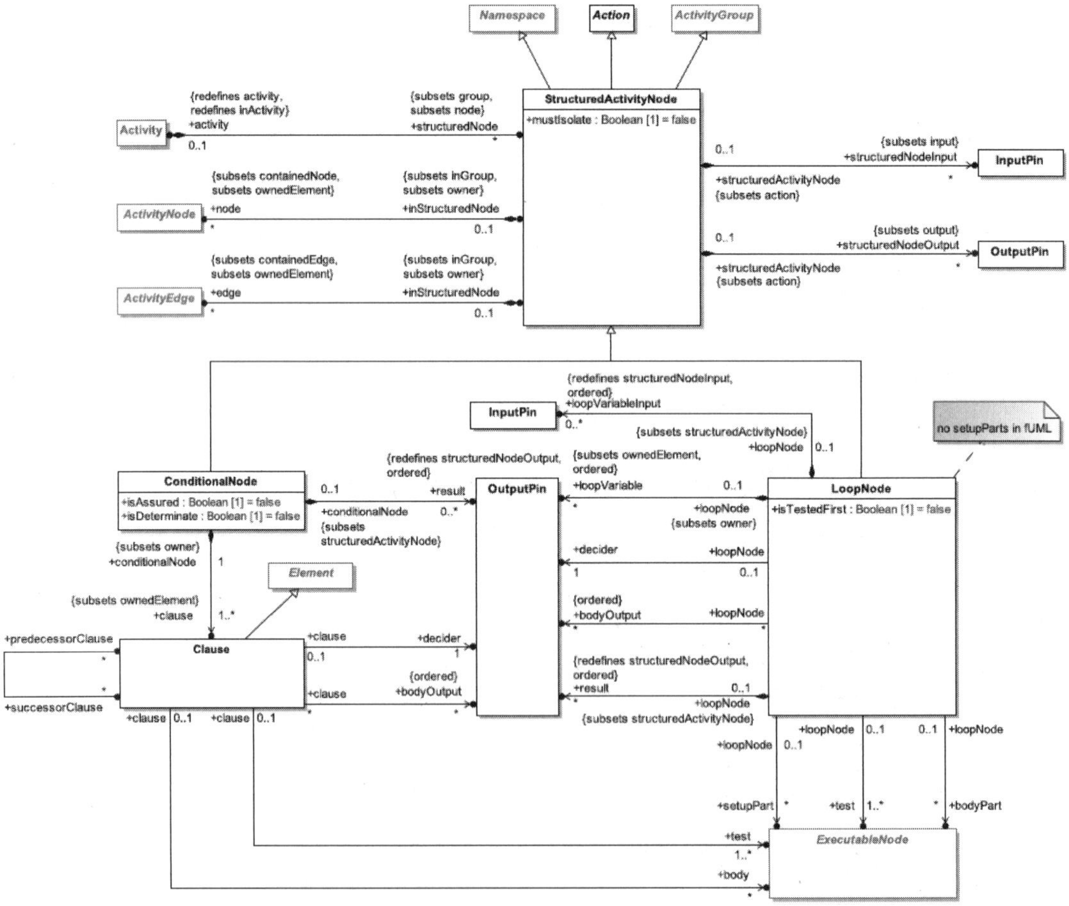

图 7.32 结构化动作（StructuredAction）

- StructuredActivityNode::variables：变量被排除在 fUML 之外，动作之间的数据传递可以用对象流来实现。
- SequenceNode：序列节点不在 fUML 中，动作的顺序可以用控制流来表达。

（10）来自扩张区域（ExpansionRegion）（见图 7.33）：没有排除在外。

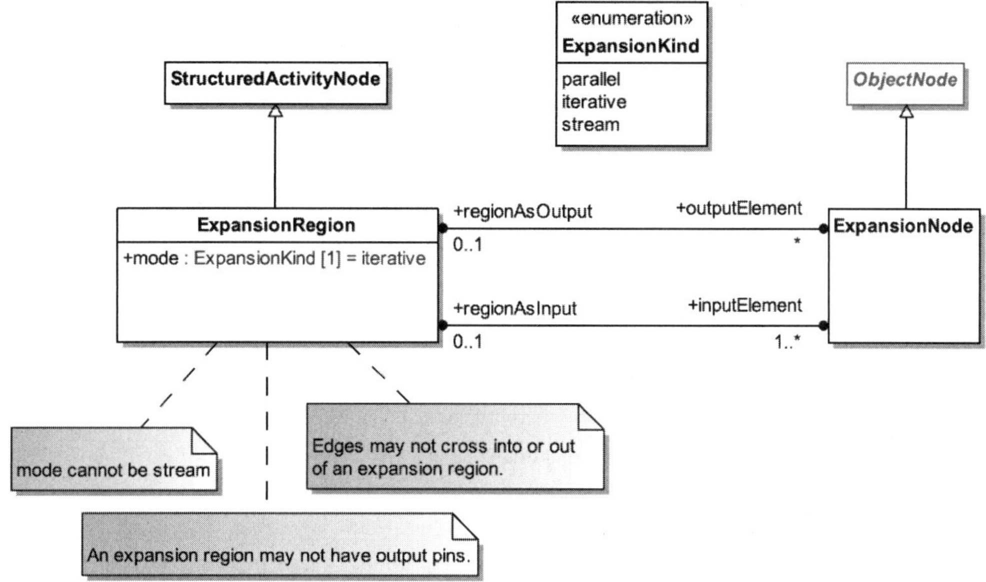

图 7.33　扩张区域（ExpansionRegion）

（11）来自其他动作（Other Action）（见图 7.34）：没有排除在外。

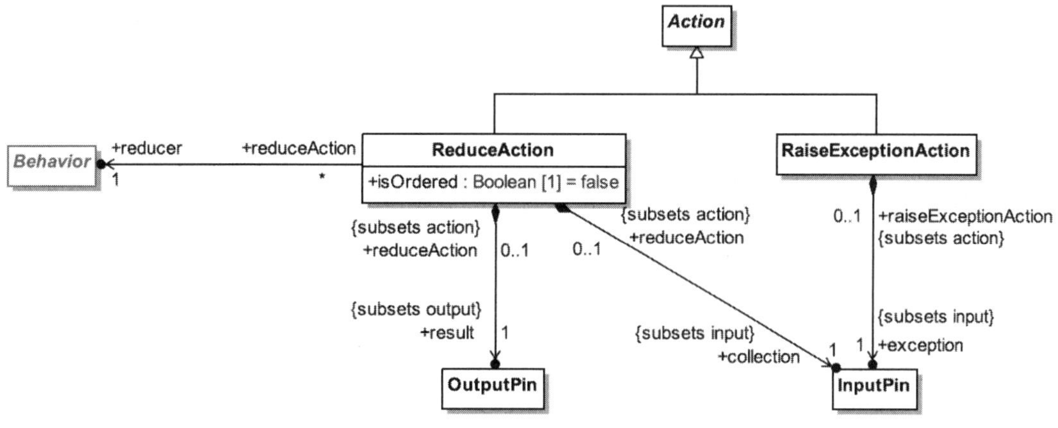

图 7.34　其他动作（Other Action）

2．约束

1）接受调用动作（AcceptCallAction）

[1] fuml_accept_call_action_call_event_operations

The operations of the call events on the triggers of an accept call action must be owned or inherited by the context class of the action.

接受调用动作的触发器上调用事件的操作必须由动作的上下文类拥有或继承。

let cls: Class = self.context.oclAsType（Class） in

let classes:Bag（Class） = cls.allParents（）->select（oclIsKindOf（Class））->collect（oclAsType（Class））->union（cls->asBag（）） in classes.ownedOperation→includesAll（self.trigger.event→ collect（oclAsType（CallEvent））.operation）

2）接受事件动作（AcceptEventAction）

[1] fuml_accept_event_action_active_context

接受事件动作包含活动的上下文必须是一个活动类。

The context of the containing activity of the accept event action must be an active class.

self.context.oclAsType（Class）.isActive

[2] fuml_accept_event_no_accept_event_action_in_tests

接受事件动作不能直接或间接包含在子句或循环节点的测试部分。

An accept event action may not be contained directly or indirectly in the test part of a clause or loop node.

```
self->closure（inStructuredNode.oclAsType（ActivityNode））->forAll（n |
    let s : StructuredActivityNode = n.inStructuredNode in
    s->notEmpty（） implies
        （s.oclIsTypeOf（ConditionalNode） implies
            s.oclAsType（ConditionalNode）.clause.test->excludes（n.oclAsType（ExecutableNode）） and
            s.oclIsTypeOf（LoopNode） implies
                s.oclAsType（LoopNode）.test->excludes（n.oclAsType（ExecutableNode））））
```

[3] fuml_accept_event_only_signal_event_triggers

除非该动作是一个接受调用的动作，否则所有的触发器都必须针对信号事件。

Unless the action is an accept call action, all triggers must be for signal events.

not self.oclIsKindOf（AcceptCallAction） implies

self.trigger.event->forAll（oclIsKindOf（SignalEvent））

3）调用行为动作（CallBehaviorAction）

[1] fuml_call_behavior_action_inactive_behavior

行为可以不是激活态。

The behavior may not be active.

not self.behavior.isActive

[2] fuml_call_behavior_action_is_synchronous（同步的）

同步属性必须为 true。

isSynchronous must be true.

self.isSynchronous

[3] fuml_call_behavior_action_proper_context

如果该行为有上下文，那么它必须与封闭活动的上下文或它的（直接或间接）超类相同。

If the behavior has a context, it must be the same as the context of the enclosing activity or a （direct or indirect）superclass of it.

self.behavior.context->notEmpty（）implies

self.context->union（self.context.allParents（））->includes（self.behavior.context）

4）调用操作动作（CallOperationAction）

[1] fuml_call_operation_action_is_synchronous（同步的）

同步属性必须为 true。

isSynchronous must be true.

self.isSynchronous

5）创造对象动作（CreateObjectAction）

[1] fuml_create_object_action_is_class

给定的分类器必须是一个类。

The given classifier must be a class.

self.classifier.oclIsKindOf（Class）

[2] fuml_create_object_action_no_owned_behavior

给定分类器不能是自有行为（或有上下文分类器）。

The given classifier must not be an owned behavior （or otherwise have a context classifier）. self.classifier.oclIsKindOf（Behavior） implies self.classifier.oclAsType（Behavior）.context = null

6）扩展节点（ExpansionNode）

[1] fuml_expansion_node_mode_cannot_be_stream

扩展节点的模式不能为流。

mode cannot be stream

self.mode <> ExpansionKind::stream

[2] fuml_expansion_node_no_crossing_edges

扩展节点的边不得跨入或跨出扩展区域。

edges may not cross into or out of an expansion region.

self.edge->forAll（self.node->includes（source） and self.node→includes（target））

[3] fuml_expansion_node_no_output_pins

扩展区可以没有输出引脚。

An expansion region may not have output pins.

self.output->isEmpty（）

7）循环节点（LoopNode）

[1] fuml_loop_node_no_setup_part

fUML 循环节点没有 setupParts 类。

no setupParts in fUML.

self.setupPart->isEmpty（）

8）引脚（Pin）

[1] fuml_pin_not_control

引脚不能被控制。

isControl must be false.
not self.isControl

9）读事件动作（ReadExtentAction）

[1] fuml_read_extent_action_is_class

读事件动作分类器必须是一个类。

The classifier must be a class.
self.classifier.oclIsKindOf（Class）

10）重分类对象动作（ReclassifyObjectAction）

[1] fuml_reclassify_object_action_old_new_classes

所有新旧分类器都必须是类。

All the old and new classifiers must be classes.
self.oldClassifier->forAll（oclIsKindOf（Class）） and self.newClassifier→forAll（oclIsKindOf（Class））

11）开始对象行为动作（StartObjectBehaviorAction）

[1] fuml_start_object_behavior_action_is_asynchronous（异步的）

同步属性必须为 false。

isSynchronous must be false.
not self.isSynchronous

7.3 fUML 执行模型

fUML 是一种基于 UML 标准的子集，旨在为 UML 提供可执行语义。fUML 执行模型是 fUML 规范中的一个组件，提供了一种可执行的环境，能够执行 UML 模型中的各种行为。在 SysML 中，fUML 执行模型可以用于执行活动图中定义的行为，进行仿真分析。

具体而言，fUML 执行模型会将 SysML 活动图转化为一个类似于状态机的结构，该结构称为执行状态机（execution state machine）。执行状态机是一个由状态和转换组成的状态机，每个状态都有与之关联的行为，当状态处于活动状态时，执行相应的行为。在执行状态机中，每个执行状态都对应着 SysML 活动图中的一个活动节点，转换则对应着活动节点之间的控制流。

当使用 fUML 执行模型进行活动图仿真时，系统会根据活动节点之间的控制流按照一定的顺序执行不同的行为，根据需要设置不同的参数进行仿真。在仿真过程中，fUML 执行模型会不断更新仿真结果，并输出相应的仿真数据和报告，帮助开发人员评估系统的性能和行为特征。

7.3.1　fUML 执行模型的核心概念

fUML 执行模型基于一组概念和规则，用于描述 UML 模型中的行为规则如何被执行。fUML 执行模型的核心概念包括以下内容。

对象：对象是模型中的一个核心概念，可以拥有属性和行为，通过发送和接收消息来实现与其他对象之间的交互。

活动：活动是一种用于描述复杂行为的 UML 图形化建模元素，包括一系列动作和控制流程，可以用于描述系统的工作流程、业务流程等。

状态机：状态机是一种描述对象在其生命周期中状态变化的图形化建模元素，可以用于描述对象的状态转换以及与其他对象之间的交互。

事件：事件是引起系统状态变化的原因，可以由内部或外部因素触发，如用户输入、定时器、传感器等。

动作：动作是执行模型中的基本操作，被定义为一组指令，用于修改对象的状态或执行特定的任务。

7.3.2　fUML 执行模型的语义、结构、惯例

执行模型本身就是一个用 fUML 编写的模型，规定了如何执行 fUML 模型。执行模型（execution model）中实际使用的 fUML 子集的基础语义的单独规范打破了执行模型的循环性（见 7.5 节）。

（1）静态语义和结构完整性（Static Semantics and Well Formedness）。

区分执行语义（execution semantics）和静态语义（static semantics）是很重要的，“静态语义”这个术语来自编程语言编译器理论。

通常情况下，编程语言的语法是使用无上下文语法（context-free grammar）定义的。然而，语言中还有一些典型的方面虽是对上下文敏感的（context-sensitive），但仍然可以由编译器静态地检查。最常见的例子是静态类型检查，它要求匹配的表达式类型必须是声明的变量类型。这种对上下文敏感的约束的检查被称为静态语义。

对于 UML，抽象语法（abstract syntax）被定义为 MOF 元模型（MOF metamodel）。UML 规范还定义了有效 UML 模型的元模型表示（metamodel representation）需要满足的额外约束。这些约束相当于 UML 的静态语义。

由于这些约束都可以被静态地检查，因此它们并不是 UML 执行语义的一部分。事实上，任何违反一个或多个额外约束的模型都不是结构完整的（well formed）。这样一个不成形（ill-formed）的模型实际上根本不能被赋予任何意义。

在 UML 规范中，静态语义不被认为是要明确规定的执行语义的一部分。也就是说，任何结构完整的模型已经被假定为满足了 UML 规范中定义的对抽象语法的所有约束。语义将

2. 整数函数（Integer Functions）

表 7.4 所示为包含在包 IntegerFunctions 中的函数行为。命名与 OCL 一致，包括使用算术函数（arithmetic functions）的惯例符号 conventional symbols，否定函数（negation function）被命名为“Neg”，而不是重载符号“-”，并且按照行为（作为类的种类）的通常惯例，名称是大写的。基础模型库还提供了 OCL 中没有的 ToString 和 ToUnlimitedNatural 函数。ToInteger 函数确实对应于 OCL 操作，尽管在 OCL 中它是一个字符串操作（String operation）。

表 7.4　包含在包 IntegerFunctions 中的函数行为

函数签名	描　述
Neg（x: Integer）: Integer	The negative value of x
+（x: Integer, y: Integer）: Integer	The value of the addition of x and y
–（x: Integer, y: Integer）: Integer	The value of the subtraction of x and y. Post: result + y = x
*（x:Integer, y:Integer）: Integer	The value of the multiplication of x and y. Post: if y < 0 then result =Neg （x * Neg（y）） else if y = 0 then result = 0 else result =（x * （y-1））+ x endifendif
/（x: Integer, y: Integer）: Real[0..1]	The value of the division of x by y. Pre: y<>0 Post: result = ToReal(x) / ToReal(y) 注：这里使用的 ToReal 和“/”函数来自 RealFunctions 包
Abs（x: Integer）: Integer	The absolute value of x. Post: if x < 0 then result = Neg（x） else result = x endif

Div（x: Integer, y: Integer）: Integer[0..1]	The number of times that y fits completely within x.
	Pre: y<>0
	Post:
	if （x * y） >= 0 then
	（(result * Abs（y）） <= Abs（x）） And （((result +1）* Abs（y）） > Abs（x））
	else
	（(Neg（result）* Abs（y）) <= Abs（x）) And （((Neg（result）+1）* Abs（y）) > Abs（x））
	endif

Mod（x: Integer, y: Integer）: Integer	The result is x modulo y. Post: result = x –（x Div y）* y
Max（x: Integer, y: Integer）: Integer	The maximum of x and y. Post: if x >= y then result = x else result = y endif
<（x: Integer, y: Integer）: Boolean	True if x is less than y
>（x: Integer, y: Integer）: Boolean	True if x is greater than y. Post: result = Not（x <= y）
<=（Integer, Integer）: Boolean	True if x is less than or equal to y. Post: result =（x = y）Or（x < y）
>=（Integer, Integer）: Boolean	True if x is greater than or equal to y. Post: result =（x = y）Or（x > y）
ToString（x: Integer）: String	Converts x to a String value. Post: ToInteger（result）= x
ToUnlimitedNatural（x: Integer）: UnlimitedNatural[0..1]	Converts x to an UnlimitedNatural value. Pre: x >= 0 Post: ToInteger（result）= x
ToInteger（x: String）: Integer[0..1]	Converts x to an Integer value. Pre: x has the form of a legal integer value

3．实数函数（Real Functions）

表 7.5 所示为包含在包 RealFunctions 中的函数行为。命名与 OCL 一致，包括使用算术函数的惯例符号（conventional symbols for arithmetic functions），否定函数被命名为“Neg”，而不是重载符号“-”，并且按照行为（作为类的种类）的通常惯例，名称是大写的。基础模型库还提供了 OCL 中没有的 ToString 和 ToInteger 函数。ToReal 函数确实对应于 OCL 操作，尽管在 OCL 中它是一个字符串操作。

表 7.5　包含在包 RealFunctions 中的函数行为

函 数 签 名	描　　述
Neg（x: Real）: Real	The negative value of x
+（x: Real,y: Real）: Real	The value of the addition of x and y
-（x: Real, y: Real）: Real	The value of the subtraction of x and y. Post: result + y = x
Inv（x: Real）: Real	The inverse（reciprocal）of x
*（x:Real, y:Real）: real	The value of the multiplication of x and y
/（x: Integer, y: Integer）: Real[0..1]	The value of the division of x by y. Pre: y<>0 Post: result * y = x
Abs（x: Real）: Real	The absolute value of x. Post: if x < 0 then result = Neg（x）　else result = x endif
Floor（x: Real）: Integer[0..1]	The largest integer that is less than or equal to x. Post: result <= x　and result + 1 > x
Round（x: Real）: Integer[0..1]	The integer that is closest to x. When there are two such integers, the largest one. Post:（Abs（x - result）< 0.5 Or（（Abs（x-result）= 0.5 And result > x
Max（x: Real, y: Real）: Real	The maximum of x and y. Post:（Abs（x − result）< 0.5 Or（（Abs（x − result）= 0.5 And result > x）
Min（x: Real, y: Real）: Real	The minimum of x and y. Post: if x <= y then result = x else result = y endif
<（x: Real, y: Real）: Boolean	True if x is less than y
>（x: Real, y: Real）: Boolean	True if x is greater than y. Post: result = Not（x <= y）
<=（Real, Real）: Boolean	True if x is less than or equal to y. Post: result =（x = y）Or（x < y）
>=（Real, Real）: Boolean	True if x is greater than or equal to y. Post: result =（x = y）Or（x > y）
ToString（x: Real）: String	Converts x to a String value. Post: ToRealresult）= x
ToInteger（x: Real）: Integer	Converts x to an Integer value. Post: if x >= 0 then Floor（x）　else Neg（Floor（Neg（x））　endif
ToReal（x: String）: Real[0..1]	Converts x to a Real value. Pre: x has the form of a legal Real value

实数的集合包括不能以有限精度表示的值，例如，无理数和那些在所用基数中由无限重复数字表示的有理数。在符合本规范的前提下，实现被赋予以下权限来表示实数并对其进行计算。

注： 下面的权限主要是为了让使用有限精度浮点表示实数的实现方式（如基于流行的 IEEE 754 标准的实现方式）保持一致，这些实现方式仍然允许其他可能不需要利用所有允许的权限。

（1）一个符合要求的实现可以只支持有限的 Real 值范围，这样任何支持的值的绝对值都小于或等于一个明确规定的最大值。如果实现限制了 Integer 的支持值范围，那么为 Real 指定的最大值必须不低于任何支持的 Integer 值的最大绝对值。

（2）一个符合要求的实现可以只支持 Real 的限制值集，定义为无限有理数集的一个非密集子集（这个值集的任何有界区间只包含一个有限的值集），包括零，没有上限或下限。如果实现限制了 Integer 的支持值范围，那么限制值集中最小的正值应至少与支持的最大 Integer 值的倒数一样小。

（3）一个符合要求的实现可以为 Real 正零和 Real 负零提供不同的表示。在所有的比较函数中，这些值应被视为相等。在某些算术计算中，这些值可以被区分开来。

（4）一个符合要求的实现可以包括额外的特殊值，这些特殊值是 Real 类型的实例，不是数字值（如无限值和“非数字”值）。请注意，即使包括在 Real 类型的实现中，这些特殊值在 UML 中也没有任何标准的字面表示。

在表 7.5 中，RealFunctions 包中的函数是按照定义数学实数（Mathematical Real numbers）的语义来指定的。利用上述部分或全部权限的实现可能无法对使用这些函数的某些计算产生精确的结果。因此，对表 7.5 中给出的函数行为的一致性应解释为：

- 因为受限值的集合是非密集和无界的，所以任何不在这样集合中的精确值都将在该集合中的两个值之间。如果一个符合要求的实现只支持一个受限值的集合，而一个计算的结果不是这个集合的成员，那么这个实现可以把这个计算的结果实现为受限值集中的两个值之一，确切的结果就在这两个值之间。如果计算的精确值非零，但是在限制值集中选择的值是零，那么这个计算被称为下溢（Underflow）。
- 如果一个符合要求的实现只支持有限的值范围，那么导致超出该范围的精确值的计算被称为溢出（Overflow）。可以将溢出实现为一个特殊值（例如，正或负的无穷大）。如果没有特殊值，那么溢出应被实现为有一个空的结果。
- 如果因为其中一个参数是特殊值或因为违反了一个先决条件而没有为对基本函数的调用定义一个数字结果，那么符合要求的实现可以为其结果产生一个特殊值。否则，该计算应被实现为有一个空的结果。
- 如果一个符合要求的实现支持有符号的零（Signed zero），那么数字值与正零相乘的结果应是正零，与负零相乘的结果应是负零。一个符合要求的实现在对被指定为产生数字结果的原始函数的任何调用中不应区分正零和负零。如果结果被实现为一个特殊值，那么可以对正零和负零进行区分（例如，除以负零可能导致负无穷）。
- 除上述情况外，本规范没有定义调用一个或多个参数为特殊值的基本函数的结果。

4．字符串函数（String Functions）

表 7.6 所示为包含在包 StringFunctions 中的函数行为。命名与 OCL 一致，按照行为（作为类的种类）的通常惯例，名称是大写的。在基金会模型库中，ToInteger 是作为一个整数函数而不是字符串操作被提供的，没有提供 ToReal 是因为基础模型库不支持 Real 基本类型。

5. 非限制自然数函数（UnlimitedNatural Functions）

表 7.7 所示为包含在包 UnlimitedNaturalFunctions 中的函数行为，表中只提供了比较和转换函数。通过将 UnlimitedNatural 值转换为 Integer，可以对其进行算术（Arithmetic）[没有定义对“无界”值（“unbounded” value）的算术]。

表 7.6　包含在包 StringFunctions 中的函数行为

函数签名	描　述
Concat（x: String, y: String）:String	The concatenation of x and y. Post: （Size（result）＝Size（x）＋Size（y））And （Substring（result, 1, Size（x））＝x）And （Substring（result, Size（x）+1, Size（result））＝y）
Size（x: String）:Integer	The number of characters in x
Substring（x: String, lower: Integer, upper: Integer）: String[0..1]	The substring of x starting at character number lower, up to and including character number upper. Character numbers run from 1 to Size（x）. 注：x 的子串从字符号的下限开始，直到并包括字符号的上限。字符数从 1 到 Size（x）。 Pre: （1 <= lower）And （lower <= upper）And （upper <= Size（x））

表 7.7　包含在包 UnlimitedNaturalFunctions 中的函数行为

函数签名	描　述
Max（x: UnlimitedNatural, y: UnlimitedNatural）: UnlimitedNatural	The maximum of x and y. Post: if x >= y then result = x else result = y endif
Min（x: UnlimitedNatural, y: UnlimitedNatural）: UnlimitedNatural	The minimum of x and y. Post: if x <= y then result = x else result = y endif
<（x: UnlimitedNatural, y: UnlimitedNatural）: Boolean	True if x is less than y. Every value other than “unbounded” is less than “unbounded”
>（x: UnlimitedNatural, y: UnlimitedNatural）: Boolean	True if x is greater than y. Post: result = Not（x <= y）
<=（UnlimitedNatural, UnlimitedNatural）: Boolean	True if x is less than or equal to y. Post: result =（x = y）Or（x < y）
>=（UnlimitedNatural, UnlimitedNatural）: Boolean	True if x is greater than or equal to y. Post: result =（x = y）Or（x > y）
ToString（x: UnlimitedNatural）: String	Converts x to a String value. The value “unbounded” is represented by the string “*”. Post: ToUnlimitedNatural（result）＝x
ToInteger（x: UnlimitedNatural）: Integer[0..1]	Converts x to an Integer value. Pre: x <> unbounded
ToUnlimitedNatural（x: String）: Integer[0..1]	Converts x to an Integer value. Pre:（x has the form of a legal integer value）Or（x = “*”） Post: if x = “*” then result = unbounded else result = ToUnlimitedNatural（ToInteger（x））

6. 列表函数（List Functions）

表 7.8 所示为包含在 ListFunctions 包中的函数行为。这些是函数用于查询具有多重性[*]的值（values with multiplicit）的便利函数。请注意，所有列表函数的列表参数都是无类型的，ListGet 和 ListConcat （表格连接）的结果也是无类型的。

表 7.8 包含在 ListFunctions 包中的函数行为

函数签名	描述
ListSize（list[*] {nonunique}）: Integer	Returns cardinality of the input values in the list
ListGet（list[*]{ordered, nonunique}, index: Integer） [0..1]	Returns the value at the position given by index in the ordered list. Positions run from 1 to ListSize（list）. Pre: （index > 0） And （index <= ListSize（list））
ListConcat（list1[*] {ordered, nonunique}, list2[] {ordered, nonunique}）[*] {ordered, nonunique}	Returns the list with all the values of list1 followed by all the values of list2

注：列表函数的功能实际上可以作为活动来实现。但一般来说，这种简单的能够像基本行为一样启用的功能，会比不得不明确地建模要方便得多。

7.4.4 通用（Common）

1．概述

FoundationModelLibrary::Common 包中含有图 7.37 所示的分类器。这些分类器目前只用于基本输入/输出模型（见 7.4.5 节），将来有可能在更广泛的背景下使用，所以被分离到自己的子包中。

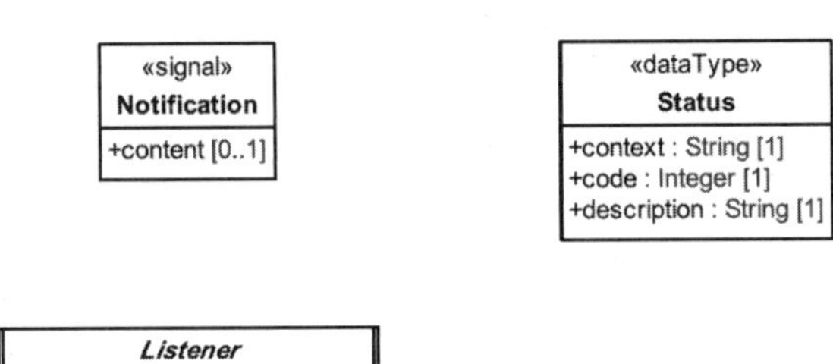

图 7.37 分类器

2．分类器描述

1）监听器（Listener）(active class)

监听器是一个活跃的类，可以异步接收通知。

（1）泛化（Generalization）：无。

（2）接收（Reception）：Notification（content[0..1]），Listener 类声明了接收 Notification 信号的能力。Listener 的任何具体子类都应该有一个可以接收这种信号的分类器行为。

2）通知（Notification）(signal)

通知是一个用于异步给监听器发送内容的信号。

（1）泛化（Generalization）：无。

（2）属性（Attribute）：一个可选的值（任何类型），作为通知的内容发送。

3）状态（Status）(data type)

状态数据类型提供了一个通用结构来报告一个服务的正常或错误状态，如一个通道。执行可能导致错误状况的操作有一个可选的错误状态输出参数来报告这种状况（例外情况不包括在 fUML 子集中）。这个输出只有在出现错误状况时才会产生，如果操作正常完成，则不会产生任何值。一个服务也可以有一个操作来报告它在执行最后一次操作时的状态。

（1）泛化（Generalization）：无。

（2）属性（Attribute）：

- A name（generally a class name）indicating the context in which the status is defined，表示状态被定义的上下文的名称（一般是一个类的名称）。
- code: Integer，一个数字的状态代码。0 是正常操作的默认值。小于 0 的值表示一个错误状态。大于 0 的值表示一个信息状态条件。状态代码在一个给定的上下文中必须是唯一的，但不一定是跨上下文的。
- description: String，一个状态条件的文本描述。

7.4.5 基本输入/输出（Basic Input/Output）

本节定义了输入和输出的基本能力，由一组可以从用户模型中直接引用的类提供。虽然这是一个用户模型的类库，而不是执行模型本身的类，但实现这些类的操作方法必须作为库模型的任何实际实现的一部分来提供基本能力。

这里定义的基本库的首要目标是为接收执行模型的输入和发送执行模型的输出的含义提供一个简单的语义基础。它并不打算成为一个完整的输入/输出库，而是作为一个更复杂的未来库的基础。除了基础的输入/输出机制，它还包括一套基本的标准能力，允许预期的文本输入和输出基线。

1. 通道模型

在一个单一模型的范围内，所有的通信都在模型内已知的源元素和目标元素之间。在这个意义上，一个执行中的模型是一个“封闭宇宙”。输入和输出实际上是一种控制手段，在这个宇宙中为通信提供“开口”，宇宙中实际的源或目标在模型中是未知的。

提供这些“开口”的基础抽象是通道抽象。通道的基本库模型在包 Foundational ModelLibrary::BasicInputOutput 中提供。图 7.38 所示为基本输入/输出包中包含的分类器。

一个输入通道提供了一个从执行中的模型外部接收数值的手段。反之，一个输出通道提供了将值从一个执行中的模型中发送出去的手段。活动通道就像输入通道，允许客户异步地接收输入值，而不是同步地请求它们。除了基础的通道类，通道模型还为基本的文本输入和输出能力提供了特化。

注：通道模型中的所有类都是抽象的，并不打算被用户模型直接实例化。相反，通道必须作为或通过当前执行位置上的“服务”来提供。例如，在每个位置（Locus）可能最多只有一个 StandardInputChannel 类的实例和一个 StandardOutputChannel 类的实例被“预先实例化”，或者一个位置可以提供一个文件服务，用来获得连接到外部文件系统的通道。

2. 预定义的 ReadLine 行为和 WriteLine 行为

BasicInputOutput 包还包括两个预定义的便利行为（pre-defined convenience behaviors），

闭的通道。打开一个已经打开的通道，使该通道保持开放，没有其他影响。

- close（out errorStatus：Status[0..1]）：关闭操作可以关闭一个开放的通道。关闭一个已经关闭的通道，使该通道保持关闭，没有其他影响。
- isOpen()：Boolean，如果一个通道是开放的，那么 isOpen 操作返回真；如果是关闭的，那么返回假。
- getStatus()：Status，getStatus 操作返回一个通道的当前状态（见下面关于状态的描述）。

3）输入通道（InputChannel）

输入通道是一个用于将输入值接收到模型的通道。表 7.10 所示为输入通道定义的额外状态代码。

表 7.10　输入通道定义的额外状态代码

状态代码	描　述	定　义
−2	No input	试图进行读操作，但该通道目前没有更多的输入

（1）泛化（Generalization）：Channel。

（2）额外操作（Additional Operation）：

- hasMore()：Boolean，如果有一个值可以从一个输入通道读取，则返回 true，如果没有则返回 false。如果该通道没有打开，那么返回 false。试图从一个没有可用输入的输入通道中读取是错误的。
- read（out value[0..1], out errorStatus：Status[0..1]）：read 操作用来从一个输入通道获得一个输入值。该操作有一个没有类型（has no type）的值输出参数，这意味着它可以返回一个任何类型的值。如果读操作完成后没有产生一个输出值，那么错误状态需要有一个错误值来说明这个原因。
- peek（out value[0..1], out errorStatus：Status[0..1]）：peek 操作的行为与 read 相同，只是返回的值不会从输入通道中消耗（consumed）。也就是说，如果通道有一个可用的值，那么多个连续的 peek 调用将继续返回相同的值，而不从通道中移除，直到读操作被调用。

注：read 操作使用一个输出参数，而不是一个返回结果，没有 UML 表面语法（surface syntax）来显示一个没有类型的返回参数的操作。

4）输出通道（OutputChannel）

输出通道是一个用于将输出值送出模型的通道。表 7.11 所示为输出通道定义的额外状态代码。

表 7.11　输出通道定义的额外状态代码

状态代码	描　述	定　义
−2	Full	尝试了一个写操作（write operation），但该通道不能接受任何进一步的输出（further output）

续表

状态代码	描　述	定　义
−3	Type not supported	试图对一个通道不支持（not supported by the channel）的类型的值进行写操作

（1）泛化（Generalization）：Channel。

（2）额外操作（Additional Operation）：

- isFull(): Boolean，如果一个输出通道能够接受（accept）更多的输出值，那么 isFull 操作返回 false，如果不能，则返回 true。如果该通道没有打开，那么该操作返回 true。试图向一个已满的输出通道写入是错误的。
- write（value, out errorStatus: Status[0..1]）：写操作用来在一个输出通道上发送一个输出值。该操作有一个单一的参数。这个参数没有类型，意味着它可以是一个任何类型的值。如果通道已满，那么尝试写操作是一个错误条件，但操作仍然需要完成它的执行（除了返回适当的错误状态，没有其他影响）。

5）标准输入通道（StandardInputChannel）

标准输入通道是一个文本输入通道，可以作为一个位置的预设服务来提供。任何位置都可以有最多一个名为“StandardInput”的标准输入通道类的实例。由于最多只有一个实例，因此这个实例如果存在的话，可以通过对 StandardInputChannel 类执行 Read Extent 动作来轻松获得。

（1）泛化（Generalization）：TextInputChannel。

（2）额外操作（Additional Operations）：无。

6）标准输出通道（StandardOutputChannel）

标准输出通道是一个文本输出通道，可以作为一个位置的预设服务来提供。任何位置都可以有最多一个名为“StandardOutput”的标准输出通道类的实例。由于最多只有一个实例，因此这个实例如果存在的话，可以通过对 StandardOutputChannel 类执行 Read Extent 动作来轻松获得。

（1）泛化（Generalization）：TextOutputChannel。

（2）额外操作（Additional Operation）：无。

7）文本输入通道（TextInputChannel）

文本输入通道是输入通道，值是文本字符。在文本输入通道上的读操作总是返回一个包含单个字符的字符串值。文本输入通道上的额外操作为读取更长的字符串提供了方便的功能，在某些情况下可将它们作为其他基本值的表示。表 7.12 所示为文本输入通道定义的额外状态代码。

表 7.12　文本输入通道定义的额外状态代码

状态代码	描　述	定　义
−3	Cannot convert（转换）	试图读取一个整数、实数、布尔值或无限制的自然数，但通道中的可用字符不符合要求的语法（do not conform to the required syntax）

（1）泛化（Generalization）：InputChannel。

（2）额外操作（Additional Operation）：

- readCharacter（out errorStatus: Status[0..1]）: String[0..1]，readCharacter 操作从文本输入通道中读取下一个值，并将其作为单一字符的字符串返回。如果通道中没有可用的值，则不返回。这是一个错误条件。
- peekCharacter（out errorStatus：Status[0..1]）: String[0..1]，peekCharacter 操作的行为与 readCharacter 相同，只是返回的字符不会从文本输入通道中被消耗。也就是说，如果一个字符在通道上是可用的，那么多次调用 peekCharacter 将继续返回该字符，不从通道中移除，直到调用一些读操作。
- readLine（out errorStatus: Status[0..1]）：String，readLine 操作继续从输入通道中读取字符，直到达到行的末端或通道中没有更多的可用字符。读取的字符将按顺序作为一个字符串值返回。本规范中没有定义新行的字符编码。然而，新行的字符不包括在返回的字符串中，需要被 readLine 操作所消耗。注意，如果在调用该操作时通道中没有可用的字符，或者如果读取的唯一字符是新行字符，那么该操作返回空字符串。这不是一个错误。
- readInteger（out errorStatus: Status[0..1]）：Integer[0..1]，readInteger 操作用来读取一个整数的文本表示，并将其作为一个整数值返回。整数的文本语法被定义为一个可选的“+”或“−”字符，后面是一个或多个数字的字符串。所有的字符都被读取，直到（但不包括）第一个不符合要求的语法的字符，或者直到没有更多的字符可用。如果通道中没有可用的字符，或者可用的字符不是以符合要求的语法的字符串开始的，那么不从通道中读取任何值，即不返回值。这是一个错误条件。
- readReal（out errorStatus: Status[0..1]）：Real[0..1]，readReal 操作用于读取一个实数的文本表示，并将其作为一个实数值返回。一个实数的文本语法被定义为三个部分：一个整数部分，语法是一个可选择的有符号的整数；一个分数部分，由一个“.”字符后跟着多个数字组成；一个指数部分，由一个“e”字符或一个“E”字符后跟着一个可选择的有符号的整数组成。一个合法的实数必须有一个整数部分和/或一个分数部分，如果没有整数部分，那么分数部分必须至少有一个数字。指数部分是可选的。所有的字符都被读取，直到（但不包括）第一个不符合要求的语法的字符，或者直到没有更多的字符可用。如果通道中没有可用的字符，或者可用的字符不是以符合要求的语法的字符串开始的，那么不从通道中读取任何值，即不返回值。这是一个错误条件。
- readBoolean（out errorStatus: Status[0..1]）：Boolean[0..1]，readBoolean 操作用于读取一个布尔值的文本表示，并将其作为一个布尔值返回。布尔值的文本语法（textual syntax）被定义为字符串“true”或字符串“false”，或者将这些字符串的部分或全部字符大写而得到的任何字符串。所有的字符都被读取，直到（但不包括）第一个不符合要求的语法的字符，或者直到没有更多的字符可用。如果通道中没有可用的字符，或者可用的字符没有以符合要求的语法的字符串开头，则不返回任何值，在这种情况下，不会从通道中读取到任何值。这是一个错误条件。

- readUnlimitedNatural（ out errorStatus: Status[0..1] ）： UnlimitedNatural[0..1] ，readUnlimitedNatural 操作用来读取一个无限自然数的文本表示，并将其作为一个整数值返回。无限自然数的文本语法被定义为单个字符“*”或一个或多个数字的字符串。所有的字符都被读取，直到（但不包括）第一个不符合要求的语法的字符，或者直到没有更多的字符可用。如果通道中没有可用的字符，或者可用的字符没有以符合要求的语法的字符串开始，那么不从通道中读取任何值，即不返回值。这是一个错误条件。

8）文本输出通道（TextOutputChannel）

文本输出通道是输出通道，值是文本字符。在文本输出通道上的写操作总是将字符放到该通道上。

- 对于一个字符串值，字符串中的每个字符都被依次写入通道。
- 整数、实数、布尔和无限自然类型的原始值使用下面描述的 writeInteger、writeReal、writeBoolean 和 writeUnlimitedNatural 操作的语法来写入。
- 枚举值是使用相应的枚举字面的名称来写的。
- 没有为其他类型的值定义标准的文本表示法，但尝试写它们并不是一个错误。这些值的实际表示方法由通道的具体实现决定。

如果在文本输出通道上执行写操作时通道满了，那么该操作立即返回。虽然这是一个错误条件，但是如果该操作是在写多个字符，那么直到通道变满为止的所有字符都将被成功地输出到该通道。

（1）泛化（Generalization）：OutputChannel。

（2）额外操作（Additional Operation）：

- writeString（value：String, out errorStatus: Status[0..1]），WriteString 操作依次将给定字符串值中的每个字符写到文本输出通道。
- writeNewLine（out errorStatus：Status[0..1]），WriteNewLine 操作将编码新行的字符写到文本输出通道。新行的字符编码在本规范中没有定义，由特定通道的实现决定。
- writeLine（value: String, out errorStatus: Status[0..1]），WriteLine 操作将给定的字符串值写入文本输出通道，后面是一个新的行。
- writeInteger（value：Integer, out errorStatus: Status[0..1]），WriteInteger 操作用来写一个整数的文本表示。整数的文本语法被定义为一个可选的“-”字符（对于负整数），后面是一个或多个数字的字符串（注意，对于正整数不包括“+”）。
- writeReal（value：Real, out errorStatus: Status[0..1]），WriteReal 操作用来写一个实数的文本表示。一个实数的文本语法被定义为一个可选的“-”字符（对于一个负数），后面可以是一个或多个数字的字符串，也可以是一个“.”字符和一个或多个数字，还可以是一个“E”字符后一个可选的“-”字符（对于一个负数指数）和一个或多个数字。
- writeBoolean（value：Boolean, out errorStatus：Status[0..1]），WriteBoolean 操作用来写

一个布尔值的文本表示。布尔值的文本语法被定义为字符串“true ”或字符串“false”。

- writeUnlimitedNatural（value：UnlimitedNatural, out errorStatus: Status[0..1]），Write UnlimitedNatural 操作用来写一个无限自然数（unlimited natural number）的文本表示。无限自然数的文本语法被定义为单个字符“*”[用于“无界”值（“unbounded” value）]或一个或多个数字的字符串。

7.5 fUML 基本语义

7.5.1 设计准则

本节给出从 Java 到 Activity 映射中使用的 fUML 部分的语义（也称为基础语义）。fUML 有足够的表达能力来定义执行模型，并且在通过显式变体来专门化执行模型时必须使用。

基础语义明确规定特定的执行何时符合 fUML 中定义的模型。它并不产生执行，特别是基础语义并没有定义一个虚拟机来直接执行模型，而是用一阶逻辑的公理来表达的。这样做的好处是比用文字来解释虚拟机的行为更加明确。这可以自动确定一个执行是否符合执行模型。它的缺点是需要使用在执行模型中所有句法模式的语义解释的公理。

本节假定熟悉以下背景文件：

- 通用逻辑交换格式（Common Logic Interchange Format，CLIF）：编写公理的语言。
- 流程规范语言（Process Specification Language，PSL）：流程的基础性公理化。

本节采用了嵌入式的公理化方法，与依赖于独立翻译语言的翻译相比，该方法使语法和语义通过额外的公理明确地联系起来。语义公理确定了执行模型中使用的特定语法模式，并给它一个语义解释。语义解释是以 PSL 为基础的。

7.5.2 惯例

本节中使用的关系的命名惯例（Naming conventions）是：

- buml：前缀的名字是 fUML 中的元类和元属性。元类被形式化为单数谓词，当应用于元类的一个实例时，它被满足。例如，buml:Activity 是一个由执行模型中的活动所满足的谓词，元属性被形式化为二元谓词，当应用于由该属性连接的两个元素时被满足，第一个是该属性的所有者的实例，第二个是值。又如，buml:activity 是一个二元谓词，由一个活动中的节点和一个包含该节点的活动依次满足。
- psl：前缀的名字是 PSL 关系（PSL relations）。
- form：前缀的名字是指为形式化而引入的关系。

对本节中使用的 PSL 基本补充如下：

```
(forall (s occ)
    (iff (form:subactivity-occurrence-neq s occ)
        (and (psl:subactivity_occurrence s occ)
```

```
                    (not  (= s occSuper)))))
    (forall  (f s)
        (iff  (form:priorA f s)
            (exists  (sRoot)
                (and  (psl:root_occ sRoot s)
                    (psl:prior f sRoot)))))
    (forall  (f s)
        (iff  (form:holdsA f s)
            (exists  (sLeaf)
                (and  (psl:leaf_occ sLeaf s)
                    (psl:holds f sLeaf)))))
    (forall  (s1 s2 a)
        (iff  (form:min-precedesA s1 s2 a)
            (exists  (s1Leaf s2Root)
                (and  (psl:leaf_occ s1Leaf s1)
                    (psl:root_occ s2Root s2)
                    (psl:min_precedes s1Leaf s2Root a)))))
```

7.5.3　结构与行为

基础语义在结构方面主要包括原始类型（Boolean、Numbers、Sequences、Strings）、分类和泛化、分类器基数和属性。基础语义在行为方面主要包括属性值修改器、基本行为、活动边泛化、活动节点泛化、结构化节点泛化、拓展区域、控制流、对象流、启用动作、对象动作（中间）、结构化特性动作、对象动作（完成）、接受事件动作。详见附录 B。

7.6　本章小结

基本 UML（fUML）是标准统一建模语言（UML）的子集，有标准的、精确的执行语义，包括 UML 的典型结构建模，如类、关联、数据类型和枚举，还包括使用 UML 活动模拟行为的能力。该活动由丰富的基本操作组成。在 fUML 中构造的模型拥有与传统编程语言的程序完全相同的可执行性，是在抽象层面用丰富的建模语言表达写成的。

fUML 是一个复杂的软件工程问题，包含丰富的基本语法与执行语义。针对 fUML 是 UML 2.0 具有可执行性的基本子集的情况，可将 fUML 的研究过程分解为抽象语法、执行模型、基础模型库与基本语义四个方面。

抽象语法是 fUML 工程的语法结构基础，定义了执行语义的主体和客体，以及执行引擎的执行来源和对象。fUML 抽象语法的内容主要由紧凑性、翻译的便利性及行为的功能性三个标准决定，是 UML 2.0 抽象语法的子集，同时对那些专门在 fUML 中的元素指定了适用于同一类的 UML 2.0 中已经指定的约束之外的额外约束。

执行模型规定了如何执行 fUML 模型，定义了 fUML 的执行器及执行的对应位置，是

fUML 可执行性的核心，也是一个用 fUML 编写的模型。执行模型中实际使用的 fUML 子集的基本语义的单独规范打破了执行模型的循环性。

基础模型库是一个用户级模型元素库，可以在 fUML 模型中引用，定义了 fUML 的数据基本类型与基本行为，以及分类器、监听器、基本输入/输出通道等用户级模型普遍使用的元素。

7.7 本章习题

（1）简述 SysML 活动图仿真目的。

（2）什么是 fUML?

（3）简述 fUML 活动图仿真执行过程。

（4）什么是 fUML 抽象语法?

（5）fUML 的转换来源是什么？转换去向是什么?

（6）简述 fUML 子集定义的三个标准。

（7）什么是 fUML 执行模型?

（8）fUML 执行模型的核心概念有哪些?

（9）简述 fUML Loci 的作用。

（10）简述 fUML 抽象语法、执行模型和基础模型库的作用。

参考文献

[1] MODELDRIVEN. Foundational UML （fUML） Reference Implementation[EB/OL]. [2024-04-20]. http://modeldriven. github.io/fUML-Reference-Implementation/.

[2] OBJECT MANAGEMENT GROUP. Semantics of a Foundational Subset for Executable UML Models [EB/OL]. [2024-04-13]. https://www.omg.org/spec/FUML/1.0/About-FUML.

[3] MAYERHOFER T. Testing and debugging UML models based on fUML[C]//2012 34th International Conference on Software Engineering. Zurich: IEEE, 2012: 1579-1582.

[4] ROMERO A G, SCHNEIDER K, FERREIRA M G V. Using the Base Semantics given by fUML for Verification[C]//2014 2nd International Conference on Model-Driven Engineering and Software Development. Lisbon: IEEE, 2014: 5-16.

[5] LAURENT Y, BENDRAOU R, BAARIR S, et al. Formalization of fuml: An application to process verification [C]//International Conference on Advanced Information Systems Engineering. Thessaloniki, 2014: 347-363.

[6] JÉZÉQUEL J M, COMBEMALE B, BARAIS O, et al. Mashup of metalanguages and its implementation in the kermeta language workbench[J]. Software & Systems Modeling, 2015, 14（2）: 905-920.

[7] OBJECT MANAGEMENT GROUP. Object Constraint Language[S/OL]. (2014-02)[2024-04-27]. https://www.omg.org/spec/OCL/2.4/About-OCL.

第 8 章　SysML 的规则定义及自动语法校验

系统建模语言的规则定义及自动语法校验由对象约束语言（Object Constraint Language，OCL）完成。OCL 是一种在 UML 和 SysML 中描述对象约束和业务规则的语言，提供了表达模型约束的语法和语义，使模型不仅能通过图形符号表达结构和行为，还能通过精确的文本描述表达复杂的条件和规则。通过 OCL 可以定义属性的范围、多重性约束、复杂的查询以及派生值，从而确保模型的一致性和完整性。OCL 的应用使得建模工具能够自动进行一致性检查和验证，确保设计符合预期，减少错误和歧义。

8.1　对象约束语言描述

SysML 在 UML 的基础上提供了几个系统工程特定的改进，包括以下内容。

（1）去除了 UML 以软件为中心的限制，SysML 的图表更好地表达了系统工程概念，并添加了需求图表和参数图表两种新图表类型。需求图表用于需求工程，参数图表用于性能分析和定量分析，使 SysML 能够对包括硬件、软件、信息、流程、人员和设施在内的广泛系统进行建模。

（2）SysML 是一种简洁的语言，易于学习和应用，删除了 UML 中许多以软件为中心的结构。

（3）UML 仅提供对表格符号的有限支持，SysML 分配表支持需求分配、功能分配和结构分配等常见类型，有助于自动验证和确认（V&V）及差距分析。

（4）SysML 模型管理构造支持模型、视图和视点。这些结构扩展了 UML 的功能，并且在体系结构上与 IEEE—Std—1471-2000 保持一致。

（5）SysML 重用了 UML 2 的 14 个图表中的 7 个，并添加了需求图表和参数图表，共有 9 种图表类型。SysML 还支持分配表。分配表是一种可以从 SysML 分配关系动态中导出的表格格式。

UML 图，如类图，通常无法细化到可以涵盖一个规约的所有相关方面。也就是说，模型中还需要描述额外的对象约束。这些约束通常用自然语言来描述，实践证明这会带来歧义。为了编写无歧义的约束，形式语言应运而生。传统形式语言的弊端在于它们只适用于具有很强的数学背景的用户，一般的业务或系统建模者很难使用。

OCL 被用来弥补这个鸿沟。它是一种易于读写的形式语言，最初由 IBM 作为业务建模语言开发，并由 Syntropy 方法（一种面向对象的分析和软件建模方法）改进。

OCL 是一种纯规约语言，表达式是无副作用的。当计算一个 OCL 表达式时，只是简单地返回一个值，不改变模型中的任何内容。这意味着系统中的状态在计算 OCL 表达式时永远不会发生改变。

OCL 不是编程语言，不能编写程序逻辑或流控制，不能在 OCL 调用过程中进行非检索操作。由于 OCL 天生是一门建模语言，因此 OCL 表达式是不能被直接执行的。

OCL 是一种类型语言，每个 OCL 表达式都有一种类型。为了保证良构，OCL 表达式必须遵循该语言的类型一致性规则。UML 模型中定义的每个分类符代表了一个不同的 OCL 类型。此外，OCL 还包括一些预定义的补充类型。

作为一种规约语言，OCL 的实现超出了自身的范围而且不能在自身中进行表示。

OCL 表达式的计算是瞬时完成的。这意味着在计算过程中，模型中对象的状态不能改变。

OCL 可被用于许多不同目的：

- 作为一种检索语言。
- 规定类模型中类（classes）和类型（types）的不变式。
- 规定 Stereotype 的类型不变式。
- 描述操作和方法的前置和后置条件。
- 描述 Guards 表达式。
- 规定消息和动作的目标。
- 规定操作上的约束。
- 规定 UML 中任意表达式中属性的衍生规则。

8.2 OCL 抽象语法

OCL 的抽象语法中导入了部分来自 UML 元模型的元类型。抽象语法使用与 MOF 一致的元模型定义了 OCL 中的一些概念，并被划分为多个包：

- Types 包描述了定义 OCL 类型系统的概念，展示了 OCL 中预定义的类型和从 UML 模型引入的类型。
- Expressions 包描述了 OCL 表达式的结构。

除此之外，OCL 规范还定义了类型一致性、类型包的操作及良好的格式规则。

8.2.1 Types 包

OCL 是一种类型语言，每个表达式都有一个显式声明或静态派生的类型。

表达式的执行会产生一个该类型的值。在定义表达式之前，必须提供类型概念的模型。注意，在元模型中，类代表类型本身（如 Integer），而不是这些类型所表示的域的实例（如 −15、0、2、3）。

图 8.1 所示为 OCL 抽象语法核心元模型。基本类型源自 UML 分类符，包括 UML 上层结构的所有子类型。

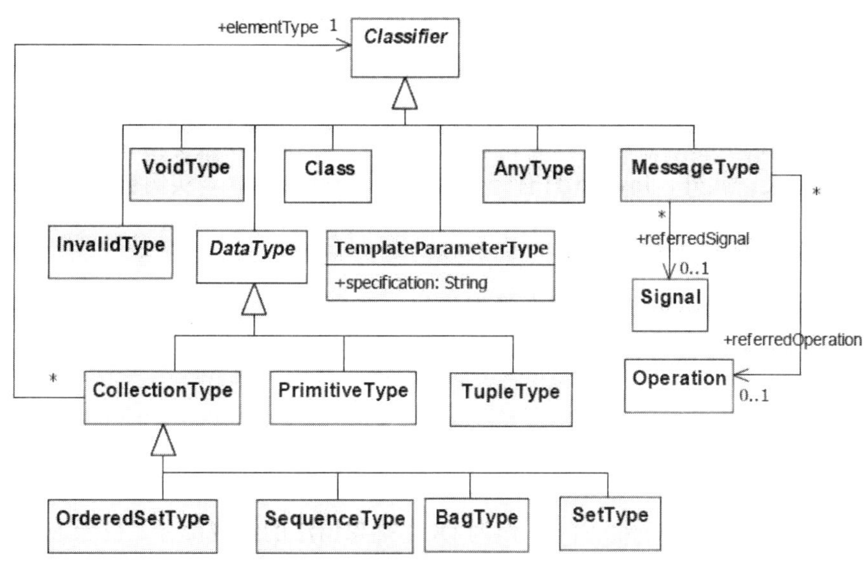

图 8.1　OCL 抽象语法核心元模型

在模型中，集合类型（及其子类）和元组类型具有特殊性。由于存在无穷多的集合，因此在实践中不可能实例化所有集合类型，特别是当涉及嵌套集合时。从概念上讲，所有这些类型都是预定义的，但工具应在表达式实际需要时才实例化这些类型。为了方便，表示集合类型或元组类型的实例可以在不同命名空间中重复定义（例如，在顶级包中或在引用它的表达式中），但在语义上它们代表相同的类型。

1．任意类型（AnyType）

AnyType 是特殊类型 OclAny 的元类，是与所有其他类型都符合的类型。OclAny 是 AnyType 的唯一实例，允许为所有其他分类符定义通用的特殊属性，包括类、数据类型和基本类型。

2．包类型（BagType）

BagType 是集合类型的一种，描述了一个允许元素重复出现的多元素集合，包含自身元素类型的声明。BagType 中的元素是无序的。

3．集合类型（CollectionType）

集合类型描述了特定类型的元素集合，是一个具体的元类，实例是抽象的 Collection（T）数据类型家族，子类包括 SetType、OrderedSetType、SequenceType 和 BagType。它们的实例分别对应具体的 Set（T）、OrderedSet（T）、Sequence（T）和 Bag（T）数据类型。

每个集合类型都包含元素类型的声明（集合类型通过元素类型进行参数化定义）。在元模型中，这显示为从 CollectionType 到 Classifier 的关联关系（关联对象为 elementType，即集合中元素的类型。集合中的所有元素都必须与声明的元素类型一致）。需要注意的是，集合类型的元素类型本身并没有限制。这尤其表明可以使用其他集合类型作为参数来定义一个新

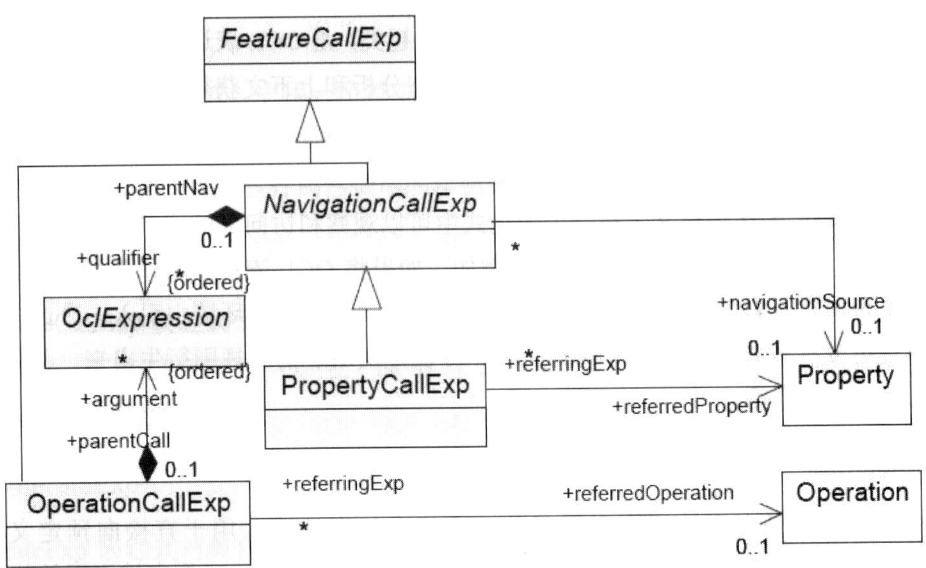

图 8.3　FeatureCall 表达式包中的 FeatureCallExp 抽象语法元模型

15. if 表达式

图 8.4 所示为 if 表达式包中的 ifExp 抽象语法元模型。

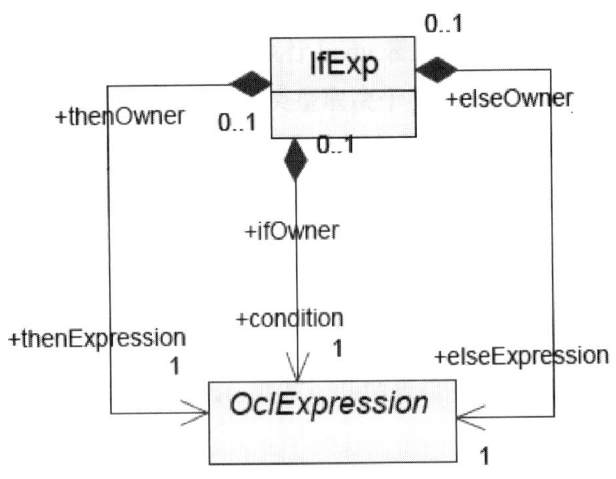

图 8.4　if 表达式包中的 ifExp 抽象语法元模型

16. Message 表达式

在实例间通信的规范中，统一了异步和同步的概念。Message 表达式包中的 MessageExp 抽象语法元模型如图 8.5 所示。

17. Literal（字面量）表达式

定义不同类型的 OCL 字面量表达式包括枚举类型和枚举字面量。字面量表达式的抽象元模型及集合和元组字面量表达式的抽象语法元模型分别如图 8.6 和图 8.7 所示。

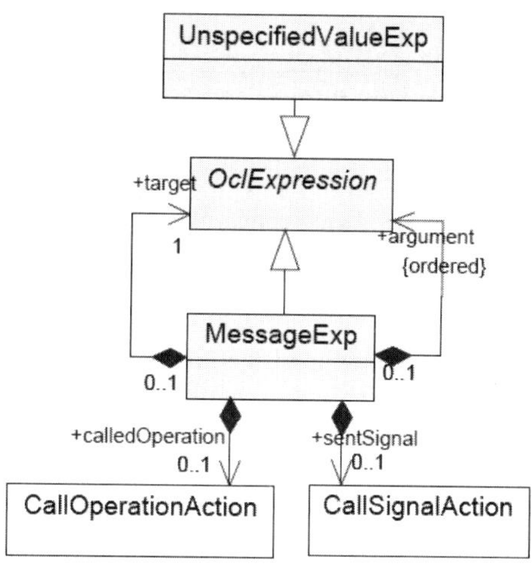

图 8.5　Message 表达式包中的 MessageExp 抽象语法元模型

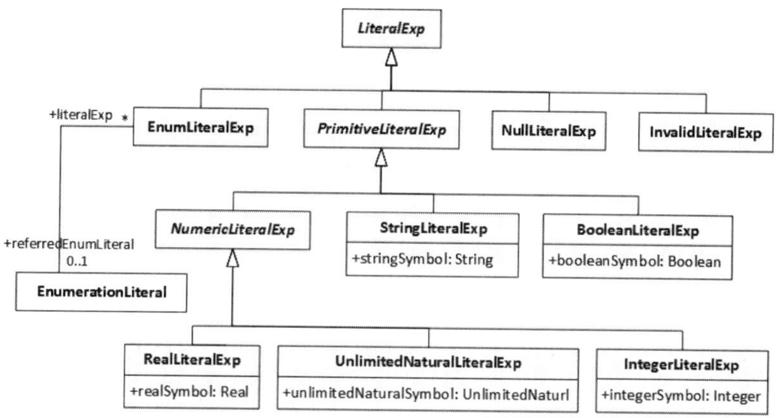

图 8.6　字面量表达式的抽象元模型

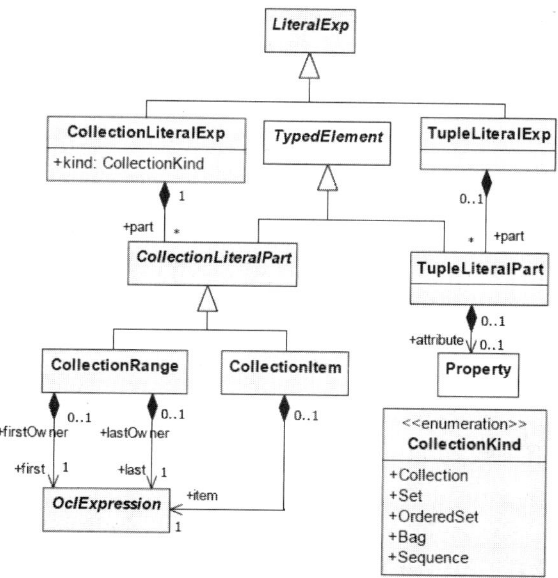

图 8.7　集合和元组字面量表达式的抽象语法元模型

18. Let 表达式

Let 表达式的抽象语法元模型如图 8.8 所示。抽象语法中唯一增加的是元类 LetExp，其他元类都是从其他图中复用的。

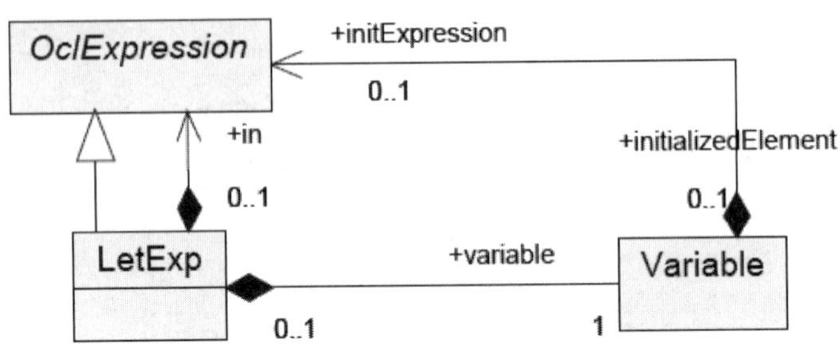

图 8.8 Let 表达式的抽象语法元模型

注：OCL 2.0 已经不允许带有参数的 Let 表达式，该特征是冗余的。相反，建模者可以在 UML 分类符中定义额外的操作，使用泛型来指示该操作的目的是用作 OCL 表达式中的辅助操作。这样额外操作的后置条件可以定义它的结果。因此，Let 表达式的移除并不影响模型的表达能力。另一种定义类似辅助操作的方法是通过«definition»约束，它复用了一些定义在 Let 表达式中的具体语法，但不如用基于 OCL 的语法来定义辅助属性和操作方便。

8.3 OCL 具体语法

OCL 的具体语法采用完全属性文法的形式描述。在属性文法中，每个产生式可以有附加到自身的合成属性。产生式规定左侧元素的合成属性值总是从该产生式右侧的元素属性衍生而来。每个产生式还可以附加有继承的属性。产生式右侧元素的继承属性值总是由该产生式左侧元素的属性衍生而来。

在该属性文法中，每条产生式规则用 EBNF 格式表示，并且用合成和继承的属性以及消除歧义的规则进行注解。一些特殊的注解如下。

1. 合成的属性

每条产生式都有一个合成的属性，称作 ast（抽象语法树的简称），它持有该条规则所返回的 OCL 抽象语法的实例。虽然每条规则的 ast 的类型都是不同的，但总是一个抽象语法的元素。在“抽象语法映射”标题下，每个类型连同它的产生式规则都做了声明。ast 属性构成了从具体语法到抽象语法的形式映射。

使用属性文法的动机是构造的简易性和映射的清晰性。注意，在 EBNF 格式的产生式规则中，每个名字的后缀都有一个“CS”来清晰地区分具体语法元素及其对应的抽象语法。

2. 继承的属性

每条产生式规则都有一个继承的属性，称作 env（环境的简称），它持有一组来自表达式的变量名称。所有名称都是模型中元素的引用。事实上，对于由产生式规则所指示的表达式或表达式部分，env 是一个命名空间环境。Environment 类型如图 8.9 所示，env 属性的类型是 Environment。这个类型上定义了许多操作。下面使用 OCL 表达式来描述 ast 和 env 的内部行为。

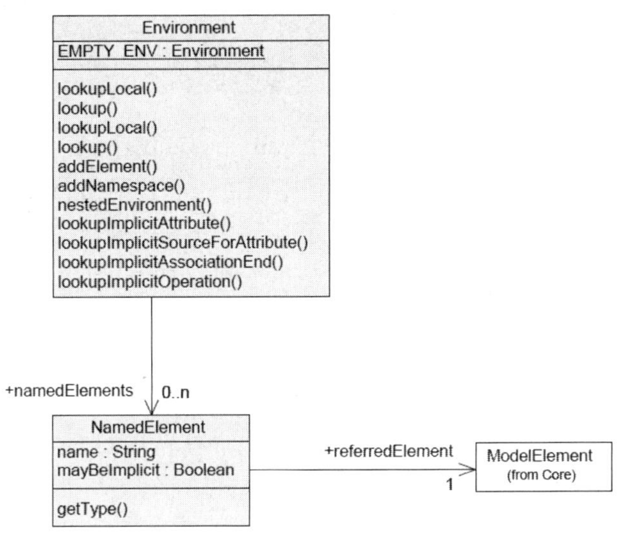

图 8.9 Environment 类型

需要注意的是，env 属性的内容完全由 OCL 表达式的上下文决定。一个 OCL 表达式用作类 X 的一个不变式时的环境，与它作为类 Y 的一个操作的后置条件表达式时的环境不同。在 OCL 规范第 12 章“UML 模型中的 OCL 表达式的使用”中详细定义了 OCL 表达式的上下文。

3. 多产生式规则

对于一些元素，可能涉及多个产生式规则选项，此时，每条产生式规则的 EBNF 格式都以一个方括号中的大写字母作前缀。相同的前缀用于相应的 ast 和 env 属性的决定规则。

4. 产生式名称的多次出现

在一些产生式中，相同的元素名可能会被使用多次。为了区分这些名字，可在后面加一个方括号内的数字后缀，例如：

CollectionRangeCS::= OclExpressionCS[1] '..' OclExpression[2]

5. 消除歧义的规则

由于一些产生式规则在语法上可能存在二义性，因此定义了一些消除歧义的规则。在使用这些规则时，每条产生式以及由此而来的完整文法都将变得毫无歧义。例如，在解析 a.b() 时，至少会有 3 种解析方案：

（1）a 是一个变量表达式 （一个 let 或一个迭代器变量的引用）。

（2）a 是一个 AttributeCallExp （self 是隐式的）。

（3）a 是一个 NavigationCallExp（self 是隐式的）。

要使用哪条文法产生式规则需要根据表达式的实际环境进行判断。这些消除歧义的规则基于环境来描述这些选择，并且无歧义地对 a.b()进行解析。在这个案例中规则（以自然语言描述）会是：

（1）如果在当前的范围内 a 是一个已定义的变量，那么 a 是一个变量表达式。

（2）如果不是，则检查 self 和范围内的所有迭代器变量。在最内层范围内存在以下几种情况：

- 若有一个名称为 a 的属性，则产生一个 AttributeCallExp。
- 若有一个名称为 a 的另一端的关联端，则产生一个 NavigationCallExp。
- 如果都没有，则该表达式是无效的/不正确的，无法被解析。

消除歧义的规则可能要基于 OCL 表达式所附加到的 UML 模型（例如，判断属性是否存在）。当 OCL 表达式被解析时，该 UML 模型必须是可用的，否则，它不能被校验为一个正确的表达式。文法以尽量符合消除歧义的方式被结构化地组织。当消除歧义的规则以 OCL 的方式表达时，会使用到来自 UML 的一些元类和额外操作。

8.4　OCL 约束与编译

实现 OCL 首先需要根据 OCL 规范进行对 OCL 约束的解析，从而得到一个符合 OCL 抽象语法与具体语法的实例。对 OCL 约束进行解析的方式不止一种。

OCL 规范中的文法可能不是最有效地构建指导工具的方式。工具构建者可以自由选用不同的解析机制。例如，可以使用一个特殊的具体语法树来解析 OCL 表达式，在第二遍解析过程中基于一个 UML 模型进行语义校验。同时，实现错误修改或基于语法的编辑可能需要易于手写的文法。OCL 规范中唯一的限制是在所有的处理完毕后，工具应该能够生产一个相同的具有良好结构的抽象语法的实例，如同 OCL 规范中文法所产生的那样。

进行解析的机制包括基于正则表达式的词法、语法分析。例如，可以使用 lex&yacc 的实现示例进行分析，具体过程如图 8.10~8.13 所示。

```
%%

\s*
\-\-[^\n]*
\-?[0-9][0-9_]*(\.[0-9_]+)?        {yylval=new NumberExpression(yytext);return NUMBER;}
"context"                           {return CONTEXT;}
"inv"                               {return INV;}
```

图 8.10　使用 lex&yacc 的实现示例一：OCL 词法规则示例

```
classifierContextDecl
    : CONTEXT pathName invOrDefList
        {$$=new ContextDeclaration();$$->addChild($2);$$->addChild($3);}
    ;
```

图 8.11　使用 lex&yacc 的实现示例二：OCL Context 声明语法定义示例

```
#define _BASE_VISIT(_inodeType,_argType) \
    virtual void visit(_inodeType *n,_argType arg){};

#define _DERIVE_VISIT(_inodeType,_argType) \
    virtual void visit(_inodeType *n,_argType arg) override{this->visit((AST*)n,arg);};

#define _DERIVE_VISIT_OVERRIDE(_inodeType,_argType) \
    virtual void visit(_inodeType *n,_argType arg) override;
......
_BASE_VISIT(IFExpression,int)
_BASE_VISIT(StringExpression,int)
_BASE_VISIT(NumberExpression,int)
_BASE_VISIT(BooleanExpression,int)
_BASE_VISIT(NilExpression,int)
_BASE_VISIT(SimpleNameExpression,int)
```

图 8.12　使用 lex&yacc 的实现示例三：C++访问语法节点

```
VistorOutput:
PackageDeclarationE
---N11oclcompiler20SimpleNameExpressionE M
---DeclarationListE
------ContextDeclarationE
---------N11oclcompiler18PathNameExpressionE N11oclcompiler20SimpleNameExpressionE Person ::N11oclcompiler20SimpleNameExpressionE income
------------N11oclcompiler20SimpleNameExpressionE Person
------------N11oclcompiler20SimpleNameExpressionE income
---------TypeExpressionE
------------N11oclcompiler20SimpleNameExpressionE Integer
---------InitOrDeriveListE
------------DeriveExpressionE
---------------IFExpressionE
------------------N11oclcompiler13CMPExpressionE <
---------------------EnumrationExpressionE
------------------------N11oclcompiler20SimpleNameExpressionE age
---------------------OclExpressionE
------------------------N11oclcompiler16NumberExpressionE 18
------------------N11oclcompiler14MathExpressionE *
---------------------FunctionCallExpressionE
------------------------FunctionCallExpressionE
---------------------------FunctionCallExpressionE
------------------------------FunctionCallExpressionE
---------------------------------EnumrationExpressionE
------------------------------------N11oclcompiler20SimpleNameExpressionE self
---------------------------------N11oclcompiler20SimpleNameExpressionE parents
------------------------------N11oclcompiler20SimpleNameExpressionE jobs
---------------------------N11oclcompiler20SimpleNameExpressionE salary
------------------------N11oclcompiler20SimpleNameExpressionE sum
---------------------OclExpressionE
------------------------N11oclcompiler16NumberExpressionE 0.02
------------------FunctionCallExpressionE
---------------------FunctionCallExpressionE
------------------------FunctionCallExpressionE
---------------------------EnumrationExpressionE
------------------------------N11oclcompiler20SimpleNameExpressionE self
---------------------------N11oclcompiler20SimpleNameExpressionE jobs
------------------------N11oclcompiler20SimpleNameExpressionE salary
---------------------N11oclcompiler20SimpleNameExpressionE sum
------ContextDeclarationE
---------N11oclcompiler20SimpleNameExpressionE Person
---------InvOrDefListE
------------InvExpressionE
---------------N11oclcompiler20SimpleNameExpressionE sample
---------------ImpliesExpressionE
------------------N11oclcompiler13CMPExpressionE <
---------------------FunctionCallExpressionE
------------------------EnumrationExpressionE
---------------------------N11oclcompiler20SimpleNameExpressionE self
------------------------N11oclcompiler20SimpleNameExpressionE age
---------------------OclExpressionE
------------------------N11oclcompiler16NumberExpressionE 18
------------------N11oclcompiler14MathExpressionE *
---------------------N11oclcompiler13CMPExpressionE =
------------------------FunctionCallExpressionE
---------------------------EnumrationExpressionE
------------------------------N11oclcompiler20SimpleNameExpressionE self
---------------------------N11oclcompiler20SimpleNameExpressionE income
------------------------FunctionCallExpressionE
---------------------------FunctionCallExpressionE
------------------------------FunctionCallExpressionE
---------------------------------FunctionCallExpressionE
```

图 8.13　使用 lex&yacc 的实现示例四：解析获得的抽象语法树结构

在实现 OCL 约束的解析后，便能够着手实现 OCL 的其他功能，或是结合模型实例进行进一步的分析。

正如OCL规范中提及的，规范中使用的文法并非唯一的构建手段。通常所说的文法包括静态语义和动态语义两个方面。静态语义指的是在编译阶段能够检查的语义问题，如标识符未定义、类型不匹配等。动态语义是在目标程序运行阶段能够检查的语义问题，如除数为 0、无效指针、数组下标越界等。采用不同的文法可能带来不同功能方向上的优势。

OCL 并非编程语言，不能用于编写程序逻辑或流控制，也不能在调用过程中执行非检索操作。作为一种建模语言，OCL 不能直接执行，当它用于检索导航和评估时，依赖于执行 OCL 语句的模型实例。实现 OCL 动态语义的关键在于建立模型与 OCL 语言之间的关联，如将 XML 描述的 UML 模型与解析后的抽象语法树关联，并执行 OCL 查询语句（如查询模型中指定单元类型是否符合要求）。在此过程中，读取模型的方式、维护 UML 模型实例的方式，以及进行动态类型检查的方式，都是工具构建者需要考虑的问题。

8.5 本章小结

本章介绍了 OCL，OCL 是一种用于描述 UML 模型表达式的形式语言。这种表达式通常规定了所建模系统必须满足的不变式条件。在计算 OCL 表达式时，不应产生副作用，即不能改变相应执行系统的状态。

OCL 表达式可以用于规定操作（operations）/动作（actions），这些行为在计算时会改变系统状态。UML 建模者可以使用 OCL 来规定模型中的特定约束。此外，OCL 还可以用于检索 UML 模型，这完全与编程语言无关。

OCL 的定义包括 OCL 基本值、OCL 类型和表达式（抽象语法和具体语法）、对象和属性、操作、消息、标准库、良构操作等。

抽象语法使用与 MOF 一致的元模型定义了 OCL 中的一些概念，并被划分为多个包：

- Types 包描述了定义 OCL 类型系统的概念，展示了哪些类型是在 OCL 中预定义的，哪些是从 UML 模型引入的。
- Expressions 包描述了 OCL 表达式的结构。

具体语法允许建模者以标准化的方式编写 OCL 表达式，并提供了从具体语法到抽象语法的形式映射。这使得建模者可以为任意表示为抽象语法实例的 OCL 表达式产生一个可读的版本。

实现 OCL 的首要任务是实现 OCL 文本到良构实例的解析，在此基础上实现 OCL 标准库和类型系统，以及检索与评估的功能。

8.6 本章习题

（1）SysML 如何进行语言规则的定义？

（2）什么是 OCL？它具有哪些特性？

（3）简述 OCL 抽象语法的组成。
（4）OCL Types 包包含哪些类型？
（5）简述 OCL 抽象语法的核心元模型。
（6）OCL 有哪些表达式？
（7）OCL 如何进行歧义消除？
（8）如何进行 OCL 约束解析？

参考文献

[1] KLEIDERMACHER D, KLEIDERMACHER M. Embedded Systems Security: Practical Methods for Safe and Secure Software and systems Develop ment[M]. lst ed. Elsevier: Newnes, 2012.
[2] SYSML FORUM. What is SysML? What You Need To Know[EB/OL]. [2024-04-09]. https://sysmlforum.com/.
[3] ISO/IEC 19507: 2012. Information technology: Object Management Group Object Constraint Language (OCL) [S/OL]. [2024-05-03]. https://www.iso.org/standard/57306.html.
[4] OBJECT MANAGEMENT GROUP. Object Constraint Language Version 2.4[S/OL]. [2024-04-27]. https://www.omg.org/spec/OCL/2.4/About-OCL.

第 9 章　MBSE 实践

传统 MBSE 虽然解决了各专业、各领域的功能逻辑问题，但缺乏对系统安全性、可靠性和响应时间的全面掌控。利用基于模型的虚拟时间综合技术，通过虚拟系统综合设计和仿真，前瞻性地预测系统问题，可以弥补传统 MBSE 的不足。通过早期仿真和测试，将系统软/硬件的物理实现和测试前置到设计阶段，提高设计效率，降低成本，从系统开发的初期就系统地识别运行时可能出现的问题，使复杂系统的开发在产品质量、开发进度和成本方面更具可预测性。

为了支持 MBSE/MBSD（基于模型的系统设计）的实践，本章介绍的 WRP 工具套件提供了一整套功能强大的工具，使系统设计人员和测试人员能够全面掌握系统运行时的架构、功能和性能问题，从而进行综合考量。WRP 系统涵盖软件功能、硬件逻辑、电子、电磁、机械液压、结构、强度等多个领域，通过仿真工具替代物理实现，以提高设计效率和发现系统缺陷。WRP 工具套件在 MBSE 中提供了一种全面的、系统化的设计与仿真方法，显著提升了复杂系统设计的效率和可靠性。

9.1　基于模型的虚拟时间综合技术

虚拟时间综合技术是基于虚拟时间将多学科、多专业的计算机辅助设计模型（软件）进行集成，从而实现系统虚拟综合的技术。

9.1.1　MBSE 实现的技术挑战

现有技术通常是先将不同学科的模型导出成为标准的可被其他建模工具调用的模型，如基于 FMI（Functional Mock-up Interface）标准的模型，再通过第三方工具将基于 FMI 标准的模型进行数据交互定义，通过流程驱动，或按模型先后顺序来实现不同学科领域或建模工具之间的多个模型的集成以及数据交互。

这种模型集成方式无法表现出被仿真系统在不同时间空间中的并行行为或有精确时间先后关联的行为，同时很难模拟微观时间尺度（如纳秒级）内的各种现象。另外，没有独立的时间维度建模，也无法将不同学科领域的模型调用时机与学科自身的行为模拟有效结合。如在模拟自动刹车过程时，涉及刹车片发热、阻力计算、车速计算、计算机辅助驾驶软件指令生成和数据传输等多个学科领域的现象，这些现象虽然发生在同一时间范围内，但需要不同学科领域的建模仿真工具来模拟。在没有虚拟时间建模的情况下，只能粗颗粒度地、简单地按顺序调用不同模型并传递数据，无法精确模拟实际系统工作状况下各学科模型之间的数据交互“时机”，从而导致仿真的效果、精确度和真实性较差。

9.1.2　基于模型的虚拟时间综合

复杂系统设计（如航空器、航天器、舰船、车辆等）和综合一直是系统工程中最为关键和重要的环节。传统的设计手段和流程主要依靠设计师的个人经验，局限于对系统/子系统功能进行设计和验证，无法在项目初期对系统架构进行科学的设计综合和论证，系统架构风险往往在实物综合阶段才能被发现，从而导致系统在实物综合阶段反复迭代甚至导致项目失败。系统虚拟综合设计和验证是解决这一问题的有效方案。在基于模型的虚拟系统设计和建模过程中，通常会使用大量不同学科、不同专业领域的计算机辅助设计工具，这些工具从不同角度描述目标系统的工作，如热传导、电磁、力学、计算机软件任务等。把这些模拟不同时空和不同维度的模型集成到一个虚拟综合软件中，以模拟和仿真系统的整体工作状况，一直都是计算机仿真领域难以解决的问题。

WRP 软件提供了复杂系统虚拟综合设计平台，首创了“虚拟时间建模”技术，通过在虚拟世界中使用“时间标尺”——上帝时间轴，将发生在不同维度的模型（如物理现象模型、计算机软/硬件行为模型、化学现象模型等）基于时间进行集成与综合，真实地模拟出复杂系统的工作原理。采用基于虚拟时间的技术，可以方便地对系统运行状态进行定量科学分析，实时分析复杂系统时序和性能对功能的影响，从而在系统设计初期就能完整评估和掌握系统架构设计，为实现可落地的设计迈出重要一步。

9.2　国产自主的虚拟时间综合软件平台

9.2.1　软件概述

WRP 是由成都赢瑞科技有限公司开发的一款用于虚拟时间综合的仿真类平台工具，软件原理图如图 9.1 所示。

该平台基于 FMI 标准，具有灵活的系统工程多学科综合设计和联合仿真能力，能够管理和整合基于 FMI 标准的多学科系统模型，构建多余度混合模型，完成多学科的复杂系统全数字化综合设计和联合仿真。该平台能够实现完整的测试数据定义和注入、自主联合仿真、数据记录和分析等功能。同时，复杂系统虚拟综合设计平台建模环境（WRP IDE）提供 WRP 时序调度器工具，WRP 时序调度器在系统时序模型的调度下，能连接基于时间维度的系统建模工具产生的系统架构时序模型和基于 Rhapsody、Simulink、SCADE、Dymola 等工具产生的功能级模型，并分析全系统联合仿真建模的细粒度（如异步时钟频率）。

9.2.2　设计目标

系统虚拟设计综合已被世界制造业强国的企业，如戴姆勒、宝马、奥迪、达索等广泛采用。

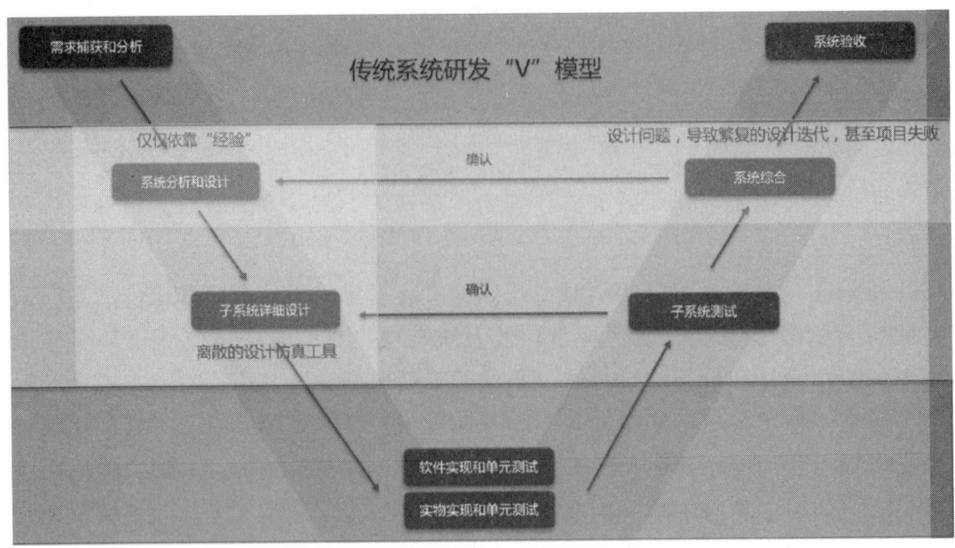

图 9.1　WRP 原理图

制造业先进的国家逐步使用系统虚拟设计综合的方式来代替传统的原型开发方式，并显著提高了设计、验证和测试效率，一些重大的设计问题，通过系统虚拟设计综合得以在早期获得验证。同时，该技术也提升了测试团队的能力，使得测试团队从设计阶段就开始参与项目，并能够在项目前期验证系统架构设计方案、确认系统需求指标和系统算法原型。

WRP IDE 面向全系统架构时序设计和系统级仿真应用，不需要采用传统的硬件描述语言，通过调用软件自身具有的丰富的模块资源库，设计人员可以方便灵活地自底向上搭建系统框架。该平台基于 FMI 标准，通过灵活的系统工程学学科联合设计和仿真能力，自由整合并管理多学科系统模型，完成基于模型的多学科的系统虚拟设计综合和仿真验证工作。这便是 WRP 软件的设计目标。

图 9.2 所示为基于模型的系统工程"V"模型。

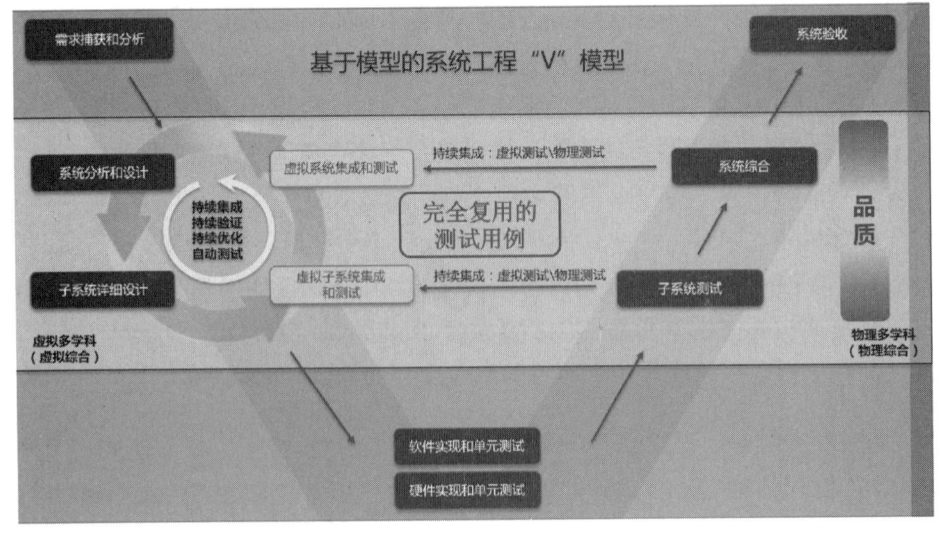

图 9.2　基于模型的系统工程"V"模型

该平台通过虚拟时间建模技术，集成并联合仿真参与系统综合的各类模型；提供独立的动态建模（时序建模）功能，可以从时机角度定义各个模型的运行时机或运算步长等，精确地用时间来协调和调度单学科或多学科的多个模型的有序运行；提供数据集成手段，实现模型之间的数据互访。数据的刷新可由“时序建模”模型定义的时序决定。

9.2.3　软件功能

WRP 的软件功能如下。

1. WRP 产品家族

WRP 产品家族包括 WRP 虚拟综合工具、专业建模工具集、WRP 数据总线、WRPICD 管理工具和 WRP 测试数据管理工具等（见图 9.3），覆盖系统建模、系统集成、系统仿真测试的全过程。

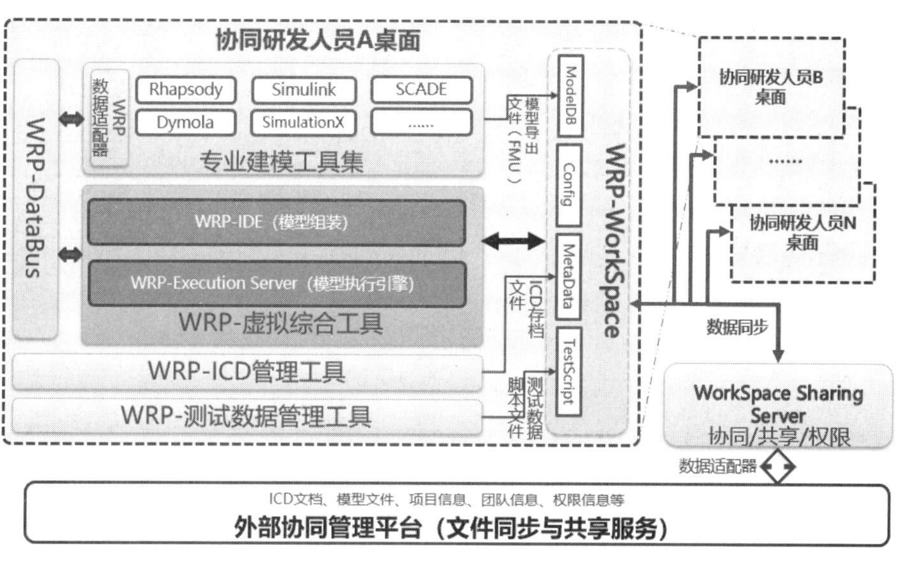

图 9.3　WRP 产品家族

2. 定义与工具无关的联合仿真架构和执行环境

（1）设计仿真架构：对于复杂系统的仿真设计，描述每个组件的输入、输出及所需的参数。

（2）定义组件接口和参数：仿真结构设计的主要成果是定义所有需要的组件和使用的参数化结构，包括接口控制文档（ICD）构型和信号定义。

（3）定义仿真调度：对仿真架构进行动态建模，从时序维度构建仿真场景，并定义调度模型。

（4）测试用例设计：实现对联合仿真模型的数据驱动测试。

（5）仿真数据记录和分析：根据客户需求记录和分析仿真数据。

WRP 与系统工程标准（如 SysML）的区别：通过关注简单性和与仿真相关的特性，避免了 SysML 模型交换的复杂性，从而适配更广泛的仿真工具环境。

3．WRP-IDE：1-面向仿真的系统架构建模

面向仿真的系统整体架构模型主要包括：

（1）系统/子系统划分及从属关系，层次化地界定各子模块（模型）的边界。

（2）数据交互边界定义：采用标准 ICD 定义文档描述各模块（模型）之间的数据交互内容，如图 9.4 所示。

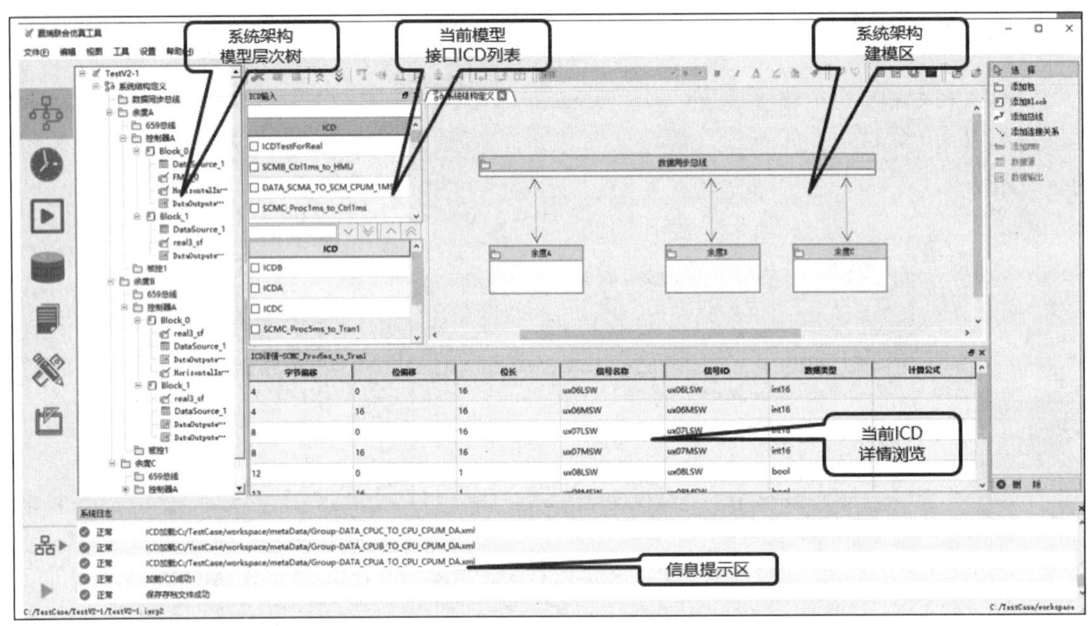

图 9.4　采用标准 ICD 定义文档描述各模块（模型）之间的数据交互内容

（3）在联合仿真阶段，为了将基于 MBSE 的工作成果快速应用于仿真和测试，需要一套有效的联合仿真系统建模环境。该环境能够承接 MBSE 的分析和设计工作，利用 FMI 标准和用户自定义的模型标准，将跨越多学科领域的知识体系及建模工具纳入其中，快速进行 MIL（模型在环测试）和 SIL（软件在环测试）的联合仿真工作，并能在设计早期进行快速迭代和系统虚拟综合。同时，该环境支持数字孪生技术，能将测试用例和数据分析应用于实际的硬件在环测试（HIL）。

4．WRP-IDE：2-面向仿真的模型二次封装

面向仿真的系统整体架构模型是由 BLOCK 组成的，BLOCK 作为仿真系统的组成单元，其创建和定义包括：

（1）BLOCK 的输入：基于 ICD 的数据块读取。

（2）一个或多个标准的 FMI 模型：可通过连线实现 FMI 模型之间的自由组合及数据通信。

（3）BLOCK 的输出：基于 ICD 的数据块输出。

（4）BLOCK 作为时序调度模块的“最小可调度单元”。

WRP 模型定义界面如图 9.5 所示。

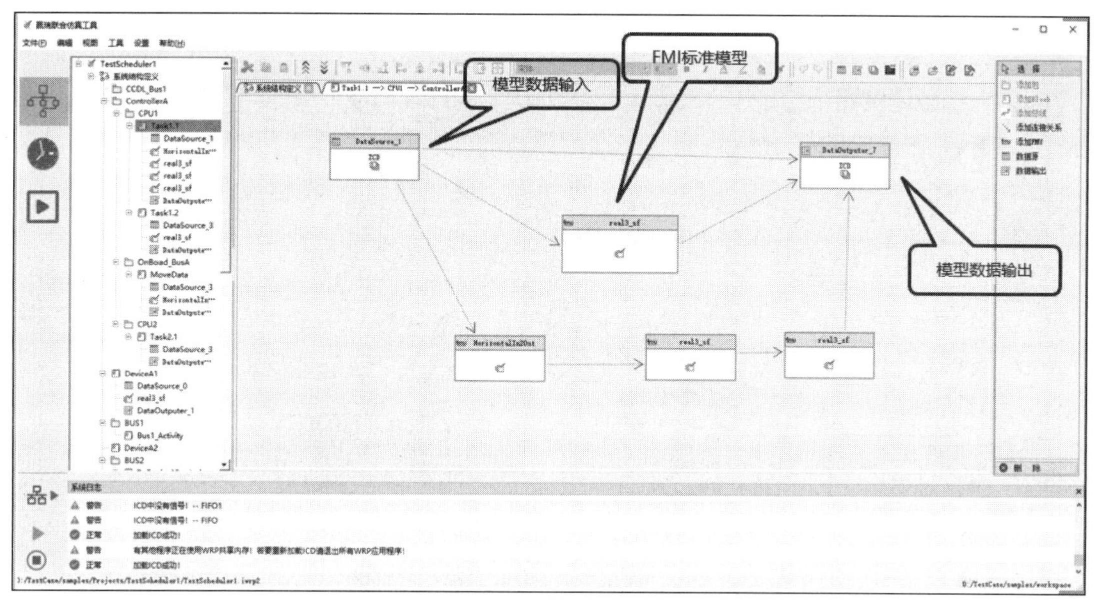

图 9.5　WRP 模型定义界面

5. WRP-IDE：3-时序及性能仿真验证平台

WRP 时序建模仿真调度引擎在分布式异步时钟源的系统建模过程中，最为突出的难点如下。

（1）多余度并行任务的时间序列任务的建模和仿真。

（2）在单/多核处理器系统中，“事件风暴”下多任务优先级并行处理任务模式的建模和仿真。

（3）时钟漂移/抖动等因素带来的时空不确定性模拟和仿真，包括故障注入、验证、测试。

使用 WRP 时序建模仿真调度引擎，客户可以轻松地将不同余度、不同总线行为、不同处理器中的各类任务进行独立的时间执行序列建模，WRP 平台可以自动将其综合在统一的时间轴中进行仿真和验证，从而确保在分布式架构下模拟不同时钟源的各类设备在特定时间点的行为（包括定时任务的时空分区、“事件风暴”下的抢占和延迟、同步/异步总线行为模拟/故障模拟等）。WRP-IDE：3-时序及性能仿真验证平台如图 9.6 所示。

6. WRP WorkSpace Management（模型库管理）

模型以文件形式存储，并通过模型字典进行管理。模型库管理功能包括项目的创建、工具的使用、模型的选择、部门的人员权限管理等。WRP 模型库管理界面如图 9.7 所示。

7. WRP ICD Management（元数据管理）

WRP ICD 定义管理工具使用户摆脱传统的 Excel 表格的数据管理模式，实现更快捷方便的数据编辑和查看。图形化界面也显著提升了用户数据管理的体验，使枯燥的表格化文字变得生动形象。软件配备了一系列快捷键来提高用户数据编辑速度。通过加入内置的数据模板，用户无须重复录入相同的初始数据，一键即可基于模板新建数据。高度的可拓展性也使用户可以给数据添加更多属性，增强用户操作的自由度。WRP 元数据管理界面如图 9.8 所示。

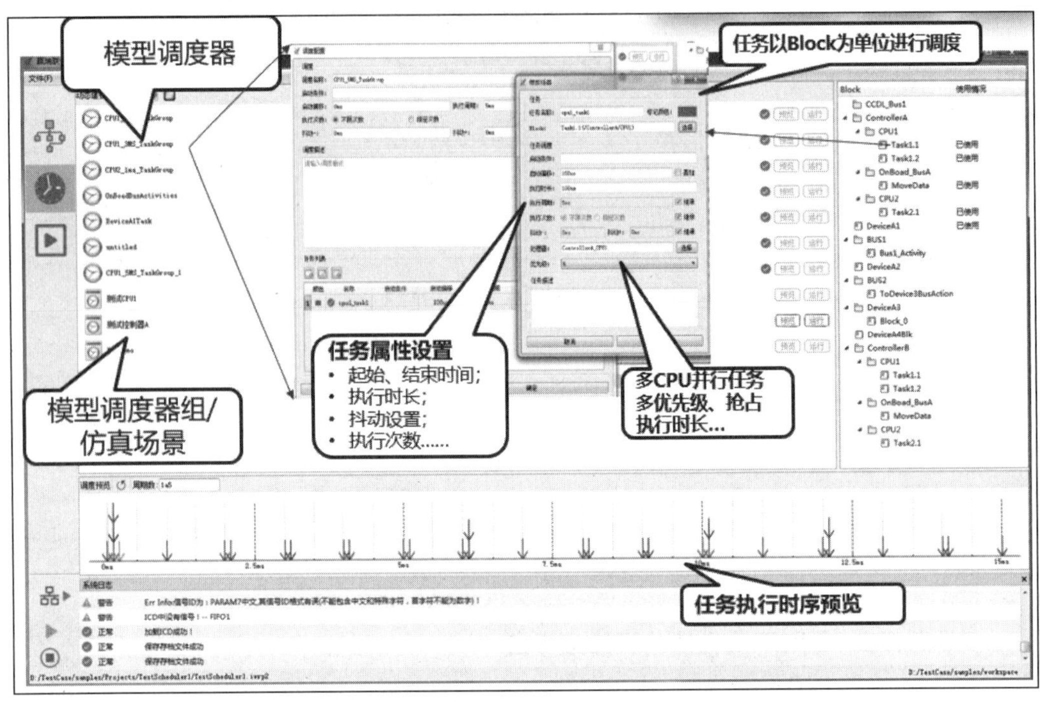

图 9.6　WRP-IDE：3-时序及性能仿真验证平台

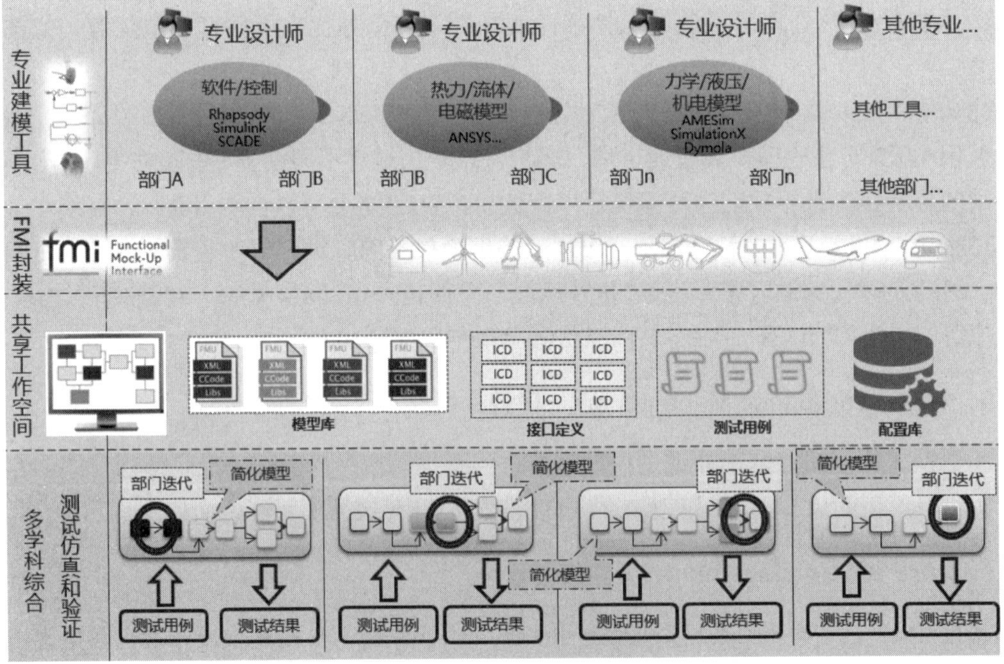

图 9.7　WRP 模型库管理界面

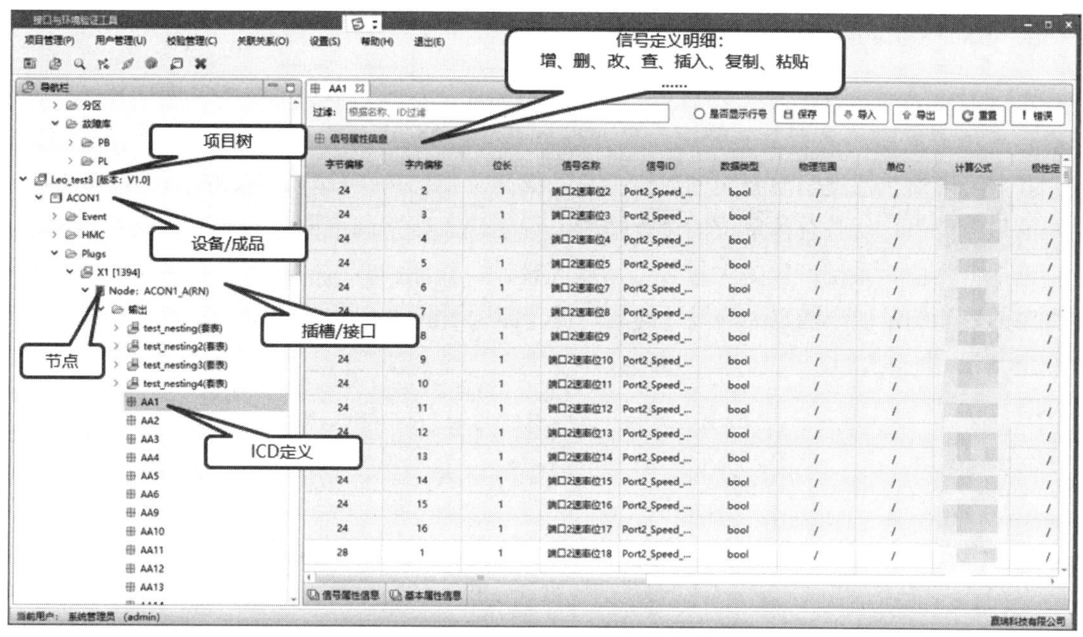

图 9.8　WRP 元数据管理界面

8．WRP Test Environment（综合测试管理平台）

传统的测试系统无法精细到节拍来生成测试数据，这对模型的测试而言，数据精度远远不够。另外，传统测试系统在处理数据集合时也相对模糊，且效率较低，导致测试覆盖率严重不足，这将大大影响实时系统的研发周期和产品质量，造成资源和时间的浪费。

WRP Test Environment 软件的核心功能是以节拍方式为仿真模型系统提供更精确的数据，用户通过此功能方便地创建、编辑、使用测试用例。测试用例可存储为平台的基础元数据，便于用户进行复用，从而提高工作效率。WRP 综合测试管理平台如图 9.9 所示。

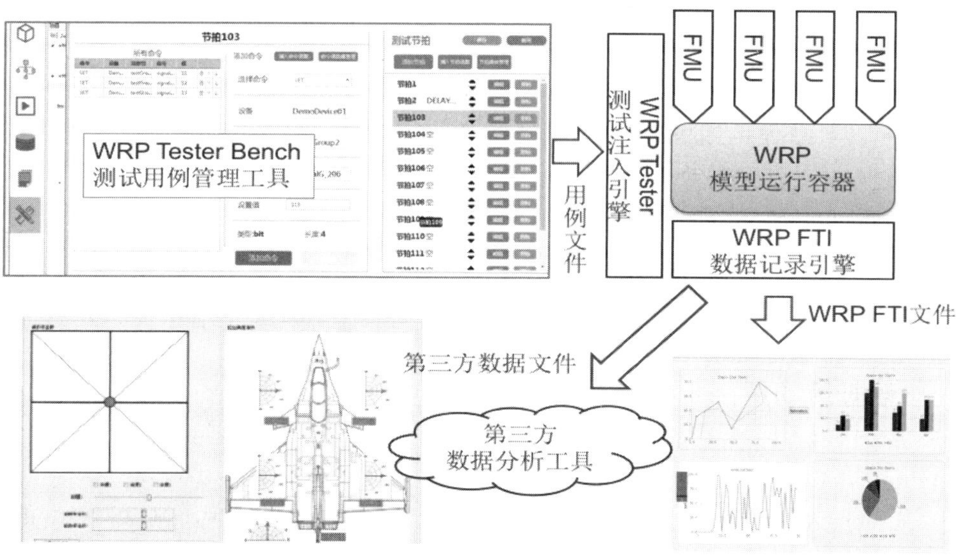

图 9.9　WRP 综合测试管理平台

9. WRP Data Analyser（测试数据分析器）

WRP Data Analyser 软件专为仿真平台分析数据而生。它可以用点、线、面、体等几何图形表示各种数据间的关系及其变化，具有形象具体、简明生动、通俗易懂、一目了然的特点。其主要用途包括展示现象间的对比关系，揭露总体结构，检查计划的执行情况，揭示现象间的依存关系，反映总体单位的分配情况，说明现象在空间上的分布情况。此外，它还能更精确地分析仿真系统产生的大量数据，提高设计、验证和测试的效率，以及精确度，通过更直观的统计图发现一些重大的设计问题，提升测试团队的能力。WRP 测试数据分析器如图 9.10 所示。

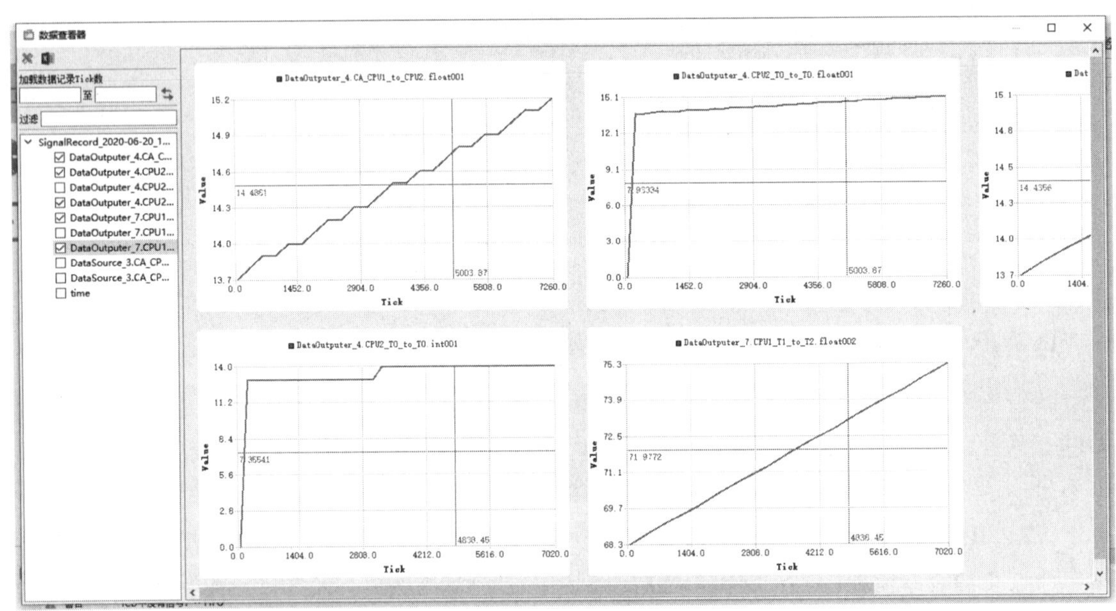

图 9.10　WRP 测试数据分析器

WRP 测试数据分析器的核心功能包括：

（1）获取仿真系统产生的数据。

（2）分析仿真系统产生的数据，并以列表的形式展现，供用户选择。

（3）通过多幅统计图联动，更直观地展示两种数据间的差异。

（4）用户可以选择不同的统计图类型。

（5）实时获取当前数据的动态折线图。

（6）基于同一时间轴进行多数据源的对比分析。

9.2.4　软件应用场景

在应用场景方面，该技术达到了如下效果。

（1）在设计阶段就能基于桌面计算机（PC 机或 PC 服务器）实现不同学科专业的计算机辅助设计工具产生的各类模型文件的虚拟综合仿真与测试。

（2）支持将主流的模型文件（如符合 FMI 标准的模型文件）集成在虚拟综合平台中。

（3）提供虚拟时间建模工具，便于对不同工具链、不同学科、不同专业的计算机辅助设计模型进行联合仿真，从而实现系统的虚拟综合。

（4）可以精确模拟仿真系统在不同时间、空间中的并行或有精确时间关联的行为，包括在微观时间尺度（如纳秒级）中的各种行为。

以汽车设计为例，自动刹车过程涉及刹车片发热、阻力计算、车速计算、计算机辅助驾驶软件指令的发生、指令的数据传输等，这些现象虽发生在同一时间范围内，但涉及不同学科领域的建模仿真工具。通过虚拟时间建模，可以精确模拟实际系统中各个学科模型之间的数据交互“时机”，实现跨学科、跨专业、跨工具链的虚拟综合仿真。WRP 汽车场景建模示例如图 9.11 所示。

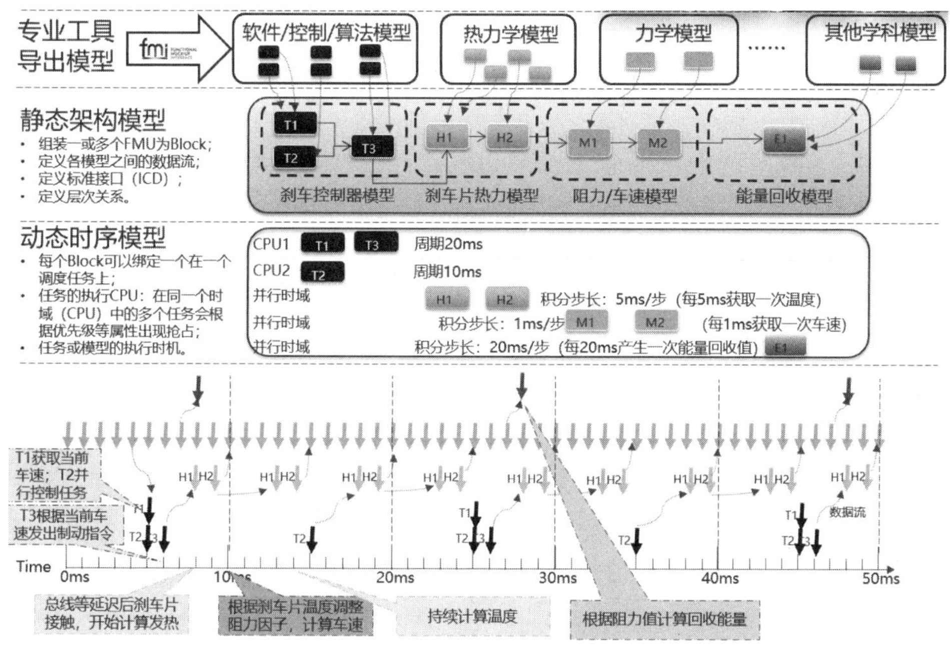

图 9.11　WRP 汽车场景建模示例

通过虚拟时间轴，可以有序集成不同学科领域的模型；虚拟时间建模可以真实地模拟出现实世界中各专业模型所模拟的“行为”的发生时机，并将这些模型整合成为一个时间范围内的系统的真实表现行为模型，实现更真实的虚拟模型整合与联合仿真。

9.3 操作实践

WRP 软件使用流程分为虚拟系统功能架构建模、虚拟系统动态行为建模、虚拟综合分布式仿真和虚拟仿真数据分析四个步骤。

9.3.1 虚拟系统功能架构建模

虚拟系统功能架构建模使用 WRP 提供的功能模型设计工具，通过图形化的方式设计功能模型，将各专业模型集成到功能架构建模中，支持多种模型文件接入，包括基于 FMI1.0/2.0/3.0 标准的 FMU 模型、Lua 脚本、C/C++动态库文件和专业建模工具适配器（如 Simulink、AMESIM、Rhapsody 等），可跨多平台部署，也可创建接口信息流实现模型间的数据流传输。其示意图如图 9.12 所示。

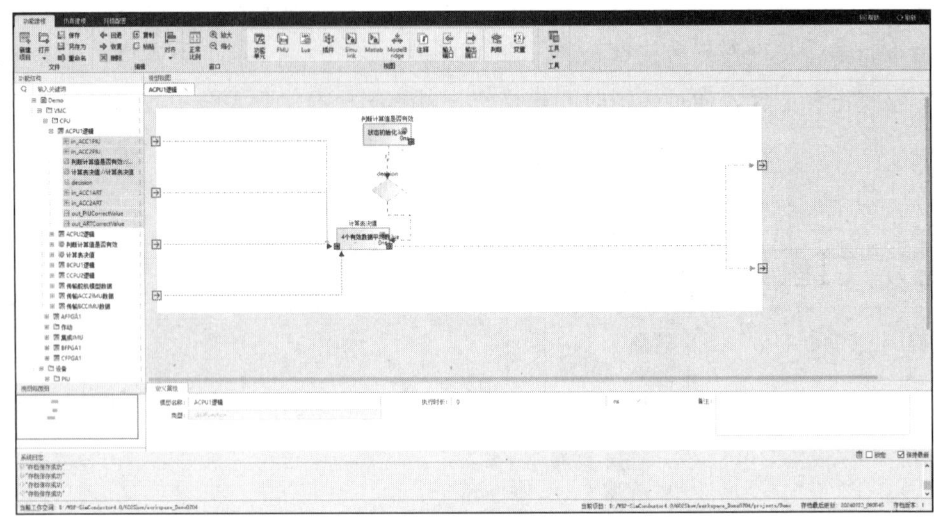

图 9.12　虚拟系统功能架构建模示意图

9.3.2　虚拟系统动态行为建模

虚拟系统动态行为建模使用 WRP-SimConductor 提供的联合仿真模型设计工具，通过图形化的方式创建贴近目标系统的联合仿真模型，并对其进行时序编排、节点配置。通过映射目标系统，将功能模型嵌入仿真模型创建的相应设备，实现模型的仿真行为。其示意图如图 9.13 所示。

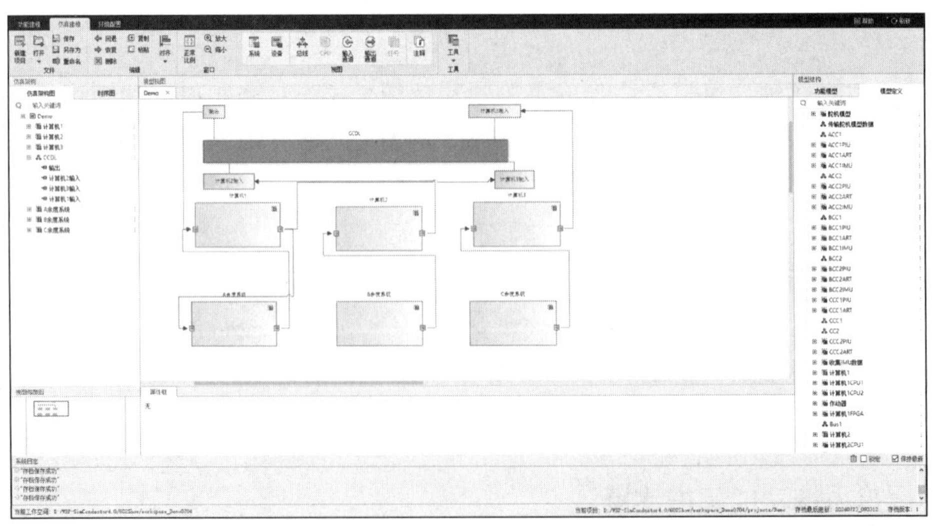

图 9.13　虚拟系统动态行为建模示意图

9.3.3 虚拟综合分布式仿真

虚拟综合分布式仿真按照网格部署的方式将创建的模型部署到集群中的各节点上，节点间采用物理总线或网络传输数据，通过仿真执行引擎实现集群中所有节点上任务的仿真执行。分布式仿真包括虚拟仿真和实时仿真，虚拟仿真基于模型理想时间；实时仿真基于真实时钟（在节点间接入硬件板卡进行真实总线仿真）。虚拟综合分布式仿真示意图如图 9.14 所示。

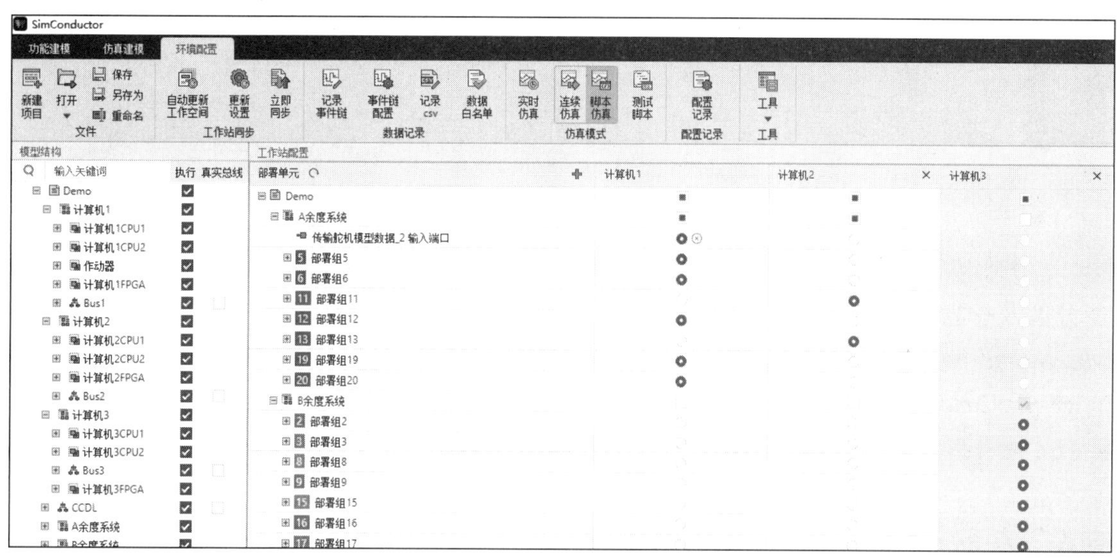

图 9.14 虚拟综合分布式仿真示意图

虚拟综合分布式仿真的实时仿真过程采用组态面板提供数据实时监控和注入功能，可展示多种图形控件，实现人在回路（HITL）的模拟。虚拟综合分布式实时仿真如图 9.15 所示。

图 9.15 虚拟综合分布式实时仿真

9.3.4 虚拟仿真数据分析

虚拟仿真数据分析使用 WRP-SimConductor 的分析工具分析信号的曲线变化，跟踪任务对 CPU 的抢占分析和仿真过程中任务间的事件链。仿真数据分析如图 9.16 所示。

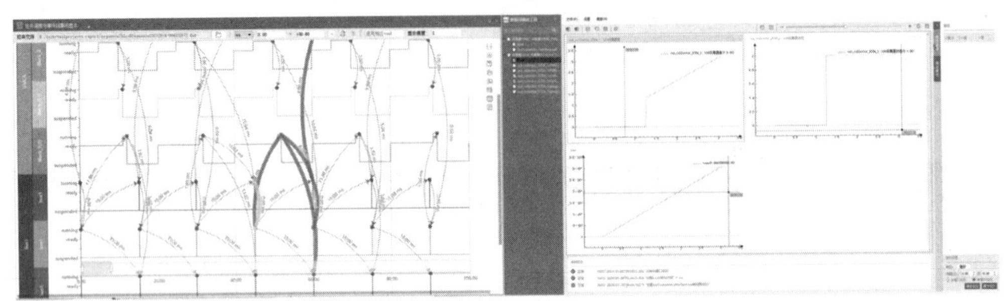

图 9.16 仿真数据分析

综上所述，在设计复杂系统时，先进行需求建模（如使用 IBM DOORS），再进行系统功能分解及行为逻辑建模（如使用 MagicDraw），接着进行多专业学科/算法建模（如使用 MathWorks Simulink 或 AmeSim），最后对目标系统进行基于模型的虚拟综合验证（如使用 WRP-SimConductor），实现验证前移，帮助系统设计人员在设计阶段提前发现物理综合试验阶段才能暴露出来的系统设计缺陷，从而提升研制效率。

9.4 本章小结

本章主要介绍了成都赢瑞科技有限公司的 MBSE 软件——虚拟时间综合软件平台 WRP。目前，该软件已在航空、航天、汽车等领域实现产业化应用。

9.5 本章习题

（1）什么是虚拟时间综合技术？

（2）现有模型集成方式存在哪些问题？

（3）简述国产自主的虚拟时间综合软件平台 WRP 的功能。

（4）简述 WRP 的应用场景。

（5）WRP 的关键技术点有哪些？

（6）在工程实践中，MBSE 实现的技术挑战有哪些？

（7）MBSE 核心思想是模型载体与连续传递，在工业场景中如何实现以模型和数据为核心的范式转移？

（8）安装使用 WRP，模拟航空、航天、汽车等领域中的 MBSE 实践。

（9）对标 WRP 功能，利用 GitHub Copilot、CodeGeeX 等自动生成代码，对比分析二者的异同。